부산교통공사

건축일반

비중률 높은 실전문제

>>>

PREFACE

청년 실업자가 38만 명, 청년 실업률 9.5%, 국가 사회적으로 커다란 문제가 되고 있습니다.

정부의 공식 통계를 넘어 실제 체감의 청년 실업률은 20%에 달한다는 분석도 나옵니다.

이러한 상황에서 대학생과 대학졸업자들에게 꿈의 직장으로 그려지는 공기업에 입사하기 위해 많은 지원자들이 몰려들고 있습니다.

그래서 공사 · 공단에 입사하는 것이 갈수록 더 어렵고 치열해질 수밖에 없습니다.

많은 공사 · 공단의 필기시험은 일반적으로 NCS 직업기초능력평가, 전공시험, 온라인 인성검사 등이 포함되어 있습니다.

부산교통공사도 필기시험으로 NCS 직업기초능력평가, 전공과목을 시행하고 있습니다.

전공과목의 경우 그 내용이 워낙 광범위하기 때문에 체계적이고 효율적인 방법으로 학습을 하는 것이 무엇보다 중요합니다.

이에 도서출판 서원각은 부산교통공사 및 부산광역시 공공기관 통합채용 관련 기관의 전공과목을 준비하는 수험생들에게 필요한 내용을 제공하기 위하여 진심으로 고심하여 본서를 출간하게 되었습니다.

본서는 수험생들이 보다 쉽게 전공과목에 대한 감을 잡도록 돕기 위하여 방대한 양의 이론을 간략하게 요약한 시험에 2회 이상 출제된 필수 암기노트와 단원별 기출예상문제를 엄선하여 구성하였습니다.

또한 상세한 해설을 통해 중요 내용에 대해 다시 한 번 짚고 넘어갈 수 있도록 구성하였습니다.

신념을 가지고 도전하는 사람은 반드시 그 꿈을 이룰 수 있습니다.

도서출판 서원각은 수험생들이 합격이라는 꿈을 이룰 수 있도록 열심히 응원하고 있습니다.

STRUCTURE

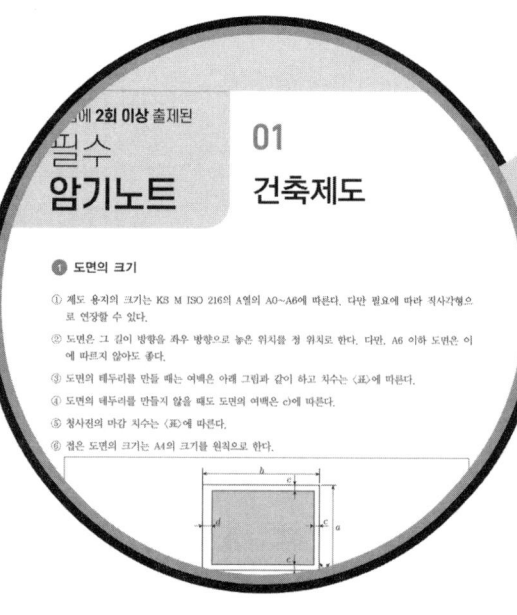

필수암기노트

반드시 알고 넘어가야 하는 핵심적인 내용을 일목요연하게 정리하여 학습의 맥을 잡아드립니다.

기출예상문제

그동안 실시되어 온 기출문제의 유형을 파악하고 출제가 예상되는 핵심영역에 대하여 다양한 유형의 문제로 재구성하였습니다.

CONTENTS

PART 01   **건축제도**

필수암기노트 ·· 8

기출예상문제 ·· 18

PART 02   **건축계획**

필수암기노트 ·· 44

기출예상문제 ·· 80

PART 03   **건축구조**

필수암기노트 ·· 116

기출예상문제 ·· 172

PART 04   **건축재료**

필수암기노트 ·· 202

기출예상문제 ·· 218

PART 05   **건축시공**

필수암기노트 ·· 246

기출예상문제 ·· 259

PART 06   **건축법규**

필수암기노트 ·· 298

기출예상문제 ·· 319

건축제도

01
건축제도

① 도면의 크기

① 제도 용지의 크기는 KS M ISO 216의 A열의 A0~A6에 따른다. 다만 필요에 따라 직사각형으로 연장할 수 있다.

② 도면은 그 길이 방향을 좌우 방향으로 놓은 위치를 정 위치로 한다. 다만, A6 이하 도면은 이에 따르지 않아도 좋다.

③ 도면의 테두리를 만들 때는 여백은 아래 그림과 같이 하고 치수는 〈표〉에 따른다.

④ 도면의 테두리를 만들지 않을 때도 도면의 여백은 c)에 따른다.

⑤ 청사진의 마감 치수는 〈표〉에 따른다.

⑥ 접은 도면의 크기는 A4의 크기를 원칙으로 한다.

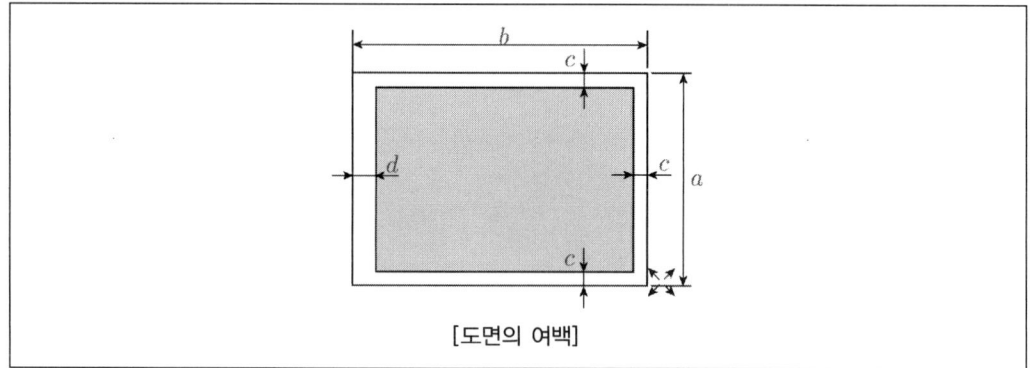

[도면의 여백]

〈표〉 제도지의 치수

단위 : mm

제도지의 치수		A0	A1	A2	A3	A4	A5	A6
$a \times b$		$841 \times 1,189$	594×841	420×594	297×420	210×297	148×210	105×148
c(최소)		10	10	10	5	5	5	5
d (최소)	묶지 않을 때	10	10	10	5	5	5	5
	묶을 때	25	25	25	25	25	25	25

❷ 투상법

① 투상법은 제3각법으로 작도함을 원칙으로 한다.

② **투상면의 명칭**

　㉠ A 방향의 투상면 = 정면도

　㉡ B 방향의 투상면 = 평면도

　㉢ C 방향의 투상면 = 좌측면도

　㉣ D 방향의 투상면 = 우측면도

　㉤ E 방향의 투상면 = 배면도

　㉥ 다만, 방향에 따라 남쪽 입면도, 서쪽 입면도, 동쪽 입면도, 북쪽 입면도 등으로 표시하여도 좋다.

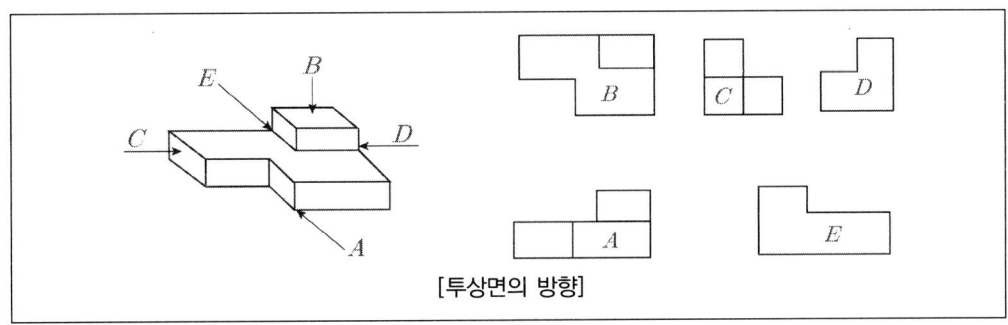

[투상면의 방향]

③ 도면의 방향

① 평면도, 배치도 등은 북을 위로 하여 작도함을 원칙으로 한다.

② 입면도, 단면도 등은 위아래 방향을 도면지의 위아래와 일치시키는 것을 원칙으로 한다.

④ 척도

① 도면에는 척도를 기입하여야 한다. 한 도면에 서로 다른 척도를 사용하였을 때는 각 도면마다 또는 표제란의 일부에 척도를 기입하여야 한다. 그림의 형태가 치수에 비례하지 않을 때는 "NS(No Scale)"로 표시한다.

② 사진 및 복사에 의해 축소 또는 확대되는 도면에는 그 척도에 따라 자의 눈금 일부를 기입한다.

③ 척도의 종류는 실척, 축척, 배척으로 구분하며, 목적에 따라 다음의 것에서 선택 사용한다.

   ㉠ 실척 : 1/1

   ㉡ 축척 : 1/2, 1/3, 1/4, 1/5, 1/10, 1/20, 1/25, 1/30, 1/40, 1/50, 1/100, 1/200, 1/250, 1/300, 1/500, 1/600, 1/1,000, 1/1,200, 1/2,000, 1/2,500, 1/3,000, 1/5,000, 1/6,000

   ㉢ 배척 : 2/1, 5/1

⑤ 경사

① 경사 지붕, 바닥, 경사로 등의 경사는 모두 경사각으로 이루어지는 밑변에 대한 높이의 비로 표시하고, "경사"의 다음에 분자를 1로 한 분수로 표시한다.

   예 경사 1/8, 경사 1/20, 경사 1/150

② 지붕은 10을 분모로 하여 표시할 수 있다.

   예 경사 1/10, 경사 2.5/10, 경사 4/10

③ 경사는 각도로 표시하여도 좋다.

   예 경사 30°, 경사 45°

6 선

선의 종류 및 사용법은 다음 표에 따르고, 배치도·구조도·계통도·외형도·측량도 등에는 필요에 따라 이외의 선을 사용할 수 있다.

〈표〉 선의 종류와 사용방법

선의 종류		사용 방법(표기)
실선	▬▬▬▬▬	단면의 윤곽 표시
	—————	보이는 부분의 윤곽 표시 또는 좁거나 작은 면의 단면 부분 윤곽 표시
	————	치수선, 치수 보조선, 인출선, 격자선 등의 표시
파선 또는 점선	— — — — —	보이지 않는 부분이나 절단면보다 양면 또는 윗면에 있는 부분의 표시
1점 쇄선	—·—·—·—	중심선, 절단선, 기준선, 경계선, 참고선 등의 표시
2점 쇄선	—··—··—··	상상선 또는 1점 쇄신과 구별할 필요가 있을 때

7 글자

① 글자는 명백히 쓴다.

② 문장은 왼쪽에서부터 가로쓰기를 원칙으로 한다. 다만, 가로쓰기가 곤란할 때에는 세로쓰기로 할 수 있다. 여러 줄일 때에는 가로쓰기로 한다.

③ 숫자는 아라비아 숫자를 원칙으로 한다.

④ 글자체는 수직 또는 15° 경사의 고딕체로 쓰는 것을 원칙으로 한다.

⑤ 글자의 크기는 각 도면의 상황에 맞추어 알아보기 쉬운 크기로 한다.

⑥ 4자리 이상의 수는 3자리마다 휴지부를 찍거나 간격을 둠을 원칙으로 한다. 다만, 4자리의 수는 이에 따르지 않아도 좋다. 소수점은 밑에 찍는다.

⑦ CAD 도면 작성에 따른 문자의 크기는 KS F 1541에 따른다.

8 치수

① 치수는 특별히 명시하지 않는 한, 마무리 치수로 표시한다.

② 치수 기입은 치수선 중앙 윗부분에 기입하는 것이 원칙이다. 다만, 치수선을 중단하고 선의 중앙에 기입할 수도 있다.

③ 치수 기입은 치수선에 평행하게 도면의 왼쪽에서 오른쪽으로, 아래로부터 위로 읽을 수 있도록 기입한다.

④ 협소한 간격이 연속될 때에는 인출선을 사용하여 치수를 쓴다.

⑤ 치수선의 양 끝은 그림과 같이 표시한다. 치수선의 양 끝 표시는 화살 또는 점으로 표시할 수 있다. 같은 도면에서 2종을 혼용하지 않는다.

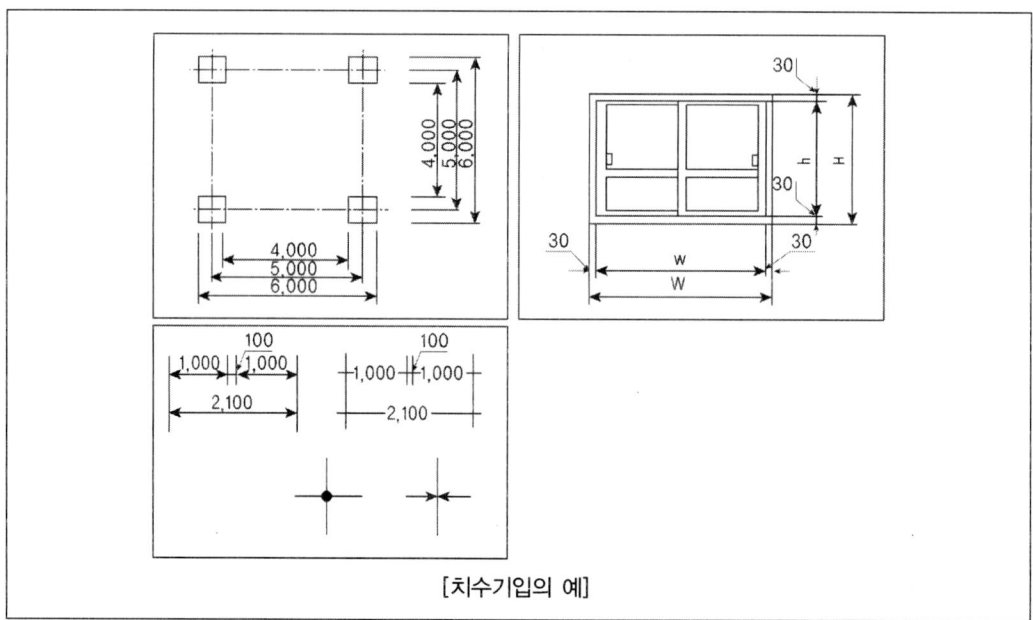

[치수기입의 예]

⑥ 치수의 단위는 밀리미터(mm)를 원칙으로 하고, 이때 단위 기호는 쓰지 않는다. 치수 단위가 밀리미터가 아닌 때에는 단위 기호를 쓰거나 그 밖의 방법으로 그 단위를 명시한다.

⑨ 도면의 변경

도면을 변경할 때에는 변경한 부분에 적당한 기호를 써 넣고, 변경 전의 모양 및 숫자를 보존하고 변경의 목적, 이유 등을 명백히 한 후 변경 부분을 별도로 표시한다.

⑩ 표제란

① 도면의 아래 끝에 표제란을 설정하고, 기관 정보, 개정 관리 정보, 프로젝트 정보, 도면 정보, 도면 번호 등을 기입하는 것을 원칙으로 한다.

② 보기, 그 밖의 주의 사항은 표제란 부근에 기입함을 원칙으로 한다.

⑪ 도면 표시 기호

① 도면 중에 쓰는 표시 기호는 아래 그림을 원칙으로 한다.

L	길이	▲	主 출입구
H	높이	▲	副 출입구
W	폭	① ②	제1 제2
TH	두께	S · 1 : 200	축적 1/200
Wt	무게	0 ──── 5 ──── 10m	축척
A	면적	▲Ⓐ	단면의 위치방향
V	용적		
D. ϕ	지름	◭Ⓑ	입면의 방향
R	반지름		

[일반 기호]

② 평면 표시 기호는 축척 1/20, 1/50, 1/100 및 1/200 도면에 쓰는 것을 원칙으로 한다. 평면도 명칭 부근에 면적을 기입하는 것이 좋다.

③ 표시 기호 표에 없는 것은 축척에 따라 실형을 그리고 필요한 설명을 기입한다.

④ 표시 기호에 없는 것으로 표시 기호 표에 비슷한 것이 있을 때에는 설명을 기입하여 대용할 수 있다.

문		창	
출입구 일반	일반 / 바닥차 있을 때 / 문턱 있을 때	창 일반	
여닫이문	외여닫이문 / 쌍여닫이문 / 자재 여닫이문 / 쌍여닫이 방화문	여닫이창	외여닫이창 / 쌍여닫이창
미닫이문	외미닫이문 / 쌍미닫이문	미닫이창	외미닫이창 / 쌍미닫이창
미서기문	두 짝 미서기문 / 네 짝 미서기문	미서기창	두 짝 미서기창 / 네 짝 미서기창
회전문		회전창	
붙박이문		붙박이창	
망사문		망사창	
셔터 달린 문		셔터 달린 창	
접이문		오르내리 창	
주름문		창살 댄 창	
연속문		연속창	
계단 오름 표시	내림(DN) / 오름(UP)	미들창	

[평면 표시 기호]

축적 정도별 구분 표시 사항	축척 1/100 또는 1/200일 때	축척 1/20 또는 1/50일 때
벽 일반		
철근 콘크리트 기둥 및 철근 콘크리트 벽		
철근 콘크리트 기둥		
철골 기둥 및 장막벽		
블록벽		
벽돌벽		

[재료의 평면 표시]

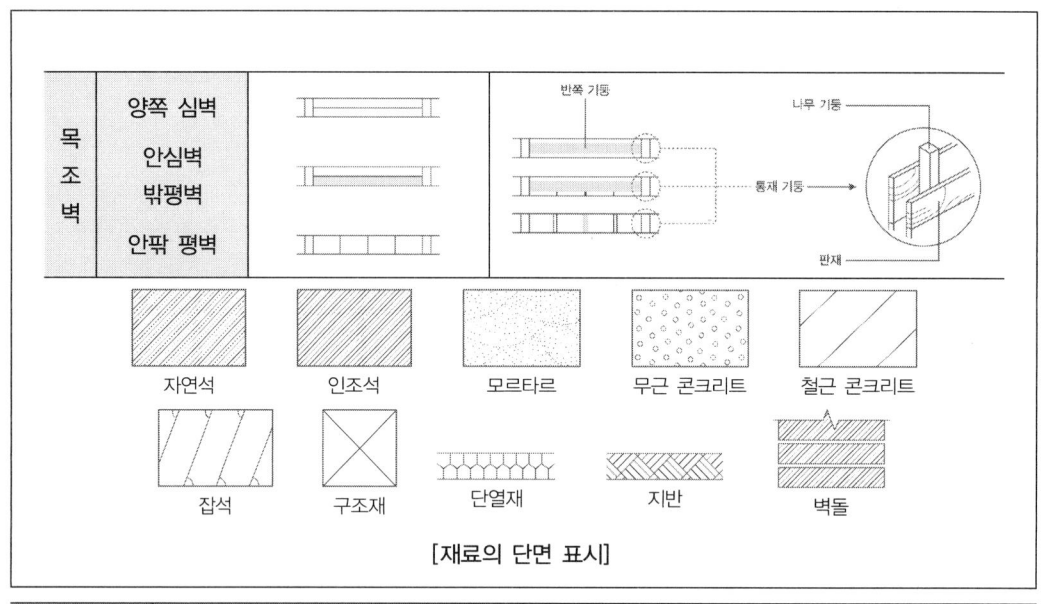

[재료의 단면 표시]

명칭	평면	입면	명칭	평면	입면
출입구 일반			미세기문		
회전문			미닫이문		
쌍여닫이문			셔터		
접이문			반지문		
여닫이문			자재문		
주름문			방화벽과 쌍여닫이문		

[문 기호]

명칭	평면	입면	명칭	평면	입면
창 일반			망사창		
회전창 또는 돌출창			여닫이창		
오르내리창			셔터창		
격자창			미세기창		
쌍여닫이창			붙박이창		FIX

[창 기호]

1 건축제도에서 보이지 않는 부분을 표시하는데 사용되는 선의 종류로 옳은 것은?

한국철도시설공단

① 실선 ② 파선
③ 1점 쇄선 ④ 2점 쇄선

2 건축제도 통칙인 KS F 1501에 정의된 축척의 종류에 해당하지 않는 것은?

한국철도시설공단

① $\dfrac{1}{20}$ ② $\dfrac{1}{25}$

③ $\dfrac{1}{40}$ ④ $\dfrac{1}{60}$

3 건축도면에 사용하는 글자에 대한 설명으로 옳지 않은 것은?

부산시설공단

① 글자의 크기는 각 도면의 상황에 맞추어 알아보기 쉬운 크기로 한다.
② 글자체는 고딕체로 쓰는 것을 원칙으로 한다.
③ 문장은 왼쪽에서부터 가로쓰기를 원칙으로 한다.
④ 글자체는 수직 또는 30° 경사로 쓰는 것을 원칙으로 한다.

✅ **ANSWER** | 1.② 2.④ 3.④

1 ① 점선과 가는 선으로 구분하며 주로 단면선, 파단선, 치수선, 인출선, 지시선 등을 표시한다.
② 물체의 보이지 않는 부분을 표시한다.
③ 중심선, 절단선, 기준선 등을 표시한다.
④ 1점 쇄선과 구분하여 사용하며, 물체가 있는 가상선을 표시한다.

2 KS F 1501에 정의된 축척의 종류…1/2, 1/3, 1/4, 1/5, 1/10, 1/20, 1/25, 1/30, 1/40, 1/50, 1/100, 1/200, 1/250, 1/300, 1/500, 1/600, 1/1,000, 1/1,200, 1/2,000, 1/2,500, 1/3,000, 1/5,000, 1/6,000

3 글자체는 수직 또는 15° 경사의 고딕체로 쓰는 것을 원칙으로 한다.

4 건축제도에서 원칙으로 하는 치수의 단위는?

부산교통공사

① μm   ② cm

③ mm   ④ m

5 다음 도면의 방향에 대한 설명 중 ( ) 안에 들어갈 알맞은 말은?

부산교통공사

> 평면도, 배치도 등은 ( )을/를 위로 하여 작도함을 원칙으로 한다.

① 동   ② 서

③ 남   ④ 북

6 한국산업규격에서 토목, 건축 분야 통칙의 기호로 옳은 것은?

① KS A   ② KS B

③ KS F   ④ KS E

⑤ KS M

7 다음 중 도면에서 가장 굵게 표시하여야 할 선은?

① 외형선   ② 단면선

③ 치수선   ④ 보조설명선

⑤ 참고선

✔ **ANSWER** | 4.③ 5.④ 6.③ 7.②

4 건축제도에서 사용하는 치수의 단위는 원칙적으로 mm를 기준으로 한다.

5 도면의 방향
  ⊙ 평면도, 배치도 등은 북을 위로 하여 작도함을 원칙으로 한다.
  ⓒ 입면도, 단면도 등은 위아래 방향을 도면지의 위아래와 일치시키는 것을 원칙으로 한다.

6 ① 기본 부문   ② 기계 부문   ③ 토건 부문   ④ 광산 부문   ⑤ 화학 부문

7 실선의 전선은 단면선, 외형선에 사용하며 단면선을 굵게 한다.

8 다음 중 선의 종류가 실선이 아닌 것은?

① 치수선

② 치수보조선

③ 단면선

④ 경계선

⑤ 인출선

9 건축 도면에서 물체의 보이지 않는 부분을 나타내는 선은 무엇인가?

① 파선

② 파단선

③ 상상선

④ 1점 쇄선

10 다음 중 가는 실선으로 표현해야 하는 것은?

① 단면선

② 중심선

③ 상상선

④ 치수선

⑤ 외형선

11 배치도에 대지 경계선을 표시할 경우 사용하여야 하는 선은?

① 파선

② 실선

③ 1점 쇄선

④ 2점 쇄선

⑤ 무게중심선

12 물체의 절단 위치를 표시하거나 경계선 등으로 표시할 때 사용하는 선은?

① 가는 실선

② 굵은 실선

③ 파선

④ 1점 쇄선

⑤ 2점 쇄선

ⓥ ANSWER | 8.④ 9.① 10.④ 11.③ 12.④

8 경계선은 허선의 1점 쇄선을 사용한다.

9 물체의 보이지 않는 부분을 나타낼 때 사용하는 선은 파선이다.

10 치수선, 치수보조선, 인출선, 지시선, 해칭선 등은 가는 실선으로 표현하여야 한다.

11 일반적으로 배치도에서 대지경계선을 표시할 경우 1점 쇄선의 반선을 사용한다.

12 1점 쇄선의 가는 선은 중심선, 대칭선, 기준선에 사용하며, 1점 쇄선의 반선은 절단선, 경계선, 기준선에 사용한다.

13 도면에서 절단 부분을 표시하는 데 사용하는 선은 무엇인가?

① 파선   ② 가는 실선
③ 굵은 실선   ④ 1점 쇄선
⑤ 2점 쇄선

14 다음 중 도면에서 기준선으로 사용하는 선은?

① 실선   ② 점선
③ 1점 쇄선   ④ 파선
⑤ 2점 쇄선

15 다음 중 도면에서 상상선 또는 1점 쇄선과 구별할 필요가 있을 경우 사용하는 선은?

① 파선   ② 파단선
③ 점선   ④ 2점 쇄선

16 도면 작성 시 선의 종류와 용도의 연결이 잘못 짝지어진 것은?

① 가는 실선 – 치수선   ② 굵은 실선 – 단면선
③ 2점 쇄선 – 상상선   ④ 1점 쇄선 – 가상선

ANSWER | 13.④   14.③   15.④   16.④

13 1점 쇄선의 가는 선은 중심선, 대칭선, 기준선에 사용하며, 1점 쇄선의 반선은 절단선, 경계선, 기준선에 사용한다.

14 기준선에는 1점 쇄선의 반선을 사용한다.

15 물체가 있는 것으로 가상되는 부분을 표시하거나 1점 쇄선과 구별할 필요가 있는 경우 2점 쇄선을 사용한다.

16 1점 쇄선의 사용
    ㉠ 가는 선 : 중심선, 대칭선, 기준선에 사용
    ㉡ 반선 : 절단선, 경계선, 기준선에 사용

17 건축제도 시 선의 사용용도에 대한 설명으로 옳지 않은 것은?

① 점선은 보이지 않는 부분의 모양을 표시하는 데 사용한다.

② 1점 쇄선은 중심선, 절단선, 기준선, 경계선 등에 사용한다.

③ 선은 단면선, 윤곽선, 평면상의 구획선, 보조설명선의 차례로 가늘게 함을 원칙으로 한다.

④ 실선은 보이는 부분의 모양을 표시하는 선이며 굵은 선으로 표시한다.

18 건축제도에서 사용하는 선의 용도에 대한 설명으로 옳지 않은 것은?

① 1점 쇄선은 중심선, 절단선, 기준선, 경계선 등에 사용한다.

② 파선은 치수보조선, 인출선, 격자선에 사용한다.

③ 점선은 보이지 않는 부분의 모양을 표시하는데 사용한다.

④ 실선은 단면의 윤곽 표시에 사용한다.

19 건축 도면 작성에서 사용하는 선에 대한 설명으로 옳지 않은 것은?

① 실선 – 물체의 단면, 외형을 표시하는 선

② 쇄선 – 기준, 경계, 중심을 표시하는 선

③ 파선 – 선이나 면을 전체적으로 표현할 필요 없이 생략할 때 사용하는 선

④ 지시선 – 특정 부분을 지적하여 설명하거나 표시할 때 사용하는 선

ⓒ ANSWER | 17.④ 18.② 19.③

17 실선은 굵은 선과 가는 선으로 구분하며, 굵은 선은 단면선, 외형성, 물체의 보이는 부분을 나타내며, 단면선과 외형선으로 구별하여 사용한다.

18 치수선, 치수보조선, 인출선, 해칭선 등은 가는 실선으로 나타낸다.

19 ③ 파단선에 대한 설명이다.
파선은 물체의 보이지 않는 부분을 표시하는 데 사용한다.

20 다음 중 건축제도에 사용되는 선의 용도에 대한 설명이 잘못된 것은?

① 굵은 실선은 물체나 도형의 외형 또는 단면을 나타내는 데 사용한다.

② 파선은 보이지 않는 부분을 표시할 때 사용한다.

③ 1점 쇄선은 물체 또는 도형의 단면을 표시할 때 사용한다.

④ 2점 쇄선은 1점 쇄선과 구분할 필요가 있을 때 사용한다.

21 다음 중 도면에 사용되는 지시선에 대한 설명으로 틀린 것은?

① 수평 또는 수직으로 긋지 않는다.

② 지시되는 쪽의 화살표를 점으로 대신 할 수 있다.

③ 60°로 그을 수 없는 경우에는 30°, 45°로 그어도 된다.

④ 2개 이상의 지시선을 그릴 경우 서로 다른 각도로 그어야 한다.

22 건축도면 작성 시 선 그리는 방법으로 옳지 않은 것은?

① 선과 선이 각을 이루어 만나는 곳은 정확하게 작도가 되도록 한다.

② 선의 굵기를 조절하기 위해 중복하여 여러 번 긋지 않도록 한다.

③ 파선이나 점선은 선의 길이와 간격이 일정해야 한다.

④ 선 굵기는 도면의 축척이 다르더라도 항상 일정해야 한다.

23 건축도면 작성시 선긋기의 방법으로 틀린 내용은?

① 용도에 따라 선의 굵기는 구분하여야 한다.

② 축척과 도면의 크기가 변화하더라도 선 굵기의 변화는 없어야 한다.

③ 각을 이루어 만나는 부분은 정확히 선을 그어야 한다.

④ 한 번 그은 선은 중복해서 긋지 않아야 한다.

⊘ ANSWER ｜ 20.③ 21.④ 22.④ 23.②

20 1점 쇄선의 가는 선은 중심선, 대칭선, 기준선에, 반선은 절단선, 경계선, 기준선에 사용한다.

21 2개의 지시선을 그을 경우에는 각도를 동일하게 하여야 한다.

22 축척과 도면의 크기에 따라 선의 굵기는 달라져야 한다.

23 축척과 도면의 크기에 따라 선의 굵기는 달라져야 한다.

24 도면에 선 그리는 방법으로 볼 수 없는 것은?

① 시작부터 끝까지 일정한 힘을 주어 일정한 속도로 그려야 한다.

② 선의 굵기는 축척과 도면의 크기에 관계없이 일정해야 한다.

③ 한 번 그은 선은 중복해서 긋지 않아야 한다.

④ 굵은 선의 굵기는 0.8mm 정도로 한다.

25 건축도면 작성시 일반적으로 사용하는 길이의 단위로 옳은 것은?

① cm   ② mm

③ m   ④ km

⑤ μm

26 치수보조선은 치수를 나타내는 부분의 양 끝에서 어느 정도 간격을 두고 그려야 하는가?

① 0.5 ~ 1mm   ② 2 ~ 3mm

③ 5 ~ 6mm   ④ 9 ~ 10mm

⑤ 15 ~ 20mm

27 치수표기 방법으로 옳지 않은 것은?

① 치수는 특별히 명시하지 않는 이상 마무리 치수로 표시하는 것이 옳다.

② 치수 기입은 치수선에 평행하게 도면의 왼쪽에서 오른쪽으로, 아래에서 위로 읽을 수 있도록 기입한다.

③ 협소한 간격이 연속될 경우 인출선을 사용하여 치수를 기입한다.

④ 치수 기입은 치수선을 중단하고 선의 중앙에 기입하는 것이 원칙이다.

 ANSWER | 24.② 25.② 26.② 27.④

24 축척과 도면의 크기에 따라 선의 굵기는 달라져야 한다.

25 제도 통칙에 있어 치수의 단위는 mm를 사용한다.

26 치수보조선은 치수선에 직각이 되도록 그려야 하며, 2 ~ 3mm 정도 간격을 두어야 한다. 일반적으로 치수보조선의 끝은 치수선 너비로부터 약 3mm 정도 더 나오도록 그리는 것이 좋다.

27 치수 기입시 치수선 위의 가운데에 기입하여야 하며 특별히 명시하지 않을 경우 마무리 치수로 기입한다.

28 도면의 치수 표시방법에 대한 설명으로 틀린 것은?

① 치수선에 따라 도면에 평행하도록 표기한다.

② 보는 사람의 입장을 생각해서 명확하게 표기한다.

③ 계산을 하지 않으면 알 수 없을 정도로 애매하게 치수를 기입해서는 안 된다.

④ 경사 지붕의 물매는 분자를 1로 한 분수로 표기한다.

29 건축도면 제도시 글자에 대한 설명으로 옳지 않은 것은?

① 글자는 명확하게 쓰도록 한다.

② 문장은 왼쪽에서 오른쪽으로 가로쓰기를 한다.

③ 글자체는 고딕체로 하며 수직 또는 15° 경사로 쓴다.

④ 글자의 크기는 폭에 의하여 결정한다.

30 다음은 건축 제도에서 사용하는 글자에 대한 설명이다. 옳지 않은 것은?

① 숫자는 아라비아 숫자로 표기한다.

② 문장은 왼쪽에서부터 가로쓰기를 원칙으로 한다.

③ 글자체는 명조체로 하며 수직 또는 15° 경사로 쓰는 것이 원칙이다.

④ 글자의 크기는 각 도면의 상황에 맞게 사용하여도 된다.

31 도면 표시 기호에 대한 설명으로 옳은 것은?

① 치수보조선은 도면에서 2~3mm 떨어져 긋는다.

② 반지름을 나타내는 기호는 ϕ이다.

③ 도면에 표시된 기호는 치수 뒤에 기입한다.

④ 화살표의 크기는 글자 크기와 조화되도록 한다.

ⓒ **ANSWER** | 28.④   29.④   31.③   31.②

28 지붕의 물매는 분모를 10으로 한 분수로 표기한다.

29 글자의 크기는 높이로 표시한다.

30 글자체는 고딕체로 하여야 한다.

31 반지름을 나타내는 기호는 R이다.

32 건축제도 시 알아야 할 사항으로 옳은 것은?

① 제도용지의 치수 중 가장 큰 것은 A1이다.

② 도면에 표시하는 글자는 쓰기 쉽고, 읽기 쉬우며 독창적이고 특징이 있는 것이어야 한다.

③ 선은 모양 및 굵기에 따라 용도가 다르다.

④ 표제란은 일반적으로 도면의 좌측 상단에 표기한다.

33 건축도면 작성 시 도면에 척도를 기입해야 하는데, 그림의 형태가 치수에 비례하지 않을 경우 표시하는 방법으로 옳은 것은?

① US   ② DS

③ NS   ④ KS

⑤ WS

34 실제 길이가 16m인 것을 1 : 200의 축척으로 바르게 표시한 것은?

① 0.8mm   ② 8mm

③ 80mm   ④ 800mm

⑤ 8,000mm

ANSWER | 32.③ 33.③ 34.③

32 ① 제도용지의 치수 중 가장 큰 것은 B0이다.
② 도면에 표시하는 글자는 고딕체를 원칙으로 한다.
④ 표제란은 일반적으로 도면의 우측 하단에 표기한다.

33 NS(No Scale)은 그림의 형태가 치수에 비례하지 않을 경우 표시하는 방법이다.

34 축척$=\dfrac{\text{도면상의 길이}}{\text{실제의 길이}}$

도면상의 길이＝실제의 길이×축척

16m는 16,000mm이며 1/200으로 축소를 해야 하므로

$16,000 \times \dfrac{1}{200} = 80\,mm$

35 KS 건축제도통칙에 의해 규정된 축척의 종류가 아닌 것은?

① $\dfrac{5}{1}$ ② $\dfrac{1}{6,000}$

③ $\dfrac{1}{25}$ ④ $\dfrac{1}{400}$

⑤ $\dfrac{1}{1,200}$

36 다음에서 설명하는 설계도는 무엇인가?

사람이나 차 또는 화물 등의 흐름을 도식화하여 기능도, 조직도를 바탕으로 관찰하고, 흐름의 원칙을 따르도록 한다.

① 조직도   ② 구상도
③ 동선도   ④ 면적 도표

37 다음 중 기본 설계도에 해당하지 않는 것은?

① 배치도   ② 단면도
③ 평면도   ④ 구조도

⊘ ANSWER | 35.④ 36.③ 37.④

35 척도의 종류는 실척, 축척, 배척으로 구분하며, 목적에 따라 다음의 것에서 선택 사용한다.
ㄱ 실척 : 1/1
ㄴ 축척 : 1/2, 1/3, 1/4, 1/5, 1/10, 1/20, 1/25, 1/30, 1/40, 1/50, 1/100, 1/200, 1/250, 1/300, 1/500, 1/600, 1/1,000, 1/1,200, 1/2,000, 1/2,500, 1/3,000, 1/5,000, 1/6,000
ㄷ 배척 : 2/1, 5/1

36 ① 평면 계획에서 각 실의 용도나 내용의 관련성을 정리한 도면을 말한다.
② 가장 기초적인 도면으로 모눈종이, 스케치북 등에 프리핸드로 그리는 것이다.
③ 사람이나 차 또는 화물 등의 흐름을 도식화하여 나타낸 것이다.
④ 전체 면적 중 각 소요실의 비율이나 계단, 복도 등의 공동부분의 비율을 산출하는 것이다.

37 ④는 실시 설계도에 해당한다.

38 건축 도면에서 실시 설계도에 해당하는 것은?

① 구상도
② 전개도
③ 동선도
④ 조직도
⑤ 기능도

39 건축도면을 일반도와 구조 설계도로 구분할 경우 일반도에 해당하지 않는 것은?

① 구조 상세도
② 단면도
③ 배치도
④ 평면도

40 설계 도면의 분류 시 실시 설계도 중 구조도에 해당하는 것은?

① 구조 상세도
② 창호도
③ 단면도
④ 배치도

41 건축도면의 투상법은 제 몇 각법을 원칙으로 하는가?

① 제1각법
② 제2각법
③ 제3각법
④ 제4각법

Ⓥ ANSWER | 38.② 39.① 40.① 41.③

38 도면의 종류
- ㉠ 계획 설계도 : 구상도, 조직도, 구역도, 기능도, 동선도
- ㉡ 기본 설계도 : 배치도, 평면도, 입면도, 단면도, 투시도
- ㉢ 실시 설계도 : 배치도, 평면도, 입면도, 단면 상세도, 부분 상세도, 전개도, 창호도 등

39 실시 설계도의 일반도의 종류 … 배치도, 평면도, 입면도, 단면도, 천장도 등

40 실시 설계도의 종류
- ㉠ 일반도 : 배치도, 평면도, 입면도, 단면도 등
- ㉡ 구조도 : 각 부 구조 평면도, 각 부 구조 일람표, 구조 상세도 등
- ㉢ 설비도 : 전기설비도, 위생설비도, 냉·난방설비도, 환기설비도, 승강기설비도 등

41 투상법은 제3각법으로 작도함을 원칙으로 한다.

42 도면을 작도할 경우 북을 위로 하여 작도하여야 하는 것은?

① 입면도, 평면도
② 단면도, 배치도
③ 평면도, 단면도
④ 평면도, 배치도

43 다음은 단면재료의 표시기호이다. 구조용으로 사용하는 목재의 표시방법으로 옳은 것은?

①
②
③
④

44 다음의 단면용 재료 표시 기호 중 벽돌에 해당하는 것은?

①
②
③
④

ANSWER | 42.④ 43.② 44.④

42 도면의 방향
ⓐ 평면도, 배치도 등은 북을 위로 하여 작도함을 원칙으로 한다.
ⓑ 입면도, 단면도 등은 위아래 방향을 도면지의 위아래와 일치시키는 것을 원칙으로 한다.

43 ① 인조석
② 구조재
③ 모르타르
④ 철근 콘크리트

44 ① 잡석
② 무근 콘크리트
③ 구조재
④ 벽돌

45 건축도면에 사용되는 글자에 대한 설명으로 틀린 것은?

① 숫자는 로마 숫자를 원칙으로 쓴다.

② 문장은 왼쪽에서부터 가로쓰기를 한다.

③ 글자체는 수직 또는 15° 경사의 고딕체로 쓴다.

④ 글자의 크기는 각 도면의 상황에 맞추어 알아보기 쉽게 한다.

46 다음 중 단면도에 표기되는 사항과 거리가 먼 것은?

① 층높이　　　　　　　　　　② 부지경계선

③ 창대높이　　　　　　　　　　④ 지반에서 1층 바닥까지의 높이

47 투시도에 사용되는 용어의 기호 표시가 잘못된 것은?

① 화면 – P.P　　　　　　　　② 기선 – G.L

③ 시점 – V.P　　　　　　　　④ 수평선 – H.L

48 다음 중 도면에서 가장 굵은 선으로 표현해야 할 것은?

① 치수선　　　　　　　　　　② 경계선

③ 기준선　　　　　　　　　　④ 단면선

ANSWER | 45.① 46.② 47.③ 48.④

45 숫자는 아라비아 숫자를 원칙으로 쓴다. 4자리 이상의 수는 3자리마다 휴지부를 찍거나 간격을 둠을 원칙으로 한다.

46 단면도는 건물의 높이, 층고, 처마높이, 창대높이 등을 표기한다.

47 V.P(Vanishing point)는 소점을 의미하며, 소점은 모든 선이 한 점을 향하여 모이는 점을 말한다.
① Picture plane은 대상물과 관찰자 사이에 놓여진 수직면을 의미하며 화면이라 한다.
② Ground line은 기면과 화면이 접하는 선으로 기선이라 한다.
④ Horizontal line은 화면에 있어서 시점의 높이와 같은 수평선을 말한다.

48 도면에서 가장 중요한 정보일수록 굵은 선을 사용한다.
㉠ 굵은 선 : 단면선이라고 하며, 도면의 핵심정보를 표현하는 선이다
㉡ 중간선 : 입면선이라고 하며, 굵은 선인 단면선 다음으로 중요한 선이다.
㉢ 얇은 선 : 보조선이나, 마감선이라고 하며, 부수적인 정보를 표현하는 선이다.

49 건축도면의 표시기호와 표시사항의 연결이 옳지 않은 것은?

① V − 용적 ② Wt − 너비

③ ϕ − 지름 ④ THK − 두께

50 다음 중 단면도를 그릴 때 가장 먼저 이루어져야 하는 것은?

① 지반선의 위치를 결정한다.

② 마루, 천장의 윤곽선을 그린다.

③ 기둥의 중심선을 1점 쇄선으로 그린다.

④ 내 · 외벽, 지붕을 그리고 필요한 치수를 기입한다.

51 일반 평면도의 표현 내용에 속하지 않는 것은?

① 실의 크기 ② 보의 높이 및 크기

③ 창문과 출입구의 구별 ④ 개구부의 위치 및 크기

52 다음 중 계획 설계도에 속하는 것은?

① 동선도 ② 배치도

③ 전개도 ④ 평면도

ANSWER | 49.② 50.① 51.② 52.①

49 ② Wt는 무게를 나타내는 도면 영문 약자이다.

50 단면도 그리는 순서
  ㉠ 단면도의 크기를 고려하여 도면의 배치를 정한다.
  ㉡ 지반선과 기준선의 위치를 결정한다.
  ㉢ 기둥이나 벽의 중심선을 1점 쇄선으로 긋는다.
  ㉣ 지반선에서 각 부분의 높이를 차례로 그리고, 마감 두께를 포함한 바닥판의 두께를 가는 선으로 긋는다.
  ㉤ 기둥과 벽의 중심에서 기둥과 벽의 크기를 그리고, 창틀, 문틀 등의 위치를 결정한다.

51 평면도에는 실의 배치와 넓이, 개구부의 위치나 크기, 창문과 출입구의 구별, 기둥, 벽, 바닥, 계단 이외의 부대설비 및 마무리 등을 KS F 1501에 따라 표시하고 요소에는 실명, 치수, 설명 등을 기입한다.

52 도면의 종류
  ㉠ **계획 설계도** : 구상도, 조직도, 구역도, 기능도, 동선도
  ㉡ **기본 설계도** : 배치도, 평면도, 입면도, 단면도, 투시도
  ㉢ **실시 설계도** : 배치도, 평면도, 입면도, 단면상세도, 부분상세도, 전개도, 창호도 등

53 건축제도에서 치수 기입에 관한 설명으로 옳지 않은 것은?

① 치수는 특별히 명시하지 않는 한, 마무리 치수로 표시한다.

② 협소한 간격이 연속될 때에는 인출선을 사용하여 치수를 쓴다.

③ 치수 기입은 치수선을 중단하고 선의 중앙에 기입하는 것이 원칙이다.

④ 치수의 단위는 밀리미터(mm)를 원칙으로 하고, 이때 단위 기호는 쓰지 않는다.

54 다음과 같은 창호의 평면 표시 기호의 명칭으로 옳은 것은?

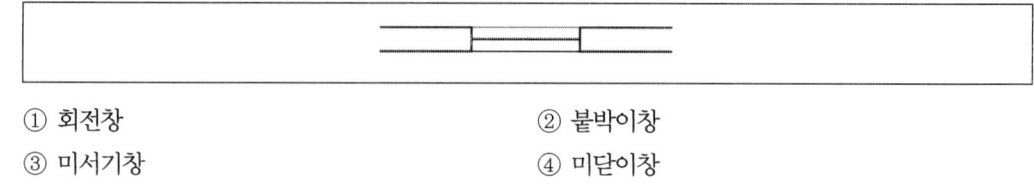

① 회전창   ② 붙박이창
③ 미서기창   ④ 미닫이창

✅ **ANSWER** | 53.③ 54.②

53 치수 기입
㉠ 치수는 특별히 명시하지 않는 한, 마무리 치수로 표시한다.
㉡ 치수 기입은 치수선 중앙 윗부분에 기입하는 것이 원칙이다. 다만, 치수선을 중단하고 선의 중앙에 기입할 수도 있다.
㉢ 치수 기입은 치수선에 평행하게 도면의 왼쪽에서 오른쪽으로, 아래로부터 위로 읽을 수 있도록 기입한다.
㉣ 협소한 간격이 연속될 때에는 인출선을 사용하여 치수를 쓴다.
㉤ 치수선의 양 끝 표시는 화살 또는 점으로 표시할 수 있다. 같은 도면에서 2종을 혼용하지 않는다.
㉥ 치수의 단위는 밀리미터(mm)를 원칙으로 하고, 이때 단위 기호는 쓰지 않는다. 치수 단위가 밀리미터가 아닌 때에는 단위 기호를 쓰거나 그 밖의 방법으로 그 단위를 명시한다.

54
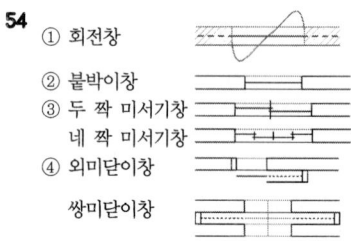

① 회전창
② 붙박이창
③ 두 짝 미서기창
   네 짝 미서기창
④ 외미닫이창
   쌍미닫이창

55 건축제도에서 반지름을 표시하는 기호는?

① D

② ϕ

③ R

④ W

56 다음 중 단면도에 표시되는 사항은?

① 반자높이

② 주차동선

③ 건축면적

④ 대지경계선

57 건축허가신청에 필요한 설계도서에 속하지 않는 것은?

① 배치도

② 평면도

③ 투시도

④ 건축계획서

55 ①② 지름
③ 반지름
④ 폭

56 단면도에는 건축물의 높이, 각층의 높이 및 반자높이를 표시하여야 한다.
② 배치도
③ 건축계획서
④ 배치도

57 건축허가신청 시 필요한 설계도서의 종류
ㄱ **건축계획서** : 개요, 지역지구 및 도시계획사항, 건축물의 규모, 건축물의 용도별 면적, 주차장규모, 에너지절약계획서, 노인 및 장애인 등을 위한 편의시설 설치계획서
ㄴ **배치도** : 축척 및 방위, 대지에 접한 도로의 길이 및 너비, 대지의 종·횡단면도, 건축선 및 대지경계선으로부터 건축물까지의 거리, 주차동선 및 옥외주차계획, 공개공지 및 조경계획
ㄷ **평면도** : 1층 및 기준층 평면도, 기둥·벽·창문 등의 위치, 방화구획 및 방화문의 위치, 복도 및 계단의 위치, 승강기의 위치
ㄹ **입면도** : 2면 이상의 입면계획, 외부마감재료, 간판의 설치계획
ㅁ **단면도** : 종·횡단면도, 건축물의 높이, 각층의 높이 및 반자높이
ㅂ **구조도** : 구조내력상 주요한 부분의 평면 및 단면, 주요부분의 상세도면, 구조안전확인서
ㅅ **구조계산서** : 구조내력상 주요한 부분의 응력 및 단면 산정 과정, 내진설계의 내용
ㅇ **시방서** : 시방내용, 흙막이공법 및 도면
ㅈ **실내마감도** : 벽 및 반자의 마감의 종류
ㅊ **소방설비도** : 소방 관련 설비
ㅋ **건축설비도** : 냉·난방설비, 위생설비, 환경설비, 전기설비, 통신설비, 승강설비 등 건축설비
ㅌ **토지굴착 및 옹벽도** : 지하매설구조물 현황, 흙막이 구조, 단면상세, 옹벽구조

58 건축제도의 치수 기입에 관한 설명으로 옳은 것은?

① 치수는 특별히 명시하지 않는 한, 마무리 치수로 표시한다.

② 치수 기입은 치수선을 중단하고 선의 중앙에 기입하는 것이 원칙이다.

③ 치수의 단위는 밀리미터(mm)를 원칙으로 하며, 반드시 단위 기호를 명시하여야 한다.

④ 치수 기입은 치수선에 평행하게 도면의 오른쪽에서 왼쪽으로 읽을 수 있도록 기입한다.

59 제도용지 A2의 크기는 A0용지의 얼마 정도의 크기인가?

① 1/2
② 1/4
③ 1/8
④ 1/16
⑤ 1/24

✅ **ANSWER** | 58.① 59.②

58 치수 기입
㉠ 치수는 특별히 명시하지 않는 한, 마무리 치수로 표시한다.
㉡ 치수 기입은 치수선 중앙 윗부분에 기입하는 것이 원칙이다. 다만, 치수선을 중단하고 선의 중앙에 기입할 수도 있다.
㉢ 치수 기입은 치수선에 평행하게 도면의 왼쪽에서 오른쪽으로, 아래로부터 위로 읽을 수 있도록 기입한다.
㉣ 협소한 간격이 연속될 때에는 인출선을 사용하여 치수를 쓴다.
㉤ 치수선의 양 끝 표시는 화살 또는 점으로 표시할 수 있다. 같은 도면에서 2종을 혼용하지 않는다.
㉥ 치수의 단위는 밀리미터(mm)를 원칙으로 하고, 이때 단위 기호는 쓰지 않는다. 치수 단위가 밀리미터가 아닌 때에는 단위 기호를 쓰거나 그 밖의 방법으로 그 단위를 명시한다.

59 도면의 크기

(단위 : mm)

A계열	용지구분	A0	A1	A2	A3	A4
	용지의 크기	1,189×841	841×594	594×420	420×297	297×210
B계열	용지구분	B0	B1	B2	B3	B4
	용지의 크기	1,456×1,030	1,030×728	728×515	515×364	364×257

60 투시도법에 사용되는 용어의 표시가 옳지 않은 것은?

① 시점 : E.P

② 소점 : S.P

③ 화면 : P.P

④ 수평면 : H.P

⑤ 수평선 : H.L

61 다음 중 주택의 입면도 그리기 순서에서 가장 먼저 이루어져야 할 사항은?

① 처마선을 그린다.

② 지반선을 그린다.

③ 개구부 높이를 그린다.

④ 재료의 마감 표시를 한다.

ⓒ ANSWER | 60.② 61.②

60 투시도의 용어
　ⓐ **시점**(E.P ; Eye Point) : 사람이 서서 보는 위치
　ⓑ **수평면**(H.P ; Horizontal Plane) : 눈의 높이와 수평한 면
　ⓒ **화면**(P.P ; Picture Plane) : 물체와 시점 가운데 위치하며, 수평면에서 직립한 평면
　ⓓ **수평선**(H.L ; Horizontal Line) : 수평면과 화면의 교차선
　ⓔ **기선**(G.L ; Ground Line) : 지평면과 화면의 교차선
　ⓕ **정점**(S.P ; Station Point) : 사람이 서 있는 곳

61 입면도 그리는 순서
　ⓐ 건물의 평면도와 단면 상세도를 준비한다.
　ⓑ 도면상의 배치 계획에 따라 굵은 선으로 지반선을 그린다.
　ⓒ 수평 방향의 각 층의 높이를 가는 선으로 긋는다.
　ⓓ 바닥면에서 창 높이를 가는 선으로 긋는다.
　ⓔ 기둥과 벽의 중심선을 긋고 창호의 모양에 따라 창과 문의 형태를 그린다.
　ⓕ 외벽의 윤곽선을 뚜렷하게 그리고 외부의 마감재를 표시한 후 조경과 인출선을 그린다.
　ⓖ 외부의 마감 재료명과 치수를 적절히 배치하여 기입한다.
　ⓗ 도면에 제목과 축척을 기입한다.

62 정방형의 건물이 다음과 같이 표현되는 투시도는?

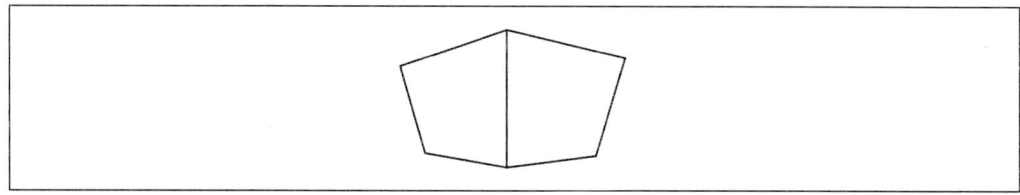

① 등각 투상도

② 1소점 투시도

③ 2소점 투시도

④ 3소점 투시도

63 도면 작도 시 유의사항으로 옳지 않은 것은?

① 숫자는 아라비아 숫자를 원칙으로 한다.

② 용도에 따라서 선의 굵기를 구분하여 사용한다.

③ 글자체는 수직 또는 15° 경사의 고딕체로 쓰는 것을 원칙으로 한다.

④ 축적과 도면의 크기에 관계없이 모든 도면에서 글자의 크기는 같아야 한다.

ⓥ **ANSWER** | 62.④ 63.④

62

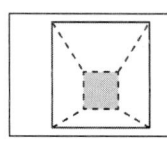

1소점 투시
면을 보고 있다.

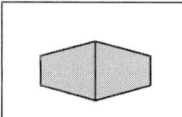

2소점 투시
튀어나온 모서리를
보고 있다.

2소점 투시
쑥 들어간 모서리를
보고 있다.

63 제도에 사용하는 문자에는 한자, 한글, 숫자, 영자 등이 있다. 한글 서체는 활자체에 준하는 것이 좋고 숫자는 주로 아라비아 숫자를 사용하며, 영자는 주로 로마자의 대문자를 사용한다. 숫자, 영자의 서체는 J형 사체, B형 사체 또는 B형 입체 중 어느 한 가지를 사용하며 혼용하지 않는다. 문자의 크기는 2.24, 3.15, 4.5, 6.3, 9, 12.5, 18mm 호칭 종류를 사용한다. 문자의 크기는 원칙적으로 높이에 의한 호칭에 따라 표시한다.

64 다음 그림에서 A방향의 투상면이 정면도일 때 C방향의 투상면은 어떤 도면인가?

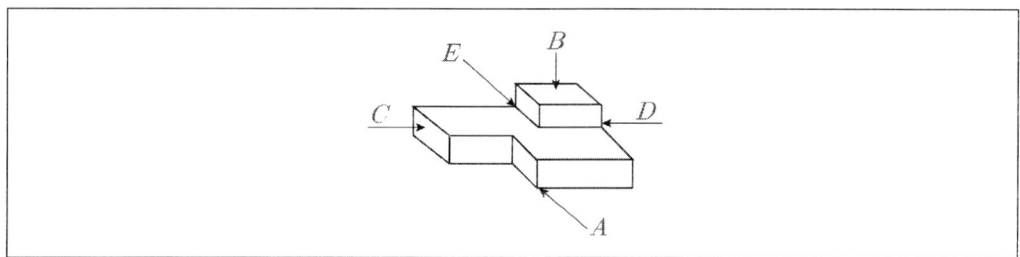

① 저면도

② 배면도

③ 좌측면도

④ 우측면도

⑤ 평면도

65 제도용지에 관한 설명으로 옳지 않은 것은?

① A0용지의 넓이는 약 $1m^2$이다.

② A2용지의 크기는 A0용지의 1/4이다.

③ 제도용지의 가로와 세로의 길이 비는 $\sqrt{2}$: 1이다.

④ 큰 도면을 접을 때에는 A3의 크기로 접는 것을 원칙으로 한다.

✅ ANSWER | 64.③ 65.④

64	시선의 방향	명칭
	A	정면도(Front view)
	D	우측면도(Right side view)
	F	배면도(Rear view)
	C	좌측면도(Left view)
	B	평면도(Top view)
	E	저면도(Bottom view)

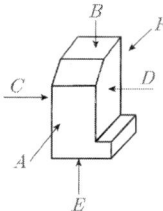

65 ① A0용지의 넓이는 $841 \times 1,189 = 999,949mm^2 \fallingdotseq 1m^2$

② A2용지이 크기는 420×594이며, A0용지의 크기는 $841 \times 1,189$이므로 1/4이다.

③ 제도용지의 가로와 세로의 길이 비는 약 1.414이므로 $\sqrt{2}$: 1이다.

④ 접은 도면의 크기는 A4의 크기를 원칙으로 한다.

66 건축제도의 글자에 관한 설명으로 옳지 않은 것은?

① 숫자는 아라비아 숫자를 원칙으로 한다.

② 문장은 왼쪽에서부터 가로쓰기를 원칙으로 한다.

③ 글자체는 수직 또는 30° 경사의 명조체로 쓰는 것을 원칙으로 한다.

④ 글자의 크기는 각 도면의 상황에 맞추어 알아보기 쉬운 크기로 한다.

67 도면에 척도를 기입해야 하는데 그림의 형태가 치수에 비례하지 않을 경우 표시방법으로 옳은 것은?

① US

② DS

③ NS

④ KS

68 건물 내부의 입면을 정면에서 바라보고 그리는 내부 입면도는?

① 배근도

② 전개도

③ 설비도

④ 구조도

ANSWER | 66.③ 67.③ 68.②

66 건축제도의 글자

ㄱ 글자는 명백히 쓴다.

ㄴ 문장은 왼쪽에서부터 가로쓰기를 원칙으로 한다. 다만, 가로쓰기가 곤란할 때에는 세로쓰기로 할 수 있다. 여러 줄일 때에는 가로쓰기로 한다.

ㄷ 숫자는 아라비아 숫자를 원칙으로 한다.

ㄹ 글자체는 수직 또는 15° 경사의 고딕체로 쓰는 것을 원칙으로 한다.

ㅁ 글자의 크기는 각 도면의 상황에 맞추어 알아보기 쉬운 크기로 한다.

ㅂ 4자리 이상의 수는 3자리마다 휴지부를 찍거나 간격을 둠을 원칙으로 한다. 다만, 4자리의 수는 이에 따르지 않아도 좋다. 소수점은 밑에 찍는다.

ㅅ CAD 도면 작성에 따른 문자의 크기는 KS F 1541에 따른다.

67 도면에는 척도를 기입하여야 한다. 한 도면에 서로 다른 척도를 사용하였을 때에는 각 도면마다 또는 표제란의 일부에 척도를 기입하여야 한다. 그림의 형태가 치수에 비례하지 않을 때에는 'NS(No Scale)'로 표시한다.

68 전개도

ㄱ 건물 내부의 입면을 정면에서 바라보고 그리는 내부 입면도이다.

ㄴ 벽의 마감재료, 가구의 입면, 창호의 크기, 반자 높이, 걸레받이, 반자돌림, 징두리 등을 나타낸다.

69 다음 중 건축 도면에 사람을 그려 넣는 목적과 가장 거리가 먼 것은?

① 스케일감을 나타내기 위해

② 공간의 용도를 나타내기 위해

③ 공간 내 질감을 나타내기 위해

④ 공간의 깊이와 높이를 나타내기 위해

70 1점 쇄선의 용도에 속하지 않는 것은?

① 상상선   ② 중심선

③ 기준선   ④ 참고선

71 건축제도에서 불규칙한 곡선을 그릴 때 사용하는 제도용구는?

① 삼각자   ② 삼각 스케일

③ 자유곡선자   ④ 만능제도기

ANSWER | **69.③ 70.① 71.③**

69 제도 시 인물의 표현
   ㉠ 도면을 보면 사람은 도면 안에 그려진 사람과 자신을 연관시킨다. 따라서 관찰자는 그림의 한 사람이 되어 도면 안의 상황에 끌려 들어가게 된다.
   ㉡ 건축도면에 사람을 그려 넣는 것은 스케일감을 표현하기 위함이다.
   ㉢ 그려진 사람의 위치는 공간의 깊이와 수준(level)을 나타낸다.
   ㉣ 사람의 수, 위치, 의상들은 공간의 이용 상태를 나타낸다.
   ㉤ 사람을 표현함에 있어 고려해야 할 사항으로는 비례(proportion), 크기(size), 자세(attitude) 등이 있으며, 인체를 7등분으로 나누어 머리는 전체 신장의 1/7에 해당되도록 그려야 한다.

70 1점 쇄선 … 중심선, 절단선, 기준선, 경계선, 참고선 등의 표시에 사용된다.
   ※ 상상선 또는 1점 쇄선과 구별할 필요가 있을 때에는 2점 쇄선을 사용한다.

71 ① 삼각자는 직각 삼각형으로 만든 자로서 90˚×45˚×45˚와 90˚×30˚×60˚인 삼각자 두 장이 한 세트로 되어 있다. 삼각자는 T자 위에서 수직선과 사선을 그을 때 사용한다.
   ② 축척자는 길이를 잴 때나 길이를 일정한 비율로 줄여 그릴 때 사용한다. 3면에 여섯 가지 축척이 있어서 삼각 스케일이라고 한다.
   ③ 자유 곡선자는 형태가 자유로운 큰 곡선을 그릴 때 사용하며, 고무 막대에 납선이 들어 있어 형태를 자유롭게 구부려 원하는 곡선을 그릴 수 있다.
   ④ 만능제도기는 T자, 삼각자, 축척자, 각도기 등의 기능이 제도판에 갖추어져 있는 제도 용구로 수평, 수직의 눈금자를 어느 위치든지 자유롭게 이동하여 필요한 것을 쉽고 정확하게 그릴 수 있다.

72 건축제도의 치수 및 치수선에 관한 설명으로 옳지 <u>않은</u> 것은?

① 치수 기입은 치수선에 평행하게 도면의 왼쪽에서 오른쪽으로, 아래로부터 위로 읽을 수 있도록 기입한다.

② 협소한 간격이 연속될 때에는 인출선을 사용하여 치수를 쓴다.

③ 치수선의 양 끝 표시는 화살 또는 점으로 표시할 수 있으며 같은 도면에서 2종을 혼용할 수도 있다.

④ 치수는 특별히 명시하지 않는 한 마무리 치수로 표시한다.

73 다음은 건축도면에 사용하는 치수의 단위에 대한 설명이다. ( ) 안에 공통으로 들어갈 내용은?

> 치수의 단위는 ( )를 원칙으로 하고, 이 때 단위 기호는 쓰지 않는다. 치수 단위가 ( )가 아닌 때에는 단위 기호를 쓰거나 그 밖의 방법으로 그 단위를 명시한다.

① cm   ② mm

③ m   ④ Nm

⑤ μm

ANSWER | 72.③ 73.②

72 치수 기입
 ㉠ 치수는 특별히 명시하지 않는 한, 마무리 치수로 표시한다.
 ㉡ 치수 기입은 치수선 중앙 윗부분에 기입하는 것이 원칙이다. 다만, 치수선을 중단하고 선의 중앙에 기입할 수도 있다.
 ㉢ 치수 기입은 치수선에 평행하게 도면의 왼쪽에서 오른쪽으로, 아래로부터 위로 읽을 수 있도록 기입한다.
 ㉣ 협소한 간격이 연속될 때에는 인출선을 사용하여 치수를 쓴다.
 ㉤ 치수선의 양 끝 표시는 화살 또는 점으로 표시할 수 있다. 같은 도면에서 2종을 혼용하지 않는다.

73 치수의 단위는 밀리미터(mm)를 원칙으로 하고, 이때 단위 기호는 쓰지 않는다. 치수 단위가 밀리미터가 아닌 때에는 단위 기호를 쓰거나 그 밖의 방법으로 그 단위를 명시한다.

74 다음 중 단면도를 그려야 할 부분과 가장 거리가 먼 것은?

① 설계자의 강조부분

② 평면도만으로 이해하기 어려운 부분

③ 전체구조의 이해를 필요로 하는 부분

④ 시공자의 기술을 보여주고 싶은 부분

75 건축도면의 크기 및 방향에 관한 설명으로 옳지 않은 것은?

① A3 제도용지의 크기는 A4 제도용지의 2배이다.

② 접은 도면의 크기는 A4의 크기를 원칙으로 한다.

③ 평면도는 남쪽을 위로 하여 작도함을 원칙으로 한다.

④ A3 크기의 도면은 그 길이 방향을 좌우 방향으로 놓은 위치를 정위치로 한다.

ANSWER | 74.④ 75.③

74 단면도를 그려야 할 부분

㉠ 평면의 중요한 부분으로서 보통 계단, 현관, 화장실, 거실과 테라스 부분 등을 그리고, 지반과의 관계, 계단과의 관계 등을 나타내준다.

㉡ 구조, 재료가 특이한 부분으로서 구조상 복잡한 부분, 새로운 공법, 특이한 재료의 사용부분을 그려준다.

㉢ 설계자가 특히 강조하고자 하는 부분 등을 상세하게 그려주고 평면도에나 별도의 주요 도면상에 절단한 부분을 1점 쇄선으로 나타내어 부호(符號)를 붙이고, 바라본 방향을 화살표로 표시하여 도면을 보는 사람으로 하여금 쉽게 이해하고 찾을 수 있도록 한다.

75 건축도면의 크기 및 방향

㉠ 도면의 크기

• 도면은 그 길이 방향을 좌우 방향으로 놓은 위치를 정위치로 한다. 다만, A6 이하 도면은 이에 따르지 않아도 좋다.

• 접은 도면의 크기는 A4의 크기를 원칙으로 한다.

• 제도용지의 크기

종류	A0	A1	A2	A3	A4	A5	A6
크기	$841 \times 1,189$	594×841	420×594	297×420	210×297	148×210	105×148

㉡ 도면의 방향

• 평면도, 배치도 등은 북을 위로 하여 작도함을 원칙으로 한다.

• 입면도, 단면도 등은 위아래 방향을 도면지의 위아래와 일치시키는 것을 원칙으로 한다.

건축계획

1 건축물의 시설물별 분류

시설	분류
주거시설	주택, 집단지주택, 공동주택, 기숙사
업무시설	사무소, 은행
상업시설	상점, 백화점, 쇼핑센터
숙박시설	호텔
교육시설	학교, 유치원, 도서관
공공시설	청사
문화시설	극장, 영화관, 미술관, 박물관
의료시설	병원
체육시설	육상경기장, 실내체육관, 옥외경기장
산업시설	공장, 창고
종교시설	성당, 교회, 사찰, 사원
기타 시설	주차장

2 건축계획 총론

① **건축물의 정의**

    ㉠ 일단의 대지 위에 지붕과 벽 또는 기둥으로서 거주, 작업, 저장 등의 용도에 쓰이는 것

    ㉡ 여기에 부속되는 대문, 담장, 굴뚝은 물론 지하실, 지하시가와 같은 지하구축물과 탑비, 기념상, 선전탑, 기타 지붕, 벽 등이 없는 것이라도 여기에 포함

② **건축물을 만드는 과정** … 기획 → 설계[조건파악 → 기본계획 → 기본설계 → 실시설계] → 시공

> 건축과정 … 프로그래밍 → 개념설계 → 계획설계 → 기본설계 → 실시설계 → 시공 → 거주 후 평가
> ※ 건축계획의 조사분석 순서 … 문제제기 → 조사 및 설계 → 대상(표본)선정 → 자료수집 및 분석 → 보고서 작성

③ **건축계획의 원리**

   ㉠ **합목적성** : 건물 자체의 목적을 파악하고 그 목적에 맞는 계획이 이루어져야 함

   ㉡ **인간주의의 입장** : 건축가는 인간이 생활하는 건물계획에 휴머니즘 정신이 바탕이 된 건물을 계획해야 함

   ㉢ **보건성** : 건물 주위의 자연환경(비, 바람, 눈, 추위, 더위 등)과 인위적 환경을 파악한 후 쾌적한 환경을 갖는 건물을 계획해야 함

   ㉣ **구조성** : 건물은 외력에 의해 안전하도록 구조적인 해결을 모색해야 함(풍력, 지진력, 적설, 충격, 진동 등)

   ㉤ **경제성** : 건설비와 경상비 그리고 내용연한의 평행 위에서 계획되어야 함

   ㉥ **사회성** : 건물은 그 자체뿐만 아니라 도시계획적인 측면에서도 합당하도록 하고, 도시의 균형발전을 함께 고려해야 함

④ **건축의 규정요소**

건축물의 성립에 영향을 미치는 요소	
기후 및 풍토적 요소	온·습도, 강수량, 바람, 지형, 지질 등의 자연적 요소
사회·문화적 요소	사람들의 이념, 제도, 인습적 행위 및 사회정신, 세계관, 국민성 등의 요소
정치 및 종교적 요소	봉건시대에는 왕과 귀족을 위한 건축, 신을 위한 건축이 주류를 이루었고, 민주주의 시대에는 대중을 위한 학교, 병원 등이 주류를 이루고 있음
재료 및 기술적 요소	사용 가능한 건축재료와 이를 구성하는 기술적인 방법에 따라 건축물의 형태는 크게 변화
기타	경제적 요소 및 건축가의 개성에 의한 영향

⑤ **모듈**

   ㉠ **모듈** : 기준치수 또는 척도를 말하는 것으로서 건축의 생산적인 면에서 기준치수를 집성해 놓은 것을 말한다.

   ㉡ **모듈설계의 개념**

   • 기본개념은 척도조정에 의한 설계이다.

   • 종류

   -모듈 부품에 의한 설계 : 카탈로그 등에서 직접 선택한다.

   -모듈 격자에 의한 설계 : 설계계획에서부터 주요 구성재, 상세부 등을 모두 모듈 격자에 맞추는 것이다.

ⓒ 모듈의 종류
- 기본모듈 : 1M = 10cm로 하고 모든 치수의 기준으로 한다.
- 복합모듈 : 기본모듈에 배수를 적용한다.
- 2M : 건물의 높이 방향의 기준(20cm, 40cm, 60cm)
- 3M : 건물의 수평방향 길이의 기준(30cm, 60cm, 90cm)
- 공칭치수 = 제품치수 + 줄눈두께 = 중심선간의 치수
- 제품치수 = 공칭치수 − 줄눈두께
- 창호치수 : 창호치수는 줄눈 중심 간 치수로 한다.

ⓔ 르 코르뷔지에의 모듈러
- 르 코르뷔지에의 모듈러의 척도체계는 인체치수(183cm)를 기준으로 대수개념을 의미한다.
- 황금비를 참조한 것으로써 일반적으로 사용되는 모듈과는 구분되어야 한다.
- 경제적인 공업생산을 목적으로 하였다.
- 르 코르뷔지에가 제창한 이론으로서 모듈러는 건축에 쓰이는 수치를 작은 것에서 큰 것에 이르기까지 수치의 수열을 정하여 건축 각부의 치수를 이것에 맞추는 것을 의미한다. 이는 건축의 공업화에는 극히 효과적이므로 건축생산의 근대화에 지대한 역할을 하였다.
- 선분을 양분하여 작은 부분과 큰 부분의 길이의 비가 큰 부분과 전체의 비와 같아지는 황금분할을 기초로 하여 모듈러 이론을 제창하였다.
- 6피트(183cm)의 배꼽높이인 113cm를 기준으로 하여 이것을 2배로 하고(한 손을 위로 높이 들었을 때의 높이) 이것을 5로 곱하거나 나눔으로써 일련의 수법계열이 구성된다.

ⓜ M.C(Modular Coordination = 건축척도의 조정)
- 모듈을 사용하여 건축 전반에 사용되는 재료를 규격화시키는 것을 말한다.
- 장점
- 품질이 양호하다.
- 표준화, 건식화, 조립화로 공정이 짧아진다.
- 대량화, 공장화로 원가가 낮아진다.
- 단점
- 디자인상의 제약을 받는다.
- 인간성 및 창조성을 상실할 우려가 있다.
- 단순화됨으로 인해서 배색에 신중을 기해야 한다.

⑥ B.I.M(Building Information Modeling)

ⓐ 정의 : 기존의 2D(2차원)중심이었던 도면작업을 3D기반에서 이루어지도록 하는 시스템이며 건물설계, 분석, 시공 및 관리의 효율성 극대화를 위해 설계의 건설요소별 객체정보를 담아낸 모델링 기법이다.

ⓑ 특징
- 다양한 설계 분야의 조기 협업이 용이해지며 설계 단계에서 설계 오류와 시공 오차를 최소화할 수 있다.

- 설계 진행 단계에서 공사비 견적 산출이 가능하다.
- 설계도의 3차원화에 따라 프로젝트 단계에서의 작업량의 최고점이 설계 작업의 초반기에 나타나게 된다.
- IFC(International Foundation Class)는 서로 상이한 BIM 소프트웨어간의 상호호환성을 위한 공통포맷이다.
- 3D를 기반으로 하여 객체마다 고유의 정보를 부여할 수 있으며, 여기에 시간정보까지 입력이 가능하다.
- 하나의 건축물이 지어지는 과정을 처음부터 끝까지 연속적으로 살펴볼 수 있다.
- 특수한 3D 모델링이 가능하도록 하는 플러그인들이 있으며, 구조분석, 환경분석 등 다양한 검토가 가능하다.
- 현재 시중에는 다양한 BIM 소프트웨어가 판매되고 있으며 대규모의 건설프로젝트에 주로 사용되고 있다.
- 기존의 3D CAD에 시간정보를 부여한 4D CAD, 4D CAD에 원가정보를 부여한 5D CAD의 운용이 가능하다.

ⓒ **적용효과**
- 시각화 : 3차원 표현으로 현실감 있는 공간의 검토가 이루어질 수 있으며 실무자와 발주자간의 의사소통이 용이해진다.
- 자동화 : 3D모델로부터 2D도면을 자동으로 생성할 수 있고 다양한 설정이 가능하다.
- 공종간 간섭 최소화 : 시공 전 여러 공종간의 간섭구간을 체크할 수 있어 효율적인 공사가 이루어질 수 있다.
- 협업 : 여러 설계자가 웹망을 통해 데이터를 공유하면서 동시에 설계를 할 수 있다.
- 물량산출 : 건축물 공사에 투입되는 물량의 산출이 손쉬워지며 여러 항목으로 분류하고 필요한 물량만큼 손쉽게 산출할 수 있다.
- 공정관리 : 공정관리 프로그램과 연동하여 공정관리를 할 수 있으며 착공단계부터 준공단계에 이르기까지의 일련의 시공절차를 한 눈에 살펴볼 수도 있다.
- 유지관리 : 각 객체마다 고유의 속성데이터를 가지고 있으며 이 데이터에 의해 유지관리가 용이해진다.

③ 주택

① **주택의 분류** ··· 농촌주택, 어촌주택, 도시주택(순수 도시주택, 상점병용주택)
  ㉠ **형식에 의한 분류** : 독립주택, 공동주택(아파트, 연립주택), 단독주택
  ㉡ **기능·목적에 의한 분류** : 전용주택, 병용주택
  ㉢ **지역에 의한 분류** : 도시주택, 농·어촌주택

② 평면에 의한 분류 : 편복도형, 중복도형, 회랑복도형, 중앙홀형, 코어형

⑩ 입면에 의한 분류 : 단층형, 중층형, 스킵플로어형, 취발형, 필로티형

⑭ 주거양식에 의한 분류 : 한식주택, 양식주택

⊗ 전통주거양식에 의한 분류 : 서울형, 북부형, 서부형, 남부형, 제주도형

② **한식주택과 양식주택의 비교**

구분	한식주택	양식주택
평면 구성	조합 · 은폐적 · 분산식	분화 · 개방적 · 집중식
구조방식	목조가구식	조적식
생활양식	좌식	의자식
실의 호칭	안방, 건너방 등 위치별 호칭	침실, 거실, 식당 등 기능 용도별 호칭
공간의 융통성	실 기능의 혼재(높음)	실 기능의 독립(낮음)
공간의 독립성	문으로 구획(약함)	벽으로 구획(강함)
난방방식	바닥 난방	대류 난방

③ **주거면적**

㉠ 주생활의 기준은 1인당 주거면적으로 나타내며, 주거면적은 총 면적에서 현관, 복도, 부엌, 유틸리티 등 생활을 지원하는 부분을 뺀 면적으로 건축 총면적의 50~60% 정도로 평균 55% 정도 차지

㉡ 최소한 주택의 넓이 : $10m^2$/인

㉢ 코르노 기준 : $13.4m^2$/인~$18.7m^2$/인, 평균 $16m^2$/인

㉣ 숑바르 드 로브 기준
  • 병리기준 : $8m^2$/인 (거주자의 신체 및 정신적인 건강에 나쁜 영향)
  • 한계기준 : $14m^2$/인 (개인, 가족적인 거주의 융통성을 보장하지 못함)
  • 표준기준 : $16m^2$/인

㉤ 국제주거회의의 기준 : $15m^2$/인

④ **평면계획**

㉠ 주택의 형식
  • 평면의 유형 : 홀형, 편복도형, 중복도형, 코어형, 회랑복도형, 1실형, 중정형, 분리형
  • 입면의 유형 : 단층형, 중층형, 취발형, 스킵플로어형, 필로티형

㉡ 평면계획의 계획
  • 도로 · 대지 · 현관과의 관계
  • 평면 및 구조의 형태

• 지대별 계획
  -구성원 본위로 유사한 것은 서로 접근
  -시간적 요소가 같은 것끼리 서로 접근
  -유사한 요소의 것은 공용
  -상호간 요소가 다른 것끼리 서로 격리
ⓒ 조닝 : 공간을 몇 개의 구역별로 나누는 것
  • 생활공간에 의한 분류 : 개인권, 사회권, 가사노동권
  • 사용시간대에 의한 분류 : 낮+밤에 사용하는 공간, 밤에 사용하는 공간, 낮에 사용하는 공간
  • 주요인물에 의한 분류 : 주부, 아동, 주인

⑤ **동선계획**

ⓘ 동선의 요소 : 속도, 빈도, 하중

ⓛ 동선계획시 유의해야 할 사항 : 독립성, 가사노동의 위치, 동선의 공간

ⓒ 동선계획시 고려해야 할 원칙
  • 동선은 단순하고 명쾌해야 한다.
  • 빈도가 높은 동선은 짧게 한다.
  • 목적, 시간, 사용자, 종류 등이 유사한 경우 실은 서로 인접 배치하며, 이질공간은 서로 이격 배치한다.
  • 서로 다른 목적을 갖는 동선 또는 다른 종류의 동선은 서로 분리시킨다.
  • 동선에는 평면적 · 수직적 동선이 있고, 이를 조사함으로써 행동의 거리와 경로를 알 수 있다.

⑥ **코어시스템** … 부엌, 가사실, 욕실, 변소 등 주택의 설비나 배관이 많은 부분을 한 곳으로 집중시킴으로서 배관의 길이가 짧아서 시공 면이나 공사비 면에서 많은 절약이 이루어지고, 사용하는데 있어서도 동선이나 공간의 절약이 가능해지는 합리적인 방식

⑦ **배치계획**

ⓘ 방위 : 남향이 가장 좋고, 틀어진다면 동으로 18° 이내 서로 16° 이내가 좋다.

ⓛ 일조 : 동지를 기준으로 하여 6시간 일조가 이상적이고 최소한 4시간 일조시간을 확보할 수 있도록 고려한다.

ⓒ 통풍 : 부지의 상풍향을 고려한다.

ⓔ 장래의 확장 : 경우에 따라 장래 증축 문제도 고려한다.

ⓜ 현관과 대문 : 현관과 도로의 관계를 고려하고 출입구의 위치도 고려하여야 한다.

ⓗ 차고 : 차고와 현관과 도로와의 관계를 고려한다.

ⓢ 유틸리티 : 유틸리티 공간과 부엌 출입문과의 관계를 고려한다.

⑧ 부지선정의 조건

  ㉠ 자연적 조건
  • 일조 · 통풍이 양호하고 전망이 좋을 것 (동지 때 최소 4시간 이상)
  • 방화, 통풍 조건상 동서간격이 가능한 부지일 것 (최소 6m 이상)
  • 지반은 견고하고 배수가 잘 될 것
  • 부지의 형상은 정형이고 고저차가 적을 것
  • 부지는 직사각형이 이상적이고 부지가 작을 경우 동서로 긴 것이 좋음, 부지가 큰 경우에는 남북으로 긴 것이 좋음
  • 경사지는 구배가 1/10 정도가 이용률이 좋으며, 북면경사지는 불리
  • 부지면적은 건평의 3배 이상 또는 연면적의 3배 이상의 것이 이상적

  ㉡ 사회적 조건
  • 교통이 편리하고 통근거리가 적당할 것
  • 매연 · 소음 · 취기 등의 공해가 없는 곳일 것
  • 구매기관과 학교, 도서관, 의료시설, 공원 등과 가까울 것
  • 도시 시설의 이용이 편리할 것
  • 법규적인 조건에 위배되지 않을 것

⑨ 세부계획

  ㉠ 현관
  • 출입구의 분류 : 주 출입구, 부 출입구, 서비스출입구, 특정목적 출입구
  • 현관의 크기
  – 가족 수와 주택의 규모, 방문객의 예상수 등을 고려한 출입량에 의해 결정
  – 연면적에 따라 다르나 대략 연면적 $50 \sim 100 \text{m}^2$일 때 현관 3.21%, 홀 3.74%, 연면적 $100 \sim 165 \text{m}^2$일 때 현관 2.23%, 홀 3.7%
  – 최소한 폭 1.2m, 깊이 0.9m를 필요
  • 현관의 위치
  – 대지의 형태와 도로와의 관계에 의해 결정되며 정원과도 연관
  – 주택의 각 공간으로 쉽게 진입할 수 있도록 건물 중앙부에 위치하는 것이 유리
  – 도로에 똑바로 면해 있는 것보다 약간 방위를 돌려 진입하도록 하는 것이 바람직
  • 현관의 출입문 : 외여닫이문으로 하는 것이 좋음
  • 바닥과 마루높이 : 현관과 마루 사이, 욕실과 마루 사이, 테라스와 마루 사이에는 바닥차가 있어야 함
  • 설비 : 신장 깊이 30cm, 대문 우편함 높이 110cm, 외투걸이 170cm

  ㉡ 복도
  • 기능 : 주택 내부 통로, 방 차단, 어린이 놀이터 및 응접실 역할
  • 면적비율 : 일반적인 통로의 최소 폭은 90cm가 좋으나 105 ~ 120cm가 적당, 면적은 건평의 10% 정도

ⓒ 계단
- 위치 : 현관이나 넓은 거실 또는 식당, 욕실, 변소 근처
- 치수

치수		단 높이(cm)	디딤바닥(cm)	각도(°)
바람직한 치수	착화	16	29	29
	맨발	17	25	35
법 기준 치수		23 이하	15 이상	56° 20′

- 폭은 90 ~ 140cm 정도, 보통 105 ~ 120cm가 적당 (계단 및 계단참의 최소폭은 75cm 이상)
- 계단의 평면 길이는 일반적으로 270cm 정도가 적당
- 구조
- 계단 중 높이 3m를 넘는 것은 높이 3m 이내마다 너비 1.2m 이상의 계단참을 설치하여야 한다.
- 계단 중 높이 1m를 넘는 것은 계단 및 계단참의 양측에 벽 또는 이에 대치되는 것이 없는 경우에는 난간을 설치하여야 한다.
- 계단의 폭이 3m를 넘는 경우에는 계단의 중간에 폭 3m 이내마다 난간을 설치하여야 한다.
- 일반적으로 계단의 방향은 내려갈 때 심장이 안쪽으로 향하여 내려갈 수 있도록 한다.
- 계단의 오름은 일반적으로 시계 반대 방향으로 한다.

ⓓ 거실
- 가족 수, 생활을 영위하는 가족의 구성과 편리, 가구의 크기와 사용상의 조건 등에 의해 결정한다.
- 소요면적은 1인당 주거면적의 1/3인 $3.3m^2$ 전후로 한식에서는 최소 4 ~ $6m^2$ 정도가 적당하다.
- 주택의 중심부에 두고, 각 실에서 자유롭게 출입하게 동선이 편리하도록 하여야 한다.
- 정원, 테라스와 연결하도록 하고 테라스에 직접 출입토록 한다.

ⓔ 식당
- 표준면적

가족	부부 · 아동(3인)	부부 · 아동(4인)	부부 · 아동(6인)
실의 크기	$5m^2$(1.5평)	$7.5m^2$(2.25평)	$10m^2$(3평)

- 식당의 형식
- 분리형 식당 : 거실이나 부엌과 완전 독립된 식당
- 오픈 스타일 키친 : 거실 내에 두고 커튼이나 스크린으로 간막이를 두른 식당
- 다이닝 알코브 : 거실의 일부에 식탁을 꾸미는 것으로 보통 6 ~ $9m^2$ 정도의 크기
- 리빙 키친 : 거실, 식당, 부엌을 겸용
- 다이닝 키친 : 부엌의 일부에 식탁을 꾸민 것
- 다이닝 테라스, 다이닝 포치 : 여름철 좋은 날씨에 테라스나 포치에서 식사하는 것

ⓑ 부엌

• 크기

–크기 결정 기본요건 : 작업대의 필요 면적, 연료의 종류와 공급방법, 작업인의 동작에 필요한 공간, 식품 · 식기 · 조리기구의 수량에 필요한 공간, 주택의 연면적 · 가족 수 및 경제적 생활 수준 등

–크기 : 일반적으로 주택 연면적의 8 ~ 12% 정도가 적당

• 형태 : 직선형, ㄷ자형, ㄱ자형

형태		특징
직선형	일렬형	• 동선의 혼란이 없다. • 좌우로 움직임이 많아 동선이 길어지는 경향이 있다. • 좁은 부엌에 적합하다.
	병렬형	• 동선을 단축시킬 수 있다. • 몸을 앞뒤로 바꾸면서 작업을 하는 불편함이 있다.
ㄷ자형		• 전면의 싱크대를 중심으로 왼쪽에 레인지를 오른쪽에 냉장고를 배치 • 혼자 일하기는 편하나 식탁이나 타 작업과의 연락이 불편하다.
ㄱ자형		• 비교적 넓은 부엌에서 능률 좋게 일할 수 있으나 굴절부 처리가 곤란하다. • 타 2면을 다이닝 키친으로 이용할 수 있다.

• 작업삼각형

–조리작업의 능률을 위해 냉장고 – 개수대 – 가열대를 연결하는 작업삼각형을 고려한다.

–냉장고와 싱크대 그리고 가열대를 잇는 작업삼각형의 길이는 3.6 ~ 6.6m로 하는 것이 능률적이다.

–삼각형 세 변의 길이의 합이 짧을수록 효과적인 배치이다.

–싱크대와 조리대 사이의 길이는 1.2 ~ 1.8m가 가장 적당하다.

ⓢ 침실

• 크기

–생리적인 측면에서 본 크기 : 1인당 $10m^2$가 적당

–성인의 소요 공기량 : $50m^2/hr$ (아동은 1/2, 유아는 1/3)

–실내의 자연환기 수 : 2회/hr로 가정하면 침실의 소요기적은 1인용 침실은 $50m^2/2$회 → $25m^2$

–천장높이를 2.5m로 가정하면 1인용 침실은 $25m^2 \div 2.5$ → $10m^2$

• 침실의 수

–침실의 수는 가족구성과 성별에 따라 결정한다.

–좌식, 의자식, 절충식의 생활양식 및 단일용도, 복합용도의 용도에 따라 결정

• 침실의 종류 : 부부침실, 아동침실, 객용침실, 노인침실

• 침대배치방법

–침대의 상부 머리 쪽은 되도록 외벽에 면하도록 할 것

–침대의 양쪽에 통로를 두고 한 쪽을 75cm 이상 되게 할 것

－침실 내의 주요 통로 폭은 90cm 이상이 되도록 할 것
－침대의 하부인 발치하단은 90cm 이상의 여유를 둘 것
－누운 채로 출입문이 직접 보이도록 할 것

④ 공동주택

① 공동주택의 분류

㉠ 법적 공동주택의 분류 : 다세대주택, 연립주택, 아파트

㉡ 용도별 공동주택의 분류

유형	개념
아파트	주택으로 쓰이는 층수가 5개층 이상인 주택
연립주택	주택으로 쓰이는 1개 동의 연면적(지하주차장 면적 제외)이 660m^{2}를 초과하고, 층수가 4개층 이하인 주택
다세대주택	주택으로 쓰이는 1개 동의 연면적(지하주차장 면적 제외)이 660m^2 이하이고, 층수가 4개층 이하인 주택
기숙사	학교 또는 공장 등의 학생 또는 종업원 등에 사용되는 것으로서 공동취사용 구조이면서 독립된 주거형식을 갖추지 아니한 것

㉢ 면적의 개념

면적	개념
전용면적	각 세대가 독립적으로 사용하는 전용공간으로 거실, 주방, 욕실, 화장실, 침실 등으로 구분되는 공간
주거공용면적	계단, 복도, 통로 등의 면적
공급면적	전용면적과 주거공용면적을 합친 면적(아파트에서는 분양면적이라고 함)
기타공용면적	실외면적 부분인 주차장, 관리실, 노인정 등 공용시설이 차지하는 면적
계약면적	공급면적과 기타공용면적을 합한 면적
서비스면적	발코니가 차지하는 면적
전용률	분양면적에 대해 전용면적이 차지하는 비중

② **공동주택의 계획**

ㄱ 일반계획
- 배치계획 : 환경분석, 소음 및 프라이버시 고려, 건물의 연소방지시설 고려, 통풍, 일조, 채광에 따른 인동간격 고려
- 평면계획 : 블록플랜, 단위플랜, 측면의 인동간격 결정

ㄴ 세부계획
- 현관의 유효폭은 85cm 이상
- 거실 천장의 높이는 2.4m 이상, 최상층은 일반층보다 10 ~ 20cm 정도 높게
- 욕조의 크기는 폭 80 ~ 90cm, 길이 120 ~ 180cm 정도
- 출입구의 높이는 1.8m 이상
- 기준층의 높이는 1.8 ~ 2.1m 정도
- 피난거리는 내화구조에서는 50m, 비내화구조는 30m로 제한
- 계단

계단의 종류	유효폭	단 높이	단 너비
공동으로 사용하는 계단	1.8m 이상	18cm 이하	26cm 이상
건축물의 옥외계단	0.9m 이상	20cm 이하	24cm 이상

ㄷ 단지계획
- 단지계획론 : 신도시론, 근린주구이론 I , 근린주구이론 II , 뉴어버니즘
- 쿨데삭 : 레드번 계획에서 시도된 것으로 주택 단지 내에 설계되는 도로의 한 유형으로 단지 내 도로의 끝을 막다른 길로 하여 끝에서 자동차가 회차할 수 있는 공간을 주어 설계한 것이다.
- 근린주구

구분	인보구	근린분구	근린주구	근린지구
규모	035 ~ 2.5ha 최대 6ha	15 ~ 25ha	100ha	400ha
반경	100m 전후	150 ~ 250m	400 ~ 500m	1,000m
가구수	20 ~ 40호	400 ~ 500호	1,600 ~ 2,000호	20,000호
인구	100 ~ 200명	2,000 ~ 2,500명	8,000 ~ 10,000명	100,000명
중심시설	유아놀이터, 구멍가게 등	유치원, 어린이 놀이터, 근린상점, 진료소, 노인정, 독서실, 파출소, 버스정거장 등	초등학교, 어린이공원, 동사무소, 우체국, 근린상가, 유치원 등	도시생활의 대부분의 시설
상호관계	친문유지의 최소단위	주민 간 면식이 가능한 최소생활권	보행 최대거리	

－도시주택의 배치

배치 방법상 분류	인구밀도	규모
중심부	500인/ha	• 철근 콘크리트조 고층건물 • 상업지구의 고층아파트 • 고층부 : 공동주택 • 저층부 : 상점, 사무실
중심부의 외주부	300 ~ 400인/ha	• 중층 정도의 철근 콘크리트조 • 콘크리트블록조인 집단지주택
외주부	200인/ha	저층아파트, 연립주택
교외	50 ~ 100인/ha	단독주택(목조, 벽돌조, 블록조)

－인구밀도 $= \dfrac{주거인구}{토지면적} =$ 호수밀도 $\times$ 세대당 평균인원수

－총밀도 = 순밀도 $\times$ 주택건축 용지율

－호수밀도 $= \dfrac{주택호수}{단위토지면적}$

• 도로
－도로의 구분

구분	기능 / 용도	배치간격
도시고속도로	• 도시 내의 주요지역 또는 도시 간을 연결하는 도로 • 대량교통 및 고속교통의 처리를 목적으로 함 • 자동차 전용으로 이용하는 도로	－
주간선도로	• 도시 내 주요지역 간, 도시 간 또는 주요 지방 간을 연결하는 도로 • 대량 통과교통의 처리가 목적 • 도시의 골격을 형성하는 도로	1,000m
보조간선도로	• 주간선도로를 집산도로 또는 주요 교통발생원과 연결하는 도로 • 도시교통의 집산기능을 도모하는 도로 • 근린생활권의 외곽을 형성	500m
집산도로	• 근린생활권이 교통을 보조간선도로에 연결하는 도로 • 근린생활권내 교통의 집산기능을 담당하는 도로 • 근린생활권의 골격을 형성	250m
국지도로	가구를 확정하고 대지와의 접근을 목적으로 하는 도로	장변 : 90 ~ 150m 단변 : 30 ~ 60m
특수도로	자동차 외에 교통에 전용되는 도로	보행로 : 폭 1.5m 이상 자전거도로 : 폭 1.1m 이상

- 도로망의 형식 : 격자형, 환상방사선형, 집중형, 지형형
  - 주간선도로 및 보조간선도로의 패턴 : 격자형, 방사환상형, 격자방사형, 사다리형
  - 집산도로의 패턴 : 개방형, 폐쇄형, 간선분리형
  - 국지도로의 패턴 : 격자형, T자형, 쿨데삭형, 루프형
  ㉣ CPTED(Crime Prevention Through Environmental Design)
  - 자연적 감시 : 건물 · 시설물의 배치에 있어 일반인들에 의한 가시권을 최대화하는 전략
  - 자연적 접근 통제 : 보호되어야 할 공간에 대한 출입을 제어하여 범죄 목표에 대한 접근을 어렵게 하고 범죄 행위의 노출(발각) 가능성을 높이는 설계 원리
  - 영역성 : 주민에게 거시적인 영역의 소속감을 제공하여 범죄에 대한 관심을 높이고 잠재적 범죄자에게 그러한 영역성을 인식시키는 것
  - 활동의 활성화 : 주민들이 함께 어울릴 수 있는 환경을 조성하여 자연적인 감시 활동으로 강화하는 것
  - 유지 및 관리 : 시설물을 깨끗하고 정상적으로 유지하여 범죄를 예방하는 것으로 깨진 창문 이론과 그 맥락을 같이 함

⑤ 업무시설

① 사무소

　㉠ 사무소의 분류
  - 관리상의 분류 : 전용사무소, 준전용사무소, 준대여사무소, 대여사무소
  - 대여계획상의 분류 : 개실별 임대, 블록별 임대, 층별 임대, 전층 임대

　㉡ 대실면적의 수용인원
  - 유효율 $= \dfrac{\text{대실면적}}{\text{연면적}} \times 100(\%)$
  - 대실면적 : $6\text{m}^2/1$인
  - 연면적 : $10\text{m}^2/1$인
  - 임대비율(임대면적/전체 연면적) : $0.70 \sim 0.75$

ⓒ 책상의 배치

책상배치 형식	특징
대향식 배치	• 마주보고 업무하는, 작업 중시의 워크스테이션이다. • 최소의 스페이스에서 레이아웃이 가능하다. • 팀워크를 발휘하기 쉽고, 커뮤니케이션이 부드럽다.
배면식 배치	• 등을 맞대고 업무하는, 개인 간의 혹은 2인 2인의 공동간의 프라이버시를 중시하는 워크스테이션이다. • 파티션을 이용하여 독자적인 업무공간을 구성한다. • 책상 사이에 테이블을 배치하여 팀 간 혹은 부서 간의 회의 및 공동 업무 지원이 가능하다.
관식 배치	• 업무의 관련성이 높은 4인의 배치에 적당한 워크스테이션이다. • 개인 간의 프라이버시를 가장 중시하는 형태이다. • 업무의 고도화 및 다양화에 대응하여 개발된 배치로, 연구 업무에 적당하다. • 4인 1조의 경우에만 채용할 수 있어 융통성이 낮아 채용률이 낮다.
병렬식 배치	• 전형적인 수직구조의 관료스타일로 직급이 높을수록 뒤쪽에 배치하는 워크스테이션이다. • 커뮤니케이션을 저해하지 않고, 다소의 프라이버시는 확보된다. • 대향식보다 스페이스가 많이 필요하며 적용하는 경우가 드물다.
격자식 배치	• 낮은 파티션을 격자형으로 뒤쪽에 배치하는 워크스테이션이다. • 통행하는 사람에게 방해받을 일이 없고 높은 프라이버시를 얻을 수 있어 창조적인 업무에 적당하다.

ⓔ 사무실 평면조닝

특징 \ 조닝	단일지역배치	2중 지역배치	3중 지역배치
임대비	비싸다	싸다	임대 부적당
경제성	낮다	높다	높다
채광성	좋다	부분 인공조명	대부분 인공조명 사용
규모	소규모	중규모	고층 전용사무실에 적합

ⓜ 오피스 랜드 스케이핑

• 특성
- 배치를 의사전달과 작업흐름의 실제적 패턴에 기초를 둔다.
- 일정한 기하학적 패턴에서 탈피한다. 즉 작업장의 집단을 자유롭게 그루핑하여 불규칙한 평면을 유도한다.

- 실내에 고정된 칸막이나 청각적인 문제에 특별한 주의를 요하게 되었으며, 바닥에는 카펫을 깔고, 흡음 처리한 천장구조, 가동흡음 가리개와 주변소음을 차단시키는 전자식 작동시스템이 있는 것이 일반적이다.
- 사무공간의 획일화를 없애고 융통성을 부여하고 인간적인 사무공간을 얻기 위한 것이 목표이다.
- 적절한 채광과 환기가 이루어지고 안락감을 주는 대형의 개방된 공간을 기술적으로 해결해 주었다.
• 장점
- 사무의 흐름에 따라 적응성, 변화성이 크며, 작업의 능률 향상에 도움을 준다.
- 창이나 기둥의 방향에 관계없이 사무실 배치가 가능하다.
- 시설비가 적게 들며, 유지비, 교체비 면에서 유리하다.
- 조직의 변동에 따라 세분된 배치를 할 수 있도록 조명, 통신배선, 가구에 이르기까지 시스템화 되어 있다.
- 공간을 절약할 수 있다.
• 계획원칙
- 직위보다 작업흐름 및 정보교환을 우선으로 배치한다.
- 창에서 6m 폭 정도의 외주부는 가급적 빛이 왼쪽에서 도달해야 한다.
- 주 통로는 최소 2m 이상, 부 통로는 1m 이상, 책상 사이의 통로는 0.7m 이상으로 하며 책상 간의 거리는 최소 0.7m 이상을 유지해야 한다.
- 직원 누구나 휴식 장소까지 가기 위하여 30m 이내의 거리를 확보하도록 한다.

ⓗ 코어 플랜

분류	특징	구조계획
편심코어형	• 바닥면적이 커지면 코어 이외에 피난시설이나 설비 샤프트 등이 필요해진다. • 바닥면적이 협소할 경우 적당하다.	• 중심과 강심을 일치시키고 편심을 막을 수 있는 계획이 필요하다. • 너무 고층인 곳에는 구조상 좋지 않다.
독립코어형	• 편심코어형과 거의 같은 특징을 갖는다. • 방재상 불리하고, 바닥면적이 커지면 피난시설을 포함한 서브 코어가 필요하다. • 집무공간의 유연성을 높일 수 있다. • 편심코어형에서 발전된 것으로 자유로운 사무공간을 코어와 관계없이 마련할 수 있다. • 설비 덕트나 배관을 코어로부터 사무공간으로 끌어내는데 제약이 있다.	• 코어의 접합부에서 변형이 과대해지지 않도록 계획할 필요가 있다. • 사무실부분의 내진벽은 외주부에만 하게 되는 경우가 많다. • 코어 부분은 그 형태에 맞는 구조방식을 취할 수 있다. • 내진구조상 불리하다.
양단코어형	• 2방향 피난이 가능하며, 최근에 많이 볼 수 있다. • 하나의 대공간을 필요로 하는 전용사무소에 적합하다.	내진벽을 외주 코어에 마련하게 되므로 코어의 간격이 너무 큰 경우에는 중앙부의 내진성을 검토할 필요가 있다.

중심코어형	• 바닥면적이 큰 경우 많이 사용되며, 이용자의 보행거리가 평균화 된다. • 내부공간과 외관이 모두 획일적으로 되기 쉽다. • 유효율이 높고, 대여빌딩으로서 가장 경제적인 계획을 할 수 있다.	• 구조코어로서 가장 바람직한 형이다. • 구조적으로 우수하여 (초)고층빌딩의 가장 전형적인 유형이다.
복수코어형	3 ~ 4개소의 코어가 많은 형으로 피난상 유리하다.	

ⓢ 세부계획

• 층고계획

-결정요소 : 구조적 요인, 설비적 요인, 생리적 요인

-1층 : 소규모 건물 4.0m 정도, 은행의 영업실이나 상점 등으로 사용될 경우 4.5 ~ 5.0m 정도

-기준층 : 3.3 ~ 3.5m 정도

-최상층 : 옥상으로부터의 단열과 옥상 슬라브의 물매 계획상 기준층보다 30cm 정도 높게

-지하층 : 중요한 실이 없으면 3.5 ~ 3.8m 정도, 냉난방 설비의 기계실의 경우 소규모 건물은 4.0 ~ 4.5m, 대규모 건물은 5.0 ~ 6.5m 정도

• 기둥간격

-철근 콘크리트조 : 5.0 ~ 6.0m

-철골 철근 콘크리트조 : 6.0 ~ 7.0m

• 사무실 계획

-출입구 : 높이 1.8 ~ 2.1m, 폭 0.85 ~ 1.0m

-채광계획 : 바닥면적의 1/10을 표준으로 하며, 창의 폭은 1.0 ~ 1.5m, 높이는 1.8 ~ 2.2m, 창대의 높이는 0.75 ~ 0.80m 정도

• 복도

-폭은 편복도형일 경우 1.5 ~ 2.0m, 중복도형일 경우 2.0 ~ 2.5m

-계단 홀의 폭은 엘리베이터가 한쪽에 있는 경우 1.8 ~ 2.7m, 양쪽에 있는 경우 3.3 ~ 3.8m

-복도의 채광창은 복도 바닥에서 높이를 눈의 높이 1.5m 이상

• 엘리베이터

-대수산정 : 노크스의 계산식

-대수 $= \dfrac{\text{5분간 실제 운반해야 할 인원}}{S}$ (S : 5분간 엘리베이터 1대가 운반하는 인원 수)

-속도 : 급행용은 최고 150m/min, 각 층마다 정지하는 것은 70m/min

-크기 : 10 ~ 15인승이 일반적, 안내원 0.37m^2, 승객 1인에 대해 0.186m^{2}로 산출

-시스템 : 컨벤셔널 방식, 더블 데크 방식, 스카이 로비 방식, 로컬 방식

• 계단

-엘리베이터 홀에 가깝게 배치해야 하며, 동선이 간단명료하고 최단의 위치에 놓을 것

-2개소 이상의 계단을 설치하는 경우 한쪽에 치우치지 않도록 균등하게 배치

- 방화구획 내에는 가능한 1개 이상의 계단을 배치
- 주 계단의 폭은 120cm 이상
- 채광은 자연채광으로 하고, 계단실의 각 층에 1개소의 채광창 설치

• 화장실
- 각 사무실에서 동선이 간단해야 하며, 계단, 엘리베이터 홀에 근접하게 설치
- 각 층의 공동 위치에 있어야 하며, 분산하지 말고 각 층 1개소 또는 2개소에 집중
- 외기에 접하도록 하며 남녀 구분
- 출입문 : 외여닫이인 경우 85cm 폭이 적당, 쌍여닫이인 경우 1.4 ~ 1.5m 폭이 적당
- 간막이 : 밖여닫이인 경우 폭 0.9 ~ 1.1m, 깊이 1.2 ~ 1.4m, 높이 1.8 ~ 2.0m, 출입문 최소 폭은 0.6m, 안여닫이일 경우 폭 0.9 ~ 1.1m, 깊이 1.4 ~ 1.6m, 높이 1.8 ~ 2.0m, 출입문 최소 폭은 0.6m
- 소변기 : 소변기 간격은 75cm, 높이는 60cm
- 변기 및 세면기 : 남자용(대·소변기 포함)과 여자용의 비는 4 : 1, 남자용 대변기와 소변기의 비는 4 : 5, 세면기의 수는 남자, 여자 함께 대변기와 같은 수로 산정, 세면기 상호간 간격 75cm, 세면기 높이 75cm

• 주차장
- 설계

주차장 면적	차도 포함 1대당 40 ~ 50m^2
차도 폭	왕복인 경우 5.5m 이상, 일방일 경우 3.5m 이상
천장높이	통로 부분에서 2.3m 이상, 주차장소에서 2.1m 이상
출구	주차장소로부터 2m 이상 떨어진 곳에서 차도 중심까지 좌우 60° 이상 보이는 곳
내측 회전반경	5m 이상
차고의 출입구	도로의 교차점, 모퉁이에서 5m 이상 떨어진 곳, 공원, 초등학교, 유치원의 출입구로부터 20m 이상 떨어진 곳

- 소요면적

직각주차	27.2m^2/대
60° 주차	29.8m^2/대
45° 주차	32.2m^2/대
평행주차	43.1m^2/대

- 경사로 : 구배는 사람의 통로로 사용하는 장소에는 1/8 이하, 자동차용 경사로는 1/6 이하

② 은행

㉠ 드라이브 인 뱅크
• 계획시 주의사항
- 드라이브 인 창구에 자동차의 접근이 쉬워야 한다.

-은행 창구에의 자동차 주차는 교차되거나 평행이 되도록 해야 한다.

-드라이브 인 뱅크 입구에는 차단물이 설치되지 않아야 한다.

-창구는 운전석 쪽으로 한다.

-외부에 면할 경우는 비나 바람을 막기 위한 차양시설이 필요하다.

• 창구의 소요 설비

-모든 업무가 드라이브 인 창구 자체에서만 되는 것이 아니므로 별도 영업장과의 긴밀한 연락을 취할 수 있는 시설이 필요하다.

-자동, 수동식을 겸비하여 서류를 처리할 수 있도록 한다.

-쌍방 통화설비를 한다.

-한랭시 동결에 대비하여 창구를 청결히 할 수 있는 보온장치를 부착한다.

-방탄설비를 부착한다.

ⓛ 은행실 : 객장과 영업장으로 구분한다.

• 주출입구 (현관)

-전실을 두거나 방풍을 위한 칸막이를 설치한다.

-도난방지상 안여닫이(전실을 둘 경우 바깥문은 외여닫이 또는 자재문)로 한다.

• 객장 (고객 대기실)

-최소 폭은 3.2m 정도 (살롱 같은 분위기 조성)

-영업장 : 객장의 비율은 3 : 2 (1 : 0.8 ~ 1.5) 정도로 한다.

• 카운터(tellers counter)

-높이 : 100 ~ 110cm (영업장 쪽에서는 90 ~ 95cm)

-폭 : 60 ~ 75cm

-길이 : 150 ~ 180cm

• 영업장

-영업장의 넓이는 은행건축의 규모를 결정한다.

-면적 : 은행원 1인당 기준 4 ~ 6m^2 기준(연면적당 16 ~ 26m^2 정도)

-천장 높이 : 5 ~ 7m

-소요 조도 : 책상면상 300 ~ 400lux 표준

ⓒ 금고실

• 종류

-현금고, 증권고 : 일반적으로 금고실이라 하며, 칸막이 격자로 구분하여 사용한다.

-보호금고 : 고객으로부터 보관 물품을 받아 두고 보관 증서를 교부하는 보호 예치 업무를 위한 금고이다.

-대여금고 : 금고실 내에 대·소 철제 상자를 설치해 두고 고객에게 일정 금액으로 대여해 주는 금고로서, 전실에 비밀실(coupon booth : 넓이 3m^2 정도)을 부수해서 설치한다.

• 구조

-철근 콘크리트 구조(벽, 바닥, 천장) : 두께는 30 ~ 45cm(큰 규모인 경우 60cm 이상), 지름 16 ~ 19mm 철근을 15cm 간격으로 이중 배근한다.

－금고문 및 맨홀 문은 문틀 문짝면 사이에 기밀성을 유지해야 한다.

－사고에 대비하여 전선 케이블을 금고 벽체 안에 위치하게 하여 경보장치와 연결한다.

－비상전화를 설치한다.

－비상 환기기 혹은 비상구가 별도로 필요한 경우에 한해 공기 출입이 용이한 장소에 비상 출입구를 설치한다.

－금고는 밀폐된 공간이기 때문에 환기설비를 한다.

③ **산업시설**

㉠ 공장

- 형태 : 단층, 중층, 단층과 중층 병용, 특수구조
- 지붕의 형태 : 평지붕, 뾰족지붕(직사광선 허용), 톱날지붕(공장 특유의 형태), 솟을지붕(채광 및 환기에 적합), 샤렌지붕(기둥이 적게 소요)
- 구조재료 : 목조구조, RC조, SC조, SRC조, 셸구조, PS 콘크리트 구조
- 바닥재료 : 목조, 목재콘크리트, 콘크리트 위 나무벽돌, 벽돌, 흙바닥, 콘크리트, 아스팔트 타일바닥
- 기타 설비
- 환기 : 전체환기법(자연환기, 기계환기), 국소환기법(흡인식, 배출식)
- 레이아웃의 형식
- 제품중심의 레이아웃 : 생산에 필요한 모든 공정의 기계기구를 제품의 흐름에 따라 배치하는 방식으로 석유, 시멘트 등의 장치공업, 가전제품의 조립공장 등이 해당되며, 공정 간의 시간적, 수량적 균형을 이룰 수 있고 상품의 연속성을 유지한다. 대량생산에 유리하고 생산성이 높다.
- 공정중심의 레이아웃 : 다종 소량생산의 경우에 채용하며 예상생산이 불가능한 경우 표준화가 행해지기 어려운 경우에 채용하고 생산성이 낮으므로 주문생산공장에 적합하다.
- 고정식 레이아웃 : 주가 되는 재료나 조립부품은 고정되고 기계나 사람이 이동해 가면서 작업하는 방식으로 선박, 건축 등과 같이 제품이 크고 수량이 적은 경우에 적합하다.
- 혼성식 레이아웃 : 위의 방식들이 혼성된 형식을 말한다.

㉡ 창고

- 면적결정요인 : 화물의 성질, 화물의 대소, 화물의 다소, 화물의 빈도
- 분류
- 소재지에 의한 분류 : 지방창고, 항만창고, 시중창고, 벽지창고
- 자가용에 의한 분류 : 단체, 개인
- 영업용에 의한 분류 : 영업용, 준영업용
- 하역장 : 외주하역장, 중앙하역장, 분산하역장, 무인하역장

⑥ 상업시설

① 상점

㉠ 기본계획

- 상점의 부지선정 조건
- –교통이 편리한 곳
- –사람의 통행이 많고 번화한 곳
- –눈에 잘 띄는 곳
- –2면 이상 도로에 면한 곳
- –부지가 불규칙적이며 구석진 곳을 피할 것
- 상점의 방위

종류	개념	방위	도로와의 관계
부인용품점	오후에도 그늘이 지지 않는 방향	남서향	도로의 북동쪽
식료품점	상품의 변색과 변질 예방	서향 금지	도로의 동쪽 금지
양복점, 서점, 가구점	일사에 의한 퇴색, 변형, 파손방지	북향, 동향	도로의 남측, 서측
음식점	너무 넓지 않은 좁은 길 옆 유리	북향, 좁은 길옆	도로의 남측
여름용품점	남측 광선을 취입하는 것이 효과적	남향	도로의 북측
귀금속점	균일한 조도	북향	도로의 남측

㉡ 평면계획

- 상점의 총면적 (건축면적 가운데 영업을 목적으로 사용하는 면적)
- –판매부분 : 도입공간, 통로공간, 상품 전시공간, 서비스 공간
- –부대(관리)부분 : 상품관리공간, 점원 후생공간, 영업 관리공간, 시설 관리공간, 주차장 등
- 동선계획 : 고객 동선은 가능한 한 길게 종업원 동선은 되도록 짧게 한다.
- 파사드(facade) : 상점의 전면 형태인 점두는 간판, 쇼윈도, 출입구, 광고 등을 포함한 점포 전체의 얼굴이며, 이 때 진열창은 점두의 의장 중심이 된다.

PLUS CHECK 숍 프런트(shop front)에 의한 분류

㉠ 개방형 : 손님이 잠시 머무르는 곳이나 손님이 많은 곳에 적합하다.(서점, 제과점, 철물점, 지물포)
㉡ 폐쇄형 : 손님이 비교적 오래 머무르는 곳이나 손님이 적은 곳에 사용된다.(이발소, 미용원, 보석상, 카메라점, 귀금속상 등)
㉢ 중간형 : 개방형과 폐쇄형을 겸한 형식으로 가장 많이 이용된다.

- 진열창 형태에 의한 분류
- –평형 : 점두의 외면에 출입구를 낸 가장 일반적인 형으로 채광이 좋고 점내를 넓게 사용할 수 있어 유리하다.

－돌출형 : 점내의 일부를 돌출시킨 형으로 특수 도매상에 쓰인다.

－만입형 : 점두의 일부를 만입시킨 형으로 점내면적과 자연채광이 감소된다.

－홀형

－다층형 : 2층 또는 그 이상의 층을 연속되게 취급한 형으로 가구점, 양복점에 유리하다.

• 진열장 배열기본형

－굴절배열형 : 양품점, 모자점, 안경점, 문방구 등

－직렬배열형 : 통로가 직선이므로 고객의 흐름이 빨라 부분별 상품 진열이 용이하고 대량 판매 형식도 가능하다. (침구점, 실용의복점, 가전제품점, 식기점, 서점 등)

－환상배열형 : 수예점, 민예품점 등

－복합형 : 부인복지점, 피혁제품점, 서점 등

ⓒ 세부계획

• 진열창(show window)

－계획 결정의 요소 : 상점의 위치, 보도 폭과 교통량, 상점의 출입구, 상품의 종류와 정도 및 크기, 진열방법 및 정돈상태

－진열창의 크기 : 창대의 높이는 0.3~1.2m 정도 (보통 0.6~0.9m), 유리의 크기는 높이 2.0~2.5m 정도(그 이상은 비효과적), 진열 높이는 스포츠용품, 양화점은 낮게, 시계, 귀금속은 높게, 가장 눈을 끄는 상품은 선 사람의 눈높이보다 약간 낮게 한다.

－진열창의 흐림(결로)방지

－진열창의 반사방지 : [주간] 진열창 내의 밝기를 외부보다 더 밝게 하고, 차양을 달아 외부에 그늘을 주며, 유리면을 경사지게 하고 특수한 곡면 유리를 사용하고 건너편의 건물이 비치는 것을 방지 [야간] 광원을 감추고 눈에 입사하는 광속을 적게 한다.

－내부조명 : 전반조명과 국부조명을 사용, 바닥면상의 조도는 150lux

• 진열장(show case)

－배치시 고려 사항 : 손님 쪽에서 상품이 효과적으로 보여야 하며, 감시하기 쉽고 동선을 원활하게 하여 다수의 손님을 수용하고 소수의 종업원으로 관리하기 편하도록 하고 들어오는 손님과 종업원의 시선이 직접 마주치지 않도록 해야 한다.

－진열장의 크기 : 규격화, 이동식 구조로 한다.(높이 0.9~1.1m)

• 출입구 : 크기는 외여닫이인 경우 0.8~0.9m의 넓이 정도

• 계단 : 상점 내의 중요한 장식적 요소로, 규모에 알맞은 경사도를 선택해야 한다.

② 백화점

㉠ 기본계획

• 대지계획 시 고려사항

－정방형에 가까운 장방형이 좋다.

－긴 변이 주요 도로에 면하고 다른 1변 또는 2변이 상당한 폭원이 있는 도로에 면함이 좋다.

• 배치계획 : 주요 도로에서의 고객의 교통로와 상품의 반입 및 반송을 위한 교통로는 분리시킨다.

ⓛ 평면계획
- 동선 : 고객동선, 종업원 동선, 상품동선
- 면적구성 : 건축 총면적(영업을 목적으로 사용하는 부분)
  - 판매부분 : 연면적의 60 ~ 70%(이 중 순수 매장면적은 연면적의 50%)
  - 순수 매장면적 중 진열장의 배치면적은 50 ~ 70%, 순수 통로면적은 30 ~ 50%
  - 부대(관리)부분
ⓒ 세부계획
- 기둥간격의 결정 요소 : 진열장(show case), 지하 주차단위, 에스컬레이터의 배치
- 출입구 수는 도로에 면하여 30m에 1개소씩 설치한다.
- 매장
  - 종류 : 일반매장의 경우 자유 형식으로 수층에 걸쳐 동일 면적으로 설치, 특별매장의 경우 일반매장 내에 설치한다.
  - 통로 : 주 통로는 엘리베이터, 로비, 계단, 에스컬레이터 앞, 현관을 연결하는 통로로 폭은 2.7 ~ 3.0m 정도, 객 통로의 폭은 1.8m 이상으로 한다.

PLUS CHECK 진열장의 배치

ⓖ 직교(직각) 배치법 : 가구를 열을 지어 직각 배치함으로써 직교하는 통로가 나게 하는 방법으로 가장 간단한 배치방법으로 판매장의 면적을 최대한으로 이용할 수 있다. 그러나 단조로운 배치이고 통행량에 따른 폭을 조절하기 어려워 국부적인 혼란을 일으키기 쉽다.

ⓛ 사행(사교) 배치법 : 주 통로를 직각 배치하고 부 통로를 45° 경사지게 배치하는 방법으로 좌우 주 통로에 가까운 길을 택할 수 있고 주 통로에서 부 통로의 상품이 잘 보인다. 그러나 이형의 판매대가 많이 필요하다.

ⓒ 방사 배치법 : 판매장의 통로를 방사형으로 배치하는 방법으로 일반적으로 적용 하기가 곤란한 방식이다.

ⓔ 자유 유동(유선) 배치법 : 통로를 고객의 유동 방향에 따라 자유로운 곡선으로 배치하는 방법으로 전시에 변화를 주고 판매장의 특수성을 살릴 수 있다. 그러나 판매대나 유리 케이스가 특수한 형태로 필요하므로 비용이 많이 든다.

ⓔ 설비계획
- 엘리베이터
  - 크기 : 연면적 2,000 ~ 3,000m^{2}에 대해서 15 ~ 20인승 1대꼴 정도
  - 속도 : 저층(4 ~ 5층)의 경우 45 ~ 100m/min 정도, 중층(8층)의 경우 110m/min 정도
  - 배치 : 가급적 집중 배치하며 6대 이상인 경우 분산 배치하며, 고객용, 화물용, 사무용으로 구분 배치한다.

• 에스컬레이터

-규격 및 수송능력

폭(cm)	수송인원(인/시)	비고
60	4,000	성인 1인
90	6,000	성인 1인, 아동 1인
120	8,000	성인 2인

-배치형식

배치형식		승객의 시야	점유면적
직렬식		가장 좋으나, 시선이 한 방향으로 고정되기 쉽다.	가장 크다
병렬식	단속식	양호	크다
	연속식	일반적	작다
교차식		나쁘다	가장 작다

• 화장실

객용	남자용	대변기, 수세기	매장면적 1,000m^{2}에 대해서 1개
		소변기	매장면적 700m^{2}에 대해서 1개
	여자용	변기, 수세기	매장면적 500m^{2}에 대해서 1개
종업원용	남자용	대변기, 수세기	50명에 대해서 1개
		소변기	40명에 대해서 1개
	여자용	변기, 수세기	30명에 대해서 1개

⑦ 교육시설

① 학교

㉠ 기본계획

• 학생 1인당 점유면적

종류	학교시설 및 규모	교지면적	교사면적
초등학교	12학급 이상	20m^2	3.3 ~ 4.0m^2
	13학급 이상	15m^2	
중학교	학생 수 480명 이하	30m^2	5.5 ~ 7.0m^2
	학생 수 481명 이상	25m^2	
고등학교	인문계	70m^2	7.0 ~ 8.0m^2
	실업계	110m^2	
대학교		80m^2	16m^2

교실의 종류		교실면적	교실의 종류		교실면적
보통교실		1.4m^2 이상	특별교실	가사실	2.4m^2 이상
				자연교실	2.4m^2
특별교실	사회교실	1.6m^2		공작교실	2.5m^2
	도서관	1.8m^2		체육관	4.0m^2
	음악교실	1.9m^2	강당	초등학교	0.4m^2
	미술교실	1.9m^2		중학교	0.5m^2
	재봉실	2.1m^2		고등학교	0.6m^2

• 교사의 배치

비교	폐쇄형	분산병렬형
부지	효율적인 이용	넓은 부지 필요
교사주변	비활용	놀이터와 정원으로 활용
환경조건	불균등	균등
구조계획	복잡(유기적 구성)	간단(규격화)
동선	짧다	길다
소음	크다	적다
비상시피난	불리	유리

ⓛ 평면계획
• 학교운영방식의 종류

종류	운영방식	장점	단점	비고
종합교실형	교실수는 학급수와 일치, 각 학급은 자기 교실에서 모든 학습	학생의 이동이 전혀 없고, 각 학급마다 가정적인 분위기 연출	시설의 정도가 낮은 경우 가장 빈약하며, 초등학교 고학년에는 무리	초등학교 저학년에 가장 적합, 외국의 경우 1개 교실에 1~2개의 화장실 구성
일반교실 + 특별교실형	일반교실은 각 학급에 하나씩 배당, 그 밖에 특별교실을 갖춤	전용의 학급교실이 주어지므로 홈룸활동과 학생의 소지품 관리 안정	교실 이용률이 낮아 시설의 수준을 높일수록 비경제적	우리나라 학교의 70% 정도 차지
교과교실형	모든 교실이 특정교과를 위해 만들어지고 일반교실이 없음	각 학과에 순수율이 높은 교실이 주어지므로 시설의 이용율은 높음	학생의 이동이 심하고 순수율을 100%로 하는 한 이용률은 반드시 높다고 할 수 없음	이동에 대비하여 소지품을 보관할 장소와 이동에 대한 동선에 주의
E형	일반교실수는 학급수보다 적고 특별교실의 순수율은 반드시 100%가 되지 않음	이용률을 상당히 높일 수 있어 경제적	학생의 이동이 많으며, 학생이 생활하는 장소가 안정되지 않은 경우 혼란 야기	
플래툰형	각 학급을 2분단으로 나누어 한 쪽이 일반교실을 사용할 경우 다른 한쪽은 특별교실을 사용	E형 정도로 이용률을 높이면서 동시에 학생의 이동을 정리할 수 있으며 교과담임제와 학급담임제를 병용가능	교사수와 적당한 시설이 없으면 실시가 어려우며, 시간배당에 상당히 많은 노력 필요	미국의 초등학교에서 과밀해소를 위해 사용
달톤형	학급과 학년을 없애고 학생들은 각자의 능력에 따라 교과를 선택하고 일정한 교과가 끝나면 졸업	교육방법에 기본적인 목적이 있으므로 시설면에서 장·단점을 논할 수 없음 하나의 교과에 출석하는 학생수가 일정하지 않아 크고 작은 여러 가지 교실을 설치해야 함		우리나라의 사설학원, 야간 외국어학원, 직업학교, 입시학원 등
개방학교	종래의 학급단위로 하던 수업을 부정하고 개인의 능력, 자질, 경우에 따라 무학년제로 하여 보다 다양한 학습활동을 할 수 있으며, 종래의 교실에 비해 넓고 변화 많은 공간으로 구성	각자의 흥미, 능력, 자질 등에 의해 그루핑되고 참여할 수 있기 때문에 잘 적용되면 가장 좋은 방법	변화가 심한 교과 과정에 충분히 대응할 수 있는 교원의 자질과 풍부한 교재, 티칭머신의 활동이 전제가 되고 시설적인 공기조화가 요구	최근 구미 일각에서 발달한 것이나 일반화가 어려우며 저학년 및 유치원에 적용시키거나 전체 학급 중 일부는 채용해 볼 만함

• 이용률과 순수율

$$-이용률 = \frac{교실이\ 사용되고\ 있는\ 시간}{1주간의\ 평균\ 수업시간} \times 100(\%)$$

$$-순수율 = \frac{일정한\ 교과를\ 위해\ 사용되는\ 시간}{그\ 교실이\ 사용되고\ 있는\ 시간} \times 100(\%)$$

© 세부계획

• 교실

－배치방식 : 엘보 엑세스(elbow access)형(복도를 교실에서 떨어지게 하는 형식), 클러스터 (cluster)형[여러 개의 교실을 소단위별(grouping)로 분리하여 배치한 것]

－배치 계획 시 주의사항 : 교실의 크기는 7 × 9m(저학년은 9×9m) 정도, 창대의 높이는 초등학교 80cm, 중학교 85cm가 적당, 출입구는 각 교실마다 2개소에 설치하며 여는 방향은 밖여닫이, 교실의 채광은 일조시간이 긴 방위를 택한다. 저학년은 난색계통, 고학년은 중성색이나 한색계통이 좋으며, 그 외에 음악, 미술교실 등 창작적이고 학습 활동을 위한 교실은 난색계통이 좋다. 반사율은 반자는 80 ~ 85%, 벽은 50 ~ 60%, 바닥은 15 ~ 30% 정도로 한다.

PLUS CHECK 특별교실

㉠ 자연 과학교실 : 실험에 따른 유독가스를 막기 위해서 드래프트 체임버(draft chamber)를 설치한다.

㉡ 미술실 : 균일한 조도를 얻기 위해서 북측채광을 삽입한다.

㉢ 생물교실 : 남면 1층에 두고 사육장, 교재원과의 연락이 용이하도록 하고 직접 옥외에서 출입할 수 있도록 한다.

㉣ 음악교실 : 적당한 잔향을 갖도록 하기 위해서 반사재와 흡음재를 적절이 사용한다.

㉤ 지학교실 : 장기 계속의 기상 관측을 고려하여 교정 가까이에 둔다.

㉥ 도서실 : 개가식으로 하며 학교의 모든 곳으로부터 편리한 위치로 정한다. 적어도 한 학급이 들어갈 수 있는 실과 동시에 개인 또는 그룹이 이용하는 작은 실이 필요하다. 환경은 밝고 즐겁게 하여 독서를 할 때 쾌적하게 한다.

• 학생 1인당 강당의 소요면적

구분	소요면적
초등학교	0.4m^2/인
중학교	0.5m^2/인
고등학교	0.6m^2/인

• 체육관

－크기 : 농구 코트를 둘 수 있을 정도로 최소 400m^2(코트 12.8 × 22.5m), 보통 500m^2(코트 15.2 × 28.6m)

－천장 높이 : 6m 이상

－바닥 마감 : 목재 마루판 2중 깔기

－징두리벽의 높이 : 각종 운동기구를 설치할 수 있도록 2.5 ~ 2.7m 정도로 한다.

－샤워 수 : 체육 학급 3 ～ 4를 1개로 표준

• 급식실 및 식당 : 식당의 크기는 학생 1인당 0.7 ～ 1.0m² 로 한다.

• 화장실 및 수세장

－보통 교실로부터 35m 이내, 그 외에는 50m 이내의 거리에 설치한다.

－학생 100명당 소요 변기수

구분	소변기	대변기
남자	4	2
여자		5

－수세장 : 4학급당 1개소 정도로 분산 설치하며, 급수전과 청소, 회화, 서도용을 겸하며 식수용을 겸하는 것을 피한다.

－식수장 : 학생 75 ～ 100명당 수도꼭지 1개가 필요하다.

• 복도 · 계단

－복도 : 편복도의 경우 1.8m 이상, 중복도의 경우 2.4m 이상

－계단 : 계단의 최대 유효 이용거리는 50m, 유사시 3분 이내에 사람 전부가 건물 밖으로 피난할 만한 개수가 있어야 한다. 내화구조인 경우 50m 이내, 비내화구조인 경우 30m 이내

② **도서관**

㉠ 기본계획

• 공간의 구성

분류	구성비율
열람실, 참고실	50%
서고	20%
서비스, 기타공간, 복도, 계단	12%
대출실	10%
관장실, 사무실	8%

• 배치계획

－도서관의 기능과 성격을 고려해서 결정해야 하며, 50% 이상의 확장과 변화의 유연성을 고려해야 한다.

－서고의 증축 공간을 반드시 확보해야 하며, 공중의 접근이 용이한 장소이어야 한다.

－동선은 기능별로 분리해야 하며, 열람부분과 서고와의 관계가 중요하며 직원수에 따라 조절한다.

－이용자 출입구와 직원 및 서적의 출입구는 나누어야 한다.

㉡ 세부계획

• 열람실

－분산배치 : 열람실을 남녀별, 연령별 등으로 구분하기 용이하도록 중소규모로 분배하면 시간대별로 몇 개의 열람실은 폐쇄하고 나머지 열람실을 사용할 수 있도록 하여 열람공간을 확보하고 설비부하를 최소화할 수 있다.

-1인당 소요바닥면적

성인	$1.5 \sim 2.0\text{m}^2$
아동	1.1m^2 정도
통로를 포함했을 경우	$2.2 \sim 2.8\text{m}^2$(보통 2.5m^2)

-크기 $A = \left(\dfrac{\text{자료수}}{\text{단위면적당 자료수용능력}} + \dfrac{\text{좌석수}}{\text{단위면적당 이용자수}} \right) \times \text{여유도}$

• 서고
-크기 : 책선반 1단의 길이는 20 ~ 30권/1m당(보통 25권/1m당), 서고면적은 150 ~ 250권/1m²당 (평균 200권/m²당), 서고공간은 약 66권/1m²당
-서가의 크기 : 길이 1m, 높이 7면 양단인 경우 1단에 약 30권씩 약 420권 수용, 간격을 1.,5m 로 하면 바닥면적 1m²당 28권 수용
• 도서관 시설 및 자료의 기준
-공립 공공도서관

봉사대상 인구(명)	시설		도서관자료	
	건물면적(m²)	열람석(좌석 수)	기본장서(권)	연간증서(권)
2만 미만	264 이상	60 이상	3,000 이상	300 이상
2만 이상 5만 미만	660 이상	150 이상	6,000 이상	600 이상
5만 이상 10만 미만	990 이상	200 이상	15,000 이상	1,500 이상
10만 이상 30만 미만	1,650 이상	350 이상	30,000 이상	3,000 이상
30만 이상 50만 미만	3,300 이상	800 이상	90,000 이상	9,000 이상
50만 이상	4,950 이상	1,200 이상	150,000 이상	15,000 이상

-시립 공공도서관

시설		도서관자료
건물면적	열람석	
33m² 이상	6석 이상	1,000권 이상

-장애인도서관

시설		도서관자료	
건물면적	기계·기구	장서	녹음테이프
66m² 이상(이중 자료열람실 및 서고의 면적이 45% 이상일 것)	점자재판기·점자인쇄기· 점자타자기 1대 이상, 녹음기 4대 이상	1,500권 이상	500점 이상

-전문도서관 : 열람실 면적이 165m², 전문 분야 자료가 3천권 이상

⑧ 숙박 및 병원시설

① 호텔

㉠ 호텔의 종류

- 시티 호텔 : 아파트먼트 호텔, 커머셜 호텔, 레지던스 호텔, 터미널 호텔
- 리조트 호텔 : 산장 호텔, 클럽하우스
- 기타 호텔 : 모텔, 유스호스텔

㉡ 평면계획

- 기능별 분류 : 숙박부분, 공용부분, 관리부분, 요리관계 부분, 설비관계 부분, 대실
- 기둥간격 : 최소의 욕실폭, 각 실 입구통로 폭과 반침폭을 합한 치수의 2배로 산정
- 기준층의 평면형식 : H자형/ㅁ자형, T자형/Y자형/십자형, 일자형, 사각형/삼각형/원형, 중복도형, 복합형
- 각 실의 면적 구성 비율

분류 \ 종류	리조트 호텔	시티 호텔	아파트먼트 호텔
규모 (객실 1에 대한 연면적)	$40 \sim 91m^2$	$28 \sim 50m^2$	$70 \sim 100m^2$
숙박부면적 (연면적에 대한)	$41 \sim 56\%$	$49 \sim 93\%$	$32 \sim 48\%$
퍼블릭 스페이스 (연면적에 대한)	$22 \sim 38\%$	$11 \sim 30\%$	$35 \sim 58\%$
로비면적 (객실 1에 대한 면적)	$3 \sim 6.2m^2$	$1.9 \sim 3.2m^2$	$5.3 \sim 8.5m^2$
관리부 면적비 (연면적에 대한)	$6.5 \sim 9.3\%$		
설비부 면적비 (연면적에 대한)	약 5.2%		

- 조리실과의 관계

호텔 조리양/일	조리실 면적(m^2)
100명분	$40 \sim 60$
500명분	$95 \sim 100$
1,000명분	$200 \sim 240$

ⓒ 각 실의 계획

• 객실의 크기

－1실의 크기

구분	실폭	실길이	층높이	출입문폭
1인용	2 ~ 3.6m	3 ~ 6m	3.3 ~ 3.5m	0.85 ~ 0.9m
2인용	4.5 ~ 6m	5 ~ 6.5m		

－실의 종류에 따른 평균면적

실의 종류	싱글	더블	트윈	스위트
1실의 평균면적(m^2)	18.55	22.414	30.43	45.89

• 욕실의 크기

욕실 내 시설	A(최소)	B(최소)	A×B(최소)
세면기, 변기를 설치할 경우	125cm	75cm	$1.5m^2$
세면기, 변기, 샤워를 설치할 경우	150cm	120cm	$2.5m^2$
세면기, 변기, 욕조를 설치할 경우	114cm	190cm	$3m^2$

ⓓ 레스토랑

• 서비스형식에 따른 분류 : 테이블 서비스, 카운터 서비스, 셀프 서비스

• 종류

－식사 : 레스토랑, 런치룸, 그릴, 카페테리어. 드라이브 인 레스토랑, 스낵바, 뷔페

－경음식 : 다방, 베이커리, 캔디스토어, 프루트 팔러, 드럭스토어

－기타 : 주류, 사교

② **병원**

ⓐ 기본계획

• 형식

－집중식, 분관식, 다익형, 하니스(Harness) 시스템, 뉴클리어스(Nucleus) 시스템으로 분류

－집중식과 분관식 비교

내용	집중식	분관식
배치의 형식	고층, 집약식	저층, 평면 분산식
부지의 이용도	좁은 부지(경제적)	넓은 부지(비경제적)
환경조건	불균등	균등
설비시설	집중적	분산적
관리	편리	불편
보행거리	짧다	멀다
적용병원	도시의 대규모 현대병원	특수병원

- 병원의 구성요소 : 외래진료부, 중앙진료부, 병동부
- 병원의 규모 : 병상수로 산정
- 소요병상수 $= \dfrac{\text{연간 입원환자의 실제 인원수} \times \text{평균 재원일수}}{365 \times \text{병상 이용률}}$

ⓒ 각 부 계획
- 중앙진료부

구성 부분	타 부분과의 관련	비고
검사부	병동, 외래진료부, 수술부, 해부실	규모가 작은 병원은 간단한 검사실 규모
방사선부	병동, 외래진료부	보급률이 가장 많은 부분으로 큰 병원은 독립하여 계획
재활치료부	병동, 외래진료부	대규모 병원, 재활병원, 노인병원
수술부	ICU, 외과계 병동, 응급실, 중앙재료실, 검사부, 수혈부	
분만부	산부인과 병동	
약국	병동, 외래진료부, 수술부, 분만부	
수혈부	수술부, 병동, 응급부, 분만부	
중앙재료실	병동, 외래진료부, 수술부, 분만부	큰 병원의 경우 수술용 청결 재료실을 수술부 내에 별도로 설치
혈액투석실		주로 중급 병원 이상 설치
고압치료실		주로 큰 병원에 설치

- 외래진료부
- 진료방식 : 클로즈드 시스템, 오픈 시스템
- 분류 : 외과, 정형외과, 내과, 산부인과, 소아과, 이비인후과, 치과, 안과
- 외래 1인당 전체 환자에 대한 과별 환자 수

과별	환자 수(%)	과별	환자 수(%)
내과	19 ~ 26	피부 · 비뇨기과	8 ~ 11
소아과	7 ~ 12	이비인후과	10 ~ 15
외과	7 ~ 25	안과	7 ~ 12
정형외과	9 ~ 12	치과	7 ~ 10
산부인과	8 ~ 13	정신과	2 ~ 4

- 병동부
- 구성 : 병실, 의원실, 간호사 대기실, 면회실 등
- 병동부 면적 구성비 : 종합병원의 경우 연면적의 1/3, 정신병원의 경우 연면적의 2/3 정도, 결핵병원의 경우 연면적의 1/2

－간호단위 : 1간호단위는 1조(8 ~ 10명)의 간호사가 간호하기에 적합한 병상수로 구성되며 25베드가 이상적이나 보통 30 ~ 40베드 정도이다.

－급식배선방식 : 병동배선방식, 중앙배선방식

⑨ 문화시설

① 공연시설

㉠ 극장

• 대지면적

구분	면적
극장	0.9인/m²
영화관	0.9 ~ 1.28인/m²

• 객석수와 면적

구분	객석수/건축면적(m²)	객석수/연면적(m²)	관람석/연면적(m²)
영화관	0.5 ~ 0.9	0.5 ~ 0.8	0.5
일반극장	0.3 ~ 0.45(식당 제외)	0.4 ~ 0.6	0.5
대극장	0.25 ~ 0.4	－	

구분			소요 크기
객석	1인당 점유폭		500 ~ 550mm
	전후 간격		900 ~ 1,000mm
	의자	좌석 높이	350 ~ 430mm(바닥에서 의자 앞 끝까지의 높이)
		등받이 높이	780mm
통로	수평(횡적)		1,000mm 이상
	수직(종적)		• 객석이 양측에 있는 경우 800mm 이상(1층 객석의 면적이 900m² 이상이 효과적) • 객석이 한쪽에만 있는 경우 600 ~ 1,000mm 이상
관객 1인당 점유면적			0.7 ~ 0.8m² (통로 포함)

• 로비와 라운지

구분	로비(1객석당)	라운지(1객석당)
대학극장	$0.12m^2$	–
영화관	$0.09m^2$	$0.1m^2$
일반극장	$0.16m^2$	$0.5m^2$
오페라하우스	$0.15m^2$	$0.7m^2$

• 관객석 계획
–평면형식 : 오픈 스테이지형, 애리나 스테이지형, 프로세니움 스테이지형, 가변형 무대
–통로 설치기준

통로	객석	객석 상호 간의 객석수	
		의자 전후간격 90cm 이상	의자 전후간격 90cm 이하
세로통로	중앙부	12석 이내	8석 이내
	편측	6석 이내	4석 이내
가로통로		20석 이내	15석 이내

ⓛ 영화관
• 스크린
–최전열 객석에서 스크린 폭은 최소 1.5배 이상
–최전열 객석으로부터 6m 이상
–뒷벽면과의 거리는 1.5m 이상
–높이는 무대 바닥면에서 50 ~ 100cm 정도
• 연면적
–영화관 : 1 ~ $1.4m^2$/1인당
–일반영화관 : 1.4 ~ $2.0m^2$/1인당
–공회당 : 2 ~ $3m^2$/1인당
–오페라하우스 : 3.5 ~ $5m^2$/1인당
• 바닥면적 : 1객석당 종 · 횡통로를 포함하여 $0.5m^2$
• 용적
–영화관 : 4 ~ $5m^2$/1객석당
–음악홀 : 5 ~ $9m^2$/1객석당
–공회당 다목적 홀 : 5 ~ $7m^2$/1객석당

② **전시시설**

㉠ 기본계획

• 박물관, 미술관의 등록조건

종류	요구조건
제1종 박물관	• 박물관자료는 각 분야별로 100점 이상이어야 하며 각 분야별 1명 이상 학예사를 두어야 한다. • 100m² 이상의 전시실, 또는 2,000m² 이상의 야외전시장을 두어야 하며 수장고, 작업실, 사무실, 도서실, 도난방지시설과 온습도 조절장치를 갖추어야 한다.
제2종 박물관	60점 이상의 자료, 1명 이상의 학예사, 82m² 이상의 전시실
미술관	• 100점 이상의 자료와 학예사 1명 이상을 두어야 한다. • 100m² 이상의 전시실 또는 2,000m² 이상의 야외전시장을 두어야 한다. • 수장고, 사무실, 연구실, 자료실, 도서실 등을 두어야 한다.

• 유형 : 컬렉션형, 프레젠테이션형, 커뮤니케이션형

㉡ 세부계획

• 관객의 순환방향 : 관객은 좌측으로 순회하면서 우측 벽을 바라보려고 한다.
• 전시벽면과 동선과의 관계
－연속된 평면의 전시벽면 : 입구와 출구가 분리되어 명료하게 한정된 동선
－분리된 양면의 전시벽면 : 입구와 출구가 분리되어 명료하게 한정된 동선
－연속된 양면의 전시벽면 : 입구와 출구가 공통되어 더욱 명료하게 한정된 동선
－나선형상으로 배치된 양면의 전시벽면 : 입구와 출구가 공통되어 더욱 명료하게 한정된 동선
－분리된 양면의 전시벽면 : 입구와 출구가 공통되어 교차되거나 분기되거나 교차로 분기되는 동선
• 면적의 구성

구분	면적(%)
전시	40 ~ 50
교육 · 보급	4 ~ 8
수집 · 보관	10 ~ 15
조사 · 연구	3 ~ 8
관리	7 ~ 8
기타	30

• 전시실 순로형식 : 연속순로형식, 갤러리 및 코리도 형식, 중앙 홀 형식
• 전시공간의 평면형태 : 부채꼴형, 직사각형, 원형, 자유로운 형
• 채광 방식 : 정광창 방식, 측광창 방식, 정측광창 방식, 고측광창 방식, 특수채광 방식, 완전폐쇄 방식

© 특수 전시기법

- 하모니카 전시 : 전시의 평면이 하모니카 흡입구처럼 동일 공간에 연속적으로 배치, 동일한 종류의 전시물을 반복 전시에 적합
- 파노라마 전시 : 연속적인 주제를 관계성 깊게 표현하기 위해 전경으로 펼쳐지도록 연출하는 기법
- 디오라마 전시 : 현장감에 충실한 연출기법
- 아일랜드 전시 : 벽, 천장을 직접 이용하지 않고 전시물이나 전시장치에 배치, 평면전시, 입체전시 가능
- 영상 전시 : 오브제 전시한계를 극복하기 위해 사용, 현물을 직접 전시할 수 없는 경우 사용

② 전시관의 공간배치 구성형식

- 중정형 : 개별 전시실들이 중정을 중심으로 둘레를 에워싼 回자형 평면 형식
- 집약형 : 단일 건물 내 대소전시 공간을 집약시킨 형식
- 개방형 : 전시공간 전체가 구획됨 없이 개방된 형식
- 분동형 : 몇 개의 단독 전시관들이 파빌리온 형식으로 건물군을 이루고 핵이 되는 중심광장이 있어 많은 관객의 집합, 분산, 휴식, 선별관람이 용이하도록 도와주는 것이 일반적
- 중·개축형 : 다른 용도로 사용되었던 건물을 기존 규모에서 외부적으로 확장한다던가, 변경 없이 실내공간을 재조정할 수 있는 형식

③ 체육시설

㉠ 옥외노출 운동장

- 트랙의 길이는 400m, 필드의 수평허용오차는 1/1,000
- 관람석 표준수치

관람석	표준수치
1인당 요구면적	0.4m^2
관람석의 폭(열)	20m(25열)
통로 사이의 최대 좌석 수	24석
1인당 전후거리	80cm
1인당 폭	50cm
보행속도	1m/sec

㉡ 체육관

- 코트 바깥쪽은 3m 이상의 안전역 확보
- 벽은 높이 2.4m까지 돌기물이 없어야 함

• 기구창고의 면적

종류	길이(m)	폭(m)	높이(m)
농구	26(±2)	14(±1)	7
배구	18	9	12.5
배드민턴	13.4	5.18	7.6
탁구	14	7	4

ⓒ 수영장

• 길이 50m, 폭 21m, 깊이 1.8m 이상
• 수온은 24℃ 이상
• 레인의 수 8개, 레인의 폭 2.5m, 8번 레인 밖으로 50cm 간격 유지
• 출발대 높이 : 수면으로부터 0.5 ~ 0.7m

1 공장의 레이아웃 형식 중 생산에 필요한 모든 공정과 기계류를 제품의 흐름에 따라 배치하는 형식은?

한국전력공사

① 고정식 레이아웃   ② 혼성식 레이아웃

③ 제품중심의 레이아웃   ④ 공정중심의 레이아웃

2 척도조정(M.C.)에 대한 설명으로 바르지 않은 것은?

부산교통공사

① 설계작업이 단순해지고 간편해진다.

② 현장작업이 단순해지고 공기가 단축된다.

③ 건축물 형태의 다양성 및 창조성 확보가 용이하다.

④ 구성재의 상호조합에 의한 호환성을 확보할 수 있다.

✅ ANSWER | 1.③ 2.③

1 공장의 레이아웃 형식
ㄱ 제품중심의 레이아웃(연속 작업식)
- 생산에 필요한 모든 공정, 기계 기구를 제품의 흐름에 따라 배치하는 방식이다.
- 대량 생산 가능, 생산성이 높음, 공정시간의 시간적, 수량적 밸런스가 좋고 상품의 연속성이 가능하게 흐를 경우 성립한다.
ㄴ 공정중심의 레이아웃
- 동종의 공정, 동일한 기계설비 또는 기능이 유사한 것을 하나의 그룹으로 결합시키는 방식이다.
- 다종 소량 생산의 경우, 예상 생산이 불가능한 경우, 표준화가 이루어지기 어려운 경우에 채용한다.
ㄷ 고정식 레이아웃
- 주가 되는 재료나 조립부품이 고정된 장소에, 사람이나 기계는 그 장소에 이동해 가서 작업이 행해지는 방식이다.
- 제품이 크고 수가 극히 적을 경우(선박, 건축) 채용한다.

2 척도조정은 규격화, 표준화를 추구하는 방법으로서 건축물 형태의 다양성 및 창조성 확보를 저하시킨다.

3 다음 중 구조코어로서 가장 바람직한 코어형식으로, 바닥면적이 큰 고층, 초고층 사무소에 적합한 것은?

한국토지주택공사

① 중심코어형　　　　　　　　　　② 편심코어형
③ 독립코어형　　　　　　　　　　④ 양단코어형

ANSWER | 3.①

---

3 구조코어로서 가장 바람직한 코어형식으로, 바닥면적이 큰 고층, 초고층 사무소에 적합한 것은 중심코어형이다.
　※ **코어의 형식**
　　㉠ **편심코어형**
　　　• 바닥면적이 작은 경우에 적합하다.
　　　• 바닥면적이 커지면 코어외에 피난설비, 설비 샤프트 등이 필요하다.
　　　• 고층일 경우 구조상 불리하다.
　　㉡ **중심코어형(중앙코어형)**
　　　• 바닥면적이 큰 경우에 적합하다.
　　　• 고층, 초고층에 적합하고 외주 프레임을 내력벽으로 하여 중앙 코어와 일체로 한 내진구조로 만들 수 있다.
　　　• 내부공간과 외관이 획일적으로 되기 쉽다.
　　㉢ **독립코어형(외코어형)**
　　　• 편심 코어형에서 발전된 형으로 특징은 편심코어형과 거의 동일하다.
　　　• 코어와 관계없이 자유로운 사무실 공간을 만들 수 있다.
　　　• 설비 덕트, 배관을 사무실까지 끌어 들이는데 제약이 있다.
　　　• 방재상 불리하고 바닥면적이 커지면 피난시설을 포함한 서브 코어가 필요하다.
　　　• 코어의 접합부 평면이 과대해지지 않도록 계획할 필요가 있다.
　　　• 사무실 부분의 내진벽은 외주부에만 하는 경우가 많다.
　　　• 코어부분은 그 형태에 맞는 구조형식을 취할 수 있다.
　　　• 내진구조에는 불리하다.
　　㉣ **양단코어형(분리코어형)**
　　　• 하나의 대공간을 필요로 하는 전용 사무소에 적합하다.
　　　• 2방향 피난에 이상적이며, 방재상 유리하다.
　　　• 임대사무소일 경우 같은 층을 분할하여 대여하면 복도가 필요하게 되고 유효율이 떨어진다.

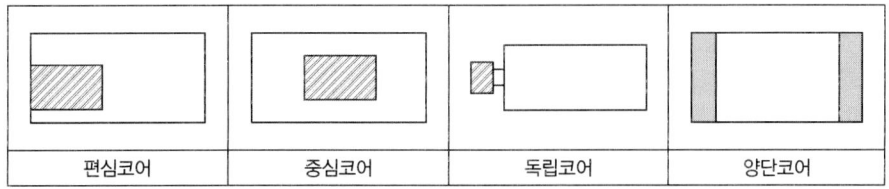

4 POE(Post-Occupancy Evaluation)의 의미로 가장 알맞은 것은?

한국철도시설공단

① 건축물 사용자를 찾는 것이다.
② 건축물을 사용해 본 후에 평가하는 것이다.
③ 건축물의 사용을 염두에 두고 계획하는 것이다.
④ 건축물 모형을 만들어 설계의 적정성을 평가하는 것이다.

5 사무소 건축의 실단위 계획 중 개방식 배치에 관한 설명으로 바르지 않은 것은?

부산시설공단

① 공사비를 줄일 수 있다.
② 실의 깊이나 길이에 변화를 줄 수 없다.
③ 시각차단이 없으므로 독립성이 적어진다.
④ 경영자의 입장에서는 전체를 통제하기가 쉽다.

6 다음 중 은행 건축계획에 관한 설명으로 옳지 않은 것은?
① 영업대의 높이는 고객 대기실에서 최소 140cm 이상으로 계획한다.
② 주출입구에 전실을 둘 경우에 바깥문은 밖여닫이 또는 자재문으로 계획한다.
③ 은행실은 은행건축의 주체를 이루는 곳으로 기둥수가 적고 넓은 실이 요구된다.
④ 영업실은 고객을 직접 상대하는 업무 외에는 고객과의 직접적인 접촉을 피하도록 한다.

Ⓥ ANSWER | 4.② 5.② 6.①

4 POE(Post-Occupancy Evaluation)는 글자 그대로 입주 후 평가로서 건축물을 사용해 본 후에 평가하는 것이다.

5 ② 개방식 배치는 실의 깊이나 길이에 변화를 줄 수 있다.
   ※ 개방식 배치 … 개방된 큰 방으로 설계하고 중역들을 위해 분리하여 작은 방을 두는 방법
      ㉠ 전 면적을 유효하게 이용할 수 있어 공간 절약상 유리하다.
      ㉡ 칸막이벽이 없어서 공사비가 다소 싸진다.
      ㉢ 방의 길이나 깊이에 변화를 줄 수 있다.
      ㉣ 깊은 구역에 대한 평면상의 효율성을 기할 수 있다.
      ㉤ 소음이 크고 독립성이 떨어진다.
      ㉥ 자연채광에 인공조명이 필요하다.
      ㉦ 경영자의 입장에서는 전체를 통제하기 용이하다.

6 영업대는 고객 대기실에서 100 ~ 110cm 정도의 높이가 적합하다.

7 다음 중 주택의 동선계획에 관한 설명으로 옳지 않은 것은?

① 동선은 가능한 굵고 짧게 계획하는 것이 바람직하다.

② 동선의 3요소 중 속도는 동선의 공간적 두께를 의미한다.

③ 개인, 사회, 가사노동권의 3개 동선은 상호 간 분리하는 것이 좋다.

④ 화장실, 현관 등과 같이 사용빈도가 높은 공간은 동선을 짧게 처리하는 것이 중요하다.

8 다음 중 사무소건축에서 중심코어 형식에 관한 설명으로 옳은 것은?

① 구조코어로서 바람직한 형식이다.

② 유효율이 낮아 임대사무소 건축에는 부적합하다.

③ 일반적으로 기준층 바닥면적이 작은 경우에 적합하다.

④ 2방향 피난에는 이상적인 관계로 방재/피난상 가장 유리한 형식이다.

ANSWER | 7.② 8.①

7 동선의 3요소 중 속도는 얼마나 빠른가를 의미한다.

8 ② 중심코어 형식은 유효율이 높아 임대사무소 건축에 적합하다.
　③ 중심코어 형식은 일반적으로 기준층 바닥면적이 큰 경우에 적합하다.
　④ 2방향 피난에는 이상적인 관계로 방재/피난상 가장 유리한 형식은 양단코어 형식이다.
　※ 코어의 형식
　　㉠ 편심코어형
　　　• 바닥면적이 작은 경우에 적합하다.
　　　• 바닥면적이 커지면 코어 외에 피난설비, 설비 샤프트 등이 필요하다.
　　　• 고층일 경우 구조상 불리하다.
　　㉡ 중심코어형(중앙코어형)
　　　• 바닥면적이 큰 경우에 적합하다.
　　　• 고층, 초고층에 적합하고 외주 프레임을 내력벽으로 하여 중앙 코어와 일체로 한 내진구조로 만들 수 있다.
　　　• 내부공간과 외관이 획일적으로 되기 쉽다.
　　㉢ 독립코어형(외코어형)
　　　• 편심코어형에서 발전된 형으로 특징은 편심코어형과 거의 동일하다.
　　　• 코어와 관계없이 자유로운 사무실 공간을 만들 수 있다.
　　　• 설비 덕트, 배관을 사무실까지 끌어 들이는데 제약이 있다.
　　　• 방재상 불리하고 바닥면적이 커지면 피난시설을 포함한 서브 코어가 필요하다.
　　　• 코어의 접합부 평면이 과대해지지 않도록 계획할 필요가 있다.
　　　• 사무실 부분의 내진벽은 외주부에만 하는 경우가 많다.
　　　• 코어부분은 그 형태에 맞는 구조형식을 취할 수 있다.
　　　• 내진구조에는 불리하다.
　　㉣ 양단코어형(분리코어형)
　　　• 하나의 대공간을 필요로 하는 전용 사무소에 적합하다.
　　　• 2방향 피난에 이상적이며, 방재상 유리하다.
　　　• 임대사무소일 경우 같은 층을 분할하여 대여하면 복도가 필요하게 되고 유효율이 떨어진다.

9 다음 중 시티 호텔(City Hotel)에 속하지 않는 것은?

① 클럽 하우스
② 터미널 호텔
③ 커머셜 호텔
④ 아파트먼트 호텔
⑤ 레지던스 호텔

10 다음 중 오피스의 엘리베이터 배치계획에 관한 설명으로 옳은 것은?

① 4대 이하일 경우 일렬배치로 한다.
② 대면배치에서 대면거리는 2m 정도로 하는 것이 좋다.
③ 오피스 내의 주출입구홀에 직접적으로 면하여 배치하지 않도록 한다.
④ 오피스를 방문하거나 이용하는 외래자에게 잘 보이지 않는 위치에 배치한다.

⊘ A N S W E R | 9.① 10.①

9 클럽 하우스는 리조트호텔이다.
  ※ **시티 호텔** … 도시의 시가지에 위치하여 여행자의 단기체류나 각종 연회 등의 장소로 이용되는 호텔이다.
    ㉠ 시티 호텔의 대지선정 조건
      • 교통이 편리해야 하며 자동차의 접근이 용이하고 주차설비를 설치하는데 무리가 없을 것
      • 인근 호텔과의 경쟁과 제휴 등에 있어서 유리한 곳일 것
    ㉡ 시티 호텔의 종류
      • 커머셜 호텔 : 주로 비즈니스를 주체로 하는 여행자용 단기체류 호텔이며, 객실이 침실위주로 되어 있어 숙박면적비가 가장 크다. 외래 방문객에게 개방(집회, 연회 등)되어 이들을 유인하기 위해서 교통이 편리한 도시 중심지에 위치하며, 각종 편의시설이 갖추어져 있다. 도심지에 위치하므로 부지가 제한되어 있어 건축계획 시 복도의 면적을 되도록 작게 하고 고층화한다.
      • 레지던스 호텔 : 여행자나 관광객 등이 단기 체류하는 여행자용 호텔이다. 커머셜 호텔보다 규모가 작고 설비는 고급이며 도심을 피하여 안정된 곳에 위치한다.
      • 아파트먼트 호텔 : 장기간 체재하는 데 적합한 호텔로서 각 객실에는 주방설비를 갖추고 있다.
      • 터미널 호텔 : 터미널 인근에 위치한 호텔로서 주요 교통요지에 위치한다.

10 ② 엘리베이터의 대면배치에서 대면거리는 3.5 ~ 4m 정도가 적합하다.
  ③ 엘리베이터는 오피스 내의 주출입구홀에 면하여 배치하는 것이 좋다.
  ④ 엘리베이터는 오피스를 방문하는 외래객들이 쉽게 찾아볼 수 있도록 잘 보이는 위치에 두는 것이 좋다.

11 다음 중 미술관 전시실의 순회형식 중 갤러리 및 코리도 형식에 관한 설명으로 옳은 것은?

① 많은 전시실을 순서별로 통하여야 하는 불편이 있다.

② 필요시에는 자유로이 독립적으로 전시실을 폐쇄할 수 있다.

③ 프랭크 로이드 라이트는 이 형식을 기본으로 뉴욕 구겐하임 미술관을 설계하였다.

④ 중심부에 하나의 큰 홀을 두고 그 주위에 각 전시실을 배치하여 자유로이 출입하는 형식이다.

12 다음 중 학교건축의 특별교실 계획에 관한 설명으로 옳지 않은 것은?

① 화학교실에는 실험에 따른 유독가스 처리를 위한 설비를 설치한다.

② 음악교실은 잔향시간이 길면 길수록 좋으므로 흡음재를 사용하지 않도록 한다.

③ 생물교실은 남측방향의 1층에 배치하는 것이 좋으며 직접 옥외로의 출입이 편리하도록 한다.

④ 가정생활에 관련된 교육을 실습하는 가정과 교실의 바닥은 내수적이고 위생적인 재료로 마감하는 것이 좋다.

ANSWER | 11.② 12.②

11 ① 연속순로형식의 특징이다.
③ 중앙홀형식의 특징이다.
④ 중앙홀형식의 특징이다.
※ 전시실의 순로형식
　㉠ 연속순로형식
　　•구형 또는 다각형의 각 전시실을 연속적으로 연결하는 형식이다.
　　•단순하고 공간이 절약된다.
　　•소규모의 전시실에 적합하다.
　　•전시벽면을 많이 만들 수 있다.
　　•많은 실을 순서별로 통해야 하고 1실을 닫으면 전체 동선이 막히게 된다.
　㉡ 갤러리 및 코리도 형식
　　•연속된 전시실의 한쪽 복도에 의해 각실을 배치한 형식이다.
　　•복도가 중정을 포위하여 순로를 구성하는 경우가 많다.
　　•각 실에 직접출입이 가능하며 필요시 자유로이 독립적으로 폐쇄할 수 있다.
　　•르코르뷔지에가 와상동선을 발전시켜 미술관 안으로 '성장하는 미술관'을 계획하였다.
　㉢ 중앙홀형식
　　•중심부에 하나의 큰 홀을 두고 그 주위에 각 전시실을 배치하여 자유로이 출입하는 형식이다.
　　•부지의 이용률이 높은 지점에 건립할 수 있다.
　　•중앙홀이 크면 동선의 혼란이 없으나 장래에 많은 무리가 따른다.
12 음악교실은 잔향시간이 적당한 것이 좋으며 반향을 막기 위해서 흡음벽재를 사용해야 한다.

13 다음 중 계획 시 자연채광이 주요한 고려사항이 되지 않는 것은?

① 사무소 사무실　　　　　　　　　② 학교 교실

③ 병원 병실　　　　　　　　　　　④ 백화점 매장

14 다음 설명에 알맞은 공동주택의 단면형식은?

> • 대지가 경사지일 경우 경사지를 이용하여 레벨을 두어 층을 구분하는 형식에 적합하다.
> • 건축물 내에 각기 다른 주호를 혼합할 수 있기 때문에 주호의 다양성 및 입면상의 변화가 가능하다.

① 단층형　　　　　　　　　　　　② 플랫형

③ 메조넷형　　　　　　　　　　　④ 스킵플로어형

⑤ 필로티형

15 다음 중 근린생활권의 주택단지의 단위 중 어린이 놀이터가 중심이 되는 것은?

① 인보구　　　　　　　　　　　　② 근린분구

③ 근린주구　　　　　　　　　　　④ 근린지구

16 세대수가 250세대인 복도형 공동주택에 설치하여야 하는 승용승강기의 최소대수는? (단, 승용승강기를 설치하여야 하는 공동주택이며 6인승 승강기의 경우)

① 2대　　　　　　　　　　　　　② 3대

③ 4대　　　　　　　　　　　　　④ 5대

⑤ 6대

ANSWER | 13.④ 14.④ 15.① 16.②

13 백화점 매장은 인공조명위주로 계획되며 일반적으로 자연채광은 고려되지 않는다.

14 보기의 내용은 스킵플로어형에 관한 사항들이다.

15 각 근린단위의 중심시설
　　㉠ 인보구 : 유아놀이터, 공동세탁장
　　㉡ 근린분구 : 유치원, 아동공원, 파출소
　　㉢ 근린주구 : 초등학교, 어린이공원, 도서관, 동사무소

16 엘리베이터 1대당 50~100세대가 적합하므로 세대수가 250세대인 복도형 공동주택에 설치하여야 하는 승용승강기의 최소대수는 3대 정도이다.

17 다음 중 공장건축의 건축형식에 관한 설명으로 옳지 않은 것은?

① 분관식은 추후에 확장계획에 따른 증축이 용이한 형식이다.

② 집중식은 내부상의 배치를 변경할 경우 융통성 및 탄력성이 없다.

③ 분관식은 대지의 형태가 부정형이거나 지형상의 고저차가 있을 때 유효하다.

④ 집중식은 유사한 기능의 공장을 근접하여 블록화하거나 단일 건축물로 배치한 형식이다.

18 초고층 오피스 건물의 코어형식 선정 시 일반 저층 건물과 비교하여 특별히 고려해야 할 사항은?

① 횡하중   ② 유효율

③ 건물의 입면   ④ 업무공간의 융통성

19 다음 중 능률적인 작업용량으로서 10만 권을 수장할 도서관 서고의 면적으로 가장 알맞은 것은?

① $350m^2$ ② $500m^2$

③ $800m^2$ ④ $950m^2$

⑤ $1,000m^2$

✅ ANSWER | 17.②   18.①   19.②

17 집중식은 내부상의 배치를 변경할 경우 융통성 및 탄력성이 확보된다.
    ※ 공장건축의 건축형식
       ⊙ 분관식
         • 대지가 부정형이거나 고저차가 있을 때 적용한다.
         • 공장의 신설 및 확장이 용이하다.
         • 공장건설을 병행할 수 있으므로 조기완성이 가능하다.
         • 건축형식 및 구조를 각기 다르게 할 수 있다.
         • 통풍과 채광이 좋다.
       ⓛ 집중식
         • 도심지 공장으로 대지가 평탄하고 정방형일 때 적용한다.
         • 공간의 효율이 좋고 내부배치 변경에 탄력성이 있다.
         • 건축비가 저렴하다.

18 고층건축물은 횡하중에 의한 변형이 매우 크게 발생할 수 있으며 이는 사용성의 문제를 야기하므로 필히 고려해야 한다.

19 바닥면적 $1m^2$당 150 ~ 250권을 수용하므로 10만 권의 경우 $400m^2$ ~ $650m^2$의 면적이 요구된다.

20 다음 중 학교의 운영방식에 관한 설명으로 옳지 않은 것은?

① 플래툰형은 교과교실형보다 학생의 이동이 많다.

② 종합교실형은 초등학교 저학년에 가장 권장할만한 형식이다.

③ 달톤형은 규모 및 시설이 다른 다양한 형태의 교실이 요구된다.

④ 일반 및 특별교실형은 우리나라 중학교에서 일반적으로 사용되는 방식이다.

21 어느 학교의 1주간의 평균수업시간은 50시간이며 설계제도실이 사용되는 시간은 25시간이다. 설계 제도실이 사용되는 시간 중 5시간은 구조강의를 위해 사용된다면 이 설계제도실의 이용률과 순수율은?

① 이용률 50%, 순수율 80% ② 이용률 50%, 순수율 10%

③ 이용률 80%, 순수율 10% ④ 이용률 80%, 순수율 50%

⑤ 이용률 80%, 순수율 80%

22 쇼핑센터에서 전체면적에 대한 중심상점(핵상점)의 일반적인 면적비는?

① 약 5% ② 약 25%

③ 약 50% ④ 약 75%

⑤ 약 90%

✅ ANSWER | 20.① 21.① 22.③

20 교과교실형은 플래툰형보다 학생의 이동이 많다.

21 이용률$= \dfrac{\text{교실이 사용되고 있는 시간}}{\text{1주간의 평균수업시간}} \times 100\% = \dfrac{25}{50} \times 100 = 50\%$

순수율$= \dfrac{\text{일정한 교과를 위해 사용되는 시간}}{\text{교실이 사용되고 있는 시간}} \times 100\% = \dfrac{25-5}{25} \times 100 = 80\%$

22 핵상점은 쇼핑센터 전체면적의 약 50%를 차지한다.

　※ 쇼핑센터의 구성

　　㉠ **쇼핑센터의 면적구성비** : 핵상점(약 50%), 전문점(약 25%), 몰과 코트(약 10%)

　　㉡ **핵상점(Magnet Store)** : 쇼핑센터의 중심으로서 고객을 유도하는 곳으로 백화점과 같은 곳을 말한다.

　　㉢ **몰(Mall)** : 쇼핑센터의 공간구성에서 고객을 각 상점에 유도하는 주요 보행자 동선인 동시에 고객의 휴식처로서의 기능을 갖고 있는 곳으로, 쇼핑몰은 차의 진입을 금지 또는 조정하여 즐겁게 걸어 다니면서 호화로운 구매를 할 수 있도록 하는 부수적 시설이다. 몰은 쇼핑센터내의 주요 동선으로 고객을 각 점포에 균등하게 유도하는 보도인 동시에 고객의 휴식공간이기도 하며 각종 회합이나 연예를 베푸는 연출장으로서의 기능을 가지고 있다.

　　㉣ **코트(Court)** : 몰 내에 위치하며 고객이 중간에 머무르거나 휴식을 취할 수 있으며 각종 행사가 이루어지는 공간이다.

　　㉤ **전문점** : 주로 단일종류의 상품을 전문적으로 취급하는 상점과 음식점 등의 서비스점으로 구성된다.

23 다음 중 병원건축의 시설규모를 결정하는 기준이 되는 것은?

① 병실의 면적
② 근무자의 수
③ 진료실의 면적
④ 입원환자의 병상수

24 전시실의 순회형식 중 많은 실을 순서별로 통하여야 하는 불편이 있어 대규모의 미술관 계획에 적용이 바람직하지 않은 것은?

① 복도 형식
② 갤러리 형식
③ 중앙홀 형식
④ 연속순로 형식

25 다음 중 백화점 매장에 에스컬레이터를 설치할 경우, 설치 위치로 가장 알맞은 곳은?

① 매장의 한쪽 측면
② 매장의 가장 깊은 곳
③ 백화점의 주출입구 근거
④ 백화점의 주출입구와 엘리베이터 존의 중간

ⓒ ANSWER | 23.④ 24.④ 25.④

23 병원건축의 시설규모를 결정하는 기준이 되는 것은 입원환자의 병상수이다.

24 연속순로 형식에 관한 설명이다.
  ※ 전시실의 순로형식
    ㉠ **연속순로 형식**
      • 구형 또는 다각형의 각 전시실을 연속적으로 연결하는 형식이다.
      • 단순하고 공간이 절약된다.
      • 소규모의 전시실에 적합하다.
      • 전시벽면을 많이 만들 수 있다.
      • 많은 실을 순서별로 통해야 하고 1실을 닫으면 전체 동선이 막히게 된다.
    ㉡ **갤러리 및 코리도 형식**
      • 연속된 전시실의 한쪽 복도에 의해 각실을 배치한 형식이다.
      • 복도가 중정을 포위하여 순로를 구성하는 경우가 많다.
      • 각 실에 직접출입이 가능하며 필요시 자유로이 독립적으로 폐쇄할 수 있다.
      • 르코르뷔지에가 와상동선을 발전시켜 미술관 안으로 '성장하는 미술관'을 계획하였다.
    ㉢ **중앙홀 형식**
      • 중심부에 하나의 큰 홀을 두고 그 주위에 각 전시실을 배치하여 자유로이 출입하는 형식이다.
      • 부지의 이용률이 높은 지점에 건립할 수 있다.
      • 중앙홀이 크면 동선의 혼란은 없으나 장래에 많은 무리가 따른다.

25 에스컬레이터는 백화점의 주출입구와 엘리베이터 존의 중간에 설치되는 것이 바람직하다.

26 다음 중 백화점의 진열대 배치방법에 관한 설명으로 옳지 않은 것은?

① 직각배치는 판매장이 단조로워지기 쉽다.

② 직각배치는 매장면적을 최대한으로 이용할 수 있다.

③ 사행배치는 많은 고객이 판매장 구석까지 가기 쉬운 이점이 있다.

④ 자유유선배치는 매장의 변경 및 이동이 쉬우므로 계획에 있어 간단하다.

27 다음 중 공장건축의 레이아웃(Lay Out)에 관한 설명으로 옳지 않은 것은?

① 제품중심의 레이아웃은 대량생산에 유리하며 생산성이 높다.

② 레이아웃이란 공장건축의 평면요소 간의 위치관계를 결정하는 것을 말한다.

③ 고정식 레이아웃은 조선소와 같이 제품이 크고 수량이 적은 경우에 행해진다.

④ 중화학 공업, 시멘트 공업 등 장치공업 등은 시설의 융통성이 크기 때문에 신설시 장래성에 대한 고려가 필요 없다.

 ANSWER | 26.④ 27.④

26 자유유선배치는 매장의 변경 및 이동이 곤란하므로 다른 방식에 비해 계획이 어렵다.
   ※ 진열장 배치유형
     ㉠ **직각배치** : 진열장을 직각으로 배치하여 매장면적을 최대한 이용할 수 있으나 구성이 단순하여 단조로우며 고객의 통행량에 따라 통로폭을 조절할 수 없으므로 혼선을 야기할 수 있다.
     ㉡ **사행배치** : 주통로 이외의 제2통로를 상하교통계를 향해서 45°사선으로 배치한 형태로 많은 고객이 판매장구석까지 가기 쉬운 이점이 있으나 이형의 진열장이 필요하다.
     ㉢ **방사배치** : 통로를 방사형으로 배치하여 고객의 시선 유도와 점원의 관리가 어려워 적용하기 어려운 기법이다.
     ㉣ **자유유선배치** : 자유롭게 진열장을 배치하는 형식으로 각 매장의 특징을 살려 고객에게 보여줄 수 있지만 매장의 변경 및 이동이 어려우므로 계획이 복잡하며 시설비가 많이 든다.

27 중화학 공업, 시멘트 공업 등 장치공업 등은 대규모의 시설과 중장비 등이 동원되므로 레이아웃의 융통성이 적다.
   ※ 공장건축의 레이아웃
     ㉠ **제품중심 레이아웃**
       • 제품의 흐름에 따른 배치계획
       • 단종의 대량생산 제품
       • 예산생산 및 표준화 가능
     ㉡ **공정중심 레이아웃**
       • 기계설비 중심의 배치계획
       • 다종의 소량 주문생산제품
       • 예산생산 및 표준화 어려움
     ㉢ **고정식 레이아웃** : 제품이 크고 수가 극히 적은 조선, 선박 등

28 다음 중 극장의 평면형 중 아레나(Arena)형에 관한 설명으로 옳은 것은?

① Picture Frame Stage라고도 불리운다.

② 무대의 배경을 만들지 않으므로 경제적이다.

③ 연기자가 한 쪽 방향으로만 관객을 대하게 된다.

④ 투시도법을 무대공간에 응용함으로서 하나의 구상화와 같은 느낌을 들게 한다.

29 병원건축형식 중 분관식(Pavillion Type)에 관한 설명으로 옳은 것은?

① 급수, 난방 등의 배관길이가 짧다.

② 대지가 협소할 경우 적용이 용이하다.

③ 관리상 편리한 점이 많고 동선이 짧다.

④ 각 병실의 일조, 통풍 환경을 균일하게 할 수 있다.

✅ ANSWER | 28.② 29.④

28 ①③④는 프로시니엄 형식에 관한 사항들이다.

※ **극장의 평면형태**

㉠ 오픈 스테이지 : 무대를 중심으로 객석이 동일 공간에 있다. 배우는 관객석 사이나 스테이지 아래로부터 출입한다. 연기자와 관객 사이의 친밀감을 한층 더 높일 수 있다.

㉡ 아레나 스테이지 : 가까운 거리에서 관람하면서 가장 많은 관객을 수용하며 무대배경을 만들지 않아도 되므로 경제적이다. (배경설치 시 무대 배경은 주로 낮은 가구로 구성된다.) 관객이 360도로 둘러싼 형으로 사방의 관객들의 시선을 연기자에게 향하도록 할 수 있다. 관객이 무대 주위를 둘러싸기 때문에 다른 연기자를 가리게 되는 단점이 있다.

㉢ 프로시니엄 스테이지 : Picture Frame Stage라고도 하며 연기자가 한 쪽 방향으로만 관객을 대하게 된다.

㉣ 가변형 스테이지 : 최소한의 비용으로 극장표현에 대한 최대한의 선택가능성을 부여한다.

29 ①②③은 집중식에 관한 사항들이다.

비교내용	분관식	집중식
배치형식	저층평면 분산식	고층집약식
환경조건	양호(균등)	불량(불균등)
부지의 이용도	비경제적(넓은 부지)	경제적(좁은 부지)
설비시설	분산적	집중적
관리상	불편함	편리함
보행거리	길다	짧다
적용대상	특수병원	도심대규모 병원

30 다음 중 열람자가 서가에서 책을 자유롭게 선택하나 관원의 검열을 받고 열람하는 도서관 출납시스템은?

① 폐가식
② 반개가식
③ 안전개가식
④ 자유개가식

31 다음 중 주택의 부엌에서 작업순서에 맞는 작업대 배열로 알맞은 것은?

① 냉장고 – 개수대 – 조리대 – 가열대
② 계수대 – 조리대 – 가열대 – 냉장고
③ 냉장고 – 조리대 – 가열대 – 개수대
④ 개수대 – 냉장고 – 조리대 – 가열대

ⓒ ANSWER | 30.③ 31.①

30 안전개가식에 관한 설명이다.
  ※ 출납 시스템의 분류
    ㉠ 자유개가식(free open access) : 열람자 자신이 서가에서 책을 꺼내어 책을 고르고 그대로 검열을 받지 않고 열람하는 형식으로 보통 1실형이고 10,000권 이하의 서적 보관과 열람에 적당하다.
    • 책 내용 파악 및 선택이 자유롭고 용이하다.
    • 책의 목록이 없어 간편하다.
    • 책 선택 시 대출, 기록의 제출이 없어 분위기가 좋다.
    • 서가의 정리가 잘 안 되면 혼란스럽게 된다.
    • 책의 마모, 망실이 된다.
    ㉡ 안전개가식(safe-guarded open access) : 자유개가식과 반개가식의 장점을 취한 형식으로서, 열람자가 책을 직접 서가에서 뽑지만 관원의 검열을 받고 대출의 기록을 남긴 후 열람하는 형식이다. 보통 15,000권 이하의 서적을 보관함과 열람에 적당하다.
    • 출납 시스템이 필요 없어 혼잡하지 않다.
    • 도서 열람의 체크 시설이 필요하다.
    • 도서 열람이 가능하여 책을 보고 직접 뽑을 수 있다.
    • 감시가 필요하지 않다.
    ㉢ 반개가식(semi-open access) : 열람자는 직접 서가에 면하여 책의 체재나 표시 정도는 볼 수 있으나 내용을 보려면 관원에게 요구하여 대출 기록을 남긴 후 열람하는 형식이다.
    • 신간 서적 안내에 채용되며 대량의 도서에는 부적당하다.
    • 출납 시설이 필요하다.
    • 서가의 열람이나 감시가 불필요하다.
    ㉣ 폐가식(closed access) : 열람자는 책의 목록에 의해 책을 선택하여 관원에게 대출 기록을 제출한 후 대출받는 형식이다. 서고와 열람실이 분리되어 있다.
    • 도서의 유지관리가 양호하다.
    • 감시할 필요가 없다.
    • 희망한 내용이 아닐 수 있다.
    • 대출 절차가 복잡하고 관원의 작업량이 많다.
  31 부엌의 작업순서는 냉장고 – 싱크대(개수대) – 조리대 – 가열대 – 배선대이다.

32 다음 중 아파트의 평면형식에 관한 설명으로 옳지 않은 것은?

① 집중형은 기후조건에 따라 기계적 환경조절이 필요하다.

② 편복도형은 공용복도에 있어서 프라이버시가 침해되기 쉽다.

③ 홀형은 승강기를 설치할 경우 1대당 이용률이 복도형에 비해 적다.

④ 편복도형은 단위면적당 가장 많은 주호를 집결시킬 수 있는 형식이다.

33 다음 중 주택의 부엌가구 배치유형에 관한 설명으로 옳지 않은 것은?

① ㄱ자형은 부엌과 식당을 겸할 경우 많이 활용된다.

② ㄷ자형은 작업공간이 좁기 때문에 작업효율이 나쁘다.

③ 병렬형은 작업동선은 줄일 수 있지만 몸을 앞뒤로 바꾸는 데 불편하다.

④ 일(一)자형은 좁은 면적 이용에 효과적이므로 소규모 부엌에 주로 사용된다.

✓ ANSWER | 32.④ 33.②

32 단위면적당 가장 많은 주호를 집결시킬 수 있는 형식은 집중형이다.
   ※ 복도에 따른 아파트 형식 분류
   ㉠ 계단실형(홀형)
     • 계단 또는 엘리베이터 홀로부터 직접 주거단위로 들어가는 형식이다.
     • 각 세대간 독립성이 높다.
     • 고층아파트일 경우 엘리베이터 비용이 증가한다.
     • 단위주호의 독립성이 좋다.
     • 채광, 통풍조건이 양호하다.
     • 복도형보다 소음처리가 용이하다.
     • 통행부의 면적이 작으므로 건물의 이용도가 높다.
   ㉡ 편복도형
     • 남면일조를 위해 동서를 축으로 한쪽 복도를 통해 각 주호로 들어가는 형식이다.
     • 거주자의 자연적 환경을 동일하게 만들고자 할 때 일반적으로 채용한다.
     • 통풍 및 채광은 양호한 편이지만 복도 폐쇄시 통풍이 불리하다.
   ㉢ 중복도형
     • 부지의 이용률이 높다.
     • 고층고밀화에 유리하여 주로 독신자아파트에 적용된다.
     • 통풍 및 채광이 불리하다.
     • 프라이버시가 좋지 않다.
   ㉣ 집중형(코어형)
     • 채광 및 통풍조건이 좋지 않으므로 기후조건에 따라 기계적 환경조절이 필요하다.
     • 부지이용률이 극대화된다.
     • 프라이버시가 좋지 않다.

33 부엌의 유형
   ㉠ 직선형: 좁은 부엌에 알맞고 동선의 혼란이 없는 반면 움직임이 많아 동선이 길어지는 경향이 있다.
   ㉡ ㄱ자형: 정방형 부엌에 알맞고 비교적 넓은 부엌에서 능률이 좋으나 모서리 부분은 이용도가 낮다.
   ㉢ ㄷ자형: 양측 벽면이 이용될 수 있으므로 수납공간을 넓게 잡을 수 있으며 이용하기에도 아주 편리하다.
   ㉣ 병렬형: 직선형에 비해 작업동선이 줄어들지만 작업 시 몸을 앞뒤로 바꿔야 하므로 불편하다. 식당과 부엌이 개방되지 않고 외부로 통하는 출입구가 필요한 경우에 많이 쓰인다.

34 다음 중 구조코어로서 바닥면적이 작은 경우 적합하며 고층일 경우 불리한 코어형식은?

① 중심코어형
② 편심코어형
③ 독립코어형
④ 양단코어형
⑤ 분리코어형

35 다음 중 상점계획에 관한 설명으로 옳지 않은 것은?

① 종업원 동선은 고객의 동선과 교차되지 않도록 한다.
② 고객의 동선은 가능한 짧게 하여 고객에게 편의를 준다.
③ 내부 계단설계 시 올라간다는 부담을 덜 들게 계획하는 것이 중요하다.
④ 소규모의 건물에서 계단의 경사가 너무 낮은 것은 매장 면적을 감소시킨다.

 ANSWER | 34.② 35.②

34 편심코어형에 관한 설명이다.
 ※ **코어의 형식**
  ㉠ **편심코어형**
   • 바닥면적이 작은 경우에 적합하다.
   • 바닥면적이 커지면 코어 외에 피난설비, 설비 샤프트 등이 필요하다.
   • 고층일 경우 구조상 불리하다.
  ㉡ **중심코어형(중앙코어형)**
   • 바닥면적이 큰 경우에 적합하다.
   • 고층, 초고층에 적합하고 외주 프레임을 내력벽으로 하여 중앙 코어와 일체로 한 내진구조로 만들 수 있다.
   • 내부공간과 외관이 획일적으로 되기 쉽다.
  ㉢ **독립코어형(외코어형)**
   • 편심코어형에서 발전된 형으로 특징은 편심코어형과 거의 동일하다.
   • 코어와 관계없이 자유로운 사무실 공간을 만들 수 있다.
   • 설비 덕트, 배관을 사무실까지 끌어 들이는데 제약이 있다.
   • 방재상 불리하고 바닥면적이 커지면 피난시설을 포함한 서브 코어가 필요하다.
   • 코어의 접합부 평면이 과대해지지 않도록 계획할 필요가 있다.
   • 사무실 부분의 내진벽은 외주부에만 하는 경우가 많다.
   • 코어부분은 그 형태에 맞는 구조형식을 취할 수 있다.
   • 내진구조에는 불리하다.
  ㉣ **양단코어형(분리코어형)**
   • 하나의 대공간을 필요로 하는 전용 사무소에 적합하다.
   • 2방향 피난에 이상적이며, 방재상 유리하다.
   • 임대사무소일 경우 같은 층을 분할하여 대여하면 복도가 필요하게 되고 유효율이 떨어진다.

35 상점계획 시 고객의 동선은 가능한 길게 유도하여 상품을 살펴볼 수 있는 시간을 확보하도록 한다.

36 다음 중 학교운영방식에 관한 설명으로 옳지 않은 것은?

① 종합교실형의 경우 교실수는 학급수와 일치한다.

② 종합교실형은 초등학교 저학년에 가장 권장되는 형식이다.

③ 플래툰형은 교사의 수와 적당한 시설이 없으면 실시가 곤란하다.

④ 교과교실형은 일반교실 외에 특별교실을 갖는 형태로 우리나라에서 가장 많이 사용되는 형식이다.

ANSWER | 36.④

36 우리나라에서 가장 많이 사용되는 형식은 종합교실형이다.
  ※ 학교 운영방식
    ㉠ **종합교실형**(A형; Activity Type / U형;Usual Type)
      • 각 학급은 자신의 교실 내에서 모든 교과를 수행 (학급수 = 교실수)
      • 학생의 이동이 전혀 없고 가정적인 분위기를 만들 수 있음
      • 초등학교 저학년에서 사용 (고학년 무리)
    ㉡ **일반교실/특별교실형**(U+A형)
      • 일반교실이 각 학급에 하나씩 배당되고 특별교실을 가짐
      • 중고등학교에서 사용
    ㉢ **교과교실형**(V형 – Department Type)
      • 모든 교실이 특정한 교과를 위해 만들어지므로 일반 교실 없음
      • 홈베이스(평면 한 부분에 사물함 등을 비치하는 공간)를 설치하기도 한다.
      • 학생이 이동이 심함
      • 락커룸 필요하고 동선에 주의해야 함
      • 대학교 수업과 비슷
    ㉣ **플래툰형**(P형 – Platoon Type)
      • 전 학급을 두 분단으로 나눈 후 한 분단은 일반교실, 다른 한 분단은 특별교실 사용
      • 분단 교체는 점심시간을 이용하도록 하는 것이 유리
      • 교사수가 부족하고 시간 배당이 어렵다.
      • 미국 초등학교에서 과밀을 해소하기 위해 실시
    ㉤ **달톤형**(D형 – Dalton Type)
      • 학급, 학년을 없애고 각자의 능력에 따라 교과를 골라 일정한 교과가 끝나면 졸업
      • 능력형으로 학원이나 직업학교에 적합
      • 하나의 교과의 출석 학생수가 불규칙하므로 여러 가지 크기의 교실 설치
      • 학원과 같은 곳에서 사용
    ㉥ **개방학교**(Open School)
      • Team Teaching이라고 불림
      • 학급단위의 수업을 부정하고 개인의 능력, 자질에 따라 편성
  ※ **홈베이스** … 홈베이스는 평면 한 부분에 사물함 등을 비치하는 공간이다. 그 위치는 모서리가 될 수도 있고 복도 중간이 될 수도 있다. 주로 교과교실형에 적용된다.
  ※ **오픈플랜스쿨** … 종래의 학급 단위로 하던 수업을 거부하고 개인의 자질과 능력 또는 경우에 따라서 학년을 없 애고 그룹별 팀 티칭(team teaching, 교수학습제) 등 다양한 학습활동을 할 수 있게 만든 학교로 평면형은 가 변식 벽구조로 하여 융통성을 갖도록 하고, 칠판, 수납장 등의 가구는 이동식이 많으며 인공 조명을 주로 하며, 공기조화 설비가 필요하다.

37 다음 중 사무소 건축에서 기둥간격(Span)의 결정요소와 가장 관계가 먼 것은?

① 건물의 외관
② 주차배치의 단위
③ 책상배치의 단위
④ 채광상 충고에 의한 안깊이

38 다음 중 호텔건축의 기준층 계획에 관한 설명으로 옳지 않은 것은?

① 기준층은 호텔에서 객실이 있는 대표적인 층을 말한다.
② 동일 기준층에 필요한 것으로는 서비스실, 배선실 등이 있다.
③ 기준층의 객실 수는 기준층의 면적이나 기둥간격의 구조적인 문제에 영향을 받는다.
④ H형 또는 ㅁ자형 평면은 거주성은 좋아 일반적으로 가장 많이 사용되는 형식이다.

39 다음 중 사무소 건축에서 엘리베이터 계획 시 고려사항으로 옳지 않은 것은?

① 수량 계산 시 대상 건축물의 교통수요량에 적합해야 한다.
② 승객의 층별 대기시간은 평균 운전간격 이상이 되게 한다.
③ 군 관리운전의 경우 동일 군내의 서비스층은 같게 한다.
④ 초고층, 대규모 빌딩인 경우에는 서비스 그룹을 분할(조닝)하는 것을 검토한다.

ⓥ ANSWER | 37.① 38.④ 39.②

37 사무소 건축에서 기둥간격(Span)의 결정요소
  ㉠ 주차배치의 단위
  ㉡ 책상배치의 단위
  ㉢ 채광상 충고에 의한 안깊이

38 호텔의 기준층 평면형식
  ㉠ H자형/ㅁ자형 : 거주성은 좋지 않지만 한정된 체적 속에서 외기에 접하는 면을 최대로 할 수 있다.
  ㉡ T자형/Y자형/십자형 : 객실층의 동선상으로는 바람직하나, 면적 효율면이나 저층 계획 시에는 불리하다.
  ㉢ 일(—)자형 : 가장 많이 쓰이는 형식이다.
  ㉣ 사각형/삼각형/원형 : 형태의 제약상 한 층당 객실수에 한계가 있으나 4각이나 원과 같은 극히 단순한 형으로 증축이 불가능하다.

39 승객의 층별 대기시간은 평균 운전간격 이내가 되게 한다.

40 다품종 소량생산으로 예상생산이 불가능한 경우, 표준화가 곤란한 경우에 알맞은 공장건축의 레이아웃·방식은?

① 혼성식 레이아웃 ② 고정식 레이아웃

③ 제품중심 레이아웃 ④ 공정중심 레이아웃

41 다음 중 레드번(Radburn) 주택단지계획에 관한 설명으로 옳지 않은 것은?

① 중앙에는 대공원을 설치하였다.

② 주거구는 슈퍼블록 단위로 계획하였다.

③ 보행자의 보도와 차도를 분리하여 계획하였다.

④ 주거지 내의 통과 교통으로 간선도로를 계획하였다.

ANSWER | 40.④ 41.④

40 공정중심의 레이아웃에 관한 설명이다.
 ※ 공장건축의 레이아웃
  ㉠ 제품중심 레이아웃
   • 제품의 흐름에 따른 배치계획
   • 단종의 대량생산 제품
   • 예산생산 및 표준화 가능
  ㉡ 공정중심 레이아웃
   • 기계설비 중심의 배치계획
   • 다종의 소량 주문생산제품
   • 예산생산 및 표준화 어려움
  ㉢ 고정식 레이아웃 : 제품이 크고 수가 극히 적은 조선, 선박 등

41 레드번에서는 쿨데삭을 두어 주거지 내의 통과 교통을 배제하고자 하였다.
 ※ 레드번 계획(H. Wright, C. Stein)
  ㉠ 자동차 통과 교통의 배제를 위한 슈퍼블록의 구성
  ㉡ 보도와 차도의 입체적 분리
  ㉢ Cul - de - sac형의 세가로망 구성
  ㉣ 공동의 오픈스페이스 조성
  ㉤ 도로는 목적별로 4종류의 도로 설치
  ㉥ 단지 중앙에는 대공원 설치
  ㉦ 초등학교 800m, 중학교 1,600m 반경권

42 다음 중 주택의 평면과 각 부위의 치수 및 기준척도에 관한 설명으로 옳지 않은 것은?

① 치수 및 기준척도는 안목치수를 원칙으로 한다.

② 층높이는 2.4m 이상으로 하되, 5cm를 단위로 한 것을 기준척도로 한다.

③ 거실 및 침실의 평면 각 변의 길이는 10cm를 단위로 한 것을 기준 척도로 한다.

④ 계단 및 계단참의 평면 각 변의 길이 또는 너비는 5cm를 단위로 한 것을 기준척도로 한다.

43 다음 중 극장의 평면 형식 중 아레나형에 관한 설명으로 옳지 않은 것은?

① 무대의 배경을 만들지 않으므로 경제성이 있다.

② 무대의 장치나 소품은 주로 낮은 기구들로 구성된다.

③ 연기는 한정된 액자 속에서 나타나는 구성화의 느낌을 준다.

④ 가까운 거리에서 관람하면서 가장 많은 관객을 수용할 수 있다.

44 다음 중 상점의 동선계획에 관한 설명으로 옳지 않은 것은?

① 고객동선은 가능한 길게 한다.

② 직원동선은 가능한 짧게 한다.

③ 상품동선과 직원동선은 동일하게 처리한다.

④ 고객출입구와 상품 반입/출 출입구는 분리하는 것이 좋다.

ⓒ ANSWER | 42.④ 43.③ 44.③

42 계단 및 계단참의 평면 각 변의 길이 또는 너비는 10cm를 단위로 한 것을 기준척도로 한다.

43 배우의 연기가 한정된 액자 속에서 나타나는 구성화의 느낌을 주는 형식은 프로시니엄형식이다.
　※ 극장의 평면형태
　　㉠ **오픈 스테이지** : 무대를 중심으로 객석이 동일 공간에 있다. 배우는 관객석 사이나 스테이지 아래로부터 출입한다. 연기자와 관객 사이의 친밀감을 한층 더 높일 수 있다.
　　㉡ **아레나 스테이지** : 가까운 거리에서 관람하면서 가장 많은 관객을 수용하며 무대배경을 만들지 않아도 되므로 경제적이다. (배경설치시 무대 배경은 주로 낮은 가구로 구성된다.) 관객이 360도 둘러싼 형으로 사방의 관객들의 시선을 연기자에게 향하도록 할 수 있다. 관객이 무대 주위를 둘러싸기 때문에 다른 연기자를 가리게 되는 단점이 있다.
　　㉢ **프로시니엄 스테이지** : Picture Frame Stage라고도 하며 연기자가 한 쪽 방향으로만 관객을 대하게 된다.
　　㉣ **가변형 스테이지** : 최소한의 비용으로 극장표현에 대한 최대한의 선택가능성을 부여한다.

44 상품동선과 직원동선, 고객동선은 서로 교차되지 않도록 해야 한다.

45 다음 중 학교 건축에서 분산병렬형 배치계획에 관한 설명으로 옳지 않은 것은?

① 놀이터와 정원이 생긴다.

② 구조계획이 간단하고 시공이 용이하다.

③ 부지를 최대한 효율적으로 사용할 수 있다.

④ 일조, 통풍 등 교실의 환경조건이 균등하다.

46 다음 중 공동주택의 단위주거 단면구성 형태에 관한 설명으로 옳지 않은 것은?

① 플랫형은 주거단위가 동일층에 한하여 구성되는 형식이다.

② 복층형(메조넷형)은 엘리베이터의 정지 층수를 적게 할 수 있다.

③ 트리플렉스형은 듀플렉스형보다 프라이버시의 확보율이 낮고 통로면적이 많이 필요하다.

④ 스킵플로어형은 주거단위의 단면을 단층형과 복층형에서 동일층으로 하지 않고 반층씩 엇나게 하는 형식을 말한다.

45 폐쇄형과 분산병렬형 배치계획의 비교

비교항목	폐쇄형	분산병렬형
부지	효율적인 이용	넓은 부지 필요
교사 주변 공지	비활용	놀이터와 정원
교실 환경 조건	불균등	균등
구조계획	복잡(유기적 구성)	단순(규격화)
동선	짧다	길어진다
운동장에서의 소음	크다	작다
비상시 피난	불리하다	유리하다

46 트리플렉스형은 하나의 주거단위가 3개의 층으로 구성된 형식이며 듀플렉스형은 하나의 주거단위가 2개의 층으로 구성된 형식이다. 트리플렉스형은 동일건축면적 대비 복도의 면적이 듀플렉스형에 비해 상대적으로 적으므로 프라이버시의 확보율이 더 높게 된다.

47 다음 중 사무소 건축의 코어유형에 관한 설명으로 옳지 않은 것은?

① 중심코어형은 구조코어로서 바람직한 형식이다.

② 편심코어형은 기준층 바닥이 작은 경우에 적합하다.

③ 양단코어형은 단일용도의 대규모 전용사무실에 적합하다.

④ 독립코어형은 2방향 피난에 이상적인 관계로 방재상 유리한 형식이다.

48 은행의 건축계획에 관한 설명으로 옳지 않은 것은?

① 고객이 지나는 동선은 되도록 짧게 한다.

② 영업실의 면적은 행원 수×$(4 \sim 5m^2)$정도로 한다.

③ 규모가 큰 건물에 은행을 계획하는 경우, 고객출입구는 최소 2개소 이상 설치해야 한다.

④ 일반적으로 출입문은 안여닫이로 하며, 전실을 둘 경우에 바깥문은 밖여닫이 또는 자재문으로 하기도 한다.

✓ ANSWER | 47.④ 48.③

47 2방향 피난에 이상적인 관계로 방재상 유리한 형식은 양단코어형식이다.
  ※ 코어의 형식
    ㉠ 편심코어형
      • 바닥면적이 작은 경우에 적합하다.
      • 바닥면적이 커지면 코어 외에 피난설비, 설비 샤프트 등이 필요하다.
      • 고층일 경우 구조상 불리하다.
    ㉡ 중심코어형(중앙코어형)
      • 바닥면적이 큰 경우에 적합하다.
      • 고층, 초고층에 적합하고 외주 프레임을 내력벽으로 하여 중앙 코어와 일체로 한 내진구조로 만들 수 있다.
      • 내부공간과 외관이 획일적으로 되기 쉽다.
    ㉢ 독립코어형(외코어형)
      • 편심코어형에서 발전된 형으로 특징은 편심코어형과 거의 동일하다.
      • 코어와 관계없이 자유로운 사무실 공간을 만들 수 있다.
      • 설비 덕트, 배관을 사무실까지 끌어 들이는데 제약이 있다.
      • 방재상 불리하고 바닥면적이 커지면 피난시설을 포함한 서브 코어가 필요하다.
      • 코어의 접합부 평면이 과대해지지 않도록 계획할 필요가 있다.
      • 사무실 부분의 내진벽은 외주부에만 하는 경우가 많다.
      • 코어부분은 그 형태에 맞는 구조형식을 취할 수 있다.
      • 내진구조에는 불리하다.
    ㉣ 양단코어형(분리코어형)
      • 하나의 대공간을 필요로 하는 전용사무소에 적합하다.
      • 2방향 피난에 이상적이며, 방재상 유리하다.
      • 임대사무소일 경우 같은 층을 분할하여 대여하면 복도가 필요하게 되고 유효율이 떨어진다.

48 규모가 큰 건물에 은행을 계획하는 경우, 출입구가 많으면 도난방지에 어려움이 있기 때문에 되도록 고객출입구는 1개소로 하는 것이 좋다.

49 다음 설명에 알맞은 공장건축의 레이아웃(Layout)형식은?

> • 생산에 필요한 모든 고정과 기계류를 제품의 흐름에 따라 배치하는 형식이다.
> • 대량생산에 유리하며 생산성이 높다.

① 고정식 레이아웃   ② 혼성식 레이아웃
③ 제품중심의 레이아웃   ④ 공정중심의 레이아웃

50 다음 중 호텔 객실의 평면계획에서 침대 및 가구의 배치에 영향을 끼치는 요인과 가장 거리가 먼 것은?

① 객실의 층수   ② 받침의 위치
③ 욕실의 위치   ④ 실폭과 실길이의 비

51 다음 중 미술관의 자연채광법 중 정측광 형식에 관한 설명으로 옳은 것은?

① 전시실의 중앙부를 가장 밝게 하여 전시벽면의 조도를 균등하게 한다.
② 전시실의 측면창에서 직접 광선을 사입하는 방법으로 소규모 전시에 적합하다.
③ 측광식과 정광식을 절충한 방법으로 천창 높이가 3m를 넘는 경우에는 적용할 수 없다.
④ 관람자가 서 있는 위치의 상부에 천장을 불투명하게 하여 중앙부는 어둡게 하고 전시벽면에 조도를 충분하게 하는 방법이다.

✓ ANSWER | 49.③ 50.① 51.④

49 보기의 사항은 제품중심의 레이아웃에 관한 것이다.
   ※ 공장건축의 레이아웃
     ㉠ 제품중심 레이아웃
       • 제품의 흐름에 따른 배치계획
       • 단종의 대량생산 제품
       • 예산생산 및 표준화 가능
     ㉡ 공정중심 레이아웃
       • 기계설비 중심의 배치계획
       • 다종의 소량 주문생산제품
       • 예산생산 및 표준화 어려움
     ㉢ 고정식 레이아웃 : 제품이 크고 수가 극히 적은 조선, 선박 등

50 객실의 층수가 직접적으로 호텔 객실의 평면형을 결정짓는 요소로는 보기 어렵다.

51 ① 전시실의 중앙부를 가장 밝게 하여 전시벽면의 조도를 균등하게 한 것은 정광창 형식이다.
   ② 전시실의 측면창에서 직접 광선을 사입하는 형식은 측광창 형식이다.
   ③ 측광식과 정광식을 절충한 방법으로 천창 높이가 3m를 넘는 경우에는 적용할 수 없는 형식은 고측광창 형식이다.

52 다음 중 방위에 따른 주택의 실배치가 가장 부적절한 것은?

① 동 – 침실, 식당

② 서 – 부엌, 화장실, 가사실

③ 남 – 식당, 아동실, 가족거실

④ 북 – 냉장고, 저장실, 아틀리에

53 다음 중 연속적인 주제를 선적으로 관계성 깊게 표현하기 위하여 전경(全景)으로 펼쳐지도록 연출하여 맥락이 중요시될 때 사용되는 특수전시기법은?

① 아일랜드 전시

② 하모니카 전시

③ 디오라마 전시

④ 파노라마 전시

52 서쪽은 일사시간이 길어 음식물이 부패되기 쉽다. 그러므로 부엌은 서쪽에 배치해서는 안 된다.
　※ **방위별 실배치**
　　㉠ 동쪽 : 해가 뜨는 쪽이므로 오전에 이용할 수 있는 실을 배치한다. (부엌, 작업공간, 침실 등)
　　㉡ 서쪽 : 해가 지는 쪽이므로 오후에 이용할 수 있는 실을 배치한다.(복도, 계단 등) 일사의 정도가 커 음식의 보관이 어려우므로 부엌의 배치는 불리하다.
　　㉢ 남쪽 : 태양의 빛과 열을 가장 많이 이용할 수 있다. (거실, 식당, 아동실, 테라스 등)
　　㉣ 북쪽 : 태양의 영향이 적은 방위이다. (창고, 화장실, 기계실 등)

53 파노라마 전시에 관한 설명이다.
　※ **특수전시기법**
　　㉠ 파노라마 전시 : 전시물들의 나열 자체가 하나의 큰 그림이나 풍경처럼 보이도록 하여 전체적인 맥락이 이해될 수 있도록 한 전시기법
　　㉡ 아일랜드 전시 : 바다에 떠 있는 섬처럼 전시물을 천장에 매달아서 전시물들이 동선을 만들어 관람하게 하는 기법
　　㉢ 하모니카 전시 : 동일한 형태의 연속적 배치로 동일 종류의 전시물을 반복전시할 경우 유리한 기법
　　㉣ 디오라마 전시 : 현장감을 가장 실감나게 표현하는 방법으로 하나의 사실 또는 주제의 시간상황을 고정시켜 연출하는 기법

54 다음 중 도서관 출납시스템 형식 중 자유개가식에 관한 설명으로 옳은 것은?

① 서고와 열람실이 통합되어 있다.

② 도서열람의 체크시설이 필요하다.

③ 책의 내용파악 및 선택이 어렵다.

④ 대출절차가 복잡하고 관원의 작업량이 많다.

✓ A N S W E R | 54.①

54 ② 자유개가식은 도서열람 체크시설이 필요없다.
　③ 자유개가식은 책의 내용파악과 선택이 용이하다.
　④ 자유개가식은 대출절차가 간단하다.

※ **출납 시스템의 분류**
　㉠ **자유개가식**(free open access) : 열람자 자신이 서가에서 책을 꺼내어 책을 고르고 그대로 검열을 받지 않고 열람하는 형식으로 보통 1실형이고 10,000권 이하의 서적 보관과 열람에 적당하다.
　　• 책 내용 파악 및 선택이 자유롭고 용이하다.
　　• 책의 목록이 없어 간편하다.
　　• 책 선택 시 대출, 기록의 제출이 없어 분위기가 좋다.
　　• 서가의 정리가 잘 안 되면 혼란스럽게 된다.
　　• 책의 마모, 망실이 된다.
　㉡ **안전개가식**(safe-guarded open access) : 자유개가식과 반개가식의 장점을 취한 형식으로서, 열람자가 책을 직접 서가에서 뽑지만 관원의 검열을 받고 대출의 기록을 남긴 후 열람하는 형식이다. 보통 15,000권 이하의 서적을 보관함과 열람에 적당하다.
　　• 출납 시스템이 필요 없어 혼잡하지 않다.
　　• 도서 열람의 체크 시설이 필요하다.
　　• 도서 열람이 가능하여 책을 보고 직접 뽑을 수 있다.
　　• 감시가 필요하지 않다.
　㉢ **반개가식**(semi-open access) : 열람자는 직접 서가에 면하여 책의 체재나 표시 정도는 볼 수 있으나 내용을 보려면 관원에게 요구하여 대출 기록을 남긴 후 열람하는 형식이다.
　　• 신간 서적 안내에 채용되며 대량의 도서에는 부적당하다.
　　• 출납 시설이 필요하다.
　　• 서가의 열람이나 감시가 불필요하다.
　㉣ **폐가식**(closed access) : 열람자는 책의 목록에 의해 책을 선택하여 관원에게 대출 기록을 제출한 후 대출받는 형식이다. 서고와 열람실이 분리되어 있다.
　　• 도서의 유지관리가 양호하다.
　　• 감시할 필요가 없다.
　　• 희망한 내용이 아닐 수 있다.
　　• 대출 절차가 복잡하고 관원의 작업량이 많다.

55 다음과 같은 특징을 갖는 에스컬레이터 배열방법은?

> • 설치면적이 크다.
> • 승강장 찾기가 용이하다.
> • 승강·하강이 연속적이며 독립적이다.

① 복렬형
② 교차형
③ 단열 중복형
④ 복렬 병렬형
⑤ 직렬형

✅ ANSWER | 55.④

55 보기는 복렬 병렬형에 관한 사항들이다.
　※ 에스컬레이터 배치형식
　　㉠ **직렬형**
　　　• 승객의 시야가 가장 넓다.
　　　• 점유면적이 넓다.
　　㉡ **단열 중복형**(병렬 단속형)
　　　• 에스컬레이터의 존재를 잘 알 수 있다.
　　　• 시야를 막지 않는다.
　　　• 교통이 불연속으로 되고, 서비스가 나쁘다.
　　　• 승객이 한 방향으로만 바라본다.
　　　• 승강객이 혼잡하다.
　　㉢ **병렬 연속형**(복렬 병렬형)
　　　• 교통이 연속되고 있다.
　　　• 타고 내리는 교통이 명백히 분할될 수 있다.
　　　• 승객의 시야가 넓어진다.
　　　• 에스컬레이터의 존재를 잘 알 수 있다.
　　　• 점유면적이 넓다.
　　　• 시선이 마주친다.
　　㉣ **교차형**(복렬형)
　　　• 교통이 연속하고 있다.
　　　• 승강객의 구분이 명확하므로 혼잡이 적다.
　　　• 점유면적이 좁다.
　　　• 승객의 시야가 좁다.
　　　• 에스컬레이터의 위치를 표시하기 힘들다.

56 다음 설명에 알맞은 사무소 건축의 코어유형은?

> • 코어를 업무공간에서 분리시킨 관계로 업무공간의 융통성이 높은 유형이다.
> • 설비 덕트나 배관을 코어로부터 업무공간으로 연결하는데 제약이 있다.

① 외코어형   ② 편단코어형

③ 양단코어형   ④ 중앙코어형

57 다음 중 도서관에 있어 모듈계획(Module Plan)을 고려한 서고계획 시 결정 및 선행되어야 할 요소와 가장 거리가 먼 것은?

① 엘리베이터의 위치

② 서가 선반의 배열깊이

③ 서고내의 주요통로 및 교차통로의 폭

④ 기둥의 크기와 방향에 따른 서가의 규모 및 배열의 길이

✅ ANSWER | 56.①   57.①

56 보기의 내용은 외코어형에 대한 사항들이다.
  ※ 코어의 형식
   ㉠ **편심코어형**
    • 바닥면적이 작은 경우에 적합하다.
    • 바닥면적이 커지면 코어 외에 피난설비, 설비 샤프트 등이 필요하다.
    • 고층일 경우 구조상 불리하다.
   ㉡ **중심코어형(중앙코어형)**
    • 바닥면적이 큰 경우에 적합하다.
    • 고층, 초고층에 적합하고 외주 프레임을 내력벽으로 하여 중앙 코어와 일체로 한 내진구조로 만들 수 있다.
    • 내부공간과 외관이 획일적으로 되기 쉽다.
   ㉢ **독립코어형(외코어형)**
    • 편심코어형에서 발전된 형으로 특징은 편심코어형과 거의 동일하다.
    • 코어와 관계없이 자유로운 사무실 공간을 만들 수 있다.
    • 설비 덕트, 배관을 사무실까지 끌어 들이는데 제약이 있다.
    • 방재상 불리하고 바닥면적이 커지면 피난시설을 포함한 서브 코어가 필요하다.
    • 코어의 접합부 평면이 과대해지지 않도록 계획할 필요가 있다.
    • 사무실 부분의 내진벽은 외주부에만 하는 경우가 많다.
    • 코어부분은 그 형태에 맞는 구조형식을 취할 수 있다.
    • 내진구조에는 불리하다.
   ㉣ **양단코어형(분리코어형)**
    • 하나의 대공간을 필요로 하는 전용 사무소에 적합하다.
    • 2방향 피난에 이상적이며, 방재상 유리하다.
    • 임대사무소일 경우 같은 층을 분할하여 대여하면 복도가 필요하게 되고 유효율이 떨어진다.

57 서가 선반의 배열깊이, 서고내의 주요통로 및 교차통로의 폭, 기둥의 크기와 방향에 따른 서가의 규모 및 배열의 길이 등은 서고계획 시 필히 고려해야 하는 사항들이지만 엘리베이터의 위치는 모듈계획을 고려한 서고의 계획과는 거리가 먼 사항이다.

58 다음 중 공장건축의 지붕형식에 관한 설명으로 옳지 않은 것은?

① 솟을지붕은 채광, 환기에 적합한 방법이다.
② 샤렌지붕은 기둥이 많이 소요되는 단점이 있다.
③ 뾰족지붕은 직사광선을 어느 정도 허용하는 결점이 있다.
④ 톱날지붕은 북향의 채광창으로 하루 종일 변함없는 조도를 유지할 수 있다.

59 다음 중 중복도형 공동주택에 관한 설명으로 옳지 않은 것은?

① 대지의 이용률이 높다.
② 채광 및 통풍이 불리하다.
③ 각 세대의 프라이버시 확보가 용이하다.
④ 도심지내의 독신자용 공동주택 유형에 사용된다.

60 극장에서 그린 룸(Green Room)이란 무엇을 뜻하는가?

① 보관실   ② 연주실
③ 분장실   ④ 출연대기실

ANSWER | 58.② 59.③ 60.④

58 샤렌지붕은 다른 지붕형식에 비해 기둥이 적게 소요되는 방식이다.
※ **공장건축 지붕형식**
  ⊙ **톱날지붕**: 북향의 채광창으로 하루 종일 변함없는 조도를 유지할 수 있다.
  ⓒ **뾰족지붕**: 직사광선을 어느 정도 허용하는 결점이 있다.
  ⓒ **솟을지붕**: 채광, 환기에 가장 이상적이다.
  ⓔ **샤렌지붕**: 지붕 슬래브가 곡면으로 되어 있어 외력에 저항하도록 만들어진 지붕이므로 일반평지붕보다 기둥이 적게 소요된다.

59 중복도형 공동주택은 각 세대의 프라이버시 유지에 매우 불리한 형식이다.

60 **그린 룸**(Green Room) … 출연대기실로서 주로 무대 가까운 곳에 설치한다.

61 다음 중 미술관 및 박물관의 전시기법에 관한 설명으로 옳지 않은 것은?

① 하모니카 전시는 동선계획이 용이한 전시기법이다.

② 아일랜드 전시는 일정한 형태의 평면을 반복시켜 전시공간을 구획하는 방식으로 전시효율이 높다.

③ 파노라마 전시는 연속적인 주제를 연관성 있게 표현하기 위해 선형의 파노라마로 연출하는 전시기법이다.

④ 디오라마 전시는 하나의 사실 또는 주제의 시간 상황을 고정시켜 연출하는 것으로 현장에 임한 듯한 느낌을 주는 기법이다.

62 다음 중 은행건축의 동선계획에 관한 설명으로 옳지 않은 것은?

① 은행의 경우 고객의 출입구는 되도록 1개소로 한다.

② 고객동선은 고객의 목적과 관계없이 1개로 처리하는 것이 좋다.

③ 직원의 동선계획 시 업무의 흐름을 고객이 알지 못하도록 계획하는 것이 좋다.

④ 고객이 지나는 동선은 가능한 빠른 시간 내에 일을 처리할 수 있도록 짧게 계획하는 것이 좋다.

63 공동주택의 2세대 이상이 공동으로 사용하는 복도의 유효폭은 최소 얼마 이상이어야 하는가? (단, 갓복도의 경우)

① 90cm
② 120cm
③ 150cm
④ 180cm
⑤ 200cm

ⓒ **ANSWER** | **61.**② **62.**② **63.**②

61 특수전시기법
  ㉠ 파노라마 전시 : 전시물들의 나열 자체가 하나의 큰 그림이나 풍경처럼 보이도록 하여 전체적인 맥락이 이해될 수 있도록 한 전시기법
  ㉡ 아일랜드 전시 : 바다에 떠 있는 섬처럼 전시물을 천장에 매달아서 전시물들이 동선을 만들어 관람하게 하는 기법
  ㉢ 하모니카 전시 : 동일한 형태의 연속적 배치로 동일 종류의 전시물을 반복전시할 경우 유리한 기법
  ㉣ 디오라마 전시 : 현장감을 가장 실감나게 표현하는 방법으로 하나의 사실 또는 주제의 시간상황을 고정시켜 연출하는 기법

62 단 하나의 동선으로 고객을 유도하는 것은 좋지 않다.

63 갓복도의 경우 2세대 이상이 공동으로 사용하는 유효폭은 최소 120cm 이상이어야 한다.

64 다음 중 사무실 내의 책상배치의 유형 중 좌우대향형에 관한 설명으로 옳은 것은?

① 대향형과 동향형의 양쪽 특성을 절충한 형태로 커뮤니케이션의 형성에 불리하다.

② 4개의 책상이 맞물려 십자를 이루도록 배치하는 형식으로 그룹작업을 요하는 업무에 적합하다.

③ 책상이 서로 마주보도록 하는 배치로 면적효율은 좋으나 대면 시선에 의해 프라이버시가 침해당하기 쉽다.

④ 낮은 칸막이로 한 사람의 작업활동을 위한 공간이 주어지는 형태로 독립성을 요하는 전문직에 적합한 배치이다.

65 호텔의 소요실 중 퍼블릭 스페이스(Public Space)에 속하지 않는 것은?

① 그릴 ② 로비
③ 린넨실 ④ 라운지

64 ② 4개의 책상이 맞물려 십자를 이루도록 배치하는 형식으로 그룹작업을 요하는 업무에 적합한 형식은 십자형이다.
③ 책상이 서로 마주보도록 하는 배치로 면적효율은 좋으나 대면 시선에 의해 프라이버시가 침해당하기 쉬운 형식은 대향형이다.
④ 낮은 칸막이로 한 사람의 작업활동을 위한 공간이 주어지는 형태로 독립성을 요하는 전문직에 적합한 배치형식은 자유형이다.
※ **오피스 레이아웃별 특징**…개인 공간 단위인 워크스테이션이 여러 개 모여 오피스 레이아웃을 형성한다. 오피스 레이아웃은 형태에 따라 동향형, 대향형, 스테그형, 링크형, 벤젠형, X형 등으로 나뉜다.
ⓐ **동향형**: 학교식 패턴으로 불리며 프라이버시 확보가 어렵고 부서 내의 위계질서가 명확히 드러난다.
ⓑ **대향형**: 공간을 절약하기 위한 형태로서 프라이버시 확보가 어렵고, 등 뒤로 통로가 형성되어 업무공간과 통행공간의 혼선이 발생할 수 있다. 좌우대향형은 대향형과 동향형의 양쪽 특성을 절충한 형태로 커뮤니케이션의 형성에 불리하다. (일반적으로 사무실에서 가장 많이 적용하는 방식으로서, 칸막이를 설치한 응용대향형을 적용한다.)
ⓒ **스테그형**: 프라이버시를 중요시한 형식으로서 개인별 넓은 면적을 할당할 수 있고 통행공간이 명확히 구분된다.
ⓓ **링크형**: 커뮤니케이션을 중시한 형태로서 업무형태와 흐름에 따른 자리배치가 가능하다.
ⓔ **벤젠형**: 업무집중을 위한 형태로서 수시로 회의를 하기 위해 중앙에 원탁을 두기도 한다.
ⓕ **X형**: 업무집중과 프라이버시를 동시에 중시하는 형태로서 개별사무실에 가까운 구조로 업무공간을 사용할 수 있다.

65 린넨실은 숙박부분에 속하는 공간이다.
※ **호텔의 소요실**

기능	소요실명
관리부분	프런트 오피스, 클로크룸, 지배인실, 사무실, 공작실, 창고, 복도, 변소, 전화교환실
숙박부분	객실, 보이실, 메이트실, 린넨실, 트렁크룸
공용부분	다방, 무도장, 그릴, 담화실, 독서실, 진열장, 이·미용실, 엘리베이터, 계단, 정원, 현관·홀, 로비, 라운지, 식당, 연회장, 오락실, 바
요리부분	배선실, 부엌, 식기실, 창고, 냉장고
설비부분	보일러실, 전기실, 기계실, 세탁실, 창고
대실	상점, 창고, 대사무소, 클럽실

66 다음 중 주거단지의 각 도로에 관한 설명으로 옳지 않은 것은?

① 격자형 도로는 교통을 균등분산시키고 넓은 지역을 서비스할 수 있다.

② 선형도로는 폭이 넓은 단지에 유리하고 한쪽 측면의 단지만을 서비스할 수 있다.

③ 단지 순환로가 단지 주변에 분포하는 경우 최소한 4~5m 정도 완충지를 두고 식재하는 것이 좋다.

④ 쿨데삭(Cul-de-Sac)은 차량의 흐름을 주변으로 한정하여 서로 연결하며 차량과 보행자를 분리할 수 있다.

ANSWER | 66.②

66 선형도로는 폭이 좁은 단지에 유리하다.
  ※ **도로의 형식**
    ㉠ **격자형 도로(grid pattern)**
      • 그리드상 패턴으로 민간분양지 등에서 가장 많이 사용하며, 통과교통의 침입이 쉽고(통과교통 유발) 도로의 우선순위가 불명확할 경우 교통사고 발생이 쉽다.
      • 가로망의 형태가 단순·명료하고, 가구 및 획지 구성상 택지의 이용효율이 높다.
      • 교통을 균등 분산시키고 넓은 지역을 서비스할 수 있다.
      • 격자형 도로의 교차점은 40m 이상 떨어져야 하며, 업무 또는 주거지역으로 직접 연결되어서는 안 된다.
    ㉡ **선형도로(linear road pattern)**
      • 폭이 좁은 단지에 유리하고, 양 측면 또는 한 측면의 단지를 서비스 할 수 있다.
      • 도로가 특색이 있는 지형과 바로 인접할 경우, 비교적 가까이에서 보행자를 위한 공간의 확보가 가능하다.
    ㉢ **단지 순환로(루프형, loop형, ring road)**
      • 단지 순환로가 단지주변에 분포하는 경우 최소한 4~5m 정도 완충지를 두고 식재하는 것이 좋다.
      • 단지가 공원 또는 다른 오픈스페이스와 인접할 경우 7~8m 정도의 여유를 두고 후퇴시켜 보행자의 이동 및 이들 공간과 인접한 세대들을 위한 신중한 계획이 수반되어야 한다.
      • 우회도로가 없는 쿨데삭형의 결점을 개량하여 만든 패턴이다.
      • 빠른 우회도로를 두어 단지 내로 통과차량의 진입을 방지한다.
      • 장점 : 통과교통감소로 안전한 도로 공간 및 생활공간형성과 안정된 도로 공간이 조성되므로 가구의 규모에 따라 정돈된 경관연출이 가능하다.
      • 단점 : 루프형으로 도로의 길이가 길어져 불필요한 차량의 진입이 감소하여 통과교통량이 감소하지만 도로율이 높아진다.
    ㉣ **T자형** : 구획도로와 국지도로의 빈번한 교차 발생, 방향성이 불분명하다.
    ㉤ **쿨데삭(Cul-de-sac)**
      • 단지 내 도로를 막다른 길로 조성하고, 끝부분에 차량이 회전하여 나갈 수 있도록 회차 공간을 만들어 주는 기법의 도로로, 통상 종단부에는 순환광장을 설치한다.
      • 주거단지에 조성되는 도로의 유형 중 부정형지형이나 경사지들에 주로 이용되며, 통과교통이 차단되어 조용한 주거환경을 보호하는데 가장 유효하고, 보행자들이 안전하게 보행할 수 있으나, 개별획지로의 접근성은 다소 불리하고, 우회도로가 없어 방재상·방범상의 단점이 있다.
      • 종단부에는 피난통로를 고려할 필요가 있다.
      • 도로의 형태는 단지의 가장자리를 따라 한쪽방향으로만 진입하는 도로와 단지와 중앙 부분으로 진입해서 양 측으로 분리되는 도로의 형태로 구분할 수 있다.
      • 모든 쿨데삭은 2차선이어야 한다.
      • 차량의 흐름을 주변으로 한정하여 서로 연결하며 차량과 보행자를 분리할 수 있다. 그러나 출구가 하나이므로 교통이 혼잡해질 것에 유의해야 한다.
      • 쿨데삭의 적정길이는 120m에서 300m까지를 최대로 제안하고 있다. 300m일 경우 혼잡을 방지하고 안정성 및 편의를 위하여 중간지점에 회전구간을 두어 전구간이동의 불편함을 해소시킬 수 있다.

67 다음 중 사무소 건축의 오피스 랜드스케이핑(Office Landscaping)에 관한 설명으로 옳지 않은 것은?

① 의사전달, 작업흐름의 연결이 용이하다.
② 일정한 기하학적 패턴에서 탈피한 형식이다.
③ 작업단위에 의한 그룹배치가 가능하다.
④ 개인적 공간으로의 분할로 독립성 확보가 쉽다.

68 다음 중 종합병원의 외래진료부를 클로즈드 시스템(Closed System)으로 계획할 경우 고려할 사항으로 가장 부적절한 것은?

① 1층에 두는 것이 좋다.
② 부속 진료시설을 인접하게 한다.
③ 외과계통은 소진료실을 다수 설치하도록 한다.
④ 약국, 회계 등은 정면출입구 근처에 설치한다.

69 단독주택에서 다음과 같은 실들을 각각 직상층 및 직하층에 배치할 경우 가장 바람직하지 않은 것은?

① 상층 : 침실, 하층 : 침실
② 상층 : 부엌, 하층 : 욕실
③ 상층 : 욕실, 하층 : 침실
④ 상층 : 욕실, 하층 : 부엌

70 다음 중 공장건축에 관한 설명으로 옳은 것은?

① 계획 시부터 장래증축을 고려하는 것이 필요하며 평면형은 가능한 요철이 많은 것이 유리하다.
② 재료반입과 제품반출 동선은 동일하게 하고 물품동선과 사람동선은 별도로 하는 것이 바람직하다.
③ 외부인 동선과 작업원 동선은 동일하게 하고, 견학자는 생산과 교차하지 않는 동선을 확보하도록 한다.
④ 자연환기방식의 경우 환기방법은 채광형식과 관련하여 건물형태를 결정하는 매우 중요한 요소이다.

✅ **ANSWER** | 67.④ 68.③ 69.③ 70.④

67 오피스 랜드스케이핑은 독립성 확보가 어렵다.

68 내과계통은 소진료실을 다수 설치하도록 계획하며 외과계통은 1실에서 여러 환자를 볼 수 있도록 대실을 설치하도록 계획한다.

69 욕실은 관내의 수압, 바닥충격음 등이 발생하는 공간인 반면 침실은 조용해야 하는 공간이므로 욕실이 침실의 직상층에 위치하는 것은 바람직하지 않다.

70 ① 평면형은 가능한 요철이 없는 것이 유리하다.
② 재료반입과 제품반출 동선은 동일하게 해서는 안 되며 서로 분리시켜야 한다.
③ 외부인 동선과 작업원 동선은 서로 별도로 처리해야 한다.

71 다음 중 학교운영방식 중 전 학급을 2분단으로 하고 한 분단이 일반교실을 사용할 때 다른 분단은 특별교실을 사용하는 방식은?

① 달톤형   ② 플래툰형

③ 종합교실형   ④ 교과교실형

⑤ 특별교실형

✓ ANSWER | 71.②

71 플래툰형에 관한 설명이다.

※ 학교 운영방식

   ㉠ **종합교실형(A형Activity Type / U형Usual Type)**
- 각 학급은 자신의 교실 내에서 모든 교과를 수행 (학급수 = 교실수)
- 학생의 이동이 전혀 없고 가정적인 분위기를 만들 수 있음
- 초등학교 저학년에서 사용 (고학년 무리)

   ㉡ **일반교실/특별교실형(U+A형)**
- 일반교실이 각 학급에 하나씩 배당되고 특별교실을 가짐
- 중고등학교에서 사용

   ㉢ **교과교실형(V형 – Department Type)**
- 모든 교실이 특정한 교과를 위해 만들어지므로 일반 교실 없음
- 홈베이스(평면 한 부분에 사물함 등을 비치하는 공간)를 설치하기도 한다.
- 학생이 이동이 심함
- 락커룸 필요하고 동선에 주의해야 함
- 대학교 수업과 비슷

   ㉣ **플래툰형(P형 – Platoon Type)**
- 전 학급을 두 분단으로 나눈 후 한 분단은 일반교실, 다른 한 분단은 특별교실 사용
- 분단 교체는 점심시간을 이용하도록 하는 것이 유리
- 교사수가 부족하고 시간 배당이 어렵다.
- 미국 초등학교에서 과밀을 해소하기 위해 실시

   ㉤ **달톤형(D형 – Dalton Type)**
- 학급, 학년을 없애고 각자의 능력에 따라 교과를 골라 일정한 교과가 끝나면 졸업
- 능력형으로 학원이나 직업학교에 적합
- 하나의 교과의 출석 학생수가 불규칙하므로 여러 가지 크기의 교실 설치
- 학원과 같은 곳에서 사용

   ㉥ **개방학교(Open School)**
- Team Teaching이라고 불림
- 학급단위의 수업을 부정하고 개인의 능력, 자질에 따라 편성

※ **홈베이스** … 홈베이스는 평면 한 부분에 사물함 등을 비치하는 공간이다. 그 위치는 모서리가 될 수도 있고 복도 중간이 될 수도 있다. 주로 교과교실형에 적용된다.

※ **오픈플랜스쿨** … 종래의 학급 단위로 하던 수업을 거부하고 개인의 자질과 능력 또는 경우에 따라서 학년을 없애고 그룹별 팀 티칭(team teaching, 교수학습제) 등 다양한 학습활동을 할 수 있게 만든 학교로 평면형은 가변식벽구조로 하여 융통성을 갖도록 하고, 칠판, 수납장 등의 가구는 이동식이 많으며 인공 조명을 주로 하며, 공기조화 설비가 필요하다.

72 다음 중 의사 및 간호사의 수술부에서의 동선으로 가장 적합한 것은?

① 세면실만을 거쳐 수술실로 간다.

② 갱의실에서 세면실을 거쳐 수술실로 간다.

③ 갱의실, 세면실, 마취실을 차례로 거쳐 수술실로 간다.

④ 급한 환자일 경우 별도의 실을 경유하지 않고 수술실로 직접 간다.

73 다음 중 사무소 건물의 엘리베이터 배치 시 고려사항으로 옳지 않은 것은?

① 교통동선의 중심에 설치하여 보행거리가 짧도록 배치한다.

② 여러 대의 엘리베이터를 설치하는 경우, 그룹별 배치와 군관리 운전방식으로 한다.

③ 일렬 배치는 6대를 한도로 하고 엘리베이터 중심간 거리는 10m 이하가 되도록 한다.

④ 엘리베이터 홀은 엘리베이터 정원 합계의 50% 정도를 수용할 수 있어야 하며, 1인당 점유면적은 $0.5 \sim 0.8m^2$로 계산한다.

74 국토교통부 장관은 범죄를 예방하고 안전한 생활환경을 조성하기 위해 건축물, 건축설비 및 대지에 대한 범죄예방 기준을 정하여 고시할 수 있다. 다음 중 범죄예방 기준에 따라 건축해야 하는 건축물로 가장 옳지 않은 것은?

① 공동주택 중 세대수가 500세대 이상인 아파트

② 동·식물원을 제외한 문화 및 집회시설

③ 도서관 등 교육연구시설

④ 업무시설 중 오피스텔

ANSWER | 72.② 73.③ 74.③

72 의사와 간호사 모두 갱의실에서 세면실을 거친 후 수술실로 이동한다.

73 일렬 배치는 4대를 한도로 하며 엘리베이터의 중심간 거리는 8m 이하가 되도록 해야 한다.

74 범죄예방 기준에 따라야 하는 건축물
ⓐ 세대수가 500세대 이상인 주택단지의 공동주택
ⓑ 제1종근린생활시설(일용품판매점)
ⓒ 제2종근린생활시설(다중생활시설)
ⓓ 문화 및 집회시설(동·식물원은 제외)
ⓔ 노유자시설
ⓕ 수련시설
ⓖ 업무시설 중 오피스텔
ⓗ 숙박시설 중 다중생활시설
ⓘ 단독주택, 공동주택[다세대주택, 연립주택 및 아파트(세대수가 500세대 미만인 주택단지)]은 범죄예방기준의 적용을 권장한다.

75 사무소 건축에 대한 설명으로 옳은 것만을 모두 고르면?

> ㉠ 소시오페탈(sociopetal) 개념을 적용한 공간은 상호작용에 도움이 되지 못하는 공간으로 개인을 격리하는 경향이 있다.
> ㉡ 코어는 복도, 계단, 엘리베이터 홀 등의 동선부분과 기계실, 샤프트 등의 설비관련부분, 화장실, 탕비실, 창고 등의 공용서비스 부분 등으로 구분된다.
> ㉢ 엘리베이터 대수 산정은 아침 출근 피크시간대의 5분 동안에 이용하는 인원수를 고려하여 계획한다.
> ㉣ 비상용 엘리베이터는 평상시에는 일반용으로 사용할 수 있으나 화재 시에는 재실자의 피난을 주요 목적으로 계획한다.

① ㉡㉢
② ㉠㉡㉢
③ ㉠㉢㉣
④ ㉡㉢㉣
⑤ ㉠㉡㉢㉣

75 ㉠ 소시오페탈 공간(sociopetal space)은 사회구심적 역할을 하는 공간으로서 상호작용이 활발하게 이루어질 수 있는 공간이다.
　　 ㉣ 비상용 엘리베이터는 평상시는 승객이나 승객 화물용으로 사용되고 화재 발생 시에는 소방대의 소화·구출 작업을 위해 운전하는 엘리베이터로서 높이 31m를 넘는 건축물에는 비상용 엘리베이터를 설치하도록 의무화되어 있다. (재실자의 피난은 계단이나 피난용승강기를 이용해야 하며 비상용승강기는 비상시 소방관 등의 소방활동 등을 위한 것이다.)

건축구조

필수 암기노트

03 건축구조

---

01 총론

① 건축물의 구조 기준

① 하중

    ㉠ 구조물에 작용하는 힘(또는 무게)을 하중이라 하며 이는 여러 종류가 있다.

    ㉡ 하중의 종류

- 정적하중 : 사하중(dead load), 활하중(live load)
  - 고정하중 : 구조체와 이에 부착된 비내력 부분 및 각종 설비 등의 중량에 의하여 구조물의 존치기간 중 지속적으로 작용하는 연직하중
  - 적재하중(활하중) : 건축물 및 공작물을 점유 사용함으로써 발생하는 하중
- 동하중 : 적설하중, 풍하중, 지진하중, 토압 및 지하수압, 온도하중, 유체압 및 용기내용물하중, 운반설비 및 부속장치 하중 등
- 장기하중 : 구조물에 장시간 동안 작용하는 하중으로 고정하중과 활하중을 합한 것을 말한다.
- 단기하중 : 구조물에 단시간 동안(일시적으로) 작용하는 하중으로 장기하중에 기타하중(설하중, 풍하중, 지진하중, 충격하중 등)을 합한 것을 말한다.

② 골조방식

전단내력벽방식	
전단벽방식	벽체에 구성된 면으로 횡력(수평력)을 저항하도록 하는 구조이다.
내력벽방식	상부에서 내려오는 하중과 횡력(수평력)을 부담하는 방식이다.

모멘트골조방식	
모멘트골조	기둥과 보로 구성하는 라멘골조가 횡력과 수직하중을 저항하는 구조로서 부재와 접합부가 휨모멘트, 전단력, 축력에 저항하는 골조이다. 보통모멘트골조, 중간모멘트골조, 특수모멘트골조 등으로 분류한다.
보통모멘트골조	연성거동을 확보하기 위한 특별한 상세를 사용하지 않은 모멘트골조
모멘트연성골조	접합부와 부재의 연성을 증가시키며 횡력(수평력)에 대한 저항을 증가시키기 위한 모멘트골조방식이다.
이중골조	횡력의 25% 이상을 부담하는 모멘트연성골조가 가새골조나 전단벽에 조합되는 방식으로써 중력하중에 대해서도 모멘트연성골조가 모두 지지하는 구조이다.
건물골조방식	수직하중은 입체골조가 저항하고, 지진하중은 전단벽이나 가새골조가 저항하는 구조방식

가새골조방식	
가새골조	횡력에 저항하기 위하여 건물골조방식 또는 이중골조방식에서 중심형 또는 편심형의 수직트러스 또는 이와 동등한 구성체
편심가새골조	경사가새가 설치되어 가새부재 양단부의 한쪽 이상이 보−기둥 접합부로부터 약간의 거리만큼 떨어져 보에 연결되어 있는 가새골조
중심가새골조	부재에 주로 축력이 작용하는 가새골조로 동심가새골조라고도 한다.
보통중심가새골조	가새시스템의 모든 부재가 주로 축력을 받는 방식
특수중심가새골조	가새시스템의 모든 부재들이 주로 축력을 받는 대각가새골조 ※ 대각가새 ··· 골조가 수평하중에 대해 트러스 거동을 통해서 저항할 수 있도록 경사지게 배치된 (주로 축력이 지배적인) 구조부재
X형가새골조	한 쌍의 대각가새들이 가새의 중간 근처에서 교차하는 중심가새골조
V형가새골조	보의 상부 또는 하부에 위치한 한 쌍의 대각선가새가 보의 경간 내의 한 점에 연결되어 있는 중심가새골조로, 대각선가새가 보 아래에 있는 경우는 역V형가새골조라고도 한다.
좌굴방지가새골조	대각선가새골조로서, 가새시스템의 모든 부재가 주로 축력을 받고, 설계층간변위의 2.0배에 상당하는 힘과 변형에 대해서도 가새의 압축좌굴이 발생하지 않는 골조

• 전단벽 – 골조상호작용시스템 : 전단벽과 골조의 상호작용을 고려하여 강성에 비례하여 횡력을 저항하도록 설계되는 전단벽과 골조의 조합구조시스템
• 비가새골조 : 부재 및 접합부의 휨저항으로 수평하중에 저항하는 골조
• 횡구속골조 : 횡방향으로의 층변위가 구속된 골조
• 비구속골조 : 횡방향의 층 변위가 구속되지 않은 골조

③ **부재**

　㉠ 벽 : 두께에서 직각으로 측정하여 수평치수가 그 두께의 3배를 넘는 수직부재를 벽이라 한다.

　㉡ 기둥 : 축압축 하중을 지지하는 데 쓰이는 부재로 높이가 최소 단면 치수의 3배이거나 그 이상이다.

　㉢ 비구조부재 : 건축물의 구성부재이지만 구조해석에서 제외되는 것을 말한다.

④ **건축구조의 분류**

　㉠ 재료에 따른 분류

구분	장점	단점
목 구조	• 시공이 용이하고 공기가 짧다. • 외관이 미려하며 인간 친화적이다.	• 부패에 취약하여 변형이 발생하기 쉬워 관리가 어렵다. • 화재에 취약하며 다른 재료에 비해서 내구성이 약하다.
조적식 구조	• 시공이 간편하며 다양한 평면의 구현이 가능하다. • 내화, 내구, 방한, 방서가 우수하고 외관이 장중하다.	• 횡력에 약하여 고층건축의 내력벽으로는 적합하지 않다. • 균열이 쉽게 발생하며 습기에 취약하다.
블록 구조	• 내화성능이 우수하며 공사가 용이하다. • 공사비가 저렴하며 자재관리가 용이하다.	• 횡력에 약하여 내력벽을 구성할 시 철근으로 보강을 해야 한다. • 균열이 쉽게 발생하며 습기에 취약하다.
철근 콘크리트 구조	• 내진, 내화, 내구성능이 우수하다. • 강성이 높아 내력벽의 주재료로 사용된다.	• 중량이 무거우며 공사 시 대형장비들이 요구된다. • 공사비가 비싸며 품질관리가 어렵다.
철골 구조	• 규격화되어 있고 외력에 의한 변형이 적어 시공과 관리가 용이하다. • 장스팬 공간의 구성이 용이하다.	• 화재에 매우 취약하여 반드시 내화피복을 해야 한다. • 공사비가 비싸며 전문인력이 요구된다.
철골철근 콘크리트 구조	• 내진, 내화, 내구성이 매우 우수하다. • 장스팬, 고층건물에 주로 적용되며 안정성이 높다.	• 공기가 길고 공사비가 비싸다. • 시공을 하기가 복잡하다.
석 구조	• 내화, 내구, 방한, 방서에 좋다. • 외관이 미려하면서 장중하다.	• 횡력에 약하며 대재를 얻기가 어렵다. • 인장강도가 약하여 보나 슬래브와 같은 부재로 사용하기에는 무리가 있다.

　㉡ 구성 양식에 따른 분류

　　• 가구식(Post ; Lintel) : 가늘고 긴 부재를 이음과 맞춤에 의해서 즉, 강재나 목재 등을 접합하여 뼈대를 만드는 구조이다.

　　－특징 : 부재 배치와 절점의 강성에 따라 강도가 좌우된다.

- 종류 : 철골 구조, 목 구조, 트러스 구조
- 조적식(Masonry) : 개개의 단일개체를 접착제로 쌓아올린 구조이다.
  - 특징 : 개개의 단일개체 강도와 접착제 강도에 의해 전체적인 강도가 좌우되며 횡력에 약한 단점이 있다.
  - 종류 : 벽돌 구조, 블록 구조, 석 구조
- 일체식(Monolithic) : 미리 설치된 철근 또는 철골에 콘크리트를 부어넣고 굳게 되면 전 구조체가 일체가 되도록 한 구조이다.
  - 특징 : 내구성, 내진성, 내화성이 강하다.
  - 종류 : 철근콘크리트 구조, 철골 철근 콘크리트 구조

ⓒ 시공상 분류

- 건식 구조(Dry construction)
  - 물이나 흙을 사용하지 않고 뼈대를 가구식으로 하여 기성재를 짜맞춘 구조로 재료의 규격화, 경량화가 필요하다.
  - 재료가 기성제품이기 때문에 공사기간이 짧으며, 겨울에도 시공이 가능하다.
- 습식 구조(Wet construction)
  - 건식 구조와 반대되는 구조로써 물을 사용하는 철근 콘크리트 구조, 조적식 구조 등이 있다.
  - 물을 사용하기 때문에 동절기 공사가 곤란하여 공사기간이 길고 품질관리가 어렵다.
  - 형태를 자유롭게 할 수 있다.

ⓓ 조립식 구조(공장 구조)

- 개념 : 구조의 자재를 일정한 공장에서 생산하여 가공하고 부분 조립하여 공사현장에서 짜맞추는 구조이다.
- 장점
  - 공장생산으로 대량생산이 가능하다.
  - 기계화 시공으로 공사기간이 단축된다.
  - 아파트, 공장 등에 유리하다.
  - 인건비 및 재료비가 절약되므로 공사비가 절약된다.
- 단점
  - 접합부가 일체화 될 수 없어 접합부 강성이 취약하다.
  - 소규모 공사에는 불리하다.
  - 풍압력 및 지진에 약하다.
  - 중량물이므로 운반 시 불편하다.

⑤ **기타 특수 구조**

ⓐ **입체트러스(스페이스 프레임) 구조** : 단위트러스 여러 개를 입체적으로 짜서 넓은 평판이나 곡면을 구성한 것이다. 선형부재들을 결합한 것으로 힘의 흐름을 전달시킬 수 있도록 구성된 구조시스템으로서 구성성분이 2차적인 경우도 있으나 거시적으로는 평판이나 곡면의 형상을 이룬다. 선형부재 및 부재를 서로 연결하는 조인트볼로 구성된다. 부재는 콘, 슬리브,

볼트, 핀 등으로 결합되어 있고 각각의 크기는 구조계산에 의해 결정된다. 구조체의 최소 그리드가 일반적으로 작기 때문에 2차 부재를 생략할 수 있다.

- ⓒ 박판 구조
  - 곡면 구조 : Dome, Shell과 같은 구조로 철근콘크리트의 얇은 부재면을 곡면으로 하여 힘을 받도록 한 구조이다.
  - 절판 구조 : 판을 주름지게 하여 마치 하나의 보처럼 거동하게 함으로써 하중에 대한 저항을 증가시킨 구조이다. (판을 주름지게 하면 단면 2차 모멘트값이 크게 증가하게 되어 휨에 대한 저항이 강해진다.)
- ⓒ 현수 구조 : 바닥, 지붕 등에 슬래브를 케이블로 지지시키는 구조로 케이블은 인장력만을 담당한다.
- ⓐ 공기막 구조 : 천(합성수지의 계통)을 이용해 그 내부에 공기를 넣어 인장력으로 외력에 저항하는 구조로 넓은 실내공간을 필요로 하는 체육관에 사용된다.
- ⓜ 돔 구조 : 경선방향으로는 아치구조와 유사한 방법으로 하중을 전달하지만, 위선방향으로 구조체가 저항력이 있는 점이 아치구조와 다른 중요한 특징이다. 돔의 표면 연속성이 경선을 따라 벌어지려는 구조물의 거동을 마치 원통형의 후프처럼 위선방향으로 하나의 표면을 형성하면서 구조적 변형을 억제시키는 역할을 하게 된다.
- ⓑ 쉘 구조 : 조개나 계란의 껍질은 두께가 얇음에도 불구하고 높은 강도를 가지고 있다. 이러한 자연에서의 형태를 응용하여 두께에 비해서 강성이 있는 곡면판에 의한 입체구조를 쉘구조라고 한다. 절판과 같은 이유에서 큰 간 사이(스팬이라고도 한다)의 지붕에 사용되며 형태의 기하학적 특성에 따라 여러 가지 명칭의 쉘이 있다.
  - 쉘 구조의 종류에서 추동형 쉘은 HP쉘을 말한다.
  - 추동형 쉘(Hyperbolic Paraboloid Shell) : 글자 그대로 평면을 선에 따라 밀어서 형태가 만들어지는 쉘이다. 즉, 임의의 곡선에 대해 그 곡선과 수직을 유지하는 다른 곡선이나 직선을 따라 평행이동을 시키는 선들을 연결하여 만들어진 형상을 한 구조체이다. 구형 쉘은 아치평면을 평면을 통과하는 1개의 축선을 중심으로 회전을 시켰을 때 나타나는 곡면으로 된 회전 쉘이며 이는 추동형 쉘로 보기에는 무리가 있다. 원통형 쉘은 아치평면을 1개의 축선을 따라 밀어서 만든 추동형 쉘의 일종이다.

⑥ **고층**(초고층)**구조**

- ㉠ 내력벽 구조 : 공간이 일정한 면적으로 분할되는 형태의 건축물에 사용되는 구조형식으로 축력과 횡력을 동시에 지지하는 방식이다.
- ㉡ 코어 구조 : 철골이나 철근콘크리트 또는 두 재료를 합성하여 사용할 수 있다.
- ㉢ 골조 구조 : 부재의 접합부 형식에 따라 나뉜다.
  - 강성골조 : 부재접합을 강접합으로 처리해서 보와 기둥으로 횡력을 부담할 수 있도록 하는 방식이다.

- 힌지골조 : 횡력을 부담하는 부재들을 별도로 하고 기둥과 보의 접합부를 힌지로 하는 방식이다.

ⓒ **모멘트골조** : 접합부가 충분한 강성을 가지고 있으므로 부재각이 변하지 않는다고 가정하고 수평하중에 대해 기둥, 보, 접합부의 휨강성에 의해 저항하도록 한 시스템이다.

ⓒ **골조 전단벽 구조** : 횡력을 전단벽과 골조가 동시에 저항하는 방식으로 저층건물에서 초고층 건물까지 가장 널리 사용되는 구조 시스템이다.

ⓑ **골조 – 아웃리거시스템**
- 고층 건축물에서 횡하중을 부담하는 중앙부의 전단벽 코어에서 캔틸레버와 같은 형식으로 뻗어 나와 외곽부 기둥이나 벨트트러스에 직접 연결하여 주변 구조를 코어에 묶여 주는 것이다.
- 벨트트러스는 구조물의 외곽을 따라 설치되어 있는 트러스층이다.

ⓢ **튜브구조**
- 튜브구조 : 건물 외주부에 강성이 큰 저항시스템을 배치하여 튜브를 형성하는 시스템이다. 밀실한 벽과 같은 효과를 내기 위해서 기둥을 촘촘히 박는다. 전층의 바닥구조를 동일하게 할 수 있으므로 시공이 용이하다.
- 전단지연 : 수평하중이 외측기둥에 균등하게 배분되는 것이 아니라 코너부에 집중적으로 배분되는 현상이다. 튜브구조의 경우 초고층에 많이 적용되는데 이는 초고층일수록 풍하중이 크게 발생하기 때문에 외주부에 발생하는 응력이 크게 되기 때문에 기둥이 밀집되어 있어야 한다. 기둥과 보를 가지고 있는 모멘트골조는 전단내력이 약해져서 모서리기둥에 응력이 집중하기 시작한다. 튜브시스템의 거동형태는 휨거동 – 전단거동 – 수평변위의 급격한 증가로 진행된다. 전단지연을 방지하기 위해서는 응력분산을 위해 모서리쪽에 기둥을 촘촘히 배치하거나 스팬드럴빔의 강성을 증가시키거나 가새를 설치(브레이싱은 전단변형을 하려고 할 때 브레이스가 중간에 연결되어 인장력으로 저항을 하여 전단변형을 줄여주게 된다.)하거나 묶음튜브구조를 적용한다.

ⓞ **다이어그리드 구조**(대각가새시스템)
- 다이어그리드는 Diagonal(대각선)과 Grid(격자)가 합쳐진 개념으로서 삼각트러스 모듈로 구성된다.
- 기존의 외곽가새구조의 경우 가새가 횡력을 부담하고 기둥이 축력을 부담하면서 층간변위에 의한 전단력은 기둥이 부담하였으나 건물이 초고층화되면서 비틀림이 증대하고 과대변위가 발생하여 기둥–보로 구성된 전통적인 구조형식으로는 구조물을 지지하는데 한계가 있다.
- 잠실역의 제2롯데월드는 이 구조방식을 적용하였다.

ⓩ **메가컬럼 구조**(슈퍼기둥구조) : 초고층 건물은 일반건물에 비해 바람 등에 의한 횡력의 영향을 크게 받는다. Mega Column은 횡력에 효율적으로 저항할 수 있도록 사용된 매우 큰 단면을 가진 기둥이다. 일반적으로 Mega Column은 아웃리거 위치 또는 건물의 최외곽(모서리 부분)에 위치한다.

ⓩ **스파인 구조**(Spine structure) : 횡하중에 저항하는 부재들 간에 연속성을 부여하는 고층건물에 적합한 구조이다. 슈퍼기둥을 중심으로 하여 여러 종류의 부재를 조합한 구조이다. (Spine은 척추, 등뼈를 의미한다.)

② 토질 및 기초

① 지반

㉠ 지반의 분류

- 흙의 분류

흙의 종류	입경	성질
자갈	5 ~ 35mm	밀실한 자갈층은 비교적 좋은 지반이지만 밀실하지 않은 자갈층은 좋지 못한 지반이다.
모래	0.05 ~ 5mm	건조해지면 응집력이 작아지며 밀실한 모래층은 지지력이 비교적 크다.
실트	0.05mm ~ 0.005mm	모래와 성분이 거의 동일하다.
진흙	0.005mm ~ 0.001mm	연질의 진흙은 무르지만 경질의 진흙은 단단하다.
롬	–	모래, 실트, 진흙이 혼합된 것으로 주성분에 따라 모래질 롬, 실트질 롬, 진흙질 롬으로 분류된다.
콜로이드	0.001mm 이하	많이 쌓이면 면모형태가 된다.

- 지반의 비교

비교항목	사질지반	점토질지반
투수계수	크다	작다
가소성	없다	크다
압밀속도	빠르다	느리다
내부마찰각	크다	없다
점착성	없다	크다
전단강도	크다	작다
동결피해	적다	크다
불교란시료	채취가 어렵다	채취가 쉽다

종류	부피증가율	C
경암	70 ~ 90%	1.3 ~ 1.5
연암	30 ~ 60%	1 ~ 1.3
자갈섞인 점토	35%	0.95
점토 + 모래 + 자갈	30%	0.9
점토	20 ~ 45%	0.9
모래, 자갈	15%	0.9

ⓛ 지반조사

- 지반조사의 순서 : 사전조사 → 예비조사 → 본조사 → 추가조사
- −사전조사 : 예비지식으로 지반개황 추정
- −예비조사 : 기초의 지반조사 자료의 수집, 지형에 따른 지반개황의 판단 및 부근 건축물 등의 기초에 관한 제조사
- −본조사 : 천공조사, 기타 방법에 의한 대지 내의 지반구성과 기초의 지지력, 침하 및 시공에 영향을 미치는 범위 내의 지반의 여러 성질과 지하수 상태 조사
- −추가조사 : 추정지지층이나 기초형식이 부적당할 경우 또는 본조사의 결과를 보완 및 보강 시
- 지반조사의 방법 : 지하탐사, 보링, 시료채취, 사운딩, 토질시험, 지내력시험 등

ⓒ 지반개량공법

공법	적용되는 지반	종류
다짐공법	사질토	동압밀공법, 다짐말뚝공법, 폭파다짐법 바이브로 컴포져공법, 바이브로 플로테이션공법
압밀공법	점성토	선하중재하공법, 압성토공법, 사면선단재하공법
치환공법	점성토	폭파치환공법, 미끄럼치환공법, 굴착치환공법
탈수 및 배수공법	점성토	샌드드레인공법, 페이퍼드레인공법, 생석회말뚝공법
	사질토	웰포인트공법, 깊은우물공법
고결공법	점성토	동결공법, 소결공법, 약액주입공법
혼합공법	사질토, 점성토	소일시멘트공법, 입도조정법, 화학약제혼합공법

② 기초

㉠ 기초의 종류

- 독립기초 : 기둥마다 별개의 독립된 기초판을 설치하는 것. 일체식 구조에서는 지중보를 설치하여 기초판의 부동침하를 막고 주각부의 휨모멘트를 흡수하여 구조물 전체의 강성을 높인다.
- 확대기초 : 상부구조물의 하중을 지반에 안전하게 분포시킬 목적으로 그 바닥면적을 확대시킨 구조물이다.
- 복합기초 : 2개 이상의 기둥으로부터 전달되는 하중을 1개의 기초판으로 지지하는 방식이다. 기둥간격이 좁거나 대지경계선 너머로 기초를 내밀 수 없을 때 사용한다.
- 줄기초 : 일정한 폭과 깊이를 가진 연속된 띠 형태의 기초. 건축물 밑 부분에 공기층을 형성하여 환기 등이 원활하여 더운 지방에서 많이 이용한다.
- 온통기초 : 건물의 하부 전체 또는 지하실 전체를 하나의 기초판으로 구성한 기초로 상부구조물의 하중이 클 때, 연약지반일 때 사용한다.

ⓛ 말뚝의 설치

종별	중심간격	길이	지지력	특징
나무말뚝	2.5D 60cm 이상	7m 이하	최대 10ton	• 상수면 이하에 타입 • 끝마루직경 12cm 이상
기성콘크리트 말뚝	2.5D 75cm 이상	최대 15m 이하	치대 50ton	• 주근 6개 이상 • 철근량 0.8% 이상 • 피복두께 3cm 이상
강재말뚝	직경, 폭의 2배 75cm 이상	최대 70m	최대 100ton	• 깊은 기초에 사용 • 폐단 강관말뚝간격 2.5배 이상
매입말뚝	2.0D 이상	RC말뚝과 강재말뚝	최대 50 ~ 100ton	• 프리보링공법 • SIP공법
현장타설 콘크리트말뚝	2.0D 이상 D+1m 이상		보통 200ton 최대 900ton	• 주근 6개 이상 • 철근량 0.4% 이상
공통 적용	• 간격 : 보통 3 ~ 4D (D는 말뚝외경, 직경) • 연단거리 : 1.25D 이상, 보통 2D 이상 • 배치방법 : 정열, 엇모, 동일건물에 2종 말뚝 혼용금지 • 기초판 주변으로부터 말뚝 중심까지의 최단거리는 말뚝지름의 1.25배 이상으로 한다. 다만, 말뚝머리에 작용하는 수평하중이 크지 않고 철근의 정착에 문제가 없는 경우의 기초판은 말뚝의 수직외면으로부터 최소 100mm 이상 확장한다.			

③ 조적식 구조

① 벽돌 구조

㉠ 벽돌 쌓기 공사

- 가로 및 세로줄눈의 너비는 도면 또는 공사시방서에 정한 바가 없을 때에는 10mm를 표준으로 한다.
- 벽돌쌓기는 도면 또는 공사시방서에서 정한 바가 없을 때에는 영식 쌓기 또는 화란식 쌓기로 한다.
- 세로줄눈의 모르타르는 벽돌 마구리면에 충분히 발라 쌓도록 한다.
- 하루의 쌓기 높이는 1.2m(18켜 정도)를 표준으로 하고, 최대 1.5m(22켜 정도) 이하로 한다.
- 치장줄눈은 줄눈 모르타르가 충분히 굳기 전에 줄눈파기를 한다.
- 붉은 벽돌은 벽돌쌓기 하루 전에 벽돌더미에 물 호스로 충분히 젖게 하여 표면에 습도를 유지한 상태로 준비하고, 더운 하절기에는 벽돌더미에 여러 시간 물뿌리기를 하여 표면이 건조하지 않게 해서 사용한다. 콘크리트 벽돌은 쌓기 직전에 물을 축이지 않으며 내화벽돌은 물축임을 하지 말아야 한다.

- 줄기초, 연결보 및 바닥 콘크리트의 쌓기면은 작업 전에 청소하고 우묵한 곳은 모르타르로 수평지게 고른다. 그 모르타르가 굳은 다음 접착면은 적절히 물축이기를 하고 벽돌쌓기를 시작한다.
- 모르타르는 지정한 배합으로 하되 시멘트와 모래는 건비빔으로 하고, 사용할 때에는 쌓기에 지장이 없는 유동성이 확보되도록 물을 가하고 충분히 반죽하여 사용한다.
- 세로줄눈은 통줄눈이 되지 않도록 하고, 수직 일직선상에 오도록 벽돌 나누기를 한다. (세로줄눈은 보강블록조를 제외하고는 막힌줄눈으로 하는 것이 원칙이다.)
- 가로줄눈의 바탕 모르타르는 일정한 두께로 평평히 펴 바르고, 벽돌을 내리누르듯 규준틀과 벽돌나누기에 따라 정확히 쌓는다.

ⓛ 벽돌 쌓기의 분류

양식	방법	사용양식	역할	비고
영국식 쌓기	한 켜는 마구리쌓기, 다음 켜는 길이쌓기로 교대로 쌓는 방법이다.	반절 또는 이오토막 사용	내력벽	가장 튼튼하게 쌓는 방법으로 통줄눈이 생기지 않는다.
미국식 쌓기	5켜는 치장벽돌로 길이쌓기, 다음 한 켜는 마구리쌓기로 한다(뒷면은 영식, 앞면은 치장벽돌로 쌓기).	치장벽돌 사용	내력벽	통줄눈이 생기지 않는다.
프랑스식 쌓기 (플레밍식)	매 켜에 길이쌓기와 마구리쌓기를 교대로 병행하여 쌓는 방법이다.	많은 토막벽돌 사용	장막이벽, 비내력벽	튼튼하지 못하여 통줄눈이 많이 생긴다. 의장적 효과를 보기 위해서 사용한다.
네덜란드식 쌓기	한 면은 벽돌 마구리와 길이가 교대로 되게 하고 다른 한 면은 영식 쌓기로 한다.	모서리에 칠오토막 사용	내력벽	모서리가 견고하며 가장 일반적인 방법으로 일하기가 쉬워 국내에서 가장 많이 사용한다.

② 블록 구조

㉠ 블록 구조의 특징
- 공기 단축이 가능하며 다른 재료들에 비해 경비가 절약된다.
- 수직·수평하중을 잘 견딜 수 있어서 내구성이 크다.
- 불연구조이다(연소성이 없다).
- 시공이 간편하다.
- 균열이 발생하기 쉽다.
- 건축물의 규모가 클 때는 부적합하다.
- 횡력에 약하다.

ⓛ 블록 구조의 종류

- 단순 조적 블록 공사(내력벽, 비내력벽, 장막벽) : 모서리나 중간요소 기준이 되는 곳을 쌓은 뒤에 수평실을 친 후 모서리부부터 차례로 쌓아 나간다. 하루에 1.5m(블록 7켜 정도) 이내를 표준으로 하여 쌓는다. 모르타르 바름높이(사춤높이)는 3켜 이내로 하여 블록 상단에서 약 5cm 아래에 둔다. 일반 블록 쌓기는 막힌줄눈, 보강 블록조는 통줄눈으로 한다. 블록을 쌓은 후 바로 줄눈을 누르고, 줄눈파기를 하고 치장줄눈을 하도록 한다.
- 보강 콘크리트 블록조 : 통줄눈 쌓기로 해야 하며 수평·수직근을 배근하고 콘크리트를 보강하여 휨·전단파괴에 대하여 저항하기 위한 쌓기 방법이다.
- 거푸집 블록조 : ㅁ자형·ㄷ자형·ㄱ자형 등으로 살 두께가 작고 속이 없는 블록 안에 철근을 배근하고 콘크리트를 부어넣는 블록조이다. 블록 자체가 거푸집이 되므로 목재 거푸집을 사용하는 경우보다 공사진행속도가 빠르다.

③ **석구조**

㉠ 석구조의 특징

- 불연재료로서 압축력에 강하여 내구성, 내화성이 좋다.
- 외관이 장중하며 미려하다.
- 풍화나 마모에 대하여 우수하다.
- 좋은 석재가 풍부하다.
- 방한, 방서 성능이 우수하다.

ⓛ 석재의 종류와 특징

성인에 의한 분류	석재	용도	특징
화성암	화강암	조적재, 구조재, 건축 내외장재	• 경도, 강도, 내마모성, 색채, 광택이 우수하다. • 큰 재료를 얻을 수 있다. • 조직이 균일하고 내화성이 약하다.
	안산암	구조재, 장식재	• 큰 재료를 얻기 어렵다. • 경도, 강도, 내구성, 내화성이 있다. • 색조가 일정치 않고 절리에 의해 가공이 용이하다.
	현무암	판석재	판석재로 많이 사용한다.
수성암	사암	경량구조재, 외벽재, 내장재	• 조직이 치밀하고 규산질 사암 등 경질의 것은 내구성이 있다. • 모래가 퇴적 교착되어 생성되므로 내화력이 크다.
	석회암	시멘트의 원료	쓰이는 용도가 광범위하다.
	점판암	지붕재료, 비석, 바닥, 판석, 숫돌, 외벽	• 흡수성이 작고 재질이 치밀하여 강하다. • 내산성이 약하다. • 풍화되기 쉽다.
변성암	대리석	실내 장식재, 조각재	산성에 약하여 실외 사용은 드물며 실내 장식용으로 사용된다.
	트래버틴	실내 장식재	• 대리석의 일종이다. • 다공질 무늬가 있고 요철부가 생겨 입체감이 있다.

④ 목 구조

① 목재의 종류

ⓐ **구조재** : 옹이 · 엇결 · 죽 · 썩음 등의 기타 강도를 축소하는 요인이 되는 흠을 제거하고 변형이 생기지 않도록 건조된 목재로, 침엽수로서 적송 · 흑송 · 삼나무 · 잣나무 · 전나무 등이 쓰이고, 활엽수로는 밤나무 · 느티나무 등이 사용된다.

ⓑ **수장재** : 치장을 위해 사용되는 목재로 옹이가 없는 곧은 결재가 좋으며 창호재나 가구재와 같이 변형이 되지 않도록 함수율 15%의 기건 상태로 건조시켜 사용한다. 적송 · 홍송 · 낙엽송 등의 침엽수가 사용되고, 느티나무 · 단풍나무 · 박달나무 · 참나무 등의 활엽수가 사용된다.

ⓒ **창호재** : 나왕, 삼목, 뽕나무, 전나무, 졸참나무 등이 있다.

ⓓ **가구재** : 침엽수, 활엽수, 티크, 나왕, 마호가니, 흑단, 자단 등이 있다.

② 목재의 접합

ⓐ **이음** : 2개 이상의 목재를 재축방향으로 하나로 연결하는 방법으로 맞댄이음, 겹친이음, 따낸이음으로 구분한다.

ⓑ **맞춤** : 두 목재를 직각 또는 경사지게 마주댈 때 맞추는 방법으로 장부맞춤, 장부 이외의 맞춤으로 구분한다.

ⓒ **쪽매** : 목재판이나 널을 옆으로 붙여 끼워대는 방법으로 맞댄쪽매, 반턱쪽매, 빗쪽매, 오늬쪽매, 제혀쪽매, 딴혀쪽매 등으로 구분한다.

③ 보강철물

보강철물	사용장소
양나사볼트	처마도리와 깔도리
감잡이쇠	평보와 왕대공
볼트	ㅅ자보와 평보
주걱볼트	보와 처마도리
양꺾쇠	빗대공과 ㅅ자보
감잡이쇠, 꺾쇠, 띠쇠	토대와 기둥
인장쇠	큰 보와 작은 보
앵커볼트	기초와 토대
띠쇠	왕대공과 ㅅ자보
엇꺾쇠, 볼트	달대공과 ㅅ자보

④ **목재의 뼈대 구조**

  ㉠ **토대** : 기초 위에서 기둥 밑에 연결하여 고정시키므로 상부에서 오는 하중을 기초에 전달하는 역할을 하며 상부구조 중 가장 아래에 놓여 있는 토대를 바깥토대, 건물 내부를 구획한 벽 밑의 토대를 간막이 토대라 한다.

  ㉡ **기둥** : 본기둥, 샛기둥, 동자기둥, 조립기둥으로 분류
   • 본기둥 : 밑층에서 위층까지 1개의 재로 연결되는 기둥을 통재기둥, 한 층에만 서는 기둥을 평기둥이라 한다.
   • 샛기둥 : 평벽에서 상부의 하중을 받지 않고 가새의 휨을 방비하며 문꼴의 변형을 방지한다.
   • 동자기둥 : 기둥 길이가 짧고 상부 하중을 받는 기둥이다.
   • 조립기둥 : 2개 이상의 부재를 조립하여 만든 기둥이다.

  ㉢ **도리** : 층도리, 깔도리, 처마도리로 구분
   • 층도리 : 2층 마룻바닥이 있는 부분에 수평으로 대는 가로재
   • 깔도리 : 기둥 맨 위의 처마부분에 수평으로 대어 지붕틀 자체의 하중을 기둥에 전달
   • 처마도리 : 지붕틀의 평보 위에 깔도리와 같은 방향으로 대는 것

  ㉣ **인방** : 기둥 사이의 가로대에 창문틀 상하벽을 받고 하중을 기둥에 전달하여 창문틀을 끼워 대는 뼈대

  ㉤ **꿸대** : 기둥 사이를 가로로 꿰뚫어 넣어 연결해서 사용하는 수평구조재

  ㉥ **기둥 밑잡이** : 층도리와 평행하게 보 위에 대서 층보의 전도를 방지하기 위해 사용하는 가로재

  ㉦ **가새** : 수평력에 견디도록 한 것으로 안전한 구조를 목적으로 하며, 결손시키거나 파내서 구조내력상 지장을 주어서는 아니 된다.

  ㉧ **버팀대** : 수평력에 대해서는 가새보다 약하지만 가새를 댈 수 없는 곳에 사용

  ㉨ **귀잡이** : 토대·보·도리 등의 수평재가 서로 수평으로 만나는 접합부에서 귀를 안정되게 함으로써 접합에 강성을 두어 변형이 발생하지 않도록 빗방향으로 대는 귀잡이 토대, 귀잡이 보 등을 의미

⑤ 지붕잇기와 방수

① **지붕잇기**

　ㄱ 지붕잇기 : 주체공사가 끝나고 미장공사, 내부 조작공사 전에 착수, 바탕 이음을 한 후 각종 재료를 붙여서 마무리

　ㄴ 지붕의 종류
- 박공지붕(Gable roof) : 건물의 모서리에 추녀가 없고 용마루까지 벽이 삼각형이 되어 올라간 지붕
- 모임지붕(Hip roof) : 건물의 모서리에 오는 추녀마루가 용마루까지 경사지어 올라가 모이게 된 지붕
- 외쪽지붕(Shed roof) : 지붕 전체가 한쪽으로만 물매진 지붕
- 방형지붕 : 지붕 중앙부의 한 쪽 지점으로부터 4방향으로 내려오는 지붕
- 꺾인지붕 : 박공지붕처럼 한 번에 올라간 것이 아니라 꺾임을 줘서 올리는 지붕
- 합각지붕(Gambrel roof) : 지붕 위에 까치 박공이 달리게 된 지붕으로, 끝은 모임지붕처럼 되고 용마루 부분에 3각형의 벽을 만든 지붕
- 맨사드지붕(Mansard roof) : 모임지붕 물매의 상하가 다르게 된 지붕으로, 전후 양면 또는 사면이 한 번 꺾여 두 물매로 된 지붕
- 톱날지붕(Saw-tooth roof) : 외쪽지붕이 연속하여 톱날 모양으로 된 지붕으로 해가림을 겸하고 변화가 적은 북쪽광선만을 이용
- 부섭지붕(Half-span roof) : 외쪽지붕이 다른 건물의 외벽에 부속집 모양으로 있는 지붕
- 부른지붕(Convex roof) : 지붕면의 한가운데가 불러 오른 지붕
- 욱은지붕(Concave roof) : 지붕면 중간이 우그려 내린 지붕
- 평지붕(Flat roof) : 지붕면의 물매가 없이 수평으로 된 지붕으로 주로 철근콘크리트 구조에 많으며 형태상으로 분류할 때 가장 단순한 지붕의 형식이며 지붕에서 보행이 가능
- 솟을지붕(monitor roof) : 지붕의 일부가 높이 솟아 오른 지붕 또는 중앙간 지붕이 높고 좌우 간 지붕이 낮게 된 지붕으로 통풍, 채광을 위해서 지붕의 일부분을 더 높이 솟아 오르게 하는 작은 지붕으로 공장 등의 경사창에 많이 사용
- 반원지붕(Barrel shell roof) : 지붕전체가 반원형으로 된 지붕
- 돔(Domed roof) : 돔 구조의 지붕 또는 돔 모양으로 된 지붕
- 뾰족지붕(Pinnade roof spire) : 지붕의 물매가 가파른 지붕으로 방형, 원추형, 다각형 등

　ㄷ 기와잇기 : 지붕에 기와를 잇는 일, 지붕널 또는 산자 엮은 바탕 위에 시멘트기와, 한식기와 등을 이어놓는 일

② 방수

㉠ 아스팔트 방수, 시멘트 방수

내용	아스팔트 방수	시멘트 액체 방수
바탕처리	• 완전 건조 상태이다. • 요철을 없앤다. • 바탕모르타르 바름을 한다.	• 보통 건조 상태이다. • 보수처리 시공을 철저히 한다. • 바탕 바름은 필요 없다.
시공용이도	복잡하다	간단하다
균열발생정도	발생이 거의 없다	자주 발생한다
외기의 영향	작다	크다
방수층의 신축성	크다	작다
시공비용	비싸다	싸다
보호누름	필요하다	없어도 무방하다
내구성	크다	작다
방수성능	신뢰도가 높다	신뢰도가 낮다
결합부 발견	어렵다	쉽다
보수범위	광범위하다	국부적이다

㉡ 시트 방수 : 아스팔트처럼 다층방식의 방수시공으로 0.8 ~ 2.0mm의 시트를 1층으로 대체하는 방수공법

㉢ 도막 방수 : 도료상태의 방수재를 바탕면에 여러 번 칠해서 방수막을 형성하는 방수법

㉣ 안 방수, 바깥 방수

비교내용	안 방수	바깥 방수
적용개소	수압이 적고 얕은 지하실	수압이 크고 깊은 지하실
바탕만들기	따로 만들 필요가 없다	따로 만들어야 한다
공사시기	자유롭다	본 공사에 선행해야 한다.
공사용이성	간단하다	상당한 난점이 있다
경제성(공사비)	비교적 싸다	비교적 고가이다
보호누름	필요하다	없어도 무방하다

6 수장과 창호

① 수장

ㄱ 반자

- 구성 : 달대, 달대받이, 반자틀받이, 반자틀, 반자돌림대
- 설치순서 : 달대받이 → 반자돌림대 → 반자틀받이 → 반자틀 → 달대 → 반자널

ㄴ 계단

- 구성 : 디딤판, 챌판, 옆판, 계단멍에
- 종류
- 형상에 의한 분류 : 곧은 계단, 꺾은 계단, 돌음 계단, 나선 계단, 사선 계단, 경사로 등
- 재료에 의한 분류 : 목조 계단, 돌 또는 벽돌조 계단, 철근콘크리트조 계단, 철골조 계단, 합성 계단 등

ㄷ 벽체

- 징두리판벽 : 바닥에서 1m 정도의 높이까지 판재를 붙여 마무리한 벽
- 걸레받이 : 바닥과 벽의 접속부에 대어 의장을 좋게 하고 벽 마감재의 오염 및 손상을 방지하며 깨끗이 청소하기 위한 목적으로 설치. 인조석 갈기, 목재, 모르타르바름, 대리석판, 타일 등
- 고막이 : 외벽하부에 높이 50cm, 두께 1 ~ 3cm 정도 돌출하거나 들여 민 부분
- 세로판벽 : 기둥, 샛기둥 또는 벽돌벽에 가로띠장을 대고 띠장의 직각방향으로 널을 세워 마무리
- 고펜하겐 리브 : 장식적이고 흡음효과가 있는 장식적인 벽면을 구성하기 위한 벽마감재로 세로판벽과 시공방법은 동일

ㄹ 바닥 : 바름바닥, 널 깔기, 엑세스플로러, 프로팅플로어로 구분

② 창호

ㄱ 목재창호제

- 문틀의 명칭
- 윗틀 : 문틀의 세로선틀 위에 가로로 대는 울거미
- 중간틀 : 창문이 위·아래에 있을 때 그 중간에 가로대는 창호틀의 한 부재
- 중간선대 : 문 중간에 세워대는 창문 울거미
- 밑틀 : 창문틀의 맨 아래에 가로대는 틀의 한 부재
- 구조 : 여닫이문, 자유문, 회전문, 미닫이문, 미서기문
- 종류 : 널문, 양판문, 징두리 양판문, 플러시문, 합판문, 널도듬문, 도듬문, 유리문, 창호지문, 세살문, 비늘살문, 망사문

ⓛ 금속창호제

종류	내용
스틸도어 (Steel door)	• 양판문, 징두리 양판문, 플러시문, 주름문, 셔터 행거 스틸도어, 유리문, 방화문, 금고문 등이 있다. • 문틀은 #13(2.41mm), 널판은 #14(2.11mm), 올거미는 #16(1.65mm), 문선유리틀은 #17(1.47mm)을 사용한다.
스틸새시 (Steel sash)	• 여닫이, 미서기, 미닫이, 기밀창, 미들창, 회전창, 젖힘창, 들창, 밸런스창 등이 있다. • 중공식, 압연식, 판금식의 새시바가 있다.
스테인레스스틸창호 (Stainless steel door & Window)	• 일반 강제창호와 같은 형식 · 구조 등으로 만든다. • 일반 강제보다 녹슬지 않는다. • 공사비가 비싸서 특수한 경우만 쓴다.
셔터 (Shutter)	• 개폐방법은 수동식, 전동식, 자동식이 있다. • 도난방지, 방연 · 방화를 목적으로 사용한다. • 슬랫, 네트, 파이프 형태 등이 있다.

ⓒ 유리

• 두께 3mm 이하는 얇은 판유리, 그 이상은 두꺼운 판유리라고 한다.
• 안전유리의 종류는 접합유리, 강화유리, 망입유리가 있다.
• 공사현장에서 절단이 불가능한 유리는 강화유리, 복층유리, 유리블록이다.
• 종류 : 판유리, 접합유리, 강화유리, 복층유리, 망입유리, 형판유리, 색유리, 유리블록, 무늬유리, 자외선투과유리, 자외선차단유리, 로이유리

7 마무리 및 기타 구조

① 미장

　㉠ 흙·회반죽·모르타르 등을 벽·천장·바닥 등에 바르는 일로 각종 마무리 공사 중 건물의 우열을 결정하는 규준이 될 만큼 중요한 공사

　㉡ 미장 재료

기경성	진흙질	진흙	
		새벽흙	
	석회질	회반죽	
		회사벽	
		돌로마이트 플라스터	
수경성	석고질	석고플라스터	순석고플라스터
			혼합석고플라스터
			보드용 플라스터
		무수석고	경석고 플라스터
	시멘트 모르타르, 인조석바름, 테라조바름 등		
화학경화성	2액형 에폭시수지 바닥마감재 등		
고화성	용융아스팔트 바닥마감재 아스팔트 모르타르 등		

　㉢ 바름

　　• 바름두께

시공장소	초벌(시멘트 : 모래)	재벌, 고름질(시멘트 : 모래)	정벌(시멘트 : 모래 : 소석회)
바깥벽	1 : 2	–	1 : 2 : 0.5
천장·차양	1 : 3	1 : 3	1 : 3 : 0
안벽	1 : 3	1 : 3	1 : 3 : 0.3
바닥	–	–	1 : 2 : 0

• 석고 플라스터와 돌로마이트 플라스터

	석고 플라스터	돌로마이트 플라스터
주성분	석고	마그네시아 석고
경화	빠르다	늦다
경도	높다	낮다
마감	희고 곱다	곱지 못하다
도장	도장 가능	도장 불가능
성질	중성	알칼리성
반응	수경성	기경성
가격	비싸다	싸다

② **도장 방법**

㉠ **솔칠** : 위에서 아래로, 왼쪽에서 오른쪽으로 한다.

㉡ **롤러칠** : 평평하고 넓은 면에 유리하며 속도가 빠르다. 표면이 거칠거나 불규칙한 부분에 주의를 요한다.

㉢ **문지름칠** : 헝겊에 솜을 싸서 도료를 묻혀서 바른다.

㉣ **뿜칠(Spray gun)** : 압축공기를 이용한 것으로 초기건조가 빨라 작업능률이 좋다. 뿜칠거리는 뿜칠면에서 30cm를 표준으로 잡고 일정한 속도로 평행이동, 뿜칠나비는 $\frac{1}{3}$ 정도를 겹치게 하고 각 회마다 전 회의 방향에 직각

③ **온돌 및 커튼월 구조**

㉠ **온돌의 구조**

• 구들고래 : 불목, 부넘이, 고래두둑, 바람막이로 구성
• 불아궁이 : 짧은 벽 중간 위치
• 굴뚝 : 굴뚝 자리는 굴뚝 밑에 고래바닥보다 20 ~ 30cm 정도 골을 둠으로써 역류를 방지
• 부뚜막 : 부뚜막 너비는 7인 가족 기준으로 볼 때 35 ~ 55cm의 솥이 걸리고, 앞뒤에 벽돌 반 장을 축조할 수 있는 너비 60 ~ 75cm 정도
• 고막이 : 밑인방, 토대 밑의 벽으로 벽돌이나 돌 등을 모르타르, 진흙으로 쌓음

㉡ **커튼월 구조**

• 공장생산부재로 구성되는 비내력벽으로 구조체의 외벽에 고정철물을 사용하여 부착, 초고층건물에 사용
• 갖추어야 할 성능 : 내진성, 내풍압성, 방수성, 수밀성, 방화성, 방연성, 차음성, 기밀성, 내구성, 내화성 등

1 구조역학 및 응력

① 힘

 ㉠ 바리뇽의 정리 : 여러 개의 평면력들의 한 점에 대한 모멘트의 합은 이들 평면력의 합력이 그 점에 대한 모멘트와 같다.

$$\text{합력의 크기 } R = P_1 + P_2 + P_3 + P_4$$

 ㉡ 라미의 정리 : 한 점에 작용하는 3개의 힘이 평형을 이룰 때 각 힘은 힘들 간의 사이각을 이용한 사인법칙이 성립되는 원리에 의해 힘을 해석하는 정리이다. 이때 3개의 힘들이 평형을 이루기 위해서는 시력도는 폐합이 되어야 한다.

$$\frac{P_1}{\sin\theta_1} = \frac{P_2}{\sin\theta_2} = \frac{P_3}{\sin\theta_3}$$

② 단면의 성질

구분	직사각형(구형) 단면	이등변삼각형 단면	중실원형 단면
단면형태			
단면적	$A = bh$	$A = \dfrac{bh}{2}$	$A = \pi r^2 = \dfrac{\pi D^2}{4}$
도심 위치	$x_0 = \dfrac{b}{2}, \ y_0 = \dfrac{h}{2}$	$x_0 = \dfrac{b}{2}, \ y_0 = \dfrac{h}{3}, \ y_1 = \dfrac{2h}{3}$	$x_0 = y_0 = r = \dfrac{D}{2}$
단면 1차 모멘트	$G_X = G_Y = 0$ $G_x = \dfrac{bh^2}{2}, \ G_y = \dfrac{bh^2}{2}$	$G_X = G_Y = 0$ $G_x = \dfrac{bh^2}{6}, \ G_y = \dfrac{bh^2}{4}$	$G_X = G_Y = 0$ $G_x = A \cdot y_o = \pi r^3$ $= \dfrac{\pi D^3}{8}$

단면 2차 모멘트	$I_X = \dfrac{bh^3}{12}, I_Y = \dfrac{hb^3}{12}$ $I_x = \dfrac{bh^3}{3}, I_y = \dfrac{hb^3}{3}$	$I_X = \dfrac{bh^3}{36}, I_Y = \dfrac{hb^3}{48}$ $I_x = \dfrac{bh^3}{12}, I_y = \dfrac{7hb^3}{48}$ $I_{x1} = \dfrac{bh^3}{4}$	$I_X = I_Y = \dfrac{\pi r^4}{4} = \dfrac{\pi D^4}{64}$ $I_x = \dfrac{5\pi r^4}{4} = \dfrac{5\pi D^4}{64}$
단면 계수	$Z_X = \dfrac{bh^2}{6}, Z_Y = \dfrac{hb^2}{6}$	$Z_{X(\text{상단})} = \dfrac{bh^2}{24}$ $Z_{X(\text{하단})} = \dfrac{bh^2}{12}$	$Z_X = Z_Y = \dfrac{\pi r^3}{4}$ $= \dfrac{\pi D^3}{32}$
회전 반경	$r_X = \dfrac{h}{2\sqrt{3}}, r_x = \dfrac{h}{\sqrt{3}}$ $r_Y = \dfrac{b}{2\sqrt{3}}, r_y = \dfrac{b}{\sqrt{3}}$	$r_X = \dfrac{h}{3\sqrt{2}}, r_x = \dfrac{h}{\sqrt{6}}$ $r_{x1} = \dfrac{h}{\sqrt{2}}$	$r_X = \dfrac{r}{2} = \dfrac{D}{4}$ $r_x = \dfrac{\sqrt{5}\,r}{2} = \dfrac{\sqrt{5}\,D}{4}$
단면 2차 극모멘트	$I_{P(G)} = \dfrac{bh}{12}(h^2 + b^2)$ $I_{P(O)} = \dfrac{bh}{3}(h^2 + b^2)$	$I_{P(G)} = \dfrac{bh}{144}(3b^2 + 4h^2)$ $I_{P(O)} = \dfrac{bh}{48}(4h^2 + 7b^2)$	$I_{P(G)} = \dfrac{\pi r^4}{2} = \dfrac{\pi D^4}{32}$ $I_{P(O)} = \dfrac{5\pi r^4}{2} = \dfrac{5\pi D^4}{32}$
단면 상승 모멘트	$I_{XY} = 0$ $I_{xy} = \dfrac{b^2 h^2}{4}$	$I_{XY} = 0$ $I_{XY} = \dfrac{b^2 h^2}{12}$	$I_{XY} = 0$ $I_{XY} = \pi r^4 = \dfrac{\pi D^4}{16}$

③ 구조물

㉠ 지점 : 구조물과 구조물이 연결된 곳 또는 부재와 지반이 연결된 곳이며 이동지점, 회전지점, 고정지점으로 분류된다.

종류	지점 구조상태	기호	반력수
이동지점 (롤러지점)			수직반력 1개
회전지점 (힌지지점)			수직반력 1개 수평반력 1개
고정지점			수직반력 1개 수평반력 1개 모멘트반력 1개
탄성지점 (스프링지점)			수직반력 1개 수평반력 1개
탄성고정지점 (회전스프링지점)			수직반력 1개 수평반력 1개 모멘트반력 1개

㉡ 하중의 종류
- 집중하중 : 구조물의 임의 한 점에 단독으로 작용하는 하중
- 등분포하중 : 하중의 크기가 일정하게 분포되어 있는 하중
- 등변분포하중 : 하중의 크기가 직선적으로 분포하는 하중

- 모멘트하중 : 물체를 회전시키거나 구부리려는 하중

ⓒ 구조물의 안정성 판별식

- 모든 구조물에 적용 가능한 식 : $N=r+m+S-2K$

  여기서, N : 총부정정 차수, r : 지점반력 수, m : 부재의 수, S : 강절점 수, K : 절점 및 지점 수(자유단포함)

  - 내적 부정정 차수 : $N_e=r-3$

  - 외적 부정정 차수 : $N_i=N-N_e=3+m+S-2K$

  - $N<0$이면 불안정구조물, $N=0$이면 정정구조물, $N>0$이면 부정정구조물이 된다.

- 단층 구조물의 부정정차수 : $N=(r-3)-h$ [h : 구조물에 있는 힌지의 수(지점의 힌지는 제외)]

- 트러스의 부정정차수 : $N=(r+m)-2K$ (트러스의 절점은 모두 힌지이므로 트러스부재의 강절 점수는 0이다.)

④ **정정보와 부정정보**

㉠ **정정보의 정의**

- 보(Beam)의 정의 : 부재의 축에 직각방향으로 작용하는 하중을 지지하는 휨 부재
- 정정보의 정의 : 힘의 평형조건식 ($\sum H=0, \sum V=0, \sum M=0$)에 의하여 해석이 가능한 보

㉡ **정정보의 종류**

- 게르버보 : 부정정인 연속보에 적당한 힌지(핀절점)를 넣어서 정정보로 만든 것이다.
- 단순보 : 한 끝은 회전지점, 다른 끝은 이동지점인 보이며 같은 크기의 하중이 작용하는 같은 스팬의 양단고정보보다 처짐이 크다.
- 캔틸레버 : 고정단과 자유단으로 구성된 보이며 외팔보라고도 불린다.
- 내민보 : 단순보의 한 끝 또는 양끝을 지점 밖으로 내민보이며 정정보이다.

㉢ **부정정보의 종류**

- 일반적인 부정정보 : 2개 이상의 힌지지점으로 되어 있거나 2개 이상의 힌지지점과 1개 이상의 롤러지점으로 된 보
- 연속보 : 1개 이상의 힌지지점과 2개 이상의 롤러지점을 가진 보
- 양단고정보 : 부재의 양단이 고정지점으로 된 보
- 1단고정 타단이동보 : 부재의 1단이 고정지점으로 타단이 롤러지점인 보

㉣ **보에 발생하는 힘**

- 전단력 : 등분포 하중과 전단력의 관계는 다음과 같다.

$$\sum V=0, \ S_x-(S_x+dS_x)-w \cdot dx=0 \ \therefore \frac{dS_x}{dx}=-w$$

여기서 ($-$)는 등분포하중이 하향으로 작용하는 것을 의미한다.

$$S_C-S_D=-\int_C^D w \cdot dx$$

- 휨모멘트 : $\sum M_n = 0$, $M_x - (M_x + dM_x) + S_x \cdot dx - \dfrac{w \cdot (dx)^2}{2} = 0$이며 여기서 $(dx)^2$을 무시하면 $\dfrac{dM_x}{dx} = S_x$이며 $dM_x = S_x \cdot dx$가 되는데 임의의 두 구간에 대해 적분하면 두 구간의 휨모멘트 차이는 $M_C - M_D = \displaystyle\int_C^D S_x \cdot dx$이다. 그러므로 휨모멘트와 전단력, 하중과의 관계는 $\dfrac{d^2M}{dx^2} = \dfrac{dS}{dx} = -w$이 성립한다. 이를 다시 적분으로 표시하면 $M = \displaystyle\int S dx = -\iint w dx dx$, $S = -\displaystyle\int w dx$가 된다.

- 캔틸레버의 응력도

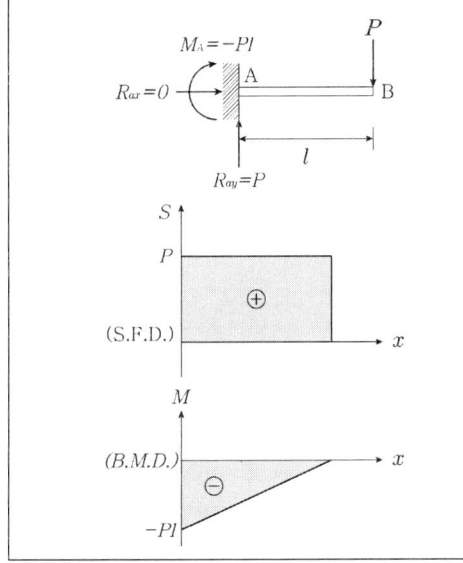

	자유단에 집중하중이 작용하는 경우
	지점반력
	$\sum H = 0$, $R_{ax} = 0$
	$\sum V = 0$, $R_{ay} = P(\uparrow)$
	$\sum M_A = 0$, $M_A = P \cdot l$
	거리 x인 곳의 전단력
	$S_x = P$
	거리 x인 곳의 휨모멘트
	원점 B, $0 \le x \le 1$
	$M_x = -P \cdot x$
	$x = 0$인 곳에서는 $M = 0$
	$x = l$인 곳에서는 $M = -P \cdot l$

⑤ 정정라멘과 정정아치

㉠ 라멘구조물의 해석

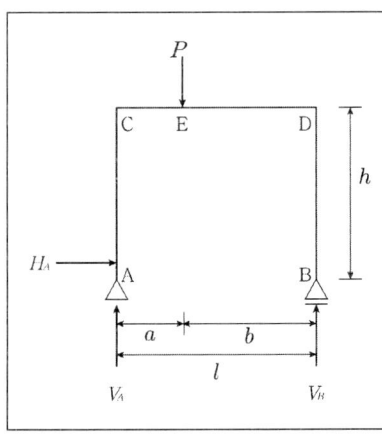

㉠ 반력의 산정

- 보기에 제시된 라멘구조물은 B점을 중심으로 하여 회전이 일어나지 않으므로 B점을 중심으로 한 모멘트는 0이어야 한다.

$$\sum M_B = V_A \cdot l - P \cdot b = 0$$이어야 하므로 $V_A = \dfrac{P \cdot b}{l}$

- 라멘구조물은 수직방향으로 이동하지 않기 때문에 수직력의 합이 0이 되어야 한다.

$$\sum V = V_A + V_B = P$$이어야 한다.

- 라멘구조물은 수평방향으로 이동하지 않기 때문에 수평력의 합이 0이 되어야 한다.

$$\sum H = H_A = 0$$

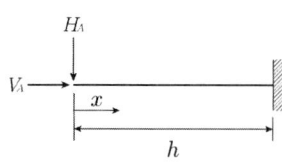

ⓛ AC부재의 축방향력(N_x), 전단력(Q_x), 휨모멘트(M_x)

- $N_x = -V_A = -\dfrac{P \cdot b}{l}$

- $Q_x = 0$

- $M_x = 0$

ⓒ CD부재의 축방향력(N_x), 전단력(Q_x), 휨모멘트(M_x)

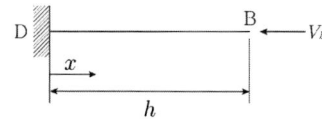

- $Q_{CE} = V_A = \dfrac{P \cdot b}{l}$

- $Q_{ED} = V_A - P = \dfrac{P \cdot b}{l} - P \cdot \dfrac{l}{l} = -\dfrac{P \cdot a}{l}$

- $M_{CE} = V_A \cdot x = (\dfrac{P \cdot b}{l}) \cdot x$ (1차식)

- $M_C = 0$ ($\because x = 0$)

- $M_E = \dfrac{P \cdot a \cdot b}{l}$ ($\because x = a$)

- $M_{(E-D)} = V_A \cdot x - P(x - a)$

- $M_E = \dfrac{P \cdot a \cdot b}{l}$ ($\because x = a$)

- $M_D = 0$ ($\because x = l$)

ⓔ DB부재의 축방향력(N_x), 전단력(Q_x), 휨모멘트(M_x)

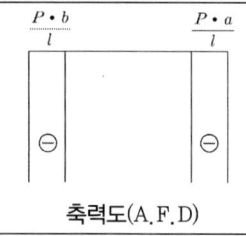

- $Q_x = 0$

- $M_x = 0$

- $N_x = -V_B = -\dfrac{P \cdot a}{l}$

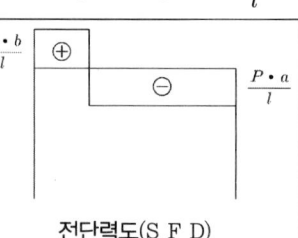

축력도(A.F.D)

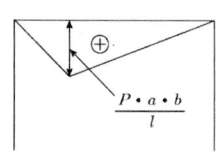

전단력도(S.F.D)

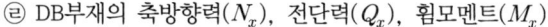

휨모멘트도(B.M.D)

ⓒ 아치구조물의 해석

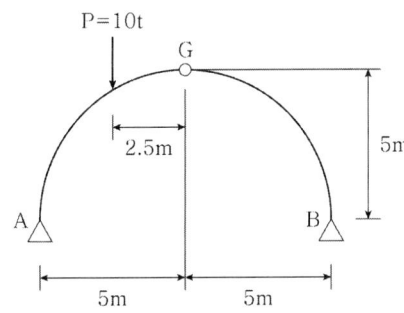

A점을 중심으로 한 회전이 일어나지 않으므로 $\sum M_A = 0$이어야 한다.

$\sum M_A = V_B \times 10 - 10 \times 2.5 = 0$이므로 $V_B = 2.5t$

또한 G점은 힌지절점이며 이 점을 중심으로 우측부재의 회전이 발생하지 않으므로 B점의 수평력과 수직력은 다음의 관계가 성립한다.

$\sum M_G = H_B \cdot 5 - V_B \cdot 5 = 0$, 따라서 $H_B = 2.5t(\leftarrow)$가 성립한다.

⑥ **트러스의 해석**

ㄱ **트러스 부재의 명칭**

• 현재 : 트러스의 외부를 형성하는 부재로 상현재와 하현재가 있다.
• 수직재 : 상현재와 하현재를 잇는 수직방향의 부재이다.
• 격점(절점) : 부재 사이의 접합점이다.
• 격간길이 : 현재상의 절점 간의 거리이다.

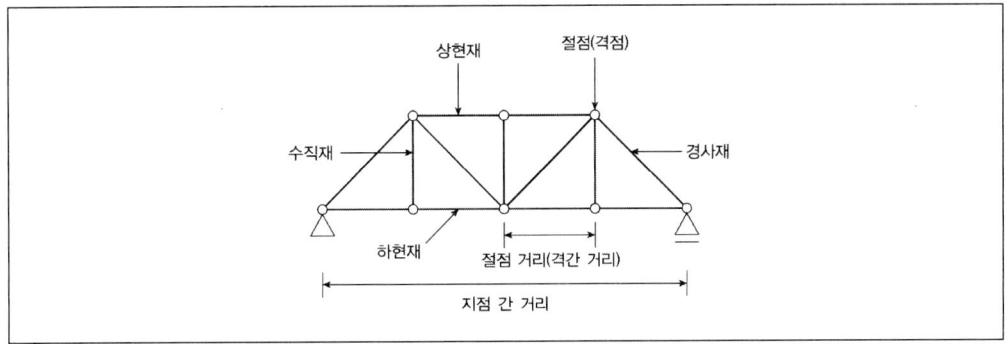

ㄴ **트러스의 종류**

• 프랫트러스 : 경사재가 인장재이며 경사방향이 양단에서 중심으로 하향하는 트러스이다.
• 하우트러스 : 경사재가 압축재이며 경사방향이 양단에서 중심으로 상향하는 트러스이다.
• 와렌트러스 : 사재의 방향을 좌우 교대로 배치한 트러스이다.
• 비렌딜트러스 : 기본단위를 사각형의 격자 형태로 구성한 트러스로서 경사재가 없다.

© 절점법과 절단법

• 절점법을 적용한 트러스의 해석

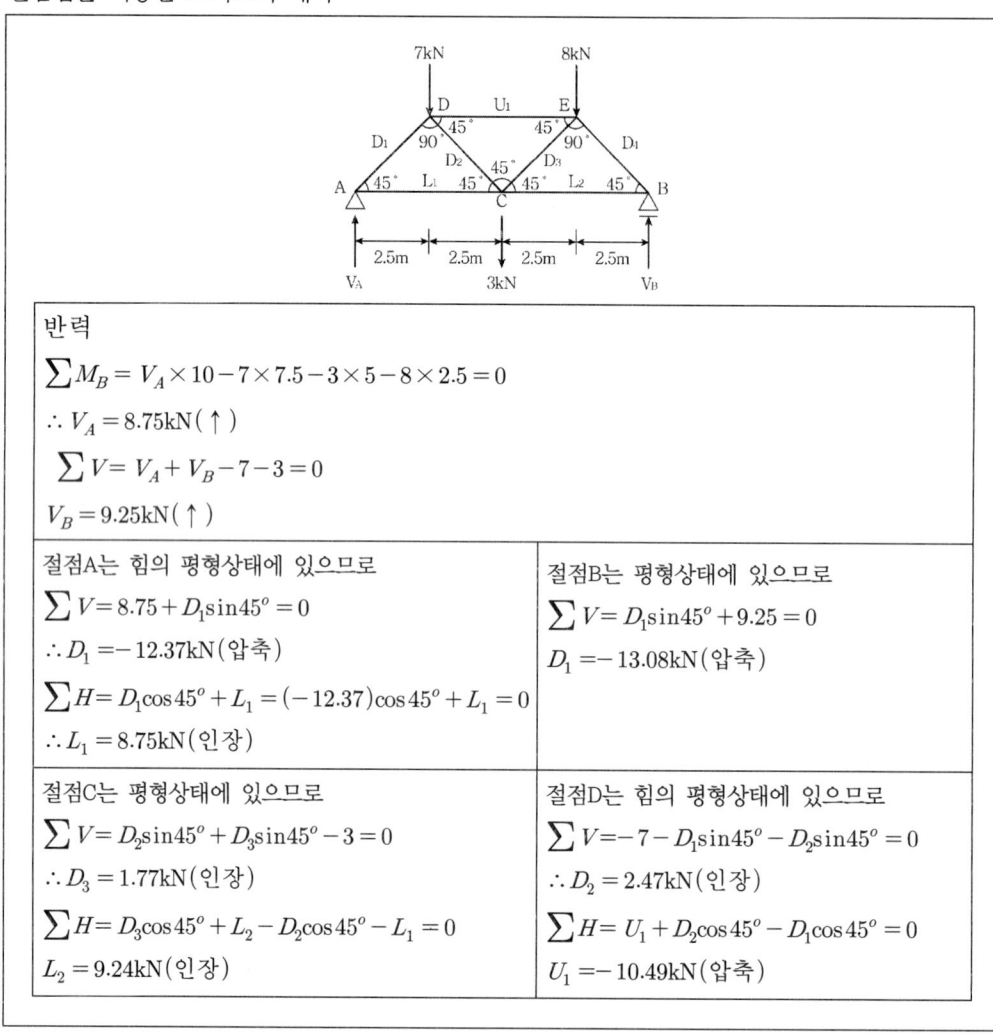

반력

$$\sum M_B = V_A \times 10 - 7 \times 7.5 - 3 \times 5 - 8 \times 2.5 = 0$$

$$\therefore V_A = 8.75\text{kN}(\uparrow)$$

$$\sum V = V_A + V_B - 7 - 3 = 0$$

$$V_B = 9.25\text{kN}(\uparrow)$$

절점A는 힘의 평형상태에 있으므로	절점B는 평형상태에 있으므로
$\sum V = 8.75 + D_1\sin 45^o = 0$ $\therefore D_1 = -12.37\text{kN}(압축)$ $\sum H = D_1\cos 45^o + L_1 = (-12.37)\cos 45^o + L_1 = 0$ $\therefore L_1 = 8.75\text{kN}(인장)$	$\sum V = D_1\sin 45^o + 9.25 = 0$ $D_1 = -13.08\text{kN}(압축)$
절점C는 평형상태에 있으므로	절점D는 힘의 평형상태에 있으므로
$\sum V = D_2\sin 45^o + D_3\sin 45^o - 3 = 0$ $\therefore D_3 = 1.77\text{kN}(인장)$ $\sum H = D_3\cos 45^o + L_2 - D_2\cos 45^o - L_1 = 0$ $L_2 = 9.24\text{kN}(인장)$	$\sum V = -7 - D_1\sin 45^o - D_2\sin 45^o = 0$ $\therefore D_2 = 2.47\text{kN}(인장)$ $\sum H = U_1 + D_2\cos 45^o - D_1\cos 45^o = 0$ $U_1 = -10.49\text{kN}(압축)$

• 절단법을 적용한 트러스의 해석

- 절단법 적용순서
  ① 격점법과 같이 트러스 전체를 하나의 보로 가정하여 반력을 산정한다.
  ② 미지 부재력이 3개 이하가 되도록 가상 단면을 절단한다.
  ③ 절단된 구조체의 어느 한쪽을 선택하여 힘의 평형조건식을 사용하여 부재력을 산정한다.
  ④ 부재력은 모두 인장으로 가정하여 산정하며 결과가 +이면 인장, −이면 압축이 된다.
- 절단법의 적용을 통한 트러스 해석의 예

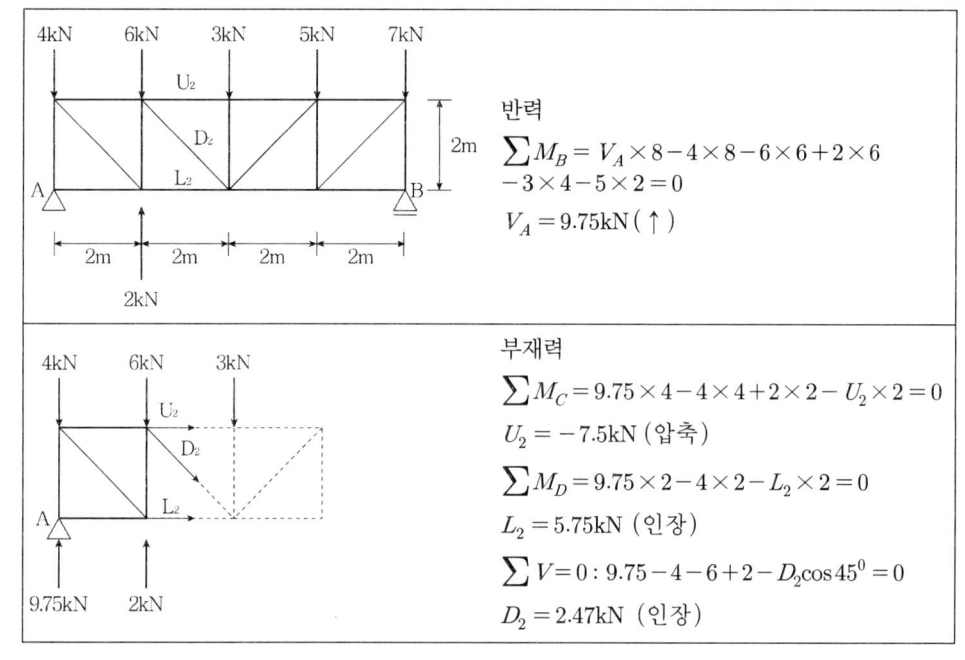

반력
$$\sum M_B = V_A \times 8 - 4 \times 8 - 6 \times 6 + 2 \times 6 - 3 \times 4 - 5 \times 2 = 0$$
$$V_A = 9.75 \text{kN} (\uparrow)$$

부재력
$$\sum M_C = 9.75 \times 4 - 4 \times 4 + 2 \times 2 - U_2 \times 2 = 0$$
$$U_2 = -7.5 \text{kN (압축)}$$
$$\sum M_D = 9.75 \times 2 - 4 \times 2 - L_2 \times 2 = 0$$
$$L_2 = 5.75 \text{kN (인장)}$$
$$\sum V = 0 : 9.75 - 4 - 6 + 2 - D_2 \cos 45^0 = 0$$
$$D_2 = 2.47 \text{kN (인장)}$$

⑦ **재료역학**

㉠ 응력

- 응력 : 구조물에 외력이 작용하면 임의 부재에 단면력이 발생한다. 단면력의 종류에는 축력, 전단력, 휨모멘트, 비틀림모멘트가 있다. 이 단면력에 의해 내력이 발생하며 이 내력을 단면 적으로 나눈 것을 응력이라고 한다.
- 응력의 종류

구분	응력작용방향	종류
수직응력(법선응력)	부재 단면에 수직하게 작용	축방향응력
		휨응력
접선응력	부재단면에 평행하게 작용	직접전단응력
		펀칭전단응력
		휨부재 전단응력
		비틀림응력

ⓛ 변형률
• 축변형률
– 길이변형률(선변형률) : 부재가 축방향력(인장력, 압축력)을 받을 때의 변형량($\triangle l$)을 변형 전의 길이(l)로 나눈 값이다.
– 세로변형률 : 부재가 축방향력을 받을 때 부재단면폭의 변형량을 변형 전의 폭으로 나눈 값이다.
– 체적변형률 : 부재에 축방향력을 가한 후의 변형량을 부재에 축방향력을 가하기 전의 체적으로 나눈 값이다. 체적변형률은 길이변형률의 약 3배 정도이다.
• 휨변형률

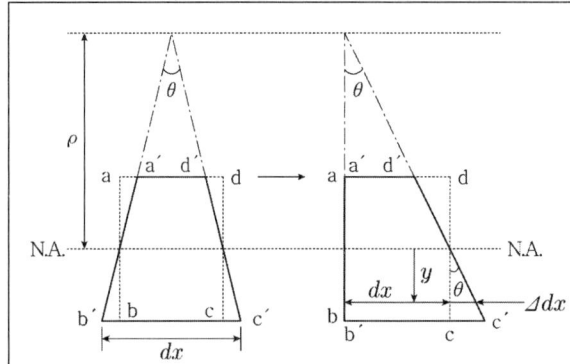

- $\epsilon = \dfrac{y}{\rho} = ky = \dfrac{\triangle dx}{dx}$
- ρ : 보의 곡률반경
- k : 곡률
- y : 중립축으로부터의 거리
- dx : 임의 두 단면사이의 미소거리
- $\triangle dx$: dx의 변형량

• 전단변형률

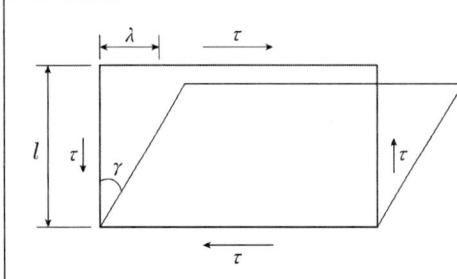

$\gamma = \dfrac{\lambda}{l}$ $(\tau = G \cdot \gamma)$

[G는 전단탄성계수이며 $G = \dfrac{E}{2(1+\nu)}$ 이다.

(γ는 전단응력, ν는 포아송비)]

• 비틀림 변형률

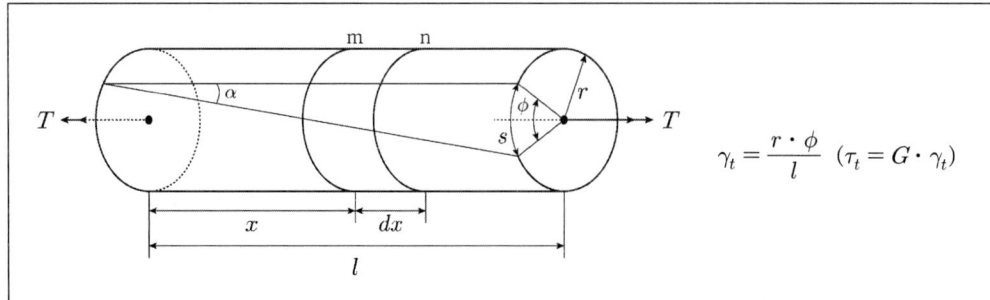

$\gamma_t = \dfrac{r \cdot \phi}{l}$ $(\tau_t = G \cdot \gamma_t)$

• 후크의 법칙

$$\frac{P}{A} = \frac{\triangle l}{l} E, \ E = \frac{P \cdot l}{A \cdot \triangle l}$$

• 포아송비와 포아송수

-포아송비

$$v = \frac{\text{가로 변형률}}{\text{세로 변형률}} = \frac{\text{축에 직각방향 변형률}}{\text{축방향 변형률}}$$

-포아송수

$$v = \frac{\epsilon_d}{\epsilon_l} = \frac{l \cdot \triangle d}{d \cdot \triangle l} = \frac{1}{m} \ \ (\text{v : 포아슨비, m : 포아슨수})$$

ⓒ 휨응력

• 휨응력 기본 공식

$$\sigma = \frac{M}{I} y$$

M : 휨모멘트, I : 단면2차 모멘트, y : 중립축으로부터의 거리

• 항복모멘트와 소성모멘트

	응력도	크기
항복 모멘트		$M_y = \sigma_y \cdot Z = \dfrac{\sigma_y \cdot bh^2}{6}$ $M_y = C \cdot d = T \cdot d$ $= \dfrac{\sigma_y \cdot bh}{4} \times \dfrac{2h}{3}$ $= \dfrac{\sigma_y \cdot bh^2}{6}$
소성 모멘트		$M_p = \sigma_y \cdot Z_p = \dfrac{\sigma_y \cdot bh^2}{4}$

• 소성계수

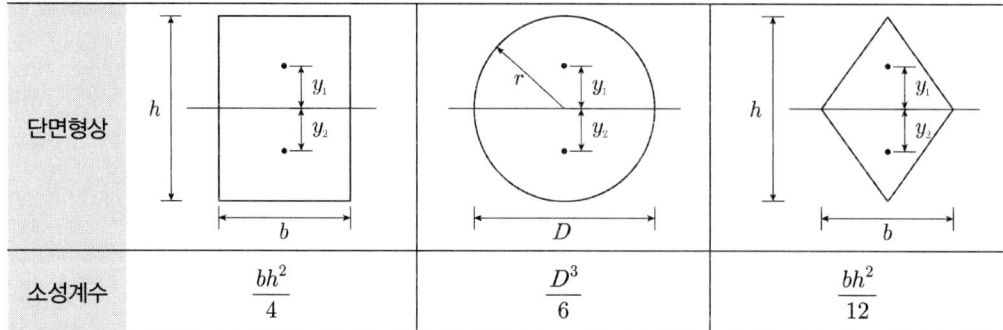

단면형상	(직사각형)	(원형)	(마름모)
소성계수	$\dfrac{bh^2}{4}$	$\dfrac{D^3}{6}$	$\dfrac{bh^2}{12}$

② 전단응력

• 직접전단에 의한 전단응력

$$\text{일면전단(단전단)} : r = \frac{P}{A}, \quad \text{이면전단(복전단)} : r = \frac{P}{2A} \quad \text{(여기서, P는 전단력이 된다.)}$$

• 펀칭전단에 의한 전단응력

$$r = \frac{P}{A} = \frac{P}{\pi dh} \quad \text{(여기서, d는 펀칭되는 구멍의 지름이고 h는 강판의 두께이다.)}$$

• 보의 전단응력

$$\tau_B = \frac{SG}{Ib}$$

- S : 부재 단면의 전단력
- I : 중립축에 대한 단면 2차 모멘트
- b : 전단응력을 구하고자 하는 위치의 폭
- G : 단면의 연단으로부터 전단응력을 구하고자 하는 위치까지 면적의 중립축에 대한 단면 1차 모멘트

⑧ 기둥

㉠ 단주와 장주

• 단주 : 단면의 크기에 비해 길이가 짧은 기둥으로서 부재 단면의 압축응력이 재료의 압축강도에 도달하여 압축에 의한 파괴가 발생되는 기둥으로서 세장비는 100 미만이다.
• 장주 : 단면의 크기에 비해 길이가 긴 기둥으로서 부재단면의 압축응력이 재료의 압축강도에 도달하기 전에 부재의 좌굴에 의한 파괴가 발생된다. (장주의 좌굴현상은 장주에 작용하는 응력이 비례한도응력보다 작은 값에서 발생되므로 탄성좌굴이다.) 일반적으로 세장비가 100 이상인 경우 장주로 간주한다.
• 세장비(λ) : 기둥이 가늘고 긴 정도를 나타낸다.

$$\lambda_{\max} = \frac{기둥의 유효길이}{최소회전반경} = \frac{kl}{r_{\min}} = \frac{kl}{\sqrt{\dfrac{I_{\min}}{A}}}$$

ⓛ 단주의 해석

• 중심축 하중이 작용하는 경우

$$압축응력\ \sigma_c = \frac{P}{A} \quad (\sigma_c : 압축응력,\ P : 중심축하중,\ A : 단면적)$$

• 1축 편심축 하중이 작용하는 경우

– 하중이 X축으로 편심이 된 경우 중심으로부터 x만큼 떨어진 곳에 작용하는 응력

$$\sigma_x = \frac{P}{A} \pm \frac{P \cdot e_x}{I_y} \cdot x$$

– 하중이 Y축으로 편심이 된 경우 중심으로부터 y만큼 떨어진 곳에 작용하는 응력

$$\sigma_y = \frac{P}{A} \pm \frac{P \cdot e_y}{I_x} \cdot y$$

ⓒ 장주의 해석

• 좌굴(buckling)과 좌굴하중 : 장주에 압축하중이 작용하고 있으며 이 하중이 일정크기 이상에 도달하면 휘기 시작하고, 어느 정도 휘어진 상태에서는 작용하고 있는 압축하중과 평형상태 (중립평형상태)를 이룬다. 그러나 이 상태에서 조금 더 큰 하중이 작용하게 되면 기둥은 더 이상 압축하중에 저항하지 못하고 계속 휘어지게 되는데 이런 현상을 좌굴이라고 하며 좌굴을 발생시키는 최소한의 하중을 좌굴하중(P_{cr})이라고 한다.

• 좌굴하중의 기본식(오일러의 장주공식)

$$P_{cr} = \frac{\pi^2 EI}{(kl)^2} = \frac{n\pi^2 EI}{l^2}$$

• EI : 기둥의 휨강성
• l : 기둥의 길이
• k : 기둥의 유효길이 계수
• kl : (l_k로도 표시함) 기둥의 유효길이 (장주의 처짐곡선에서 변곡점과 변곡점 사이의 거리)
• n : 좌굴계수(강도계수, 구속계수)
• $n = \dfrac{1}{k^2}$

• 좌굴응력(임계응력) : $\sigma_b = \dfrac{P_b}{A} = \dfrac{n\pi^2 E}{\lambda^2}$

⑨ 처짐과 처짐각

하중조건	처짐각	처짐
	$\theta_B = \dfrac{PL^2}{2EI}$	$\delta_B = \dfrac{PL^3}{3EI}$
	$\theta_B = \dfrac{PL^2}{8EI}$, $\theta_C = \dfrac{PL^2}{8EI}$	$\delta_B = \dfrac{PL^3}{24EI}$, $\delta_C = \dfrac{5PL^3}{48EI}$
	$\theta_B = \dfrac{Pa^2}{2EI}$, $\theta_C = \dfrac{Pa^2}{2EI}$	$\delta_B = \dfrac{Pa^2}{6EI}(3L-a)$, $\delta_C = \dfrac{Pa^3}{3EI}$
	$\theta_B = \dfrac{wL^3}{6EI}$	$\delta_B = \dfrac{wL^4}{8EI}$
	$\theta_B = \dfrac{7wL^3}{46EI}$	$\delta_B = \dfrac{41wL^4}{384EI}$
	$\theta_B = \dfrac{wL^3}{48EI}$	$\delta_B = \dfrac{7wL^4}{384EI}$
	$\theta_B = \dfrac{wa^3}{6EI}$	$\delta_B = \dfrac{wa^3}{24EI}(3a+4b)$
	$\theta_B = \dfrac{wL^3}{24EI}$	$\delta_B = \dfrac{wL^4}{30EI}$
	$\theta_B = \dfrac{ML}{EI}$	$\delta_B = \dfrac{ML^2}{2EI}$

하중조건	처짐각	처짐
	$\theta_B = \dfrac{Ma}{EI}$	$\delta_B = \dfrac{Ma}{2EI}(L+b)$
	$\theta_A = -\theta_B = \dfrac{PL^2}{16EI}$	$\delta_{max} = \delta_C = \dfrac{PL^3}{48EI}$
	$\theta_A = \dfrac{Pab}{6EI \cdot L}(a+2b)$ $\theta_B = -\dfrac{Pab}{6EI \cdot L}(2a+b)$	$\delta_C = \dfrac{Pa^2b^2}{3LEI}$ $\delta_{max} = \dfrac{Pb}{9\sqrt{3}\,EI \cdot L}\sqrt{(L^2-b^2)^3}$ (최대처짐위치 : A로부터 $\sqrt{\dfrac{L^2-b^2}{3}}$)
	$\theta_A = -\theta_B = \dfrac{wL^3}{24EI}$	$\delta_{max} = \dfrac{5wL^4}{384EI}$
	$\theta_A = \dfrac{7wL^3}{360EI}$ $\theta_B = -\dfrac{8wL^3}{360EI}$	$\delta_{max} = \dfrac{wl^4}{153EI}$
	$\theta_A = \dfrac{M}{6EI \cdot L^2}(a^3 + 3a^2b - 2b^3)$ $\theta_B = \dfrac{M}{6EI \cdot L^2}(b^3 + 3ab^2 - 2a^3)$	$\delta_C = \dfrac{Ma}{3EI \cdot L}(3aL - L^2 - 2a^2)$
	$\theta_A = \dfrac{ML}{6EI}$ $\theta_B = -\dfrac{ML}{3EI}$	$\delta_{max} = \dfrac{ML^2}{9\sqrt{3}\,EI}$
	$\theta_A = \dfrac{L}{6EI}(2M_A + M_B)$ $\theta_B = -\dfrac{L}{6EI}(M_A + 2M_B)$	최대처짐 $\delta_{max} = \dfrac{L^2}{16EI}(M_A + M_B)$ ($M_A = M_B = M$인 경우 $\delta_{max} = \dfrac{ML^2}{8EI}$)

⑩ **탄성변형에너지**

   ⑦ 축하중을 받는 변형에너지

     • 단면력으로 표시 : $U = \dfrac{N^2 \cdot L}{2EA}$

     • 강성도로 표시 : $U = \dfrac{N^2 \cdot L}{2EA} = \dfrac{N^2}{2\left(\dfrac{EA}{L}\right)} = \dfrac{N^2}{2k}$

     • 변형량으로 표시 : $U = \dfrac{N^2 \cdot L}{2EA} = \dfrac{L}{2EA}\left(\dfrac{EA\delta}{L}\right)^2 = \dfrac{EA}{2L}\delta^2$

     • 변형률로 표시 : $U = \dfrac{EA\delta^2}{2L} = \dfrac{EAL}{2} \times \left(\dfrac{\delta}{L}\right)^2 = \dfrac{EAL}{2}\epsilon^2$

     • 단면이 불균일하거나 축력이 변하는 경우의 변형에너지 : $U = \displaystyle\int_0^L \dfrac{N_x^2}{2EA}dx$

   ⓛ 전단응력에 의한 탄성변형에너지

$$U = \int_0^l \frac{\alpha_s \cdot S^2}{2GA}dx$$

(여기서, $\alpha_s = \displaystyle\int_A \left(\dfrac{G}{Ib}\right)^2 AdA$ 로 형상계수이다. 직사각형 단면 $\alpha_s = \dfrac{6}{5}$, 원형 단면 $\alpha_s = \dfrac{10}{9}$)

   ⓒ 휨모멘트에 의한 탄성변형에너지

$$U = \int dU = \int_0^l \frac{M^2}{2EI} \cdot dx$$

   ⓔ 비틀림 모멘트에 의한 탄성변형에너지

$$U = \frac{T^2 L}{2GJ}$$

   ⓜ 전체 변형에너지

$$U = \int \frac{N^2}{2EA}dx + \int \frac{M^2}{2EI}dx + \int \frac{\alpha_x S^2}{2GA}dx + \int \frac{T^2}{2GJ}dx$$

② 내진설계

① 내진등급별 최소성능목표

내진등급	성능목표	
	성능수준	지진위험도
특	기능수행(또는 즉시거주)	설계스펙트럼가속도의 1.0배
	인명안전 및 붕괴방지	설계스펙트럼가속도의 1.5배
I	인명안전	설계스펙트럼가속도의 1.2배
	붕괴방지	설계스펙트럼가속도의 1.5배
II	인명안전	설계스펙트럼가속도의 1.0배
	붕괴방지	설계스펙트럼가속도의 1.5배

② 등가정적해석법

ㄱ 밑면전단력 산정 기본식

$$V = C_s \cdot W$$

ㄴ 지진응답계수

$$C_s = \frac{S_{D1}}{\left(\dfrac{R}{I_E}\right) T} \geq 0.01$$

- S_{D1} : 주기 1초에서의 설계스펙트럼가속도
- S_{DS} : 단주기 설계스펙트럼가속도
- T : 건축물의 고유주기
- I_E : 건축물의 중요도계수
- R : 반응수정계수

ㄷ 유효건물중량 : 고정하중과 아래에 기술한 하중을 포함한 중량
- 창고로 쓰이는 공간에서는 적재하중의 25%(공용 차고와 개방된 주차장 건물의 경우 적재하중은 포함시킬 필요가 없음)
- 적설하중이 1.5kN/제곱미터를 넘는 평지붕의 경우 : 평지붕 적설하중의 20%
- 영구설비의 총 하중
- 바닥하중 산정 시 칸막이 하중이 포함될 경우, 칸막이의 실제중량과 0.5kN/m2 중 큰 값

ㄹ 고유주기

$$T_a = C_T \cdot h_n^{\frac{3}{4}} \, [\sec]$$

ⓜ 건축물의 중요도 계수 : 건축물의 중요도를 고려하여 반응수정계수의 과대평가를 방지하기 위한 계수이다.

ⓗ 반응수정계수(R) : 구조물의 비탄성변형능력과 초과강도를 고려하여 설계지진하중을 저감시키는 역할을 하는 계수이다. 연성계수, 초과강도계수, 감쇠계수를 곱한 값이다.

- 항복변위를 μ_y, 최대변위를 μ_{max} 라고 하면 연성비 $\mu = \dfrac{\mu_{max}}{\mu_y}$ 로 정의된다. 이러한 연성비는 지반운동에 의한 구조물의 비탄성반응에서 소성변형능력을 나타내는 지표이다.
- 건축구조물을 55개의 지진력 저항시스템으로 구분을 하였으며 구조물의 연성이 클수록 이 값은 커진다.
- 실제 구조물은 항복점을 지나 좌굴하거나 비탄성거동을 하게 되는데 이때 구조물이 비탄성거동을 하면 감쇠증가로 에너지소산효과가 발생하며 지진저항시스템도 어느 정도의 여유도를 보유하고 있으므로 이러한 여유치를 반영하여 실제구조물의 거동에 알맞게 조정해주기 위한 계수이다.

03 철근콘크리트구조

1 철근콘크리트구조의 이해

① 콘크리트 강도

ⓐ 콘크리트의 압축강도
- 공시체는 직경 150mm×높이 300mm 원주형이 표준이다.
- 공시체의 강도보정 : 공시체의 직경 100mm×높이 200mm인 경우 강도보정계수 0.97을 적용한다.
- 정육면체 공시체의 강도가 원주형 공시체의 강도보다 크며 공시체의 치수가 작을수록 강도가 크다.

ⓑ 설계기준압축강도(f_{ck})
- 콘크리트 부재를 설계 시 기준이 되는 콘크리트의 압축강도이다.
- 건축구조에 의한 설계기준강도
  - 경량콘크리트 : 15Mpa 이상
  - 일반콘크리트 : 18Mpa 이상
  - 내진설계 시 콘크리트 : 21Mpa 이상

－고강도 경량콘크리트 : 27Mpa 이상

　　　－고강도 보통콘크리트 : 40Mpa 이상

　　　－구조용 무근콘크리트 : 18MPa 이상

　ⓒ 평균압축강도(f_{cu}) : 재령 28일에서의 콘크리트의 평균압축강도, 크리프변형 및 처짐 등을 예측하는 경우 보다 실제 값에 가까운 값을 구하기 위한 것 ($f_{cu} = f_{ck} + 8$)

　ⓔ 배합강도(f_{cr}) : 콘크리트의 배합을 정할 때 목표로 하는 압축강도

　ⓜ 인장강도

　　• 인장강도 시험에 의한 원주형 콘크리트 공시체의 인장강도 : $f_{sp} = \dfrac{2P}{\pi \cdot d \cdot L}[\text{MPa}] = f_{sp} = \dfrac{\sqrt{f_{ck}}}{1.76}$

　　• 콘크리트의 인장강도는 압축강도의 10% 정도이므로 구조설계 시 무시하는 것이 일반적이다.

　　• 보통골재를 사용한 콘크리트의 인장강도 : $f_{sp} \fallingdotseq 0.57\sqrt{f_{ck}}$

　ⓗ 휨인장강도 : 150mm×150mm×530mm 장방형 무근콘크리트 보의 경간 중앙 또는 3등분점에 보가 파괴될 때까지 하중을 작용시켜서 균열모멘트 M_{cr}을 구한다. 이것을 휨공식 $f = \dfrac{M}{I}y$에 대입하여 콘크리트의 휨인장강도를 구하며 이를 파괴계수(f_r)라고 한다.

$$f_r = 0.63\sqrt{f_{ck}}\,[\text{MPa}]$$

　ⓢ 탄성계수의 종류

　　• 초기접선탄성계수 : 0점에서 맨 처음 응력－변형률 곡선에 그은 접선이 이루는 각의 기울기

　　• 접선탄성계수 : 임의의 점 A에서 응력－변형률곡선에 그은 접선이 이루는 각의 기울기

　　• 할선탄성계수 : 압축응력이 압축강도의 30 ~ 50% 정도이며 이 점을 A라고 할 경우 OA의 기울기 (콘크리트의 실제적인 탄성계수를 의미한다.)

　　• 건축구조기준(KBC2016)에 의한 콘크리트 할선탄성계수

　　－콘크리트의 단위질량값이 1,450~2,500kg/㎥인 콘크리트의 경우

　　　$E_c = 0.077 m_c^{1.5}\sqrt[3]{f_{ck} + \triangle f}\,[\text{MPa}]$

　　－보통골재(콘크리트의 단위질량값이 2,300kg/㎥)를 사용한 콘크리트의 경우

　　　$E_c = 8,500 \times \sqrt[3]{f_{cu}} = 8,500 \times \sqrt[3]{f_{ck} + \triangle f}\,[\text{MPa}]$

　　($f_{ck} \le 40\text{MPa}$인 경우 $\triangle f = \text{MPa}$이며, $f_{ck} \ge 60\text{MPa}$인 경우는 $\triangle f = 6\text{MPa}$이며, 그 사이는 직선보간법으로 구한다.)

② 콘크리트 구조체 설계법

　ⓐ 허용응력설계법

소요강도(하중계수 × 하중) ≤ 설계강도(강도감소계수 × 강도)

ⓛ 허용응력설계법과 극한강도설계법 비교

구분	허용응력설계법	강도설계법
개념	응력개념	강도개념
설계하중	사용하중	극한하중
재료특성	탄성범위	소성범위
안전확보	허용응력규제	하중계수를 고려

ⓒ 부재와 하중의 종류별 강도감소계수

부재 또는 하중의 종류	강도감소계수
인장지배단면	0.85
압축지배단면 − 나선철근부재	0.70
압축지배단면 − 스터럽 또는 띠철근부재	0.65
전단력과 비틀림모멘트	0.75
콘크리트의 지압력	0.65
포스트텐션 정착구역	0.85
스트럿타이 − 스트럿, 절점부 및 지압부	0.75
스트럿타이 − 타이	0.85
무근콘크리트의 휨모멘트, 압축력, 전단력, 지압력	0.55

② 철근콘크리트구조의 설계

① 휨부재 설계

ⓖ 극한강도설계법을 통한 보의 설계

• 균형보에 있어 등가직사각형 응력블록의 깊이 : $a = \beta_1 c$ (β_1 : 등가압축영역계수, c : 중립축거리)

f_{ck}	등가압축영역계수 β_1
$f_{ck} \leq 28 Mpa$	$\beta_1 = 0.85$
$f_{ck} > 28 Mpa$	$\beta_1 = 0.85 - 0.007(f_{ck} - 28) \geq 0.65$
$f_{ck} > 56 Mpa$	$\beta_1 = 0.65$

• 단면의 공칭휨강도

$$M_n = M_{rc} = M_{rs} = T \cdot z = C \cdot z = A_s f_y \left(d - \frac{a}{2} \right) = 0.85 f_{ck} ab \left(d - \frac{a}{2} \right)$$

$$a = \frac{A_s f_y}{0.85 f_{ck} b} \text{ 이므로 } q = \rho \frac{f_y}{f_{ck}} \text{ 라 놓으면 } M_n = f_y \rho b d^2 (1 - 0.59q) = f_{ck} q b d^2 (1 - 0.59q)$$

• 설계휨강도

$$M_d = \phi M_n = \phi M_{rc} = \phi M_{rs} = \phi T \cdot z = \phi C \cdot z = \phi A_s f_y \left(d - \frac{a}{2}\right) = \phi 0.85 f_{ck} ab \left(d - \frac{a}{2}\right)$$

$$M_d = \phi M_n = \phi f_y \rho b d^2 (1 - 0.59q) = \phi f_{ck} q b d^2 (1 - 0.59q)$$

ⓛ 철근비

균형철근비	$\rho_b = \dfrac{0.85 f_{ck} \beta_1}{f_y} \cdot \dfrac{\varepsilon_c}{\varepsilon_c + \varepsilon_y} = \dfrac{0.85 f_{ck} \beta_1}{f_y} \cdot \dfrac{600}{600 + \varepsilon_y}$
최대철근비	$\rho_{\max} = \dfrac{(\varepsilon_c + \varepsilon_y)}{(\varepsilon_c + \varepsilon_t)} \rho_b = \dfrac{0.85 f_{ck} \beta_1}{f_y} \cdot \dfrac{\varepsilon_c}{\varepsilon_c + \varepsilon_t}$ (ε_t : 최소허용변형률)
최소철근비	$\rho_{\min} = \dfrac{0.25\sqrt{f_{ck}}}{f_y} \geq \dfrac{1.4}{f_y}$

ⓒ 인장지배단면과 압축지배단면

• 순인장변형률

$$\varepsilon_t = \frac{(d_t - c) \cdot \varepsilon_t}{c}$$

• 지배단면 구분에 따른 순인장변형률 조건

지배단면 구분	순인장변형률 조건	지배단면에 따른 강도감소계수
압축지배단면	ε_y 이하	0.65
변화구간단면	$\varepsilon_y \sim 0.005$ (또는 $2.5\varepsilon_y$)	$0.65 \sim 0.85$
인장지배단면	0.005 이상($f_y > 400\text{MPa}$인 경우 $2.5\varepsilon_y$ 이상)	0.85

ⓔ T형보 플랜지의 유효폭

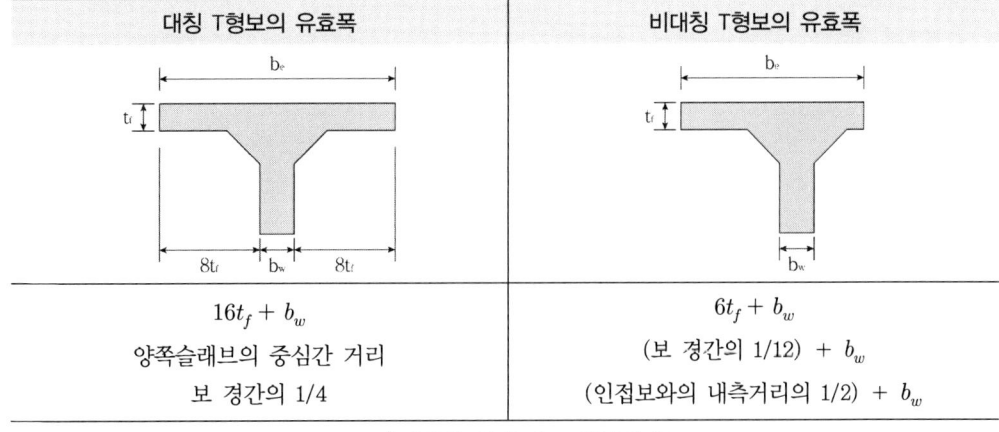

대칭 T형보의 유효폭	비대칭 T형보의 유효폭
$16t_f + b_w$	$6t_f + b_w$
양쪽슬래브의 중심간 거리	(보 경간의 1/12) $+ \ b_w$
보 경간의 1/4	(인접보와의 내측거리의 1/2) $+ \ b_w$

t_f : 슬래브의 두께, b_w : 웨브의 폭

ⓜ 콘크리트의 허용응력

응력	부재 또는 그 밖의 조건		허용응력
휨압축 응력	휨부재		$0.40 f_{ck}$
전단응력	보, 1방향 슬래브 및 확대기초	콘크리트가 부담하는 전단응력	$0.08 \sqrt{f_{ck}}$
		콘크리트와 전단 철근이 부담하는 전단응력	$v_{ca} + 0.32 \sqrt{f_{ck}}$
	2방향 슬래브 및 확대기초	콘크리트가 부담하는 전단응력	$0.08\left(1 + \dfrac{2}{\beta_c}\right)\sqrt{f_{ck}} \leq 0.16 \sqrt{f_{ck}}$
지압응력	전체단면에 재하될 경우		$0.25 f_{ck}$
	부분적으로 재하될 경우		$0.25 f_{ck} \sqrt{\dfrac{A_2}{A_1}}$
휨인장응력	무근의 확대기초 및 벽체		$0.13 \sqrt{f_{ck}}$

② **압축재 설계**

㉠ 주철근의 구조제한

구분	띠철근 기둥	나선철근 기둥
단면치수	최소단변 $b \geq 200\text{mm}$ $A \geq 60{,}000\text{mm}^2$	심부지름 $D \geq 200\text{mm}$ $f_{ck} \geq 21\text{MPa}$
개수	직사각형 단면 : 4개 이상 원형 단면 : 4개 이상	6개 이상
간격	40mm 이상, 철근 직경의 1.5배 이상 중 큰 값	
철근비	최소철근비 1%, 최대철근비 8% (단, 주철근이 겹침이음되는 경우 철근비는 4% 이하)	

㉡ 띠철근의 구조제한

구분	띠철근 기둥	나선철근 기둥
지름	주철근 $\leq$ D32일 때 : D10 이상 주철근 $\geq$ D35일 때 : D13 이상	10mm 이상
간격	주철근의 16배 이하 띠철근 지름의 48배 이하 기둥 단면의 최소치수 이하 (위의 값 중 최솟값)	25mm ~ 75mm
철근비	−	$0.45\left(\dfrac{A_g}{A_{ch}} - 1\right)\dfrac{f_{ck}}{f_{yt}}$ 이상

③ 전단과 비틀림 설계

　㉠ 보의 전단응력

　　• 균질보의 평균전단응력

$$v = \frac{V}{bh}$$

　　• 철근콘크리트의 평균전단응력

$$v = \frac{V}{bh}$$

　㉡ 전단강도 기본식

　　• 설계전단강도

$$V_n = V_c + V_s$$

　　• 콘크리트가 받는 전단강도

$$V_c = \frac{1}{6}\sqrt{f_{ck}}\,b_w d \ (\text{원형단면인 경우 } \frac{1}{6}\sqrt{f_{ck}} \cdot (0.8D^2))$$

　　• 전단보강근의 전단강도

$$V_s = \frac{A_v \cdot f_{yt} \cdot d}{s}$$

　　• 전단철근이 받는 전단강도의 범위

$$\frac{1}{3}\sqrt{f_{ck}}\,b_w d < V_s < \frac{2}{3}\sqrt{f_{ck}}\,b_w d$$

　　• 전단설계 강도제한

$$\sqrt{f_{ck}} \le 8.4MPa, \ f_{yt} \le 400MPa$$

　　• 주철근과 a의 각도를 이루는 전단철근의 강도

$$V_v = \frac{A_v f_{yt} d(\sin a + \cos a)}{s}$$

　　• 부등단변보의 진단응력

$$v = \frac{1}{bd}\left\{V - \frac{M}{d}(\tan\alpha + \tan\beta)\right\}$$

ⓒ 전단철근의 간격제한

소요전단강도	$V_u \leq \frac{1}{2}\phi V_c$	$\frac{1}{2} < V_u \leq \phi V_c$	$\phi V_c < V_u$	$V_s > \frac{2}{3}\sqrt{f_{ck}}\,b_w d$
전단보강 철근배치	콘크리트가 모두 부담할 수 있는 범위로서 계산이 필요 없음		계산상 필요량 배치	전단보강 철근의 배치만으로는 부족하며 단면을 늘려야 한다.
	안전상 필요 없음	안전상 최소철근량 배치	V_s	
전단보강 철근간격	수직스터럽 사용	$d/2$ 이하 600mm 이하	$V_s > \frac{1}{3}\sqrt{f_{ck}}\,b_w d$ $d/4$ 이하 400mm 이하	
		일반부재설계 시	내진부재설계 시	

ⓔ 비틀림설계

- 공칭비틀림강도

$$T_n = \frac{2A_s A_t f_{yt}}{s}\cot\theta$$

- A_o : 전단흐름 경로에 의해 둘러싸인 면적 (약 $0.85A_{oh}$로 볼 수 있다.)
- A_{oh} : 폐쇄스터럽의 중심선으로 둘러싸인 면적
- f_{yt} : 폐쇄스터럽의 설계기준 항복강도
- s : 스터럽의 간격
- θ : 압축경사각

- 균열비틀림 모멘트

$$T_{cr} = \frac{1}{3}\sqrt{f_{ck}} \cdot \frac{A_{cp}^2}{P_{cp}}$$

- 비틀림 보강여부 판정 : $T_u \geq \phi\dfrac{\sqrt{f_{ck}}}{12} \cdot \dfrac{A_{cp}^2}{P_{cp}}$ 이면 비틀림 보강을 해야 한다.
- A_{cp} : 전 단면적 $(b \times h)$
- P_{cp} : 전 둘레길이 $(x_o \times y_o)$
- P_h : 스터럽의 중심 둘레길이 $2(x_o + y_o)$

• 비틀림이 고려되지 않아도 되는 경우

$$철근콘크리트부재 : T_u < \phi(\sqrt{f_{ck}}/12)\frac{A_{cp}^2}{p_{cp}}$$

$$프리스트레스트 \ 콘크리트 \ 부재 : T_u < \phi(\sqrt{f_{ck}}/12)\frac{A_{cp}^2}{p_{cp}}\sqrt{1+\frac{f_{pc}}{(\sqrt{f_{ck}}/3)}}$$

• $T_u < \dfrac{T_{cr}}{4}$ 인 경우 비틀림은 무시할 수 있다. 이 경우 균열비틀림 모멘트는 $T_u = \dfrac{1}{3}\sqrt{f_{ck}}\dfrac{A_{cp}^2}{p_{cp}}$

• T_u : 계수비틀림 모멘트

• T_{cr} : 균열 비틀림 모멘트

• p_{cp} : 단면의 외부둘레길이

• A_{cp} : 콘크리트 단면의 바깥둘레로 둘러싸인 단면적으로서 뚫린 단면의 경우 뚫린 면적을 포함

④ **철근의 정착**

㉠ 철근 기본정착길이

$$r_o \cdot \pi \cdot d \cdot l = \frac{\pi \cdot d^2}{4} \cdot f_y \text{이므로} \ l = \frac{d \cdot f_y}{4r_o}$$

㉡ 인장이형철근의 정착

• 기본정착길이

$$l_{db} = \frac{0.6 \ d_b f_y}{\sqrt{f_{ck}}}$$

• 인장이형철근 및 이형철선의 정착길이

$$l_d = \frac{0.90 d_b \cdot f_y}{\sqrt{f_{ck}}} \cdot \frac{\alpha \cdot \beta \cdot \gamma \cdot \lambda}{\left(\dfrac{c+K_{tr}}{d_b}\right)}$$

• α : 철근배근 위치계수

• β : 에폭시 도막계수

• λ : 경량콘크리트 계수

• γ : 철근 또는 철선의 크기계수

• c : 철근간격 또는 피복두께에 관련된 치수

ⓒ 표준갈고리를 갖는 인장이형철근의 기본정착길이

$$l_{hb} = \frac{0.24\beta d_b f_y}{\lambda \sqrt{f_{ck}}}$$

ⓔ 압축철근의 기본정착길이

$$l_{db} = \frac{0.25 \ d_b \ f_y}{\sqrt{f_{ck}}} \geqq 0.043 \ d_b \ f_y$$

⑤ **슬래브**

㉠ 1방향 슬래브

• 1방향 슬래브의 처짐 제한

부재	최소 두께 또는 높이			
	단순지지	일단연속	양단연속	캔틸레버
1방향 슬래브	$L/20$	$L/24$	$L/28$	$L/10$
보, 또는 리브가 있는 1방향 슬래브	$L/16$	$L/18.5$	$L/21$	$L/8$

• 1방향 연속슬래브의 근사해법에 적용하는 모멘트계수

$$M_n = C \cdot w_n \cdot l_n^2$$

모멘트를 구하는 위치 및 조건			C(모멘트계수)
경간내부 (정모멘트)	최외측 경간	외측 단부가 구속된 경우(단순지지)	1/11
		외측 단부가 구속되지 않은 경우	1/14
	내부 경간		1/16
지점부 (부모멘트)	최외측 지점	받침부가 테두리보나 구형인 경우	−1/24
		받침부가 기둥인 경우	−1/16
	첫 번째 내부지점 외측 경간부	2개의 경간일 때	−1/9
		3개 이상의 경간일 때	−1/10
	내측 지점(첫 번째 내부 지점 내측 경간부 포함)		−1/11
	경간이 3m 이하인 슬래브의 내측 지점		−1/12

ⓛ 2방향 슬래브
- 2방향 슬래브의 최소두께 규정

설계기준 항복강도 f_y(MPa)	지판이 없는 경우			지판이 있는 경우		
	외부 슬래브		내부 슬래브	외부 슬래브		내부 슬래브
	테두리보가 없는 경우	테두리보가 있는 경우		테두리보가 없는 경우	테두리보가 있는 경우	
300	$l_n / 32$	$l_n / 35$	$l_n / 35$	$l_n / 35$	$l_n / 39$	$l_n / 39$
350	$l_n / 31$	$l_n / 34$	$l_n / 34$	$l_n / 34$	$l_n / 37.5$	$l_n / 37.5$
400	$l_n / 30$	$l_n / 33$	$l_n / 33$	$l_n / 33$	$l_n / 36$	$l_n / 36$

강성비 α_m이 0.2 초과 2.0 미만인 경우	강성비 α_m이 2.0 이상인 경우
$$h = \frac{l_n\left(800 + \dfrac{f_y}{1.4}\right)}{36,000 + 5,000\beta(\alpha_m - 0.2)} \geq 120\text{mm}$$	$$h = \frac{l_n\left(800 + \dfrac{f_y}{1.4}\right)}{36,000 + 9,000\beta} \geq 90\text{mm}$$

- 2방향 슬래브 해석법

해석 및 설계법	장점	단점
직접 설계법	복잡한 해석을 수행하지 않는 방법으로 1방향 슬래브의 실용설계법과 유사하게 계수를 사용하여 휨모멘트를 결정하는 방법이다.	다소 정확성이 떨어지고, 중력하중에 대해서만 적용이 가능하다.
등가 골조법	3차원 부재를 2차원화 시킨 후 모멘트분배법의 원리를 적용하여 해석하는 방법으로 횡력에 대해 적용이 가능하다.	컴퓨터 해석에 사용하기가 불편하다. 기둥의 강성 수정이 필요하다.
유효 보폭법	슬래브를 보로 치환하여 해석하는 방법으로 컴퓨터 해석에 용이하다.	다소 정확성이 떨어진다.
유한 요소법	슬래브를 작은 플레이트 휨요소로 나누어 해석하는 방법으로 다양한 하중, 슬래브의 형상, 불균등 기둥 배치에 적용이 가능하며 가장 정확한 해석법이다.	아직 횡력 해석을 위해서는 모델링 및 해석시간이 필요하고 프로그램 개선이 필요하다.

⑥ **기초, 벽체, 옹벽**

　㉠ 기초의 설계

　　• 허용지내력

$$q_a = \frac{q_{ult}(\text{극한지내력})}{\text{안전율}(2.5 \sim 3.0)}$$

　　• 지반의 종류별 허용응력

지반		허용응력도[kN/m³]
경암반	화강암, 석록암, 편마암, 안산암 등의 화성암 및 굳은 역암 등의 암반	4,000
연암반	판암, 편암 등의 수성암의 암반	2,000
	혈암, 토단반 등의 암반	1,000
자갈		300
자갈과 모래의 혼합물		200
모래섞인 점토 또는 롬토		150
모래섞인 점토		100

　　• 기초판의 면적

$$A_f = \frac{\text{사용하중}}{\text{순허용지내력}(q_e)} = \frac{1.0D+1.0L}{q_a - (\text{흙과 콘크리트의 평균중량} + \text{상재하중})}$$

　　• 깊이 결정

$$\text{정착길이 } l_d = l_{db} \times \text{보정계수} \geq 200\text{mm}, \text{ 기본정착길이 } l_{db} = \frac{0.25d_b f_y}{\sqrt{f_{ck}}} \geq 0.043 d_b f_y$$

　　• 전단내력

　　－1방향 전단설계 단면과 전단강도

　　　• $V_u \leq \phi V_n \,(\phi = 0.75)$

　　　• $V_n = V_c + V_s = V_c$ (전단보강을 하지 않을 때)

　　　• $V_c = \dfrac{1}{6}\sqrt{f_{ck}}\,b_w d$

　　　기초판에 대한 1방향 전단강도의 검토식 : $V_u \leq 0.75 \times \dfrac{1}{6}\sqrt{f_{ck}}\,b_w d$

- 2방향 전단설계 단면과 전단강도

> - $V_u \le \phi V_n \; (\phi = 0.75)$
> - $V_n = V_c + V_s = V_c$ (전단보강을 하지 않을 경우)
> - $V_c = \dfrac{1}{6}\left(1 + \dfrac{2}{\beta_c}\right)\sqrt{f_{ck}}\,b_o d, \quad V_c = \dfrac{1}{6}\left(1 + \dfrac{a_s d}{2b_o}\right)\sqrt{f_{ck}}\,b_o d, \quad V_c = \dfrac{1}{3}\sqrt{f_{ck}}\,b_o d$ 중 최솟값
> - β_c : 기둥의 긴변 길이/짧은 변 길이, b_o : 위험단면의 둘레 길이
> - a_s : 40(내부기둥, 위험단면의 수가 4인 경우), 30(외부기둥, 위험단면의 수가 3인 경우), 20(모서리 기둥, 위험단면의 수가 2인 경우)

- 기초판의 휨모멘트 산정

> $$M_a = q_u \cdot \dfrac{1}{2}(L-t) \cdot S \cdot \dfrac{1}{4}(L-t) = \dfrac{1}{8}q_u \cdot S(L-t)^2$$

- 휨철근의 계산

> 휨모멘트에 의한 소요철근의 계산 : 기초판의 경우 대부분 단철근보로 설계
> $$R_n = \dfrac{M_u}{\phi b d^2}, \quad \phi = 0.85, \quad \rho = \dfrac{0.85 f_{ck}}{f_y}\left[1 - \sqrt{1 - \dfrac{2R_n}{0.85 f_{ck}}}\right]$$

- 최소 휨철근량

> $$A_{s,\min} = \dfrac{1.4}{f_y}b_w d$$

ⓒ 벽체의 설계

- 철근 배근 위치와 철근량

구분	철근 배근 위치	철근량
벽체 외측면	외측면에서 50mm 이상, 벽두께의 1/3 이내	전체철근량의 1/2 이상~2/3 이하
벽체 내측면	내측면으로부터 20mm 이상, 벽두께의 1/3 이내	소요철근량의 잔여분 배치

- 최소 수직 및 수평철근비

이형철근	최소수직철근비	최소수평철근비
$f_y > 400$Mpa이고 D16 이하인 이형철근	0.0012	0.0020
기타 이형철근	0.0015	0.0025
지름 16mm 이하의 용접철망	0.0012	0.0020

• 벽체 설계법

적용 Case	적용설계법	설계식
$e \leq 0.1h$	기본설계법	ϕP_n
$0.1h < e \leq \dfrac{h}{6}$ 	실용설계법	$\phi P_{nw} = 0.55 \phi f_{ck} A_g [1 - (\dfrac{kl_c}{32h})^2]$ $(\phi = 0.65)$
$e > \dfrac{h}{6}$	기둥설계법	$\phi P_n = \phi (0.80)[0.85 f_{ck}(A_g - A_{st}) + f_y A_{st})$

실용설계법 세부표:

횡구속벽체	벽체 상하단 중 한쪽 또는 양족이 회전구속	$k = 0.8$
	벽체 상하 양단의 회전이 불구속	$k = 1.0$
비횡구속 벽체		$k = 2.0$

ⓒ 옹벽설계

• 옹벽의 종류와 설계위치

옹벽의 종류	설계위치	설계방법
캔틸레버 옹벽	전면벽	캔틸레버
	저판	캔틸레버
뒷부벽식 옹벽	전면벽	2방향 슬래브
	저판	연속보
	뒷부벽	T형보
앞부벽식 옹벽	전면벽	2방향 슬래브
	저판	연속보
	앞부벽	직사각형 보

• 전도에 대한 안정

$$\frac{M_r}{M_a} = \frac{m(\sum W)}{n(\sum H)} \geq 2.0$$

• $\sum W$: 옹벽의 자중을 포함한 연직하중의 합계
• $\sum H$: 토압을 포함한 수평하중의 합계

• 활동에 대한 안정

$$\frac{f(\sum W)}{\sum H} \geq 1.5$$

• 침하에 대한 안정

$$\frac{q_o}{q_{max}} \geq 1.0$$

• q_o : 기초 지반의 허용지지력
• q_{max} : 기초저면의 최대압력
• $q_{max, min} = \dfrac{\sum W}{B}\left(1 \pm \dfrac{6e}{B}\right)$

③ 프리스트레스트 콘크리트

① 프리텐션 공법과 포스트텐션 공법

구분	프리텐션 공법	포스트텐션 공법
원리	PS강재에 인장력을 주어 긴장해 놓은 채 콘크리트를 치고 콘크리트 경화 후 인장력을 서서히 풀어서 콘크리트에 프리스트레스를 주는 방식	콘크리트가 경화한 후에 PS강재를 긴장하여 그 끝을 콘크리트에 정착함으로써 프리스트레스를 주는 방식
특성	• 정착장치, 쉬스관 등의 자재가 불필요하다. • 정착구에 균열이 발생하지 않는다. • PS강재를 직선형상으로 배치한다. • 쉬스관이 없으므로 마찰력을 고려하지 않는다. • 공장제작으로 운반이 가능한 길이와 중량에 제약이 따르며 현장적용성이 좋지 않다. • 프리스트레스 도입 시 콘크리트 압축강도는 30MPa 이상이다. • 프리스트레스 도입 후 재령 28일 최소 설계기준압축강도는 35MPa 이상이다.	• 정착장치 및 쉬스관(위의 사진 참조) 등의 자재 요구, 설치 및 시공하기 위한 전문숙련공이 필요하다. • PS강재를 곡선형상으로 배치가 가능하며 장스팬의 대형구조물에 주로 적용된다. • 현장에서 쉽게 프리스트레스 도입이 가능하다. • 정착구에 집중하중이 작용하는 부분에 균열이 발생할 수 있다. • 품질이 대체로 프리텐션에 비해 떨어지며 대량생산이 어렵다. • 프리스트레스 도입 시 콘크리트 압축강도는 25MPa 이상이다. • 프리스트레스 도입 후 재령 28일 최소 설계기준압축강도는 30MPa 이상이다.

② **프리스트레스트의 도입 시 강도와 유효율**

　㉠ 초기 프리스트레싱(P_i) : 재킹력에 의한 콘크리트의 탄성수축, 긴장재와 시스의 마찰 때문에 감소된 힘

　㉡ 유효프리스트레싱(P_e)

$$P_e = P_i(1 - 감소율)$$

　㉢ 감소율(손실율)

$$감소율 = \frac{손실량(\triangle P)}{초기\ 프리스트레싱(P_i)} \times 100\%$$

　㉣ 유효율(%)

$$\frac{P_i - \triangle P}{P_i} \times 100\%$$

강도와 유효율	프리텐션	포스트텐션
설계기준압축강도	35MPa	30MPa
프리스트레스 도입시 압축강도	30MPa	28MPa
긴장력의 유효율	0.80	0.85
재킹력의 유효율	0.65	0.80

③ **건조수축과 크리프에 의한 손실**

　㉠ 콘크리트의 건조수축에 의한 손실

$$\triangle f_{pe} = E_p \cdot \varepsilon_{cs}$$

　㉡ 콘크리트의 크리프에 의한 손실

$$\triangle f_{pe} = E_p \cdot \varepsilon_c = E_p \cdot \phi \varepsilon_e = \phi \frac{E_p}{E_c} f_{ci} = \phi n f_{ci}$$

(ϕ : 크리프계수로서 프리텐션 부재는 2.0, 포스트텐션 부재는 1.6이다.)

① 강구조 일반

① 구조용 강재의 규격표시

㉠ 주요 구조용 강재의 규격표시

강재	규격표시
일반구조용 압연강재	SS275
용접구조용 압연강재	SM275A, B, C, D, -TMC SM355A, B, C, D, -TMC SM420A, B, C, D, -TMC SM460B, C, -TMC
용접구조용 내후성 열간 압연강재	SMA275AW, AP, BW, BP, CW, CP SMA355AW, AP, BW, BP, CW, CP
건축구조용 압연강재	SN275A, B, C SN355B, C
건축구조용 열간압연 H형강	SHN275, SHN355
건축구조용 고성능 압연강재	HSA650

㉡ 냉간가공재 및 주강의 재질규격

강재	규격표시
일반구조용 경량형강	SSC275
일반구조용 용접경량H형강	SWH275, L
일반구조용 탄소강관	STK400
일반구조용 각형강관	SPSR400
강제갑판(데크플레이트)	SDP1, 2, 3
건축구조용 탄소강관	SNT275E, SNT355E, SNT275A, SNT355A
건축구조용 각형 탄소강관	SNRT295E, SNRT275A, SNRT355A

ⓒ 용접하지 않는 부분에 사용되는 강재의 재질규격표시

강재	규격표시
일반구조용 압연강재	SS315, SS410
일반구조용 탄소강관	SGT275, SGT355
일반구조용 각형강관	SRT275, SRT355
탄소강 단강품	SF490A, SF540A

② 강구조 설계법

ⓐ 한계상태설계법

$$\sum r_i \cdot Q_\ni \leq \phi \cdot R_n$$

- r_i : 하중계수(≥ 1)
- $Q_\ni$: 부재의 하중효과
- ϕ : 강도감소계수
- R_n : 이상적 내력상태의 공칭강도

ⓑ 하중저항계수설계법 : 하중과 저항 관련 모든 불확실성을 확률, 통계적 기법으로 처리하는 구조신뢰성이론에 기초하여 강구조물이 일관성 있는 적정 수준의 안전율을 유지할 수 있도록 설계하는 확률적 한계상태설계법

2 강구조의 설계

① 인장재

ⓐ 강재의 총단면적

$$A_g = t \times b$$

ⓑ 강재의 순단면적

$$A_n = (b-d) \times t$$

ⓒ 엇모배치의 경우 순단면적

$$A_n = A_g - n \cdot d \cdot t + \sum \frac{s^2}{4g} \cdot t$$

ㄹ 유효순단면적

$$A_e = U \cdot A \quad \left(U = 1 - \frac{\overline{x}}{l} \le 0.9 \right)$$

- U : 감소계수, 전단지연계수
- $\overline{x}$: 접합요소의 편심거리 (x_1, x_2중 큰 값)
- l : 하중방향으로 양쪽 끝단에 있는 접합재간의 거리

ㅁ 블록전단파괴

- 전단영역의 항복과 인장영역의 파괴 시 : $F_u \cdot A_{nt} \ge 0.6 F_u \cdot A_{nv}$

$$\phi R_n = \phi \left(0.6 F_y A_{gv} + F_u A_{nt} \right)$$

- ϕ : 강도감소계수(0.75)
- A_{gv} : 전단저항 총단면적
- A_{nv} : 전단저항 순단면적
- R_n : 설계블록 전단파단강도
- A_{gt} : 인장저항 총단면적
- A_{nt} : 인장저항 순단면적

- 인장영역의 항복과 전단영역의 파괴 시 : $F_u \cdot A_{nt} < 0.6 F_u \cdot A_{nv}$

$$\phi R_n = \phi \left(0.6 F_u A_{nv} + F_y A_{gt} \right)$$

ㅂ 설계인장강도

- 총단면 항복에 의한 설계인장강도

$$\phi_t P_n = \phi_t \left(F_y \cdot A_g \right) \quad (\phi_t = 0.90)$$

- 유효순단면의 파단에 의한 설계인장강도

$$\phi_t P_n = \phi_t \left(F_u \cdot A_e \right) \quad (\phi_t = 0.75)$$

② **압축재**

㉠ 오일러의 탄성좌굴하중

- 탄성좌굴하중

$$P_{cr} = \frac{\pi^2 E I_{\min}}{(KL)^2} = \frac{n \cdot \pi^2 E I_{\min}}{L^2} = \frac{\pi^2 EA}{\lambda^2}$$

- 좌굴응력

$$f_{cr} = \frac{P_{cr}}{A} = \frac{\pi^2 E I_{\min}}{(KL)^2 \cdot A} = \frac{\pi^2 E \cdot r_{\min}^2}{(KL)^2} = \frac{\pi^2 E}{\lambda^2}$$

ⓛ 휨좌굴에 의한 압축강도

• 공칭압축강도

$$공칭압축강도(P_n) = 휨좌굴강도(F_{cr}) \times A_g$$

• 탄성좌굴강도

$$F_e = \frac{\pi^2 E}{(\frac{KL}{r})^2}$$

ⓒ 설계압축강도

$$\phi_c \cdot P_n = \phi_c \cdot A_g \cdot F_{cr}$$

• A_g : 부재의 총단면적(mm^2)

• F_y : 강재의 항복강도(MPa)

• L : 부재의 횡좌굴에 대한 비지지길이

③ 합성구조

㉠ 철골보의 처짐에 대한 구조 제한

보의 종류		처짐의 한도
일반 보	보통 보	경간(Span)의 1/300 이하
	캔틸레버 보	경간(Span)의 1/250 이하
크레인 거더	수동 크레인	경간(Span)의 1/500 이하
	전동 크레인	경간(Span)의 1/800~1/1,200 이하

㉡ 매입형 합성부재 안에 사용하는 스터드앵커

하중조건	보통콘크리트	경량콘크리트
전단	$h/d \geq 5$	$h/d \geq 7$
인장	$h/d \geq 8$	$h/d \geq 10$
전단과 인장의 조합력	$h/d \geq 8c$	※

※ h/d는 스터드앵커의 몸체직경(d)에 대한 전체길이(h) 비이며, 경량콘크리트에 묻힌 앵커에 대한 조합력의 작용
효과는 관련 콘크리트 기준을 따른다.

④ **접합**

㉠ 고장력볼트의 설계미끄럼강도

$$\phi R_n = \phi \cdot \mu \cdot h_{sc} \cdot T_o \cdot N_s$$

- μ : 미끄럼계수
- h_{sc} : 구멍계수
- N_s : 전단면의 수
- T_o : 설계볼트장력

㉡ 마찰접합에서 인장과 전단의 조합

$$\phi R_n = (\phi \cdot \mu \cdot h_{sc} \cdot T_o \cdot N_s) \times k_s \quad \left(k_s = 1 - \frac{T_u}{T_o N_b} \right)$$

- N_b : 인장력을 받는 볼트 수
- T_o : 설계볼트장력
- T_u : 소요인장강도

㉢ 필릿용접의 최소 치수

접합부의 얇은 쪽 모재두께 t	필릿용접의 최소 사이즈
$t \le 6$	3
$6 < t \le 13$	5
$13 < t \le 19$	6
$19 < t$	8

㉣ 용접방식 및 작용응력별 용접부의 공칭강도

용접구분	응력 구분	공칭강도(F_w)
완전 용입용접	유효단면에 직교인장	F_y
	유효단면에 직교압축	F_y
	용접선에 평행한 인장, 압축	
	유효단면에 전단	$0.6F_y$
부분 용입용접	유효단면에 직교압축	F_y
	용접선에 평행한 인장, 압축	
	용접선에 평행한 전단	$0.6F_y$
	유효단면에 직교인장	
모살용접	용접선 평행한 전단	$0.6F_y$
플러그 슬롯용접	유효단면에 평행한 전단	$0.6F_y$

1 내진설계에 있어서 밑면전단력 산정인자가 아닌 것은?

대구도시철도공사

① 건물의 중요도 계수
② 반응수정계수
③ 진도계수
④ 유효건물중량

2 다음 그림과 같은 부정정보에서 고정단모멘트 M_{AB}의 절댓값은?

한국철도시설공단

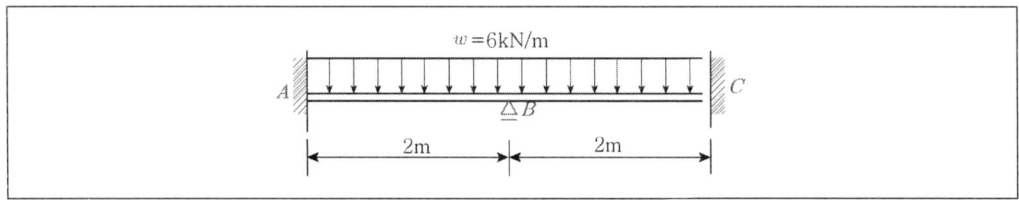

① 2kN · m
② 3kN · m
③ 4kN · m
④ 5kN · m

ANSWER | 1.③ 2.①

1 밑면전단력 $V = C_s \cdot W$
- 유효건물중량 W
- 지진응답계수 $C_s = \dfrac{S_{D1}I_E}{RT}$

 $-S_{D1}$: 1초 주기의 설계스펙트럼 가속도
 $-I_E$: 중요도계수
 $-R$: 반응수정계수
 $-T$: 건물의 고유주기

2 그림이 복잡해 보이지만 모멘트 분배법에 관한 문제이다. (부재를 B를 중심으로 조금 구부리면 직관적으로 모멘트 분배법에 관한 문제임을 알 수 있다.)

 B절점의 고정단 모멘트는 $-\dfrac{wL^2}{12} = -\dfrac{6 \cdot 2^2}{12} = -4[kN \cdot m]$이며 A점의 재단모멘트($M_{AB}$)는 B절점의 해체모멘트(B절점의 고정단 모멘트와 크기가 같다.)에 강비 $\dfrac{1}{1+1} = 0.5$ (B점의 좌우 부재의 강비가 동일함)를 곱한 값이므로 $2[kN \cdot m]$가 된다.

3 구조물의 내진보강 대책으로 적합하지 않은 것은?

한국철도시설공단

① 구조물의 강도를 증가시킨다.
② 구조물의 연성을 증가시킨다.
③ 구조물의 중량을 감소시킨다.
④ 구조물의 감쇠를 증가시킨다.

4 철근콘크리트 T형보의 유효폭 산정식에 관련된 사항으로 거리가 먼 것은?

한국공항공사

① 보의 폭
② 슬래브 중심간 거리
③ 슬래브 두께
④ 보의 춤

5 인장이형철근의 정착길이를 산정할 때 적용되는 보정계수에 속하지 않는 것은?

부산시설공단

① 철근배근 위치계수
② 철근도막계수
③ 크리프계수
④ 경량콘크리트계수

6 기초설계 시 인접대지와의 관계로 편심기초를 만들고자 한다. 이 때 편심기초의 지반력이 균등하도록 하기 위하여 어떤 방법을 이용함이 가장 타당한가?

① 지중보를 설치한다.
② 기초면적을 넓힌다.
③ 기둥의 단면적을 크게 한다.
④ 기초 두께를 두껍게 한다.

ANSWER | 3.③ 4.④ 5.③ 6.①

3 구조물의 중량을 감소시키면 관성력이 저하되어 동일한 외력에 대해 큰 변위가 발생하게 되는 문제가 생기게 된다.

4 T형보의 유효폭(다음 중 최솟값으로 한다.)
  ㉠ 슬래브 두께의 16배 + 복부폭
  ㉡ 양쪽 슬래브의 중심거리
  ㉢ 보의 경간의 1/4

5 콘크리트의 크리프계수는 인장이형철근의 정착길이를 산정할 때 적용되는 보정계수에 속하지 않는다.

6 RC지중보(기초보)는 기초와 기초를 연결시켜 강성을 증대시키고 지진에 대한 저항성을 향상시키며 편심기초의 지반력이 균등하도록 한다.

7 판보는 웨브에 전단응력, 휨응력 또는 지압응력에 의한 좌굴이 일어날 가능성이 있는데 이를 방지하기 위하여 사용되는 것은?

① 사이드 앵글(side angle)
② 스캘럽(scallop)
③ 스티프너(stiffner)
④ 새그로드(sag rod)

8 다음 골조-아웃리거 시스템에 관한 설명으로 ( ) 안에 가장 알맞은 것은?

> 건물이 고층화됨에 따라 횡하중에 의한 횡변형이 많이 발생하게 된다. 보통 골조-전단벽 구조에서는 횡하중을 부담하는 코어에 아웃리거와 ( )을/를 설치하여 외곽기둥과 연결시킨다.

① 벨트트러스
② 프리스트레스트 빔
③ 합성슬래브
④ 슈퍼칼럼

9 다음 조건과 같은 압축부재에서 사용되는 띠철근의 수직간격은 얼마 이하여야 하는가?

> • 기둥단면 : 600mm × 500mm
> • 주철근 D25, 띠철근 D10

① 400mm
② 450mm
③ 480mm
④ 500mm
⑤ 540mm

✓ ANSWER | 7.③ 8.① 9.①

7 ③ 스티프너(stiffner) : 판보는 웨브에 전단응력, 휨응력 또는 지압응력에 의한 좌굴이 일어날 가능성이 있는데 이를 방지하기 위하여 사용되는 것이다.
① 사이드 앵글(side angle) : 철골주각부에 부착하는 강판으로서 베이스플레이트에 기둥으로부터의 응력을 전한다.
② 스캘럽(scallop) : 철골부재 용접시 이음 및 접합부위의 용접선이 교차되어 재용접된 부위가 열영향을 받아 취약해질 수 있으므로 모재에 미리 부채꼴 모양의 모따기를 한 것이다.
④ 새그로드(sag rod) : 중도리 연결대라고도 하며 중도리의 지붕면. 내 처짐을 방지하기 위하여. 중도리 간을 연결시키는 강봉이다.

8 아웃리거는 외곽기둥과 코어를 잇는 부재이며 벨트트러스는 외곽기둥을 서로 연결시키는 역할을 하는 부재이다.

9 ㉠ 주철근 직경의 16배 : 25mm × 16 = 400mm
㉡ 띠철근 직경의 48배 : 10mm × 48 = 480mm
㉢ 기둥의 단변치수 : 500mm

10 철골조의 래티스형식 조립압축재의 구조제한에 대한 내용이다. ( ) 안에 알맞은 것은?

> 부재축에 대한 래티스 부재의 기울기는 다음과 같이 한다.
> • 단일래티스 경우 : ㈎ 이상
> • 복래티스 경우 : ㈏ 이상

	㈎	㈏
①	50°	40°
②	60°	40°
③	50°	45°
④	60°	45°
⑤	60°	50°

11 다음 중 구조용 강재의 명칭에 대한 내용으로 틀린 것은?

① SM – 용접구조용 압연강재(KS D 3515)

② SS – 일반구조용 압연강재(KS D 3503)

③ SN – 내진건축구조용 냉간성형 각형강관(KS D 3864)

④ STK – 일반구조용 탄소강관(KS D 3566)

12 모살용접에서 접합부의 얇은 쪽 모재두께가 13mm일 경우 모살용접의 최소사이즈는 얼마인가?

① 3mm ② 5mm

③ 6mm ④ 8mm

⑤ 9mm

✅ ANSWER | 10.④ 11.③ 12.②

10 부재축에 대한 래티스 부재의 기울기는 단일래티스의 경우 60°이상, 복래티스의 경우 45°이상으로 한다.

11 SN은 건축구조용 압연강재이다. 내진건축구조용 냉간성형 각형강관은 SPAR, SPAP로 나타낸다.

12 모살용접의 사이즈는 원칙적으로 접합되는 모재의 얇은 쪽 판두께 이하로 한다.

접합부의 얇은 쪽 판 두께, t(mm)	최소 사이즈(mm)
$t \leq 6$	3
$6 < t \leq 13$	5
$13 < t \leq 19$	6
$19 < t$	8

13 다음 중 철근콘크리트의 보강철근에 대한 설명으로 틀린 것은?

① 보강철근으로 보강하지 않은 콘크리트는 인장강도가 낮아서 취성(Brittle) 거동을 한다.

② 보강철근은 콘크리트의 크리프를 감소시키고 균열의 폭을 최소화시킨다.

③ 이형철근은 원형강봉의 표면에 돌기를 만들어 철근과 콘크리트의 부착력을 최대가 되도록 한 것이다.

④ KS에서 철근의 번호는 inch단위의 공칭지름을 8로 나눈 값을 의미한다.

14 다음 중 지반침하의 원인에 해당하지 않는 것은?

① 지하수의 지나친 양수
② 매립지반의 압축
③ 지반의 수평지지력 과대
④ 지반굴착에 의한 지반변위

15 다음 중 벽돌 구조에 대한 설명으로 틀린 것은?

① 석구조 및 블록구조와 함께 조적식구조의 일종이다.

② 고층 건물이나 대규모 건물에 적합하다.

③ 내화, 내구적이다.

④ 풍압력, 지진력 등에 약하다.

16 강구조에서 용접선 단부에 붙인 보조판으로 아크의 시작이나 종단부의 크레이터 등의 결함을 방지하기 위해 붙이는 판은?

① 스티프너
② 윙플레이트
③ 커버플레이트
④ 엔드탭

ⓒ ANSWER | 13.④ 14.③ 15.② 16.④

13 KS에서 철근의 번호는 mm단위의 공칭지름을 의미한다.

14 지반의 수평지지력이 크면 지반침하가 오히려 방지가 된다.

15 벽돌구조는 횡력에 매우 취약하므로 고층 건물이나 대규모 건물에는 적합하지 않다.

16 엔드탭에 관한 설명이다.
스티프너, 커버플레이트는 H형강 철골조에 사용되는 부재이다.
윙플레이트는 철골조 기둥 주각부에 사용되는 부재이다.

17 현장타설콘크리트 말뚝의 구조세칙으로 틀린 것은?

① 현장타설콘크리트 말뚝은 특별한 경우를 제외하고 주근은 6개 이상으로 한다.

② 현장타설콘크리트 말뚝을 배치할 때 그 중심간격은 말뚝머리지름의 1.5배 이상 또한 말뚝머리지름에 500mm를 더한 값 이상으로 한다.

③ 현장타설콘크리트 말뚝의 선단부는 지지층에 확실히 도달시켜야 한다.

④ 저부의 단면을 확대한 현장타설콘크리트 말뚝의 측면경사가 수직면과 이루는 각은 30°이하로 한다.

18 다음 강구조 접합부 중 회전저항에 유연해서 모멘트를 전달하지 않는 형태로 기둥에 보의 플랜지를 연결하지 않고 웨브만 접합한 형태는?

① 강접 접합부

② 스플릿 티 모멘트 접합부

③ 전단 접합부

④ 반강접 접합부

 ANSWER | 17.② 18.③

17 현장타설콘크리트 말뚝의 간격은 말뚝머리 지름의 2.0배 이상이어야 하며 말뚝머리 지름에 1,000mm를 더한 값 이상이어야 한다.

18 접합부의 종류
  ㉠ 단순접합(전단접합)
   • 단순접합은 접합부 내에 무시할 정도의 모멘트를 전달한다.
   • 구조해석에서 접합되는 골조요소 사이에 구속되지 않는 상대회전변형을 허용하는 것으로 가정할 수 있다.
   • 구조물 해석으로부터 산정된 요구회전변형을 수용할 수 있도록 충분한 회전변형능력을 보유하여야 한다.
  ㉡ 강접합(모멘트접합) : 모멘트접합은 접합부 내에 모멘트를 전달하며, 완전강접합과 부분강접합이 허용된다.
   • 완전강접합
   −접합요소 사이에 무시할 정도의 회전변형을 가지면서 모멘트를 전달한다.
   −구조물의 해석에서 상대회전변형이 없는 것으로 가정할 수 있다.
   −강도한계상태에서 접합된 부재사이의 각도가 유지되도록 충분한 강도와 강성을 보유해야 한다.
   • 부분강접합
   −모멘트를 전달하지만 접합부재 사이의 회전변형은 무시할 정도가 아니다.
   −구조물의 해석에서 접합부의 힘−변형 거동특성이 포함되어야 한다.
   −구성요소는 강도한계상태에서 충분한 강도, 강성 및 변형능력을 보유해야 한다.

19 단면이 400mm × 400mm인 콘크리트 기둥에 D22($a_1 = 387\,\mathrm{mm}^2$) 철근을 사용하여 최소철근비를 만족하도록 주철근을 배근하였다. 배근할 주철근의 최소개수로 옳은 것은?

① 3개

② 4개

③ 5개

④ 6개

⑤ 7개

20 철근콘크리트 보의 공칭 휨 강도를 산정할 때 기본가정으로 바르지 않은 것은?

① 계수 β_1은 콘크리트 압축강도에 비례하여 증가한다.

② 철근과 콘크리트의 변형률은 중립축으로부터의 거리에 비례한다.

③ 콘크리트의 압축연단의 극한변형률은 0.003이다.

④ 철근의 응력이 설계기준항복강도 f_y 이하일 때 철근의 응력은 그 변형률에 E_s를 곱한 값으로 한다.

21 곡면판이 지니는 역학적 특성을 응용한 구조로서 외력은 주로 판의 면내력으로 전달되기 때문에 경량이고 내력이 큰 구조물을 구성할 수 있는 것은?

① 셸구조

② 튜브시스템

③ 스페이스 프레임

④ 절판구조

Ⓒ ANSWER | 19.③ 20.① 21.①

19 철근단면적은 기둥 단면적의 0.01배 이상이어야 하므로

$$\frac{400 \times 400 \times 0.01}{387} = 4.134$$

5개 이상이어야 한다.

20 다음의 표에 따르면 등가압축영역계수 β_1은 $f_{ck} > 28\,\mathrm{MPa}$인 경우 콘크리트의 압축강도 f_{ck}가 클수록 줄어들게 된다.

f_{ck}	등가압축영역계수 β_1
$f_{ck} \leq 28\,\mathrm{MPa}$	$\beta_1 = 0.85$
$f_{ck} > 28\,\mathrm{MPa}$	$\beta_1 = 0.85 - 0.007(f_{ck} - 28) \geq 0.65$
$f_{ck} > 56\,\mathrm{MPa}$	$\beta_1 = 0.65$

21 셸구조에 관한 설명이다.

22 강도설계법에서 처짐을 계산하지 않는 경우 철근콘크리트 보의 최소두께 규정으로 옳은 것은? (단, 보통콘크리트 $w_c = 2,300\,\mathrm{kg/m^3}$와 설계기준항복강도 400MPa 철근을 사용한 부재)

① 단순지지 : $l/20$

② 1단연속 : $l/18.5$

③ 양단연속 : $l/24$

④ 캔틸레버 : $l/10$

23 강구조에 사용되는 강재에 대한 설명으로 바르지 않은 것은?

① SN재는 건축물의 내진성능을 확보하기 위하여 항복점의 상한치를 제한하는 강재이다.

② TMCP강재는 판 두께 증가에 따른 항복강도의 저감이 크게 나타난다.

③ SMA는 내후성을 높인 강재이다.

④ SM490B 강재의 기호 B는 충격흡수에너지를 제한하는 값에 대한 기호이다.

24 철골조의 소성설계와 관련이 없는 것은?

① 소성힌지

② 안전율

③ 붕괴기구

④ 하중계수

25 강재의 응력-변형도 시험에서 인장력을 가해 소성상태에 들어선 강재를 다시 반대 방향으로 압축력을 작용하였을 때의 압축항복점이 소성상태에 들어서지 않은 강재의 압축항복점에 비해 낮은 것을 볼 수 있는데 이러한 현상을 무엇이라 하는가?

① 루더 선(Luder'us line)

② 소성 흐름(Plastic flow)

③ 바우쉥거 효과(Baushinger's effect)

④ 응력 집중(Stress concentration)

ⓒ ANSWER | 22.② 23.② 24.② 25.③

22 처짐을 계산하지 않는 경우 보의 최소두께(단, 보통콘크리트 $w_o = 2,300\,\mathrm{kg/m^3}$와 설계기준 항복강도 400MPa 철근을 이용한 부재) 규정은 다음과 같다.
- 단순지지의 경우 : $L/16$
- 1단연속의 경우 : $L/18.5$
- 양단연속의 경우 : $L/21$
- 캔틸레버의 경우 : $L/8$

23 TMCP강재(열처리 제어강재)는 판 두께 증가에 따른 항복강도의 저감이 적게 나타난다.

24 안전율은 탄성설계와 관련이 있는 개념이다.

25 바우쉥거 효과 … 강재의 응력-변형도 시험에서 인장력을 가해 소성상태에 들어선 강재를 다시 반대 방향으로 압축력을 작용하였을 때의 압축항복점이 소성상태에 들어서지 않은 강재의 압축항복점에 비해 낮아지는 현상

26 다음 강종 중 건축구조용 압연강재를 나타내는 것은?

① SS400
② SM490
③ SMA490
④ SN490
⑤ SM520

27 목구조에 대한 설명 중 틀린 것은?

① 목골구조는 건물의 뼈대는 목재로 구성하고, 벽에는 벽돌, 돌 등을 쌓아 막은 구조이다.
② 목구조는 주로 목재를 써서 뼈대를 조립한 가구식 구조를 말한다.
③ 심벽목구조는 기둥샛기둥의 내외면에 메탈라스 또는 철망을 치고 모르타르 등으로 마감한 구조로 기둥, 샛기둥, 가새 등은 외부에 보이지 않게 된다.
④ 목재패널구조는 합판 또는 널재로 대형패널을 만들어 구조내력부재로 이용하는 목조건물의 구조법이다.

26 강재의 종류

기호	강재의 종류	기호	강재의 종류
SS	일반구조용 압연강재	SPS	일반구조용 탄소강관
SM	용접구조용 압연강재	SPSR	일반구조용 각형강관
SMA	용접구조용 내후성 열간압연강재	STKN	건축구조용 원형강관
SN	건축구조용 압연강재	SPA	내후성강
FR	건축구조용 내화강재	SHN	건축구조용 H형강

※ 강재의 종별 항복강도

강재의 종별	항복강도	강재의 종별	항복강도
SS400 SM400 SN400 SMA400	$235N/mm^2$	SM490 SN490B, C SMA490	$325N/mm^2$
SM490TMC	$325N/mm^2$	SM520	$355N/mm^2$
SM520TMC	$355N/mm^2$	SM570	$420N/mm^2$
SM570TMC	$440N/mm^2$		

27 심벽목구조는 기둥, 샛기둥, 가새 등이 외부에 보이는 구조이다.

28 철골주각부에 부착하는 강판으로 사이드앵글을 거쳐서 또는 직접 용접에 의해 기둥으로부터의 응력을 베이스플레이트에 전달하기 위해 붙이는 판은?

① 스티프너   ② 커버플레이트

③ 윙플레이트   ④ 엔드탭

29 단일 압축재에서 세장비를 구할 때 필요하지 않은 것은?

① 좌굴길이   ② 단면적

③ 단면2차모멘트   ④ 탄성계수

30 트러스 해법의 기본가정으로 틀린 것은?

① 절점을 연결하는 직선은 재축과 일치한다.

② 외력은 모두 절점에 작용하는 것으로 한다.

③ 부재를 연결하는 절점은 강절점으로 간주한다.

④ 외력은 모두 트러스를 포함한 평면 안에 있는 것으로 한다.

✅ **ANSWER** | 28.③   29.④   30.③

28 윙플레이트 … 철골주각부에 부착하는 강판으로 사이드앵글을 거쳐서 또는 직접 용접에 의해 기둥으로부터의 응력을 베이스플레이트에 전달하기 위해 붙이는 판

29 탄성계수는 좌굴하중을 구할 때는 필요하지만 세장비를 구할 때는 필요하지 않다.

30 트러스 해석 시 부재를 연결하는 절점은 모두 힌지(핀)절점으로 가정한다.

    ※ **트러스 해석의 전제조건**

        ㉠ 모든 외력의 작용선은 트러스를 품는 평면 내에 존재한다.(면외하중이 작용하지 않는다.)

        ㉡ 부재들은 마찰이 없는 핀으로 연결되어 있으며 회전할 수 있다.

        ㉢ 부재들은 마찰이 없는 핀으로 연결되어 있다. 따라서 삼각형만이 안정한 형태를 이루며, 부재들에 인접한 부재는 휘지 않는다.

        ㉣ 모든 부재는 직선으로 되어 있다. 그러므로 축방향력으로 인한 휘는 힘(휨모멘트)은 발생하지 않는다.

        ㉤ 모든 외력과 반작용(힘의 방향의 반대에서 작용하는 힘)은 격점에서만 작용한다.

        ㉥ 하중으로 인한 변형(부재의 길이 변화)은 매우 작으므로 무시한다.

31 다음과 같은 조건의 1방향 슬래브에서 처짐을 계산하지 않고 정할 수 있는 슬래브의 최소 두께는?

> • 중심스팬 : 4,200mm
> • 양단연속
> • 보통콘크리트와 설계기준항복강도 400MPa 철근 사용

① 150mm   ② 180mm

③ 200mm   ④ 220mm

⑤ 250mm

32 지진에 가장 약한 구조는?

① 철근 콘크리트 구조   ② 철골 구조

③ 목 구조   ④ 벽돌 구조

✅ **ANSWER** | 31.①   32.④

31 처짐을 계산하지 않을 경우 양단연속 슬래브의 최소두께 $h = \dfrac{l}{28} = \dfrac{4,200}{28} = 150\,\text{mm}$

※ 처짐의 제한

ⓐ 부재의 처짐과 최소 두께 : 처짐을 계산하지 않는 경우의 보 또는 1방향 슬래브의 최소두께는 다음과 같다. (L 은 경간의 길이)

부재	최소 두께 또는 높이			
	단순지지	일단연속	양단연속	캔틸레버
1방향 슬래브	$L/20$	$L/24$	$L/28$	$L/10$
보	$L/16$	$L/18.5$	$L/21$	$L/8$

ⓑ 위의 표의 값은 보통콘크리트($m_c = 2,300\,\text{kg/m}^3$)와 설계기준항복강도 400MPa 철근을 사용한 부재에 대한 값이며 다른 조건에 대해서는 그 값을 다음과 같이 수정해야 한다.

• 1,500~2,000kg/m³ 범위의 단위질량을 갖는 구조용 경량콘크리트에 대해서는 계산된 h_{min} 값에 $(1.65 - 0.00031 \cdot m_c)$를 곱해야 하나 1.09보다 작지 않아야 한다.

• f_y 가 400MPa 이외인 경우에는 계산된 h_{min} 값에 $\left(0.43 + \dfrac{f_y}{700}\right)$를 곱해야 한다.

32 벽돌 구조

ⓐ 장점
• 시공방법 및 그 구조가 간단하다.
• 내구적이다.
• 방화적이다.
• 외관이 미려하고 장중하다.
• 방서 · 방한적이다.

ⓑ 단점
• 대형건물이나 고층에 사용이 불가능하다.
• 횡력, 지진, 수평력에 약하다.
• 건축물의 자중이 무겁다.
• 벽체에 습기가 차기 쉽다.

33 다음 중 구성 양식에 따른 분류에 속하지 않는 것은?

① 내진 구조

② 일체식 구조

③ 가구식 구조

④ 조적식 구조

34 구조계획에 대한 설명으로 틀린 것은?

① 철골조에서는 가새골조, 칸막이벽의 배치상황에 따라 비틀림 현상이 생길 수 있다.

② 전단벽이나 가새는 수평력 부담률에 알맞은 강도와 강성이 필요하다.

③ 건물의 비틀림 강성을 높이기 위해서는 전단벽이나 가새를 평면상 외주부보다도 중심부에 배치함이 유리하다.

④ 전단벽이나 가새골조가 충분한 역할을 하기 위해서는 바닥구조의 충분한 강도와 강성이 필요하다.

35 건축구조의 분류에 의한 설명 중 옳지 않은 것은?

① 조립식 구조는 경제적이나 공기가 길다.

② 조적식 구조는 조적 단위 재료의 접착 강도가 클수록 좋다.

③ 일체식 구조는 각 부분 구조가 일체화되어 비교적 균일한 강도를 가진다.

④ 가구식 구조는 각 부재의 접합 및 짜임새에 따라 구조체의 강도가 좌우된다.

ⓒ A N S W E R | 33.① 34.③ 35.①

33 건축구조의 분류
ⓐ **재료에 따른 분류** : 목 구조, 조적식 구조, 블록 구조, 철근 콘크리트 구조, 철골 구조, 철골 철근 콘크리트 구조, 돌 구조
ⓑ **구성 양식에 따른 분류** : 가구식 구조, 조적식 구조, 일체식 구조
ⓒ **시공상 분류** : 건식 구조, 습식 구조

34 ③ 비틀림 응력은 재축에 가까운 곳에는 거의 응력을 받지 않으므로, 비틀림 강성을 높이기 위해 설치하는 전단벽이나 가새는 주로 외주부에 배치된다. 가새의 경우에는 실내에도 설치해야 하므로 건물 사용의 불편을 덜기 위해서 중앙 복도를 피하여 균등하게 분산시킨다.

35 조립식 구조 … 인건비 및 재료비의 절약으로 공사비가 절약되며 기계화 시공으로 공사기간도 단축된다.

36 다음 설명 중 옳지 않은 것은?

① 구조 내력이라 함은 구조 내력상 주요한 부분인 구조 부재와 접합부 등이 견디는 응력이다.

② 벽이라 함은 두께에 직각으로 측정한 수평치수가 그 두께의 2배를 넘는 수직부재이다.

③ 가새골조라 함은 트러스 방식으로서 주로 축방향 응력을 받는 부재로 구성된 가새방식이다.

④ 층간변위라 함은 인접층 사이의 상대수평변위이다.

37 건식 구조에 대한 설명으로 옳지 않은 것은?

① 시공이 간단하다.

② 공사기간이 길다.

③ 겨울에도 시공이 가능하다.

④ 구조의 대량생산이 가능하다.

38 목 구조에 대한 설명으로 틀린 것은?

① 공사기간이 짧다.

② 외관이 미려하며 인간친화적이다.

③ 내화 및 내구성에 강하다.

④ 시공이 간단하다.

39 다음 각 구조의 특징 연결로 옳은 것은?

① 철근 콘크리트 구조 – 공사기간이 길지만 균일한 시공이 용이하다.

② 목 구조 – 외관이 미려하며 인간친화적이고 내화 및 내구성이 강하다.

③ 블록 구조 – 방화에 강하고 경량이며 공사비가 적다.

④ 돌 구조 – 횡력에 가장 강하다.

✅ **ANSWER** | 36.② 37.② 38.③ 39.③

36 벽 … 두께에 직각으로 측정한 수평치수가 그 두께의 3배를 넘는 수직부재를 말한다.

37 건식 구조 … 물이나 흙을 사용하지 않고 뼈대를 가구식으로 하여 기성재를 짜맞춘 구조로 재료가 규격화, 경량화된다. 기성제품이기 때문에 공사기간이 짧으며 겨울에도 시공이 가능하다.

38 목 구조는 나무로 만드는 것이므로 내화 및 내구성에 제일 취약하다.

39 ① 공사기간이 길고 균일한 시공이 곤란하다.
② 내화 및 내구성에 취약하다.
④ 지진, 횡력에 약하다.

40 다음 중 내화력이 가장 뛰어난 구조는?

① 일체식 구조

② 목골 구조

③ 목 구조

④ 철골 구조

41 철골 철근 콘크리트 구조에 대한 설명으로 옳지 않은 것은?

① 고층건물과 대규모 건물에 적합한 구조이다.

② 지진과 화재에 대단히 약하다.

③ 공사비가 비싸다.

④ 건물의 중량이 크다.

42 다음 중 하중의 종류에 대한 설명으로 바르지 않은 것은?

① 고정하중은 건축물의 구조부와 설비시설 및 고정되어 있는 비내력 부분 등의 중량을 전부 포함한 하중을 말한다.

② 활하중은 사람, 물품 등 건축물의 각 실 및 바닥의 용도에 따라 변경되는 하중을 말한다.

③ 설하중, 풍하중은 장기하중에 속하며 지진하중은 단기하중에 속한다.

④ 장기하중은 고정하중과 활하중을 합한 것이다.

ⓢ ANSWER | 40.① 41.② 42.③

40 일체식 구조는 미리 설치된 철근 또는 철골에 콘크리트를 부어넣어서 굳게 되면 전 구조체가 일체가 되도록 한 구조로 내구, 내진, 내화성에 강하다. 구조의 종류로는 철근 콘크리트 구조와 철골 철근 콘크리트 구조가 있다.

41 철골 철근 콘크리트 구조
㉠ 장점 : 내진·내화·내구성이 좋다. 장스팬, 고층건물에 적합하다.
㉡ 단점 : 공기가 길고 공사비가 비싸며 시공하기에 복잡하다.

42 단기하중은 구조물에 단시간 동안(일시적으로) 작용하는 하중으로 장기하중에 기타하중(설하중, 풍하중, 지진하중, 충격하중 등)을 합한 것을 말한다.

43 다음 〈보기〉는 여러 가지 구조방식들을 설명하고 있는 것이다. 빈칸에 들어갈 말로 알맞은 것을 순서대로 바르게 나열한 것은?

〈보기〉
- 이중골조시스템은 횡력의 (㉠) 이상을 부담하는 모멘트 연성골조가 가새골조나 전단벽에 조합되는 방식으로서 중력하중에 대해서도 모멘트연성골조가 모두 지지하는 구조이다.
- (㉡)는 경사가새가 설치되어 가새부재 양단부의 한쪽 이상이 보−기둥 접합부로부터 약간의 거리만큼 떨어져 보에 연결되어 있는 구조시스템이다.
- (㉢)는 기둥과 보로 구성하는 라멘골조가 횡력과 수직하중을 저항하는 구조이다.

	㉠	㉡	㉢
①	25%	편심가새골조	모멘트골조
②	20%	중심가새골조	횡구속골조
③	33%	특수중심가새골조	비가새골조
④	50%	좌굴방지가새골조	건물골조
⑤	50%	특수중심가새골조	건물골조

44 콘크리트 구조의 철근상세에 대한 설명으로 가장 옳지 않은 것은?

① 주철근의 180도 표준갈고리는 구부린 반원 끝에서 철근지름의 4배 이상, 또한 60mm 이상 더 연장되어야 한다.

② 주철근의 90도 표준갈고리는 구부린 끝에서 철근지름의 6배 이상 더 연장되어야 한다.

③ 스터럽과 띠철근의 90도 표준갈고리의 경우, D16 이하의 철근은 구부린 끝에서 철근지름의 6배 이상 더 연장되어야 한다.

④ 스터럽과 띠철근의 135도 표준갈고리의 경우, D25 이하의 철근은 구부린 끝에서 철근지름의 6배 이상 더 연장되어야 한다.

✅ A N S W E R | **43.**① **44.**②

43 • 이중골조시스템은 횡력의 25% 이상을 부담하는 모멘트 연성골조가 가새골조나 전단벽에 조합되는 방식으로서 중력하중에 대해서도 모멘트연성골조가 모두 지지하는 구조이다.
 • 편심가새골조는 경사가새가 설치되어 가새부재 양단부의 한쪽 이상의 보−기둥 접합부로부터 약간의 거리만큼 떨어져 보에 연결되어 있는 구조시스템이다.
 • 모멘트골조는 기둥과 보로 구성하는 라멘골조가 횡력과 수직하중을 저항하는 구조이다.

44 주철근의 90도 표준갈고리는 구부린 끝에서 철근지름의 12배 이상 더 연장되어야 한다.

45 건축물강구조설계기준(KDS 41 31 00)에서 충전형 합성기둥에 대한 설명으로 가장 옳지 않은 것은?

① 강관의 단면적은 합성기둥 총단면적의 1% 이상으로 한다.

② 압축력을 받는 각형강관 충전형합성부재의 강재요소의 최대폭두께비가 $2.26\sqrt{E/F_y}$ 이하이면 조밀로 분류한다.

③ 실험 또는 해석으로 검증되지 않을 경우, 합성기둥에 사용되는 구조용 강재의 설계기준항복강도는 700MPa를 초과할 수 없다.

④ 실험 또는 해석으로 검증되지 않을 경우, 합성기둥에 사용되는 콘크리트의 설계기준압축강도는 70MPa를 초과할 수 없다(경량 콘크리트 제외).

46 실험실에서 양생한 공시체의 강도평가에 대한 〈보기〉의 설명에서 ㉠~㉢에 들어갈 값을 순서대로 바르게 나열한 것은?

〈보기〉

콘크리트 각 등급의 강도는 다음의 두 요건이 충족되면 만족할 만한 것으로 간주할 수 있다.

(가) ㉠번의 연속강도 시험의 결과 그 평균값이 ㉡ 이상일 때

(나) 개개의 강도시험값이 f_{ck}가 35MPa 이하인 경우에는 $(f_{ck}-3.5)$MPa 이상, 또한 f_{ck}가 35MPa 초과인 경우에는 ㉢ 이상인 경우

	㉠	㉡	㉢
①	2	f_{ck}	$0.85f_{ck}$
②	2	$0.9f_{ck}$	$0.9f_{ck}$
③	3	$0.9f_{ck}$	$0.85f_{ck}$
④	3	f_{ck}	$0.9f_{ck}$
⑤	3	$0.9f_{ck}$	$0.9f_{ck}$

ANSWER | 45.③ 46.④

45 실험 또는 해석으로 검증되지 않을 경우, 합성기둥에 사용되는 구조용 강재의 설계기준항복강도는 450MPa를 초과할 수 없다.

46 콘크리트 각 등급의 강도는 다음의 두 요건이 충족되면 만족할 만한 것으로 간주할 수 있다.

(가) 3번의 연속강도 시험의 결과 그 평균값이 f_{ck} 이상일 때

(나) 개개의 강도시험값이 f_{ck}가 35MPa 이하인 경우에는 $(f_{ck}-3.5)$MPa 이상, 또한 f_{ck}가 35MPa 초과인 경우에는 $0.9f_{ck}$ 이상인 경우

47 기본등분포 활하중의 저감에 대한 설명으로 가장 옳지 않은 것은?

① 지붕활하중을 제외한 등분포활하중은 부재의 영향 면적이 $36\,\text{m}^2$ 이상인 경우 저감할 수 있다.

② 기둥 및 기초의 영향면적은 부하면적의 4배이다.

③ 부하면적 중 캔틸레버 부분은 영향면적에 단순 합산한다.

④ 1개 층을 지지하는 부재의 저감계수는 0.6보다 작을 수 없다.

48 콘크리트 재료에 대한 설명으로 가장 옳은 것은?

① 강도설계법에서 파괴 시 극한 변형률을 0.005로 본다.

② 콘크리트의 탄성계수는 콘크리트의 압축강도에 따라 그 값을 달리한다.

③ 할선탄성계수(secant modulus)는 응력-변형률 곡선에서 초기 선형 상태의 기울기를 뜻한다.

④ 압축강도 실험 시 하중을 가하는 재하속도는 강도 값에 영향을 미치지 않는다.

✅ **ANSWER** | 47.④ 48.②

47 1개 층을 지지하는 부재의 저감계수 C는 0.5 이상, 2개 층 이상을 지지하는 부재의 저감계수 C는 0.4 이상으로 한다.

※ **활하중 저감계수** … 활하중 저감계수는 $C = 0.3 + \dfrac{4.2}{\sqrt{A}}$ (영향면적 $A \geq 36\,\text{m}^2$)

※ **활하중 저감계수의 제한사항**

ㄱ 1개 층을 지지하는 부재의 저감계수 C는 0.5 이상, 2개 층 이상을 지지하는 부재의 저감계수 C는 0.4 이상으로 한다.

ㄴ 5kN/m^2를 초과하는 활하중은 저감할 수 없으나 2개 층 이상을 지지하는 부재의 저감계수 C는 0.8까지 적용할 수 있다.

ㄷ 활하중 5kN/m^2 이하의 공중집회 용도에 대해서는 활하중을 저감할 수 없다.

ㄹ 승용차 전용 주차장의 활하중은 저감할 수 없으나 2개 층 이상을 지지하는 부재의 저감계수 C는 0.8까지 적용할 수 있다.

ㅁ 1방향 슬래브의 영향면적은 슬래브 경간에 슬래브 폭을 곱하여 산정한다. 이때 슬래브 폭은 슬래브 경간의 1.5배 이하로 한다.

48 ① 강도설계법에서 파괴 시 극한 변형률을 0.003으로 본다.

③ 응력-변형률 곡선에서 초기 선형 상태의 기울기는 초기접선계수이다

④ 압축강도 실험 시 하중을 가하는 재하속도는 강도 값에 영향을 미친다.

※ **탄성계수의 종류**

ㄱ 초기접선탄성계수 : 0점에서 맨 처음 응력-변형률 곡선에 그은 접선이 이루는 각의 기울기

ㄴ 접선탄성계수 : 임의의 점 A에서 응력-변형률 곡선에 그은 접선이 이루는 각의 기울기

ㄷ 할선탄성계수 : 압축응력이 압축강도의 30~50% 정도이며 이 점을 A라고 할 경우 OA의 기울기 (콘크리트의 실제적인 탄성계수를 의미)

49 지진력저항시스템을 성능설계법으로 설계하고자 할 때, 내진등급별 최소성능목표를 만족해야 한다. 내진등급 Ⅰ의 최소성능목표에 대한 설명으로 가장 옳은 것은?

① 건축구조기준의 설계스펙트럼가속도에 대해 기능 수행의 성능수준을 만족해야 한다.

② 건축구조기준의 설계스펙트럼가속도의 1.2배에 대해 인명안전의 성능수준을 만족해야 한다.

③ 건축구조기준의 설계스펙트럼가속도의 1.2배에 대해 붕괴방지의 성능수준을 만족해야 한다.

④ 건축구조기준의 설계스펙트럼가속도의 1.5배에 대해 인명안전의 성능수준을 만족해야 한다.

50 콘크리트 인장강도에 대한 설명으로 가장 옳지 않은 것은?

① 휨재의 균열 발생, 전단, 부착 등 콘크리트의 인장응력 발생 조건별로 적합한 인장강도 시험방법으로 평가해야 한다.

② f_{ck}를 이용하여 콘크리트파괴계수 f_r을 산정할 때, 동일한 f_{ck}를 갖는 경량콘크리트와 일반중량콘크리트의 f_r은 동일하다.

③ 시험 없이 계산으로 산정된 콘크리트파괴계수 f_r과 쪼갬인장강도 f_{sp}는 $\sqrt{f_{ck}}$에 비례한다.

④ 쪼갬인장강도 시험 결과는 현장 콘크리트의 적합성 판단 기준으로 사용할 수 없다.

✅ **ANSWER** | **49.② 50.②**

49 지진력저항시스템을 성능설계법으로 설계하고자 할 때, 내진등급별 최소성능목표는 다음과 같다.

내진등급	성능목표	
	성능수준	지진위험도
특	기능수행(또는 즉시거주)	설계스펙트럼가속도의 1.0배
	인명안전 및 붕괴방지	설계스펙트럼가속도의 1.5배
Ⅰ	인명안전	설계스펙트럼가속도의 1.2배
	붕괴방지	설계스펙트럼가속도의 1.5배
Ⅱ	인명안전	설계스펙트럼가속도의 1.0배
	붕괴방지	설계스펙트럼가속도의 1.5배

위의 표에 따르면 내진등급 Ⅰ의 경우 건축구조기준의 설계스펙트럼가속도의 1.2배에 인명안전의 성능수준을 만족해야 한다.

50 쪼갬인장강도(콘크리트 파괴계수)는 $f_r = 0.63\lambda\sqrt{f_{ck}}$
여기서, λ : 일반중량콘크리트 1.0, 경량콘크리트 0.75
일반중량콘크리트와 경량콘크리트 간의 λ값이 다르므로 서로 다른 콘크리트파괴계수(휨인장강도)를 갖게 된다.

51 철근콘크리트구조에서 인장을 받는 SD500 D22 표준 갈고리를 갖는 이형철근의 기본 정착길이 l_{hb} 는 철근 지름 d_b의 몇 배인가? (단, 일반중량콘크리트로 설계기준압축강도 $f_{ck} = 25$MPa이고, 도막은 없다)

① 19배   ② 24배

③ 25배   ④ 40배

⑤ 50배

52 말뚝기초에 대한 설명으로 가장 옳은 것은?

① 말뚝기초의 허용지지력은 말뚝의 지지력에 따른 것으로만 한다.

② 말뚝기초의 설계에 있어서는 하중의 편심에 대하여 검토하지 않아도 된다.

③ 동일 구조물에서 지지말뚝과 마찰말뚝을 혼용할 수 있다.

④ 타입말뚝, 매입말뚝 및 현장타설콘크리트말뚝의 혼용을 적극 권장하여 경제성을 확보할 수 있다.

53 강구조 볼트 접합에 대한 설명으로 옳지 않은 것은?

① 고장력볼트의 미끄럼 한계상태에 대한 마찰접합의 설계강도 산정에서 볼트 구멍의 종류에 따라 강도 감소계수가 다르다.

② 고장력볼트의 마찰접합볼트에 끼움재를 사용할 경우에는 미끄럼에 관련되는 모든 접촉면에서 미끄럼에 저항할 수 있도록 해야 한다.

③ 지압한계상태에 대한 볼트구멍의 지압강도 산정에서 구멍의 종류에 따라 강도감소계수가 다르다.

④ 지압접합에서 전단 또는 인장에 의한 소요응력 f가 설계응력의 20% 이하이면 조합응력의 효과를 무시할 수 있다.

✅ ANSWER | 51.②   52.①   53.③

51 $l_{hb} = \dfrac{0.24\beta d_b f_y}{\lambda \sqrt{f_{ck}}} = \dfrac{0.24 \times 1.0 \times d_b \times 500}{1.0 \times \sqrt{25}} = 24 d_b$

52 ② 말뚝기초의 설계에 있어서는 하중의 편심에 대하여 검토해야 한다.
③ 동일 구조물에서 지지말뚝과 마찰말뚝을 혼용하지 않도록 한다.
④ 타입말뚝, 매입말뚝 및 현장타설콘크리트말뚝을 혼용하지 않도록 한다.

53 지압한계상태에 대한 볼트구멍의 지압강도 산정 시 구멍의 종류에 관계없이 볼트구멍에서 설계강도의 강도감소계수는 0.75로 동일하다.

54 1방향 철근콘크리트 슬래브에서 철근의 설계기준항복강도가 200MPa인 경우 콘크리트 전체 단면적에 대한 수축·온도철근비는 최소 얼마 이상이어야 하는가? (단, KCI2012기준, 이형철근 사용)

① 0.0015
② 0.0016
③ 0.0018
④ 0.0020
⑤ 0.0023

55 강구조에서 규정된 별도의 설계하중이 없는 경우, 접합부의 최소 설계강도 기준은? (단, 연결재, 새그로드 또는 띠장은 제외한다.)

① 30kN 이상
② 35kN 이상
③ 40kN 이상
④ 45kN 이상
⑤ 50kN 이상

56 다음 중 강구조 필릿용접에 관한 설명으로 바르지 않은 것은?

① 필릿용접의 유효면적은 유효길이에 유효목두께를 곱한 것으로 한다.
② 필릿용접의 유효길이는 필릿용접의 총길이에서 2배의 필릿사이즈를 공제한 값으로 해야 한다.
③ 필릿용접의 유효목두께는 용접루트로부터 용접표면까지의 최단거리로 한다. 단, 이음면이 직각인 경우에는 필릿사이즈의 $\sqrt{2}$ 배로 한다.
④ 구멍필릿과 슬롯필릿용접의 유효길이는 목두께의 중심을 잇는 용접중심선의 길이로 한다.

⊘ A N S W E R | 54.④ 55.④ 56.③

54 1방향 철근콘크리트 슬래브
　　⊙ 수축·온도철근으로 배치되는 이형철근 및 용접철망은 다음의 철근비 이상으로 하여야 하나, 어떤 경우에도 0.0014 이상이어야 한다. 여기서 수축·온도철근비는 콘크리트 전체단면적에 대한 수축·온도철근 단면적의 비로 한다.
　　　• 설계기준항복강도가 400MPa 이하인 이형철근을 사용한 슬래브는 0.0020
　　　• 설계기준항복강도가 400MPa를 초과하는 이형철근 또는 용접철망을 사용한 슬래브는 $0.0020 \times \dfrac{400}{f_y}$
　　⊙ 다만, ⊙에서 요구되는 수축·온도철근비에 전체 콘크리트 단면적을 곱하여 계산한 수축·온도철근 단면적을 단위 폭 m당 1,800mm² 보다 크게 취할 필요는 없다.
　　ⓒ 수축·온도철근의 간격은 슬래브 두께의 5배 이하, 또한 450m 이하로 하여야 한다.
　　ⓔ 수축·온도철근은 설계기준항복강도 f_y를 발휘할 수 있도록 정착되어야 한다.

55 강구조에서 규정된 별도의 설계하중이 없는 경우, 접합부의 최소 설계강도 기준은 45kN 이상이다. (단, 연결재, 새그로드 또는 띠장은 제외한다.)

56 필릿용접의 유효목두께는 용섭루트로부터 용접표면까지의 최단거리로 한다. 단, 이음면이 직각인 경우에는 필릿사이즈의 0.7배로 한다.

57 $f_y = 400$MPa인 이형철근을 사용한 경우 필요한 철근의 인장정착길이가 1,000mm이었다. 철근의 강도를 $f_y = 500$MPa로 변경하고, 소요철근보다 1.25배 많게 철근을 배근하였을 경우 변경된 철근의 인장정착길이는 얼마인가?

① 750mm

② 1,000mm

③ 1,200mm

④ 1,500mm

⑤ 1,700mm

58 다음 중 건축구조별 특징에 관한 설명으로 바르지 않은 것은?

① 가구식 구조는 삼각형보다 사각형으로 조립하면 더욱 안정된 구조체를 이룰 수 있다.

② 조적식 구조는 압축력에는 강하지만 횡력에 취약하다.

③ 조립식 구조는 부재를 공장에서 생산하고 가공하여 현장에서 조립하므로 공기가 짧다.

④ 일체식 구조는 비교적 균일한 강도를 가진다.

ⓢ **ANSWER** | 57.② 58.①

57 $l_{db} = \dfrac{0.6d_b f_y}{\sqrt{f_{ck}}}$ 이므로 $l_{db} = \dfrac{0.6 \times d_b \times 400}{\sqrt{f_{ck}}} = 1,000$ 인 경우

$l_{db} = \dfrac{0.6 \times d_b \times 500}{\sqrt{f_{ck}}} \times 0.8 = 1,000$ 이 된다.

철근을 1.25배 많이 배근하면 $\dfrac{1}{1.25} = 0.8$ 만큼 인장정착길이가 짧아질 수 있다.

※ 인장이형철근의 정착

  ㉠ 인장력을 받는 이형철근의 정착길이(l_d)는 기본정착길이(l_{db})에 보정계수를 곱하여 구한다. 단, 정착길이(l_d)는 300mm 이상이어야 한다. ($l_d = l_{db} \times$ 보정계수 ≥ 300 mm)

  ㉡ 인장이형철근의 기본정착길이(약산식) : $l_{db} = \dfrac{0.6 d_b f_y}{\sqrt{f_{ck}}}$

  ㉢ 인장이형철근 및 이형철선의 정착길이(정밀식) : $l_d = \dfrac{0.90 d_b \times f_y}{\sqrt{f_{ck}}} \times \dfrac{\alpha \times \beta \times \gamma \times \lambda}{\left(\dfrac{c + K_{tr}}{d_b}\right)}$

  • α : 철근배근 위치계수
  • β : 에폭시 도막계수
  • γ : 경량콘크리트 계수
  • λ : 철근 또는 철선의 크기계수
  • c : 철근간격 또는 피복두께에 관련된 치수

58 가구식 구조는 사각형보다 삼각형으로 조립하면 더욱 안정된 구조체를 이룰 수 있다.

  ※ 삼각형은 힘을 가하면 부재끼리 서로 지탱을 하며 힘을 분산시키나 사각형은 힘을 가하면 힘을 분산시키지 못하고 모양이 삼각형에 비해 상대적으로 쉽게 변형된다.

59 단근보에서 하중이 재하됨과 동시에 순간처짐이 20mm가 발생되었다. 이 하중이 5년 이상 지속되는 경우 총 처짐량은 얼마인가? (단, $\lambda = \dfrac{\xi}{1+50\rho'}$ 이고 지속하중에 의한 시간경과계수 ξ는 2이다)

① 30mm　　　　　　　　　　　② 40mm

③ 60mm　　　　　　　　　　　④ 80mm

⑤ 100mm

60 다음과 같은 조건에서의 필릿용접의 최소 사이즈는 얼마인가?

접합부의 얇은 쪽 모재두께(t), mm
$6 < t \leq 13$

① 3mm　　　　　　　　　　　② 5mm

③ 6mm　　　　　　　　　　　④ 8mm

⑤ 10mm

✅ ANSWER ｜ 59.③　60.②

59 탄성처짐 $\triangle_i = 20$mm

$\lambda_\triangle = \dfrac{\xi}{1+50\rho'} = 2$

장기처짐량 $\triangle_t = \lambda \times \triangle_i = 2 \times 20 = 40$mm

총처짐량 $\triangle = 20 + 40 = 60$mm

60 모살용접의 사이즈는 원칙적으로 접합되는 모재의 얇은 쪽 판 두께 이하로 한다.

접합부의 얇은 쪽 판 두께, t(mm)	최소 사이즈(mm)
$t \leq 6$	3
$6 < t \leq 13$	5
$13 < t \leq 19$	6
$19 < t$	8

61 말뚝머리지름이 400mm인 기성콘크리트 말뚝을 시공할 때 그 중심간격으로 가장 적당한 것은?

① 800mm
② 900mm
③ 1,000mm
④ 1,100mm
⑤ 1,300mm

62 인장이형철근 및 압축이형철근의 정착길이(l_d)에 관한 기준으로 옳지 않은 것은? (단 KBC 2016기준)

① 계산의 의하여 산정한 인장이형철근의 정착길이는 항상 250mm 이상이어야 한다.
② 계산의 의하여 산정한 압축이형철근의 정착길이는 항상 200mm 이상이어야 한다.
③ 인장 또는 압축을 받는 하나의 다발철근 내에 있는 개개 철근의 정착길이 l_d는 다발철근이 아닌 경우의 각 철근의 정착길이보다 3개의 철근으로 구성된 다발철근에 대해서 20% 증가시켜야 한다.
④ 단부에 표준갈고리가 있는 인장이형철근의 정착길이는 항상 $8d_b$ 이상 또한 150mm 이상이어야 한다.

ANSWER | **61.**③ **62.**①

61

종별	중심간격	길이	지지력	특징
나무말뚝	2.5D 60cm 이상	7m 이하	최대 10ton	• 상수면 이하에 타입 • 끝마루직경 12cm 이상
기성콘크리트말뚝	2.5D 75cm 이상	최대 15m 이하	최대 50ton	• 주근 6개 이상 • 철근량 0.8% 이상 • 피복두께 3cm 이상
강재말뚝	직경, 폭의 2배 75cm 이상	최대 70m	최대 100ton	• 깊은 기초에 사용 • 폐단 강관말뚝간격 2.5배 이상
매입말뚝	2.0D 이상	RC말뚝과 강재말뚝	최대 50~100ton	• 프리보링공법 • SIP공법
현장타설콘크리트말뚝	2.0D 이상 D+1m 이상		보통 200ton 최대 900ton	• 주근 6개 이상 • 철근량 0.4% 이상
공통 적용	• 간격 : 보통 3~4D (D는 말뚝외경, 직경) • 연단거리 : 1.25D 이상, 보통 2D 이상 • 배치방법 : 정열, 엇모, 동일건물에 2종 말뚝 혼용금지			

62 계산의 의하여 산정한 인장이형철근의 정착길이는 항상 300mm 이상이어야 한다.

63 강구조 기둥의 주각부에 관한 설명으로 다음 중 바르지 않은 것은?

① 기둥의 응력이 크면 윙플레이트, 접합앵글, 리브 등으로 보강하여 응력의 분산을 도모한다.

② 앵커볼트는 기초콘크리트에 매입되어 주각부의 이동을 방지하는 역할을 한다.

③ 주각은 조건에 관계없이 고정으로만 가정하여 응력을 산정한다.

④ 축방향력이나 휨모멘트는 베이스플레이트 저면의 압축력이나 앵커볼트의 인장력에 의해 전달된다.

64 기초설계 시 장기 150kN(자중 포함)의 하중을 받는 경우 장기허용지내력도 20kN/m²의 지반에서 필요한 기초판의 크기는?

① 1.6m×1.6m

② 2.0m×2.0m

③ 2.4m×2.4m

④ 2.8m×2.8m

⑤ 3.2m×3.2m

65 강도설계법에서 처짐을 계산하지 않는 경우, 철근콘크리트 보의 최소두께 규정으로 바른 것은? (단, 보통콘크리트 $m_c = 2,300\text{kg/m}^3$와 설계기준 항복강도 400MPa 철근을 사용한 부재)

① 1단 연속 : $l/18.5$

② 단순지지 : $l/15$

③ 양단 연속 : $l/24$

④ 캔틸레버 : $l/10$

✅ A N S W E R | 63.③ 64.④ 65.①

63 주각은 고정되지 않고 힌지점과 같은 형식도 있다. 주각은 기둥의 응력을 철근콘크리트 기초에 전달하는 부분으로 축방향력, 전단력 및 휨모멘트가 작용한다. 주각을 고정으로 설계한 구조물이 핀과 같이 거동을 하면 주두 부분의 휨모멘트가 증가하고 따라서 부재의 존재응력은 설계시 응력보다 크게 되어 위험한 상태에 이르게 되므로 주각 설계는 매우 중요하다.

64 장기허용지내력도>발생응력= $\dfrac{\text{작용하중}}{\text{기초판의 크기}}$ 이어야 하므로, 기초판은 7.5m^2 이상이어야 한다.

65 처짐을 계산하지 않는 경우 보의 최소두께 (단, 보통콘크리트 $w_o = 2,300\text{kg/m}^3$와 설계기준 항복강도 400MPa 철근을 이용한 부재)
ⓐ 단순지지의 경우 : $l/16$
ⓑ 1단 연속의 경우 : $l/18.5$
ⓒ 양단 연속의 경우 : $l/21$
ⓓ 캔틸레버의 경우 : $l/8$

66 연약지반에 대한 대책으로 바르지 않은 것은?

① 지반개량공법을 실시한다.　　　　② 말뚝기초를 적용한다.

③ 독립기초를 적용한다.　　　　　　④ 건물을 경량화한다.

67 콘크리트의 압축강도가 30MPa일 때 보통 골재를 사용한 콘크리트의 탄성계수는?

① $2.62 \times 10^4 \text{MPa}$　　　　　② $2.75 \times 10^4 \text{MPa}$

③ $2.95 \times 10^4 \text{MPa}$　　　　　④ $3.12 \times 10^4 \text{MPa}$

⑤ $3.35 \times 10^4 \text{MPa}$

68 프리스트레스하지 않은 부재의 현장치기 콘크리트에서 흙에 접하여 콘크리트를 친 후 영구히 흙에 묻혀 있는 콘크리트 부재의 최소 피복두께로 바른 것은?

① 40mm　　　　　　　　　　　② 50mm

③ 60mm　　　　　　　　　　　④ 80mm

⑤ 100mm

69 기초 설계 시 인접대지를 고려하여 편심기초를 만들고자 한다. 이 때 편심기초의 지내력이 균등하도록 하기 위해서는 어떤 방법을 이용해야 하는가?

① 지중보를 설치한다.　　　　　　② 기초 면적을 넓힌다.

③ 기둥의 단면적을 크게 한다.　　④ 기초 두께를 두껍게 한다.

ANSWER | **66.**③ **67.**② **68.**④ **69.**①

66 연약지반일수록 매트기초(온통기초)를 적용해야 한다. 독립기초를 적용하면 집중하중이 발생하게 되어 지반의 침하와 응력의 불균등현상이 발생하게 된다.

67 $E_c = 8,500 \times \sqrt[3]{f_{cu}} = 8,500 \times \sqrt[3]{f_{ck} + 4} = 8,500 \times \sqrt[3]{34} = 27,536$

$f_{cu} = f_{ck} + \triangle f [\text{MPa}]$

$\triangle f$는 f_{ck}가 40MPa 이하이면 4MPa, 60MPa 이상이면 6MPa이며, 그 사이는 크리프 계산에 사용되는 콘크리트의 초기접선탄성계수와 할선탄성계수와의 관계 $E_{ci} = 1.18E_c$를 적용한다. (E_{ci}는 재령 28일에서의 콘크리트 초기접선탄성계수이다)

68 프리스트레스하지 않은 부재의 현장치기 콘크리트에서 흙에 접하여 콘크리트를 친 후 영구히 흙에 묻혀 있는 콘크리트 부재의 최소 피복두께는 80mm이다.

69 기초 설계 시 인접대지를 고려하여 편심기초를 만들고자 할 때 편심기초의 지내력을 가능한 균등하게 하기 위해서 주로 지중보를 설치한다.
※ **지중보** … 기초와 기초를 연결시키는 보로서, 모멘트에 대한 저항성능을 향상시키기 위해 설치되는 보를 말한다.

70 다음 중 H형강의 플랜지에 커버플레이트를 붙이는 주목적으로 바른 것은?

① 수평부재간 접합 시 틈새를 메우기 위하여

② 슬래브와의 전단접합을 위하여

③ 웨브플레이트의 전단내력 보강을 위하여

④ 휨내력의 보강을 위하여

71 1변의 길이가 각각 50mm(A), 100mm(B)인 두 개의 정사각형 단면에 동일한 압축하중 P가 작용할 때 압축응력도의 비(A : B)는?

① 2 : 1

② 4 : 1

③ 8 : 1

④ 16 : 1

⑤ 9 : 1

72 다음 중 강구조 용접에서 용접결함에 속하지 않는 것은?

① 오버랩(overlap)

② 크랙(crack)

③ 가우징(gouging)

④ 언더컷(under cut)

⑤ 블로홀(blowhole)

⊘ A N S W E R ┃ 70.④ 71.② 72.③

70 H형강의 플랜지에 커버플레이트를 붙이면 단면의 춤이 증가하여 단면2차모멘트가 증대되므로 휨내력이 증가한다.

71 정사각형 단면의 경우, 변의 길이가 2배로 증가하면 면적은 4배로 증가하게 된다. 따라서 동일하중이 작용할 경우 면적이 4배가 되면 발생되는 압축응력은 1/4이 된다.

72 가우징(gouging) … 열에 의해 모재를 용융시켜 모재의 표면에 홈이 생기도록 파내는 작업

※ 용접결함
  ㉠ 언더컷 : 모재가 녹아 용착금속이 채워지지 않고 홈으로 남는 부분
  ㉡ 슬래그섞임(감싸들기) : 슬래그의 일부분이 용착금속 내에 혼입된 것
  ㉢ 블로홀 : 용융금속이 응고할 때 방출되어야 할 가스가 남아서 생긴 빈자리
  ㉣ 오버랩 : 용착금속과 모재가 융합되지 않고 단순히 겹쳐지는 것
  ㉤ 피트 : 작은 구멍이 용접부 표면에 생긴 것
  ㉥ 크레이터 : 용접 끝단에 항아리 모양으로 오목하게 파인 것
  ㉦ 피시아이 : 용접작업 시 용착금속 단면에 생기는 작은 은색의 점
  ㉧ 크랙 : 용접 후 급냉되는 경우 생기는 균열
  ㉨ 오버헝 : 상향 용접시 용착금속이 아래로 흘러내리는 현상
  ㉩ 용입불량 : 용입깊이가 불량하거나 모재와의 융합이 불량한 것

73 다음 중 각 구조시스템에 관한 정의로 바르지 않은 것은?

① 모멘트골조방식 : 수직하중과 횡력을 보와 기둥으로 구성된 라멘골조가 저항하는 구조방식

② 연성모멘트골조방식 : 횡력에 대한 저항능력을 증가시키기 위해 부재와 접합부의 연성을 증가시킨 모멘트골조방식

③ 이중골조방식 : 횡력의 25% 이상을 부담하는 전단벽이 연성모멘트 골조와 조합되어 있는 구조방식

④ 건물골조방식 : 수직하중은 입체골조가 저항하고 지진하중은 전단벽이나 가새골조가 저항하는 구조방식

74 인장을 받는 이형철근의 직경이 D16(직경 15.9mm)이고, 콘크리트 강도가 30MPa인 표준 갈고리의 기본정착길이는? (단, $f_y = 400\text{MPa}$, $\beta = 1.0$, $m_c = 2,300\text{kg/m}^3$)

① 238mm

② 258mm

③ 279mm

④ 312mm

⑤ 320mm

73 이중골조방식 … 횡력의 25% 이상을 부담하는 연성모멘트 골조가 전단벽이나 가새골조와 조합되어 있는 구조방식

74 표준갈고리를 갖는 인장이형철근의 기본정착길이

$$l_{hb} = \frac{0.24 \times \beta \times d_b \times f_y}{\lambda \sqrt{f_{ck}}} = \frac{0.24 \times 1.0 \times 15.9 \times 400}{1.0\sqrt{30}} = 278.69 ≒ 279\,\text{mm}$$

표준갈고리를 갖는 인장이형철근의 정착길이 $l_{dh} = l_{hb} \times$ 보정계수 ≥ $[8d_b,\ 150\,\text{mm}]_{max}$

인장을 받는 표준갈고리의 정착길이(l_{dh})는 위험단면으로부터 갈고리 외부끝까지의 거리로 나타내며, 정착길이는 기본정착길이 l_{hb}에 적용가능한 모든 보정계수를 곱하여 구한다.

75 양단 힌지인 길이 6m의 H-300×300×10×15의 기둥이 부재중앙에서 약축방향으로 가새를 통해 지지되어 있을 때 설계용 세장비는? (단, $\tau_x = 131\,\text{mm}$, $\tau_y = 75.1\,\text{mm}$)

① 39.9

② 45.8

③ 58.2

④ 66.3

⑤ 74.6

75 양단 힌지이므로 유효좌굴길이계수(K)는 1.0이다.
세장비의 경우 강축에 대해서는 부재 전체길이인 6m, 약축에 대해서는 가새로 횡지지되어 있으므로 3m를 적용함에 주의해야 하며, 다음 중 큰 값으로 해야 한다.

$$\frac{KL}{\tau_x} = \frac{1.0 \times 600}{13.1} = 45.80$$

$$\frac{KL}{\tau_y} = \frac{1.0 \times 300}{7.51} = 39.95$$

건축재료

04 건축재료

① 목재

① 목재의 성질

- ㉠ 목재의 비중은 실용적으로 기건재의 단위용적 무게에 상당하는 값으로 나타내며, 목재를 구성하고 있는 세포막의 두께에 따라 다르다.
- ㉡ 함수율

$$\frac{\text{목재의 무게} - \text{전건시 목재의 무게}}{\text{전건시 목재의 무게}} \times 100\%$$

- ㉢ 목재의 강도는 비중과 비례하며 함수율이 일정하고 결함이 없으면 비중이 클수록 강도가 크다.
- ㉣ 부패, 풍화, 충해, 연소에 대한 내구성에 영향을 받는다.

② 종류

- ㉠ **합판** : 3장 이상의 얇은 판을 1장마다 섬유 방향이 다른 각도로 교차되도록 겹쳐서 접착제로 붙인 것으로 단판에 접착제를 칠한 다음 여러 겹으로 겹쳐서 접착제의 종류에 따라 상온 가압 또는 열압하여 접착시킨다. 보통합판, 특수합판, 도장합판으로 구분할 수 있다.
- ㉡ **집성목재** : 두께 15 ~ 50mm의 단판을 섬유방향을 거의 평행이 되게 여러 장 겹쳐서 접착한 것으로 강도를 자유롭게 조절할 수 있다.
- ㉢ **강화목재** : 합판의 단판에 페놀수지 등을 침투시켜 열압하여 붙여 댄 것으로 비중은 1 이상이며 강도가 크고 마멸이 잘 되지 않는다.
- ㉣ **인조목재** : 톱밥, 대팻밥, 나무 부스러기 등을 원료로 사용, 고열 · 고압을 가하여 원료가 가지는 리그닌 단백질을 이용하여 목재섬유를 고착시켜 만든 견고한 판을 말한다.
- ㉤ **바닥판재** : 파키트리 보드, 파키트리 패널, 파키트리 블록 등이 해당된다.
- ㉥ **벽, 천장재** : 코펜하겐 리브, 코르크 등이 해당된다.
- ㉦ **섬유판** : 식물성 섬유를 원료로 하여 접착제, 방부제 등을 첨가하여 제판한 것으로 연질 섬유판, 반경질 섬유판, 경질 섬유판으로 구분한다.

◎ 파티클 보드 : 식물 섬유를 주원료로 하여 접착제로 성형, 열압하여 제판한 비중 0.4 이상의 판으로 경도가 크고, 방충, 방부성이 크다.

2 시멘트

① **포틀랜드 시멘트**

　㉠ **보통 포틀랜드 시멘트 – 석회석, 점토, 생석회**
　　• 공정이 비교적 간단하며 품질이 우수하다.
　　• 생산량이 많다.
　　• 가장 많이 사용되는 시멘트

　㉡ **중용열 포틀랜드 시멘트 – 석회석, 점토, 생석회**
　　• 석회, 알루미나, 마그네시아의 양을 적게 하고, 실리카와 산화철을 다량 함유한 것으로 수화 작용을 할 때 발열량이 작다.
　　• 조기 강도가 작으나 장기 강도는 크며, 체적의 변화가 적어 균열이 발생이 적다.
　　• 방사선 차단효과가 있으며, 내식성, 내구성이 우수하다.
　　• 댐축조 콘크리트 구조물, 콘크리트 포장, 방사능 차폐용 콘크리트로 사용

　㉢ **조강 포틀랜드 시멘트 – 석회석, 점토, 생석회**
　　• 경화가 빠르고 조기 강도가 크며, 석회분이 많아 품질이 우수하다.
　　• 분말도가 커 수화열이 크며, 공기을 단축할 수 있다.
　　• 한중공사, 수중공사, 긴급공사에 사용

　㉣ **백색 포틀랜드 시멘트 – 석회석, 점토, 생석회**
　　• 산화철 및 마그네시아의 함유량을 제한한 시멘트로 보통 포틀랜드 시멘트와 품질의 거의 동일하다.
　　• 미장재, 도장재에 주로 사용

　㉤ **고산화철 포틀랜드 시멘트 – 석회석, 점토, 광재, 생석회**
　　• 내산성, 내구성을 증가시키기 위해 광재를 시멘트 원료로 사용한 것으로 장기 강도는 작으나 수축률과 발열량이 적다.
　　• 화학 공장의 건설재, 해안 구조물의 축조에 주로 사용

② **혼합 시멘트**

　㉠ **고로 시멘트**
　　• 보통 포틀랜드 시멘트 클링커와 광재에 적당한 석고를 넣은 깃으로 광재의 혼합량은 포틀랜드 시멘트의 25 ~ 65% 정도이다.
　　• 해안 공사, 큰 구조물 공사에 주로 사용

ⓛ 플라이애시 시멘트 – 포틀랜드 시멘트 클링커, 플라이애시 생석회
- 플라이애시의 혼합량은 포틀랜드 시멘트의 15 ~ 40% 정도이며, 수화열이 적도 조기강도는 낮으나 장기강도는 크다.
- 워커빌리티가 좋고 수밀성이 크며, 단위 수량을 감소시킨다.
- 하천공사, 해안공사, 해수공사, 기초공사에 주로 사용

ⓒ 포졸란 시멘트 – 포틀랜드 시멘트 클링커, 포졸란, 생석회
- 보통 포틀랜드 시멘트 클링커와 광재에 적당한 석고를 넣은 것으로 광재의 혼합량은 포틀랜드 시멘트의 25 ~ 65% 정도이다.
- 해안공사, 큰 구조물 공사에 주로 사용

③ **특수 시멘트**

㉠ **알루미나 시멘트 – 보크사이트, 석회석**
- 조기 강도가 크고 수화열이 높으며 화학작용에 대한 저항성이 크다.
- 수축이 적고 내화성이 우수하다.
- 동기공사, 해수공사, 긴급공사에 주로 사용

㉡ **팽창 시멘트** : 칼슘 클링커(보크사이트, 백악, 석고를 혼합 소성)에 광재 및 포틀랜드 클링커의 혼합물을 넣어 만든 것이다.

3 콘크리트

① **개요**

㉠ 시멘트, 잔골재, 굵은 골재에 적당한 양의 물을 넣고 혼합하여 만든 것으로 굵은 골재를 쓰지 않은 것을 모르타르, 골재를 전혀 쓰지 않은 것을 시멘트풀이라 한다.

ⓛ 압축강도가 크고, 내화적, 내수적, 내구적이다.

ⓒ 배합은 보통 시멘트, 잔골재, 굵은 골재의 비를 용적 또는 무게비로 1 : m : n으로 표시하기도 하며, 시멘트와 골재와의 비로 1 : m+n으로 표시하기도 한다.

ⓔ **워커빌리티 결정요인** : 골재의 성질, 골재의 모양, 수량, 배합 및 비비기 정도, 혼합 후의 시간

ⓜ 콘크리트의 강도 중 압축강도가 가장 크고 인장강도, 휨강도, 전단강도는 압축강도의 $\frac{1}{10}$ ~ $\frac{1}{5}$ 에 불과하다.

ⓗ 강도 이외에 탄성력, 체적, 내화적 성질 등의 영향을 받는다.

② **특수 콘크리트와 혼화재료**

　㉠ **특수 콘크리트**

- 경량 콘크리트 : 경량 골재를 쓰거나 발포제를 써서 만든 기건 비중이 2.0 이하의 콘크리트로 경량, 단열, 방음 등의 효과가 있으며 비중이 적고, 강도가 낮다.
- AE 콘크리트 : 콘크리트를 비빌 때 AE제를 넣어 인공적으로 미세한 기포가 생기게 하여 가공질로 만든 것으로 시공연도가 증대되고 응집력이 있어 분리가 적다.
- 기포 콘크리트 : 기포제를 사용한 경량 콘크리트로 가볍고, 단열성이 우수하며, 제법도 간단하다. 지붕 단열층, 간막이 벽, 단열마루에 사용하면 좋고 수축은 일반 콘크리트의 10배 정도 크다.
- 프리팩트 콘크리트 : 거푸집에 미리 자갈을 넣고 골재 사이에 모르타르를 압입, 주입하여 콘크리트를 형성해 가는 공법으로 내수성, 내구성이 있고 동해 및 융해에 강하다. 주로 비중이 큰 골재를 쓰는 공법에 사용한다.
- PS 콘크리트 : 고강도의 강재나 피아노선과 같은 특수 선재를 사용하여 재축 방향으로 콘크리트에 미리 압축력을 준 것으로 프리텐셔닝과 포스트텐셔닝으로 구분된다.
- 프리텐셔닝법 : 콘크리트를 타설하기 전 5mmϕ 이하의 선재에 인장력을 미리 준 다음 콘크리트를 타설해 경화시킨 후 콘크리트와 선재의 부착에 의한 자동 정착에 따라 콘크리트에 압축 프리스트레스를 받게 하는 방법
- 포스트텐셔닝법 : 콘크리트가 경화한 후 인장력을 가하는 것으로 강선은 콘크리트와 부착되지 않도록 하고 압축력을 부재 단부의 정착 장치에 의해 콘크리트에 전달되도록 하는 방법
- 진공 콘크리트 : 대기압을 가장 유효하게 이용한 방법으로 진공장치에 의해 부어 넣고 아직 굳지 않은 콘크리트면에 진공층을 만듦으로써 경화하는 데 필요이상의 물을 끌어올려 제거하는 방법이다.
- 레디믹스트 콘크리트 : 현장이 협소하여 재료 보관 혼합 작업이 불편하고 기초나 지하실 등과 같이 운반차보다 낮은 부분의 공사, 긴급 공사, 소량만 사용할 경우 이용한다.

　㉡ **혼화재료**

- 혼화재 : 포졸란과 같이 사용량이 비교적 많아 그 자체의 용적이 콘크리트의 배합 계산에 관계되는 것
- 포졸란 : 실리카 젤 또는 실리카 및 알루미나질의 것으로 그 자체에는 수경성이 없으나, 미분 상으로 한 것을 콘크리트 중의 물에 녹아 있는 수산화칼슘과 상온에서 서서히 결합하여 경화된다.
- 플라이애시 : 포졸란에 비해 실리카가 적고 알루미나가 많으며, 비중이 작아 매끈한 구형 입자가 된다.
- 혼화제 : 사용량이 비교적 적어 약품적인 사용에 그치는 것
- AE제 : 작은 기포를 콘크리트 속에 균일하게 분포시키기 위해 사용하는 것으로 천연수지를 주성분으로 한 것과 화학 합성품이 있다.
- 경회촉진제 : 시멘트의 수화작용을 촉진하는 혼화제로 염화칼슘이 주로 사용된다.
- 지연제 : 시멘트의 응결을 늦추기 위해 사용하는 혼화제로 레미콘, 수조, 사일로 등의 연속 타

설을 요하는 콘크리트의 조인트 방지 등에 효과가 있다.

－급결제 : 응결시간을 더욱 빠르게 하기 위해 사용하는 혼화제로 탄산소다, 알루민산소다, 규산소다, 염화제이철, 염화알루미늄 등을 주성분으로 한다.

－방수제 : 모르타르나 콘크리트를 방수적으로 하기 위해 사용하는 혼화제

－발포제 : 알루미늄, 마그네슘, 아연 등의 분말로 시멘트의 응결 과정에 있어서 수산화물과 반응하여 수소가스를 발생시켜 모르타르나 콘크리트에 미세 기포를 생기게 한다.

❹ 점토질 재료

① 점토의 분류

제품명	원료	소성온도(℃)	바닥 투명도	특성	흡수율(%)	용도
토기	전답의 흙	790 ~ 1,000	불투명한 회색, 갈색	흡수성이 크고 깨지기 쉽다.	20	기와, 벽돌, 토관
석기	유기 불순물이 섞여 있지 않는 양질의 점토(내화점토)	1,160 ~ 1,350	불투명하고 색깔이 있음	흡수성이 극히 작고 경도와 강도가 크다. 두드리면 청음이 난다.	3 ~ 10	경질기와, 바닥용 타일, 도관
도기	석영, 운모의 풍화물(도토)	1,100 ~ 1,230	불투명하고 백색	흡수성이 있어 시유한다.	10	타일, 위생도기
자기	양질의 도토와 자토	1,230 ~ 1,460	투명하고 백색	흡수성이 극히 작고 경도와 강도가 가장 크다. 투명한 유약을 칠해 굽는다.	0 ~ 1	자기질 타일

② 종류

㉠ 벽돌

• 보통벽돌 : 논, 밭에서 나오는 점토를 원료로 하여 소성가마에서 제작
• 이형벽돌 : 특수한 용도에 사용하기 위해 특수한 모양으로 제작

㉡ 특수벽돌

• 공동벽돌 : 시멘트 블록과 같이 속이 비게 하여 만든 벽돌로 경량이며, 단열, 방음성이 있어 간막이 벽이나 외벽에 사용한다.
• 다공질벽돌 : 원료에 유기질 가루를 혼합해서 성형, 소성한 것으로 단열 및 방음성이 있으나 강도가 약하다.

- 포도벽돌 : 도로 포장용, 건물 옥상 포장용으로 사용하며 마멸이나 충격에 강하고 흡수율이 적으며, 내화력이 강하다.
- 광재벽돌 : 광재에 10 ~ 20%의 석회를 가하여 성형, 건조한 것으로 보통 벽돌보다 모든 성질이 우수하다.
- 내화벽돌 : 높은 온도를 요하는 장소에 사용한다.
ⓒ 기와 : 논밭에서 나오는 저급 점토로 만든 것으로 유약의 종류에 따라 색이 달라진다.
ⓔ 타일 : 자토, 도토 또는 내화 점토를 사용하며, 모양에 따라 보더, 스크래치, 모자이크, 이형 타일로 구분하며 바탕질에 따라 도기질, 자기질 타일로 구분한다.
ⓜ 테라코타 : 버팀벽, 주두, 돌림띠 등에 사용되는 장식용 점토제품으로 석재 조각물 대신 사용되며 화강암보다 내화력이 강하고 대리석보다 풍화에 강하다.
ⓗ 토관 및 도관
ⓢ 위생도기

5 금속재료

① 철강

ⓐ 철과 탄소 이외에 규소, 망간, 황, 인 등을 함유하고 있으며 탄소량이 적을수록 연질이며 강도도 작아지나 신장률은 커진다.

ⓑ 열간가공, 냉간가공, 단조, 압연, 인발 등의 성형방법을 사용한다.

ⓒ 열처리 방법

구분 / 방법	열처리방법	특성
불림	강을 800 ~ 1,000℃로 가열한 다음 공기 중에서 천천히 냉각시키는 것	• 강철의 결정 입자가 미세화된다. • 변형이 제거된다. • 조직이 균일화된다.
풀림	강을 800 ~ 1,000℃로 가열한 다음 노 속에서 천천히 냉각시키는 것	• 강철의 결정이 미세화된다. • 강철의 결정이 연화된다.
담금질	가열된 강을 물 또는 기름 속에서 급히 냉각시키는 것	• 강도, 경도가 증가한다. • 저 탄소강은 담금질이 어렵고, 담금질 온도가 높아진다. • 탄소 함유량이 클수록 남금질 효과가 크다.
뜨임	담금질한 강의 인성을 부여하기 위해 강을 200 ~ 600℃ 정도에서 천천히 냉각시키는 것	• 강의 변형이 없어진다. • 강인한 강이 된다.

② **주철**

ㄱ 탄소 함유량이 일반적으로 2.5 ~ 3.5% 정도인 철로 기계적인 가공을 할 수 없으나 복잡한 모양으로 쉽게 주조할 수 있다.

ㄴ **종류**

- 보통 주철 : 선철에서 만든 것으로 창의 격자, 장식철물, 계단, 교량의 손잡이, 방열기, 주철관, 하수관 뚜껑 등에 사용된다.
- 가단주철 : 뒤벨, 창호의 철물, 파이프 이음 등에 주로 사용되며 백선은 고온으로 오랜 시간 풀림을 하여 전성과 연성을 증가시킨 것이다.
- 주강 : 구조용재로 주로 사용되며, 탄소량이 1% 이하인 용융강을 필요한 모양과 치수에 따라 주조한 것이다.

③ **합금강**

ㄱ 탄소강에 니켈, 크롬, 망간, 몰리브덴, 텅스텐 및 그 밖의 원소를 한 가지 이상 혼합한 것을 말한다.

ㄴ **종류**

- 구조용 합금강 : 탄소 이외에 니켈, 크롬, 망간 등의 원소를 한 원소에 대하여 약 5% 이하로 한 가지 이상 넣어 담금질을 한 후 뜨임질을 한 것으로 인장강도와 항복점이 높고 인성이 크다. PC강선, 특수레일 등에 사용된다.
- 특수용 합금강
- 스테인리스강 : 공기, 수중에서 녹이 잘 발생하지 않으며, 크롬의 양을 증가할수록 내식성, 내열성이 향상된다. 니켈의 양의 따라 기계적 성질이 개선되며 화학약품 취급기구, 개수기, 식기, 건축장식 등에 사용된다.
- 함동강 : 구리를 포함한 연강으로 내식성과 강도가 크며 가격이 저렴하다.

④ **비철금속**

ㄱ **구리**

- 황동광의 원광석을 용광로 또는 전로에서 거친 구리물로 만든 후 전기분해하여 구리로 정련한다.
- 연성과 전성이 크며, 열이나 전기전도율도 크다.
- 건조한 공기 중에서는 변화하지 않으나 습기를 받으면 이산화탄소와 부식하여 녹청색을 띤다.
- 알칼리성 용액에 침식이 잘되며 산성용액에 잘 용해된다.
- 지붕이기, 홈통, 철사, 못, 철망 등에 사용된다.

ㄴ **구리합금**

- 황동
- 구리에 아연을 10 ~ 45% 정도 가하여 만든 합금으로 구리보다 단단하고 가공이 용이하다.
- 내식성이 크고 외관이 아름답다.
- 창호 철물에 주로 사용한다.

- 청동
  - 구리와 주석 4 ~ 12%의 합금으로 황동보다 내식성이 크고, 주조하기 용이하다.
  - 표면은 특유의 청록색을 띤다.
  - 장식철물, 공예재료로 주로 사용한다.
- 포금
  - 주석 10%에 아연, 납, 구리의 합금으로 강도와 경도가 크다.
  - 기계, 톱니바퀴, 건축용 철물로 주로 사용한다.
- 인청동
  - 인을 포함한 청동으로 탄성과 내마멸성이 우수하다.
  - 금속재 창호의 가동 부분에 사용된다.
- 알루미늄 청동
  - 구리에 알루미늄을 5 ~ 12% 정도 가하여 만든 합금으로 색상이 변하지 않으며 황금색을 띤다.
  - 장식철물로 사용된다.

ⓒ 알루미늄
- 원광석인 보크사이트로 순수한 알루미나를 만든 후 전기분해하여 은백색의 금속을 만든 것이다.
- 전기나 열전도율이 높으며, 비중에 비하여 강도가 크다.
- 산화막을 생성하여 내부를 보호하며, 전성과 연성이 풍부하다.
- 가공이 용이하며, 산와 알칼리에 약하다.
- 지붕이기, 실내장식, 가구, 창호, 커튼 레일 등에 사용된다.

ⓔ 두랄루민
- 알루미늄에 구리 4%, 마그네슘 0.5%, 망간 0.5%을 가하여 만든 합금으로 430 ~ 470℃의 온도에서 쉽게 압연이 되며 한번 가공한 것은 박판이나 가는 선으로 제조하여 사용한다.
- 보통 온도에서 균열이 발생하고 압연이 잘되지 않는다.
- 열처리를 하면 재질이 개선되고 시일이 경과함예 따라 강도와 경도가 커진다.
- 염분이 있는 바닷물 속에서 부식이 잘된다.
- 비행기, 자동차, 건축용 판재로 주로 사용된다.

ⓜ 주석
- 전선과 연성이 풍부하며 내식성이 크다.
- 산소나 이산화탄소의 작용을 받지 않으며 유기산에 거의 침식되지 않는다.
- 공기 중이나 수중에서 녹이 잘 발생하지 않으며 알칼리에 천천히 침식된다.
- 양철판, 청동, 방식피복재료, 땜납으로 사용된다.

ⓗ 납
- 금속 중 가장 비중이 크고 연하며 주조 가공성 및 단조성이 풍부하다.
- 열전도율이 작으나 온도 변화에 따른 신축이 크고 공기 중에서 탄산납의 피막이 생겨 내부를 보호한다.
- 내산성은 크나 알칼리에는 침식된다.
- 송수관, 가스관 등에 주로 사용된다.

◎ 아연

- 강도가 크고 연성과 내식성이 양호하다.
- 공기 중에서 거의 산화되지 않으며, 습기나 이산화탄소가 있을 경우 표면에 탄산염이 생겨 내부의 산화진행을 방지한다.
- 철강의 방식용 피복제, 함석판, 지붕이기, 홈통, 얇은 판이나 못 등에 사용된다.

◎ 니켈

- 전성과 연성이 크며 청백색의 광택을 띤다.
- 내식성이 커 공기나 습기에 대해 산화가 일어나지 않는다.
- 장식용, 합금용에 주로 사용된다.

◎ 양은

- 구리, 니켈, 아연의 합금으로 색상이 아름답다.
- 내산, 내알칼리성이 있으며, 마멸에 강하다.
- 문의 장식 및 전기기구 등에 사용된다.

PLUS CHECK 비철금속재료의 역학적 성질

재료명	인장강도(kg/mm^2)	항복점(kg/mm^2)	비중
구리	$16 \sim 36$	$9.8 \sim 35$	8.9
청동	$28 \sim 141$	$14 \sim 122$	$7 \sim 9$
황동	$21 \sim 28$	$10 \sim 25$	$8.4 \sim 8.8$
아연 및 그 합금	$10.5 \sim 21.5$	$7 \sim 17.5$	$6.6 \sim 7.1$
납 및 그 합금	$1.4 \sim 8.4$	$0.7 \sim 7$	$10.5 \sim 11.5$
주석 및 그 합금	$1.4 \sim 10.5$	$0.9 \sim 7$	$7.3 \sim 7.8$
알루미늄 및 그 합금	$9.1 \sim 50.4$	$3.5 \sim 43.5$	$2.6 \sim 2.9$
니켈 및 그 합금	$42 \sim 70$	$21 \sim 56$	$8.3 \sim 8.9$

6 합성수지

① 열경화성 수지

㉠ 페놀수지 : 페놀과 포름알데히드를 반응시켜 수지 상태로 만든 것으로 베크라이트라고 불리는 페놀수지는 플라스틱 중 가장 역사가 깊은 수지로 내열성, 치수안정성, 가공성 등이 우수하고 가격도 저렴하여 전기절연물, 공업부품, 일용품 등에 널리 사용

㉡ 불포화 폴리에스터 : 비교적 저점도의 액상수지로 사용법에 따라 실온에서 경화하여 사용하며, 경화시 다른 열경화수지와 같은 가스를 부생하지 않음으로 성형시 거의 압력을 가하지

않아도 되기 때문에 유리섬유에 합침시켜 대량의 성형품을 만드는데 사용되어 강화 플라스틱용 수지로 발전, 건축자재분야, 공업자재분야, 수송기기분야에서 주로 사용

ⓒ 요소수지 : Urea-Formaldehyde를 반응시킨 무색투명의 열경화성 수지로 착색이 쉽고 접착강도가 크며, 경화가 빠르고 가격이 저렴하여 합판용 접착제로 널리 사용, 그 밖에 화장품 용기, 단추, 식기류, 조명기구, 전기부품 등에 사용

ⓔ 멜라민수지 : 결정성 백색분말과 포름알데히드를 염기성 촉매 존재 하에 반응시킨 무색투명의 열경화성 수지로 표면 경도가 현재 합성수지 중 가장 단단하다. 식기류, 커피잔, 식기, 일용품, 도료, 적층판 등에 사용

ⓜ 에폭시 : 비소페놀A와 에피콜로로히드린과 축합에 의해 생산되며, 도료, 접착제와 같은 성형 가공을 필요로 하지 않는 것에 많이 사용되며, 성형은 분말의 에폭시 수지 성형재료로 압축 성형 트랜스퍼 성형으로 실시, 전기적 성질이 우수하고 내열성, 방한성, 역학적 성질이 좋으며 경화시 물, 이외에 부생성물이 없고 치수 안정성이 좋으며, 내수성, 내습성이 좋고 금속목재, 시멘트, 플라스틱과의 접착성이 우수

ⓗ 폴리우레탄 : 탄성, 강인성이 풍부하고 인열강도가 크고 내마모성이나 내노화성, 내유, 내용재성이 우수하고 저온 특성도 우수, 가수분해가 용이하고 산 및 알칼리에 약하고 열이나 빛의 작용으로 황변화하는 것이 단점

ⓢ 실리콘 : 중합에 의해 생성된 고무에 충전제, 기타 첨가제를 혼합하여 고무 컴파운드를 만든 후 이를 가압, 가열하여 탄성을 보유하고 전기적 성질이 뛰어난 성질의 실리콘 고무를 제작, 항공기 산업에 대량으로 이용되며 수혈관 등에도 사용

② **열가소성 수지**

ⓖ 폴리에틸렌 : 에틸렌을 중합하여 생산, 고압법, 중압법, 저압법과 같이 중합법에 따라 성질이 달라지며, 저밀도, 중밀도, 고밀도로 분류하고 폴리프로필렌 등과 일괄하여 폴리올레핀이라고도 한다.
- 고밀도 폴리에틸렌 : 반투명고체로 분말 또는 입상으로 밀도는 0.94 이상이며 비중은 0.941 ~ 0.965, 융점 130 ~ 134℃, 필름 포장재, 양동이, 세면기, 석유통, 상자, 어망 등에 사용
- 저밀도 폴리에틸렌 : 투명 고체로 분말 또는 입상이며 비중은 0.910 ~ 0.925, 융점 110℃, 주머니, 랩필름, 식품용기, 농업용필름 등 포장재로 주로 사용
- 선형 저밀도 폴리에틸렌 : 투명 고체로 분말 또는 입상이며 비중은 0.926 ~ 0.940, 융점 118 ~ 125℃, 내충격성, 내열성 등이 우수하여 포장용, 식품용기, 전선피복, 파이프, 공업부품 등에 사용

ⓛ 폴리프로필렌 : 인장강도가 우수하고 압축, 충격강도가 양호하며 표면강도가 높다. 내열성이 높고 유동성이 좋으며 내열, 내약품성이 양호, 프로필렌을 적절한 촉매에 중합하여 제조하며 밀도는 0.9 ~ 0.91, 융점 160 ~ 170℃, 식품용기, 필름, 욕실용품, 끈, 상자, 전기제품, 자동차제품 등에 사용

ⓒ 폴리염화비닐 : 무색무취의 분말로 불에 잘 타지 않고 전기적 성질이 좋고 내약품성이 우수하다. 자외선에 의해 분해되므로 반드시 안정제가 첨가되어야 하며 에틸렌과 chlorine을 50 ~ 90℃, 0.7atm 조건에 촉매 존재 하에 반응시켜 EDC를 얻고 이를 분해하여 VCM을 제조한 후 다시 이를 중합하게 만든다. 내열온도 66 ~ 79℃, 120 ~ 150℃에서 가소성을 갖고 170℃에서 용융하여 190℃ 이상에서 염산을 방출하며 분해한다. 전선피복, 랩필름, 파이프, 호스, 바닥재, 인조피혁, 타일 등에 사용

ⓓ 폴리스티렌 : 벤젠과 에틸렌으로부터 에틸벤젠을 만들고 이를 탈수소화하여 스티렌 모노머를 만든 후 이것을 중합하여 제조하며 TV, 식탁용품, 생선상자, 트레이, 완구, 단열재 등에 사용

ⓔ ABS : 강하고 단단하며 자연색은 엷은 상아색을 띠나 어떤 색으로도 착색이 가능하고 광택이 있는 성형품에 유리하다. 부타디엔과 아크릴로니트릴, 스티렌을 중합하여 제조하며 자동차부품, 냉장고 내장재, 청소기 받침 등 전기제품, 트렁크, 헬멧 등에 사용

ⓕ 메타크릴수지 : 메타크릴산 에스테르 폴리머의 총칭으로 메타크릴산 메타를 주성분으로 하는 비결정성 플라스틱이다. 투명도가 투명플라스틱 중 가장 좋고 가시광선영역 광선 투과율은 두께 3mm로 약 93%이며, 전기제품, 램프 등 자동차부품, 식탁용품, 조명판 간판, 방풍유리 등에 사용

ⓖ 폴리에틸렌테레프탈레이트 : 테레프탈산과 에틸렌글리콜을 중합하여 만든 포화 폴리에스테르로 내열성, 내약품성, 전기적 성질, 역학적 성질이 우수하여 섬유, 필름 등에 많이 사용되고 결정화 속도가 늦어 고온 금형이 필수, 청량음료 및 세제 등의 보틀용, 자동차, 드라이어, 다리미 등 사출용으로 사용

③ **셀룰로스계 수지**

ㄱ 셀룰로스계 수지는 식물성 물질의 구성 성분으로 자연계에 많이 있다.

ㄴ 고분자물질을 질산, 아세트산 등의 화학약품에 의해 변성한 것으로 반합성 수지이다.

ㄷ 셀룰로이드, 아세트산 섬유소수지가 있다.

④ **고무 및 합성고무**

ㄱ 라텍스는 고무나무의 수피에서 분비되는 유상의 즙액으로 비중이 1.02이고 그대로 두면 응고한다.

ㄴ 생고무는 채취한 라텍스를 정제한 것으로 비중이 0.91 ~ 0.92이며, 광선을 흡수하여 점차 분해되어 균열이 발생하고 점성으로 변한다.

ㄷ 가황고무는 생고무에 황을 가하여 물리적·화학적 성질을 개선하여 만든 것으로 내유성이 약하고, 광선, 열에 의한 산화, 분해되어 균열이 발생하여 노화되나 생고무에 비해 내노화성을 개선한 것이다.

ㄹ 리놀륨은 아마인유, 건조제, 수지, 코르크 분말, 톱밥, 충전물, 안료, 황마포 등을 원료로 하며, 내구력이 크고 탄력성 및 내수성이 있다.

7 방수재료

① 건축물 내·외부를 통하여 침투하는 물이나 습기를 차단하는 재료를 방수재료라 한다.

② **아스팔트 방수재료**

 ㉠ **아스팔트** : 천연 아스팔트, 석유 아스팔트, 스트레이트 아스팔트, 블로운 아스팔트

 ㉡ **아스팔트 프라이머** : 방수 및 방습 시공시 바탕에 도포

 ㉢ **아스팔트 컴파운드** : 동물성 또는 식물성 섬유를 혼합, 내산재로 사용, 방수재료, 아스팔트 방수 공사

 ㉣ **아스팔트 펠트** : 내외벽의 방수, 방습재료로 사용

 ㉤ **아스팔트 루핑** : 방수공사의 바탕깔기용으로 사용

③ **시멘트 방수재료**

 ㉠ **시멘트 방수재** : 모르타르 또는 콘크리트에 혼합, 액체·분말·교질 방수제로 구분

 ㉡ **주성분에 의한 분류** : 염화칼슘계, 규산소다계, 지방산계, 파라핀계, 수용성 폴리머계

 ㉢ **시멘트 액체방수, 방수모르타르, 방수시멘트풀**

④ **도막 방수재료**

 ㉠ **도막방수** : 1성분형과 2성분형으로 구분

 ㉡ **아크릴수지계** : 습윤한 바탕면에도 시공이 가능, 건조시간이 길다는 단점이 있음

 ㉢ **애폭시계** : 접착성이 우수하고 바탕콘크리트의 균열보수에도 사용되나 가격이 고가

 ㉣ **아크릴고무계** : 신축성이 있어 복잡한 부위에도 시공이 용이

 ㉤ **우레탄고무계** : 유연성이 있고 촉감이 부드러움

 ㉥ **클로로프렌고무계** : 균질한 고무상의 탄성도막을 형성

⑤ **시트 방수재료**

 ㉠ **시트방수** : 접착제나 토치를 사용하여 모체에 방수층을 형성

 ㉡ **개량아스팔트시트** : 1겹의 방수층으로 시공

 ㉢ **합성고분자계시트** : 합성고무계시트, 합성수지계시트

 ㉣ **시트사용 접착제**

⑥ 방수 주요 재료

방수공법	주요 재료
아스팔트방수	아스팔트 프라이머, 아스팔트, 아스팔트 루핑, 단열재
시트방수	프라이머, 접착제, 합성고분자시트재
도막방수	프라이머, 보강재, 완충재, 도막재(우레탄, 아크릴고무, 고무아스팔트)
금속판방수	동판, 스테인리스스틸, 티탄시트 등의 금속재
침투성방수	시멘트, 물(폴리머), 규사, 규산질분말
시멘트액체방수	시멘트, 방수제(염화칼슘, 규산나트륨 등)
발수공사	실리콘 또는 비실리콘계의 유기질 용액

8 도료 및 접착제

① 도료

　㉠ 도료의 분류

분류	종류	구성
페인트	수성페인트	안료 + 아교 또는 카세인 + 물
	유성페인트	안료 + 보일유(건성유+건조제) + 희석제
	에나멜페인트	유성바니시 + 안료 또는 유성페인트 + 유지
바니시	유성바니시	수지 + 건성유 + 희석제
	휘발성바니시	수지 + 휘발성용제 + 안료
합성수지도료	용제형	합성수지 + 용제 + 안료
	에멀션형	합성수지 + 유화제 + 안료 + 물
	무용제형	중합제 + 안료
옻칠	생옻칠	칠나무에서 채취한 것
	정제칠	생칠을 가열, 정제한 것

ⓛ 도료의 특징

구분		특징
유성페인트 수성페인트 에나멜페인트		안료와 유지 또는 풀재를 혼합한 물을 주원료로 한 것으로 유지가 건고하거나 수액이 증발하여 불투명한 피막을 만드는 것
합성수지도료	용제형	안료와 합성수지 시너(thinner)를 주원료로 한 것으로 용제에 용융시킨 것과 용제에 용융시키지 않은 것이 있다.
	에멀션형	
	무용제형	
바니시 (varnish)	유성	천연 또는 인공수지를 유지 또는 용제로 용융시킨 것
	휘발성	
스테인 (stain)	수성	안료를 물, 기름 또는 용제에 용융시킨 것으로 주로 목재착색용에 이용
	유성	
	용제성	
옻칠	생옻칠	옻나무 수피로부터의 분비액을 정제한 것으로 피막은 투명, 불투명 등 여러 가지가 있다.
	정제칠	
감물		익지 않은 감을 절구에 다져 물을 가하여 수일 후 천으로 짜서 채취한 액체로 주로 목재의 착색과 보호의 목적으로 사용되고 있다.

② **접착제**

㉠ 요구성능

- 경화시 체적수축 등의 변형을 일으키기 않을 것
- 장기 하중에 의한 크리프가 없을 것
- 진동, 충격의 반복에 잘 견딜 것

ⓛ 유해화학물질 방출량 허용기준

구분	휘발성유기화합물(VOCs)	포름알데히드(HCHO)
접착제	7일 후 $0.4mg/m^2h$ 이하	7일 후 $0.02mg/m^2h$ 이하

ⓒ 접착제의 종류

공종	종류	주성분	주용도	도포량의 예
바닥마감 공사	접착제	에폭시계	합판마루 등 목질계 바닥재	1.1kg/m^2
		변성아크릴에멀션	PVC타일, 고무타일, 복합목질계	$0.75 \sim 1 \text{kg/m}^2$
		합성고무계	연질걸레받이 및 고무타일	0.35kg/m^2
		변성아크릴에멀션	중보행, 경보행 바닥재	$0.3 \sim 0.4 \text{kg/m}^2$
		우레탄계	PVC타일	$1.0 \sim 1.3 \text{kg/평}$
	실런트	변성아크릴에멀션	목질바닥재틈새, 걸레받이엣지	–
벽체마감 공사	접착제	초산비닐수지계	각종무기질판, 보드류	$0.7 \sim 0.8 \text{kg/m}^2$
		초산비닐수지계	스티로폼보드	$0.7 \sim 0.9 \text{kg/m}^2$
		합성고무계	각종무기질판, 보드류	$0.5 \sim 0.6 \text{kg/m}^2$
		초산비닐에멀션	벽지용	$0.12 \sim 0.2 \text{kg/m}^2$
천정마감 공사	접착제	초산비닐에멀션	화장합판, 록울보드, 벽체용보드	$0.5 \sim 0.7 \text{kg/m}^2$
		초산비닐수지계	스티로폼보드	$0.7 \sim 0.9 \text{kg/m}^2$
		합성고무계	각종무기질판, 보드류	$0.2 \sim 0.35 \text{kg/m}^2$
		합성고무계	각종무기질판, 보드류	$0.5 \sim 0.6 \text{kg/m}^2$
		변성아크릴에멀션	무기질화장판(실내벽, 천장)	$1.5 \sim 1.8 \text{kg/m}^2$
실링, 창호공사	실런트	우레탄계	섀시, 조인트	$10 \times 10 \text{mm}$ 줄눈 $10 \text{m}/12 \text{kg}$
		변성아크릴에멀션	내장재조인트 부위	$5 \times 5 \text{mm}$ 줄눈 $11 \text{m}/310 \text{ml}$
		합성고무계	욕실거울, 스티로폼등 단열재	$5 \times 5 \text{mm}$ 줄눈 $11 \text{m}/310 \text{ml}$
		우레탄계	창틀, 문틀, ALC블럭 틈새	–
		무초산실리콘계	유리, 샤시, 대리석, 석재	$5 \times 5 \text{mm}$ 줄눈 $12 \text{m}/300 \text{ml}$
		무초산실리콘계	욕조, 세면대, 싱크대	$5 \times 5 \text{mm}$ 줄눈 $13 \text{m}/330 \text{ml}$
		무초산실리콘계	열선반사, 흡수유리 등 유리공사	$5 \times 5 \text{mm}$ 줄눈 $12 \text{m}/300 \text{ml}$
	기타	에폭시계	알루미늄, 철, 스테인리스 등 금속	–
미장, 방수공사	모르타르	EVA에멀션	시멘트모르타르의 접착증강	$4 \sim 8 \text{kg/시멘트 } 40 \text{kg}$
내장타일 공사	접착제	변성아크릴에멀션	주방 등의 세라믹타일	$1.5 \sim 1.8 \text{kg/m}^2$
		변성아크릴에멀션	타일 위에 타일부착	$1.5 \sim 1.8 \text{kg/m}^2$
		변성아크릴에멀션	대형타일	$1.5 \sim 1.8 \text{kg/m}^2$
석재공사	접착제	에폭시계	내장 석재(천연, 인조), 내장타일	$1.0 \sim 1.5 \text{kg/m}^2$
		변성아크릴수지계	석재의 부분접합	$1.0 \sim 1.5 \text{kg/m}^2$
		에폭시계	석재의 부분접합	$0.7 \sim 1.0 \text{kg/m}^2$

- 주성분에 따른 접착제의 유형

대분류	중분류	소분류		내용
유기계	천연계	전분계		전분, 텍스트린
		단백질계		아교, 카세인, 대두단백, 알부민
		수지계		송진, 셸락
		석유아스팔트계		아스팔트, 타르
	합성계	합성수지계	열가소성	PVC, PVAc, acryl, polyamide, styrene, alkyd, cellulose, cyanoacrylate, polysulfone, polyarylsulfone
			열경화성	페놀, 레조르시놀, 멜라민, urea, furan, epoxy, isocyanate, acryl, silicon, 불포화폴리에스테르, 아크릴산디에스테르
		합성고무계		재생고무, SBR, butyl 고무, CR, nitrile 고무, polysulfide, silicone
		혼합계(구조용)		phenolic-vinyl, phenolic-polychloroprene, epoxy, nylon-epoxy, phenolic-nitrile 고무, nitrile 고무, epoxy-polyamide, epoxy-polysulfide
		polyaromatic계 (고온용)		polyimide, polybenzoimidazole
	무기계			cement류, sodium silicate류, ceramic류, 땜납, 은납

- 건축 및 시공용 접착제

구분	주성분	용도
용제형	고무	고무 타일 시공용 등
수성	PVAc	스티로폼, 아스타일 시공용 등
에폭시	epoxy	UBR 욕조 타일, 각종 건축 부자재 및 바닥재 시공용 등
폴리우레탄	무용제형	고무 칩 바인더 및 시공용 등
	용제형	고무 타일 시공용, 조립식 패널 및 방화문의 샌드위치패널 제조용, 인조잔디 시공용 등
순간접착제	cyano acrylate	모노륨 시공용

1 서로 다른 종류의 금속재가 접촉하는 경우 부식이 일어나는 경우가 있는데 부식성이 큰 금속 순으로 옳게 나열된 것은?

한국철도시설공단

① 알루미늄 > 철 > 주석 > 구리
② 주석 > 철 > 알루미늄 > 구리
③ 철 > 주석 > 구리 > 알루미늄
④ 구리 > 철 > 알루미늄 > 주석

2 다음 중 열가소성 수지에 해당하는 것은?

한국철도시설공단

① 페놀수지
② 염화비닐수지
③ 요소수지
④ 멜라민수지

✓ ANSWER | 1.① 2.②

1 부식성이 큰 것부터 나열하면 알루미늄 > 철 > 주석 > 구리의 순이 된다.
2 열가소성 수지와 열경화성 수지
　㉠ **열가소성 수지** : 열을 받으면 다시 연화되고 상온에서 다시 경화되는 성질을 가진다. 폴리에틸렌수지, 아크릴수지, 폴리스티렌수지, 염화비닐수지, 초산비닐수지, 불소수지
　㉡ **열경화성 수지** : 열을 한 번 받아서 경화되면 다시 열을 가해도 연화되지 않는다. 페놀수지, 요소수지, 멜라민수지, 폴리에스테르수지, 에폭시수지, 실리콘수지, 우레탄수지, 푸란수지

3 기경성 미장재료로 소석회, 모래, 해초물, 여물 등을 주재료로 하는 것은?

한국공항공사

① 돌로마이트 플라스터   ② 시멘트 모르타르

③ 석고 플라스터   ④ 회반죽

4 창호철물 중 여닫이문에 사용하지 않는 것은?

대구도시철도공사

① 도어행거(door hanger)   ② 도어체크(door check)

③ 실린더 록(cylinder lock)   ④ 플로어힌지(floor hinge)

✔ **ANSWER** | 3.④ 4.①

3 ① 소석회와 수산화 마그네슘을 포함한 미장 재료의 일종으로 기경성이고 여물을 필요로 한다. 백색의 미분재로, 물과 비벼서 사용한다. 벽·천장 등의 정벌칠 재료로서 사용된다.
② 시멘트와 모래를 일정한 비율로 섞어서 물에 갠 것이다. 보통 시멘트와 모래의 비율은 1 : 3 정도로 한다. 바닥이나 벽 등을 마무리할 때나 타일·벽돌 등을 붙이는 데에 이용한다.
③ 미장 재료의 일종으로 소석고를 주성분으로 한 플라스터로, 작업성을 높이기 위하여 현장에서 소석회, 돌로마이트 플라스터 등을 섞어 반죽하여 사용한다. 석고를 주성분으로 모래, 섬유질 등을 물로 반죽한 벽재로, 콘크리트의 벽이나 천장에 쓰인다.
④ 소석회, 모래, 여물, 해초물 등을 섞어 만든 미장용 반죽으로 목조 바탕, 콘크리트 블록, 벽돌 바탕 등에 흙손으로 발라서 벽체나 천장 등을 보호하며 미화하는 효과를 가지게 한다. 가수량이 불충분하면 벽면에 팽창성 균열이 생긴다.

4 도어행거는 창틀에 창을 매달기 위한 자재로서 일반적으로 미닫이문에서 주로 사용되나 여닫이문에서는 거의 사용하지 않는다.
※ 창호철물의 종류
  ㉠ **자유정첩**(Double acting butt) : 스프링을 장치하여 안팎으로 자유로이 여닫게 되는 정첩으로 외자유정첩(한 면용)과 양자유정첩(양면용)이 있다.
  ㉡ **레버터리힌지**(Lavatory hinge) : 스프링힌지의 일종으로 공중용 변소, 전화실, 출입문 등에 쓰인다. 저절로 닫혀지나 15cm 정도는 열려있어, 표시기가 없어도 비어 있는 것이 판별되고 사용시는 안에서 꼭 닫아 잠그게 되어있다.
  ㉢ **플로어힌지**(Floor hinge) : 오일 또는 스프링을 써서 문을 열면 저절로 닫혀지는 장치를 하고 바닥에 묻어 설치한 다음 문의 징두리를 여기에 꽂아 돌게 하는 창호철물이다.
  ㉣ **피벗힌지**(Pivot hinge) : 플로어 힌지를 쓸 때 문의 위쪽의 돌대로 쓰는 철물이다.
  ㉤ **도어클로저**(Door closer) : 문과 문틀에 장치하여 문을 열면 저절로 닫혀지는 장치가 되어 있는 창호철물로 스프링과 피스톤 장치로 기름을 넣는 통에 피스톤 장치가 있어 개폐속도를 조절한다.
  ㉥ **함자물쇠** : 자물쇠를 작은 상자에 장치한 것으로 출입문 등 문의 울거미 표면에 붙여대는 자물쇠이다.
  ㉦ **실린더자물쇠**(Pin tumbler lock) : 자물통이 실린더로 된 것으로 팀블러 대신 핀을 넣은 실린더 볼트가 함께 있다.
  ㉧ **도어스톱** : 여닫이문이나 장지를 고정하는 철물, 문받이 철물로 문틀의 내면에 둔 돌기부분으로서 문을 닫을 때 문짝이 지나치지 않도록 하기위한 것이다.
  ㉨ **도어체크**(Door check) : 문과 문틀에 장치하여 문을 열면 저절로 닫혀 지는 장치가 되어 있는 창호철물이다.
  ㉩ **도어홀더** : 여닫이 창호를 열어서 고정시켜 놓는 철물이다.
  ㉪ **오르내리꽂이쇠** : 쌍여닫이문(주로 현관문)에 상하고 정용으로 달아서 개폐를 방지한다.
  ㉫ **크리센트** : 오르내리창의 윗막이대 윗면에 대어 나른 창의 밑막이에 걸리게 되는 걸쇠이다.
  ㉬ **멀리온** : 창틀 또는 문틀로 둘러싸인 공간을 다시 세로로 세분하는 중간 선틀로 창면적이 클 때에는 스틸바만으로서는 약하며 또한 여닫을 때의 진동으로 유리가 파손될 우려가 있으므로 이것을 보강하고 외관을 꾸미기 위하여 강판을 중공형으로 접어 가로나 세로로 댄다.

5 다음 중 합성수지에 관한 설명으로 바르지 않은 것은?

부산시설공단

① 에폭시수지는 접착제, 프런트 배선판 등에 사용된다.

② 염화비닐수지는 내후성이 있고, 수도관 등에 사용된다.

③ 아크릴수지는 내약품성이 있고, 조명기구커버 등에 사용된다.

④ 페놀수지는 알칼리에 매우 강하고, 천장채광판 등에 주로 사용된다.

6 철골가공 및 용접에 있어 자동용접의 경우 용접봉의 피복재 역할로 쓰이는 분말상의 재료를 무엇이라 하는가?

① 플럭스(flux)   ② 슬래그(slag)

③ 시드(sheathe)   ④ 샤모트(chamotte)

ⓒ ANSWER | 5.④ 6.①

5 합성수지계 재료의 특징
ⓐ 에폭시수지
- 내수성, 내습성, 전기절연성, 내약품성이 우수, 접착력 강하다.
- 피막이 단단하나 유연성이 부족하다.
- 플라스틱, 도기, 유리, 목재, 천, 콘크리트 등의 접착제에 사용, 특히 금속재료에 우수하다.
ⓛ 페놀수지
- 접착력, 내열성, 내수성이 우수하다.
- 합판, 목재제품에 사용, 유리 · 금속의 접착에는 부적당하다.
ⓒ 초산비닐수지
- 작업성이 좋고, 다양한 종류의 접착에 알맞다.
- 목재가구 및 창호, 종이 · 천 도배, 논슬립 등의 접착에 사용된다.
ⓡ 요소수지
- 값이 싸고 접착력이 우수, 집성목재, 파티클보드에 많이 쓰인다.
- 목재접합, 합판제조 등에 사용된다.
ⓜ 멜라민수지
- 내수성, 내열성이 좋고 목재와의 접착성이 우수하다.
- 목재 · 합판의 접착제로 사용되며 유리 · 금속 · 고무접착에는 부적당하다.
ⓗ 실리콘수지
- 특히 내수성이 옷, 내열성, 전기절연성이 우수하다.
- 유리섬유판, 텍스, 피혁류 등 모든 접착이 가능하며 방수제 등으로 사용된다.
ⓢ 프란수지
- 내산성, 내알칼리성, 접착력이 좋다.
- 화학공장의 벽돌 · 타일의 접착제로 사용된다.

6 철골가공 및 용접에 있어 자동용접의 경우 용접봉의 피복재 역할로 쓰이는 분말상의 재료는 플럭스이다.

7 건축물에 이용하는 타일 중 흡수율이 적어 겨울철 동파의 우려가 가장 적은 것은?

① 도기질 타일
② 석기질 타일
③ 토기질 타일
④ 자기질 타일

8 다음 중 합성수지의 일반적인 성질에 대한 설명으로 바르지 않은 것은?

① 전성, 연성이 크고 피막이 강하고 광택이 있다.
② 접착성이 크고 기밀성, 안정성이 큰 것이 많다.
③ 내열성, 내화성이 적고 비교적 저온에서 연화, 연질된다.
④ 강재와 비교하여 강성은 적으나 탄성계수가 커 다방면에 활용도가 높다.

9 다음 중 수밀콘크리트에 관한 설명으로 옳지 않은 것은?

① 수영장, 지하실 등 압력수가 작용하는 구조물에 시공하는 콘크리트이다.
② 골재는 입도분포가 고르고 흡수성이 작고 밀도가 큰 것을 사용한다.
③ 콘크리트 내의 기포는 수밀성을 저하시키므로 AE제를 사용하지 않는다.
④ 콘크리트의 다짐을 충분히 하여 가급적 이어치기하지 않는다.

10 석고 플라스터에 대한 설명으로 틀린 것은?

① 석고 플라스터는 경화지연제를 넣어서 경화시간을 너무 빠르지 않게 한다.
② 경화 건조 시 치수 안정성과 내화성이 뛰어나다.
③ 석고 플라스터는 공기 중의 탄산가스를 흡수하여 표면부터 서서히 경화한다.
④ 시공 중에는 될 수 있는 한 통풍을 피하고 경화 후에는 적당한 통풍을 시켜야 한다.

ANSWER | 7.④ 8.④ 9.③ 10.③

7 타일의 흡수율은 토기질(15% 이상) > 도기질(10% 이상) > 석기질(1~10%) > 자기질(1% 미만)이다.

8 합성수지는 강재와 비교하여 탄성계수가 작다.

9 수밀콘크리트 사용 시 적절한 양의 AE제(공기연행제)를 사용하면 수밀성이 증가되고 감수효과(단위수량을 감소시키는 효과)가 발생하므로 AE제를 사용하는 것이 좋다.

10 석고 플라스터는 공기 중의 수증기를 흡수하여 경화하는 수경성 재료이다.

11 콘크리트용 재료 중 시멘트에 관한 설명으로 틀린 것은?

① 중용열포틀랜드시멘트는 수화작용에 따른 발열이 적기 때문에 매스콘크리트에 적당하다.

② 조강포틀랜트시멘트는 조기강도가 크기 때문에 한중콘크리트공사에 주로 쓰인다.

③ 알칼리 골재반응을 억제하기 위한 방법으로써 내황산염포틀랜드시멘트를 사용한다.

④ 조강포틀랜드시멘트를 사용한 콘크리트의 7일 강도는 보통포틀랜드시멘트를 사용한 콘트리트의 28일 강도와 거의 비슷하다.

12 다음 미장재료 중 기경성 재료로만 짝지어진 것은?

① 회반죽, 석고 플라스터, 돌로마이트 플라스터

② 시멘트 모르타르, 석고 플라스터, 회반죽

③ 석고 플라스터, 돌로마이트 플라스터, 진흙

④ 진흙, 회반죽, 돌로마이트 플라스터

13 도료의 원료에 사용되는 천연수지에 해당되지 않는 것은?

① 로진(rosin) ② 셸락(shellac)

③ 코펄(copal) ④ 알키드 수지(alkyd resin)

⑤ 담마(damma)

✅ ANSWER | 11.③ 12.④ 13.④

11 알칼리 골재반응을 억제하기 위한 방법으로써 주로 고로슬래스시멘트, 플라이애시시멘트, 실리카시멘트를 사용한다.

12 기경성 재료와 수경성 재료
 ㉠ 기경성 재료 : 진흙질, 회반죽, 돌로마이트 플라스터, 마그네시아시멘트
 ㉡ 수경성 재료 : 순석고 플라스터, 경석고 플라스터, 혼합석고 플라스터, 시멘트 모르타르

13 알키드 수지는 열경화성 합성수지이다.
 ※ 합성수지의 종류
 ㉠ 열경화성 수지 : 페놀, 멜라민, 에폭시, 요소, 실리콘, 우레탄, 폴리에스테르, 프란, 알키드 수지
 ㉡ 열가소성 수지 : 염화비닐, 초산비닐, 아크릴, 폴리스틸렌, 폴리에틸렌, 폴리아미드(나일론)

14 사무실 용도의 건물에서 철골구조의 슬래브 바닥재로 일반적으로 사용되는 것은?

① 데크 플레이트
② 체커드 플레이트
③ 거셋 플레이트
④ 베이스 플레이트

15 목재의 접착제로 활용되는 수지로 가장 거리가 먼 것은?

① 요소수지
② 멜라민수지
③ 폴리스티렌수지
④ 페놀수지

16 비철금속에 관한 설명으로 바르지 않은 것은?

① 동에 아연을 합금시킨 일반적인 황동은 아연함유량이 40% 이하이다.
② 구조용 알루미늄 합금은 4 ~ 5%의 동을 함유하므로 내식성이 좋다.
③ 주로 합금재료로 쓰이는 주석은 유기산에는 거의 침해되지 않는다.
④ 아연은 침강의 방식용에 피복재로서 사용할 수 있다.

17 보통 콘크리트용 부순 골재의 원석으로서 가장 적합하지 않은 것은?

① 현무암
② 안산암
③ 화강암
④ 응회암

ANSWER | 14.① 15.③ 16.② 17.④

14 사무실 용도의 건물에서 철골구조의 슬래브 바닥재로 일반적으로 사용되는 것은 데크 플레이트이다.
　㉠ 데크 플레이트 : 바닥 구조에 사용하는 파형으로 성형된 판의 호칭. 단면을 사다리꼴 모양 또는 사각형 모양으로 성형함으로써 면외(面外) 방향의 강성과 길이 방향의 내좌굴성을 높게 한 판. 키스톤 플레이트(keystone plate, 파형 강판)라고도 한다.
　㉡ 체커드 플레이트 : 표면에 줄무늬 모양상으로 요철을 붙인 강판으로 공장, 창고 등의 바닥이나 옥외계단의 챌판이나 피트의 뚜껑 등에 쓰인다.

15 목재의 접착제로는 에폭시, 실리콘, 요소, 멜라민, 페놀, 아교 등이 사용된다.

16 구리를 첨가한 알루미늄 합금은 강도가 증가하고 내열성과 연신율이 좋으나 내식성이 저하되고 주물의 수축에 의한 균열 등이 발생되는 결점이 있다.

17 응회암은 강도 및 입도가 좋지 않으므로 보통 콘크리트용 부순 골재의 원석으로서는 적합하지 않다.
　※ 응회암(Tuff) … 화산재가 쌓여서 암석화 작용을 받은 퇴적암으로서 다공질이며, 주로 장식재료로 사용된다. 화산에서 분출된 후 운반작용을 받지 못하고 바로 퇴적되었으므로 분급도(퇴적물의 입도분포 범위와 그 분산정도를 표현한 것)와 원마도(풍화생성물인 다양한 암편들이 하천 등에 의해 운반되는 과정에서 그 모서리가 둥글게 되어가는 데 그 둥근 정도)가 매우 좋지 않다.

18 다음 중 화성암에 속하지 않는 것은?

① 화강암

② 섬록암

③ 안산암

④ 점판암

19 목재에 사용하는 방부제에 해당되지 않는 것은?

① 크레오소트유(Creosote oil)

② 콜타르(Coal tar)

③ 카세인(Casein)

④ P.C.P(Penta Chloro Phenol)

ANSWER | 18.④ 19.③

18 점판암은 변성암에 속한다.
　　※ 암석의 분류 … 암석은 생성과정에 따라 화성암, 퇴적암, 변성암으로 대분된다.
　　　⊙ 화성암 : 화성암은 화산활동에 의해 형성된 암석이다. 화산에서 분출한 용암 화산 지표면에서 식어 형성된 화
　　　　산암(분출암이라고도 한다)과 지하에서 다른 암반 속으로 침투하여 형성된 심성암(관입암이라고도 한다)으로
　　　　나뉜다.

화산암	반심성암	심성암
현무암 안산암 유문암 조면암 석영반암 흑요석 데사이트	아플라이트 페그마타이트	화강암 섬록암 섬장암 반려암 몬조니암 듀나이트 컴벌라이트 페리도타이트

　　　ⓛ 퇴적암 : 퇴적암은 풍화와 침식에 의해 기존의 암석에서 떨어져 나온 광물이나 조암광물이 퇴적작용을 거쳐
　　　　암석으로 군은 것을 말한다. 암석을 이루는 입자의 종류에 따라 이암, 사암, 역암 등으로 구분한다. 응회암과
　　　　같이 화산 쇄설물이 군어 이루어진 암석도 퇴적암으로 분류한다.

쇄설성 퇴적암	화학적 퇴적암	유기적 퇴적암
역암 이암 사암 미사암 응회암 셰일	석회암 석고 암염 처트 철광층	석회암 규조토 석탄 아스팔트

　　　ⓒ 변성암 : 변성암은 화성암이나 퇴적암과 같은 암석이 높은 압력과 고열에 의해 구성물질이 변하여 형성되는
　　　　암석이다. 편암, 편마암, 규암, 대리석, 각섬석, 천매암, 사문암, 점판암(슬레이트) 등이 있다.

19 ③ 카세인(Casein) : 단백질의 일종으로 젖의 주요 단백질이다. 목재 접착제로 주로 사용되는 자재이다.
　　① 크레오소트유(Creosote oil) : 방부력이 우수하고 내습성도 있으며, 값이 저렴하나 냄새가 매우 좋지 않아서 실내
　　　에 사용할 수가 없다. 흑갈색 용액이므로 미관을 고려하지 않는 외부에 주로 사용된다.
　　② 콜타르(Coal Tar) : 석탄을 고온건류할 때 부산물로 생기는 검은 유상 액체이다. 목재에 사용되는 방부제로서 방
　　　부력이 약하여 주로 도포용으로 사용된다. 흑색이므로 사용장소가 제한된다.
　　④ P.C.P(Penta Chloro Phenol) : 펜타클로로페놀의 약자로서 무색이고 방부력이 매우 우수하며 페인트를 덧칠할
　　　수 있다.

20 다음 중 건축재료의 수량산출 시 적용하는 할증률로서 바르지 않은 것은?

① 유리 : 1%

② 단열재 : 5%

③ 붉은벽돌 : 3%

④ 이형철근 : 3%

⑤ 고장력볼트 : 3%

⊘ ANSWER | 20.②

20 단열재의 할증률은 10%이다.
※ 건축재료의 기본할증률

	종류	할증율(%)		종류	할증율(%)
목재	각재	5	레디믹스트 콘크리트	무근구조물	2
	판재	10		철근구조물	1
	졸대	20		철골구조물	1
합판	일반용	3	혼합콘크리트 (인력 및 믹서)	무근구조물	3
	수장용	5		철근구조물	2
벽돌	붉은벽돌	3		소형구조물	5
	내화벽돌	3	아스팔트 콘크리트		2
	시멘트벽돌	5	콘크리트 포장 혼합물의 포설		4
	경계블록	3	기와		5
	호안블록	5	슬레이트		3
블록		4	원석(마름돌용)		30
도료		2	석재판붙임용재	정형물	10
유리		1	석재판붙임용재	부정형물	30
타일	모자이크, 도기, 자기, 클링커	3	시스판		8
			원심력 콘크리트판		3
타일(수정용)	아스팔트, 리놀륨, 비닐	5	조립식 구조물		3
			덕트용 금속판		28
텍스, 콜크판		5	위생기구(도기, 자기류)		2
석고판(본드붙임용)		8	조경용수목, 잔디		10
석고보드(못붙임용)		5	단열재		10
원형철근		5	강판, 동판		10
이형철근		3	대형형강		7
일반볼트		5	소형 형강, 봉강, 강관, 각관, 리벳, 경량형강, 동관, 평강		5
고장력볼트		3			

21 다음 중 비철금속에 해당되지 않는 것은?

① 알루미늄 ② 탄소강

③ 동 ④ 아연

22 다음 중 무기질의 단열재료가 아닌 것은?

① 셀룰로스 섬유판 ② 세라믹 섬유

③ 펄라이트 판 ④ ALC 패널

23 다음 중 실링공사의 재료에 관한 설명으로 바르지 않은 것은?

① 가스켓은 콘크리트의 균열부위를 충전하기 위하여 사용하는 부정형 재료이다.

② 프라이머는 접착면과 실링재와의 접착성을 좋게 하기 위하여 도포하는 바탕처리 재료이다.

③ 백업재는 소정의 줄눈깊이를 확보하기 위하여 줄눈 속을 채우는 재료이다.

④ 마스킹테이프는 시공 중에 실링재 충전개소 이외의 오염방지와 줄눈선을 깨끗이 마무리하기위한 보호 테이프이다.

24 다음 중 도장공사 시 희석제 및 용제로 활용되지 않는 것은?

① 테레빈유 ② 벤젠

③ 티탄백 ④ 나프타

ⓒ ANSWER | 21.② 22.① 23.① 24.③

21 탄소강은 철금속에 속한다.

22 셀룰로스 섬유판은 유기질 단열재료이다.

23 가스켓은 부재의 접합부에 끼워 물이나 가스가 누설하는 것을 방지하는 패킹으로서 수밀성·기밀성을 확보하기 위해 프리캐스트철근콘크리트의 접합부나 유리를 끼운 부분에 주로 사용하는 합성고무재이며 형태가 정해진 정형 재료이다.

24 티탄백(TiO_2) … 산화티탄을 주성분으로 하는 백색 안료(희석제나 용제가 아닌 안료이다.)

25 다음 중 얇은 강판에 동일한 간격으로 펀칭하고 잡아 늘려 그물처럼 만든 것으로 천장, 벽, 처마둘레 등의 미장바탕에 사용하는 재료로 바른 것은?

① 와이어 라스(Wire Lath)

② 메탈 라스(Metal Lath)

③ 와이어 메쉬(Wire Mesh)

④ 펀칭 메탈(Punching Metal)

26 다음 조건에 따라 바닥재로 화강석을 사용할 경우 소요되는 화강석의 재료량(할증률 고려)으로 바른 것은?

- 바닥면적 : 300m^2
- 화강석 판의 두께 : 40mm
- 정형돌
- 습식공법

① 315m^2

② 321m^2

③ 330m^2

④ 345m^2

⑤ 360m^2

Ⓒ **ANSWER** | 25.② 26.③

25 메탈 라스(Metal Lath) … 얇은 강판에 동일한 간격으로 펀칭하고 잡아 늘려 그물처럼 만든 것으로 천장, 벽, 처마둘레 등의 미장바탕에 사용되는 재료로 바른 것이다.

① 와이어 메쉬(Wire Mesh) : 연강철선을 전기 용접하여 격자형으로 만든 것으로 콘크리트 바닥판, 콘크리트 포장 등에 사용된다.

③ 와이어 라스(Wire Lath) : 철선을 꼬아서 만든 것으로, 벽, 천장의 미장공사에 사용되며 원형, 마름모, 갑형 등 3종류가 있다.

④ 펀칭 메탈(Punching Metal) : 판 두께 12mm 이하의 얇은 판에 각종 무늬의 구멍을 뚫는 것으로 환기구멍, 라디에이터 카버(Radiator cover) 등에 사용된다.

26 석재판붙임용재의 경우 정형물은 할증률이 10%이며, 부정형물은 30%이다. 문제에서 주어진 조건에 따르면 정형돌이므로 할증률을 10%로 해야 하며, 따라서 바닥면적 300m^{2}에 사용되는 화강석 판의 면적은 $300(1+0.1) = 330\text{m}^2$가 되어야 한다.

27 다음 중 시공성 및 일체성 확보를 위해 사용되는 플라스틱 바름바닥재에 대한 설명으로 옳지 않은 것은?

① 폴리우레탄 바름바닥재 – 공기 중의 수분과 화학반응하는 경우 저온과 저습에서 경화가 늦으므로 5℃ 이하에서는 촉진제를 사용한다.

② 에폭시 수지 바름바닥재 – 수지페이스트와 수지모르타르용 결합재에 경화제를 혼합하면 생기는 기포의 혼입을 막도록 소포제를 첨가한다.

③ 불포화폴리에스테르 바름바닥재 – 표변경도(탄력성), 신축성 등이 폴리우레탄에 가까운 연질이고 페이스트, 모르타르, 골재 등을 섞어서 사용한다.

④ 프란수지 바름바닥재 – 탄력성과 미끄럼 방지에 유리하여 체육관에 많이 사용한다.

28 다음 중 유성페인트의 원료로서 정벌칠에서 광택과 내구력을 증가시키는데 좋은 효과를 나타내는 재료는?

① 크레소오트유   ② 보일유

③ 드라이어   ④ 캐슈

29 다음 중 경량형 강재의 특징에 관한 설명으로 옳지 않은 것은?

① 경량형 강재는 중량에 대한 단면계수, 단면 2차 반경이 큰 것이 특징이다.

② 경량형 강재는 일반구조용 열간 압연한 일반형 강재에 비하여 단면형이 크다.

③ 경량형 강재는 판두께가 얇지만 판의 국부좌굴이나 국부변형이 생기지 않아 유리하다.

④ 일반구조용 열간 압연한 일반형 강재에 비하여 재두께가 얇고 강재량이 적으면서 휨강도는 크고 좌굴강도도 유리하다.

✅ **A N S W E R** | 27.④   28.②   29.③

27 프란수지 바름바닥재는 내산성을 요구하는 공장에 주로 사용된다. 탄력성과 미끄럼 방지에 유리하며 체육관에 많이 사용되는 바닥재는 클로로프렌 고무바름 바닥재이다.

28 보일유(건성유, 보일드유) … 유성페인트나 기름바니시 등의 주재료로서 얇게 칠하여 외기에 노출시키면 시간이 경과하면서 산소와 반응하여 탄력성이 있는 굳은 피막이 되어 정벌칠에서 광택과 내구성을 증가시킨다.
※ 크레소오트유 … 방부력이 우수하고 내습성도 있으며, 값이 저렴하나 냄새가 매우 좋지 않아서 실내에 사용할 수가 없다. 흑갈색 용액이므로 미관을 고려하지 않는 외부에 주로 사용된다.

29 경량형 강재는 판의 두께가 얇으므로 국부좌굴이나 국부변형이 발생할 우려가 크다.

30 콘크리트의 재료분리현상을 줄이기 위한 방법으로 옳지 않은 것은?

① 중량골재와 경량골재 등 비중차가 큰 골재를 사용한다.

② 플라이애시를 적당량 사용한다.

③ 세장한 골재보다는 둥근 골재를 사용한다.

④ AE제나 AE감수제 등을 사용하여 사용수량을 감소시킨다.

31 다음 중 녹막이칠에 부적합한 도료는?

① 광명단   ② 크레소오트유

③ 아연분말도료   ④ 역청질 도료

32 다음 중 칠공사에 사용되는 희석제의 분류가 잘못 연결된 것은?

① 송진건류품 – 테레빈유

② 석유건류품 – 휘발유, 석유

③ 콜타르 증류품 – 미네랄 스프리트

④ 송근건류품 – 송근유

33 다음 중 유리섬유(Glass Fiber)에 대한 설명으로 옳지 않은 것은?

① 경량이면서 굴곡에 강하다.

② 단위면적에 따른 인장강도는 다르고 가는 섬유일수록 인장강도는 크다.

③ 탄성이 적고 전기절연성이 크다.

④ 내화성, 단열성, 내수성이 좋다.

ANSWER | 30.① 31.② 32.③ 33.①

30 중량골재와 경량골재 등 비중차가 큰 골재를 사용하게 되면 재료분리 현상이 심해지게 된다.

31 크레소오트유는 녹막이에 사용되는 도료가 아니라 목재에 사용되는 도료이다.

32 콜타르 증류품은 나프타, 솔벤트 등이 있다. 미네랄 스프리트는 석유건류품의 일종이다.

33 유리섬유는 인장강도는 강하나 굴곡에 약하며 쉽게 부서진다.

34 다음 합성수지 중 건축물의 천장재, 블라인드 등을 만드는 열가소성수지는?

① 알키드수지   ② 요소수지

③ 폴리스티렌수지   ④ 실리콘수지

⑤ 페놀수지

35 다음 중 목재재료로 사용되는 침엽수의 특징에 해당하지 않는 것은?

① 직선부재의 대량생산이 가능하다.

② 비중이 커 무거우며 가공이 어렵다.

③ 병·충해에 약하며 방부 및 방충처리를 하여야 한다.

④ 수고(樹高)가 높으며 통직하다.

36 다음 중 석재의 주용도를 표기한 것으로 옳지 않은 것은?

① 화강암 – 구조용, 외부장식용   ② 안산암 – 구조용

③ 응회암 – 경량골재용   ④ 트래버틴 – 외부장식용

ⓒ ANSWER | 34.③   35.②   36.④

34 폴리스티렌수지에 관한 사항이다.
※ **합성수지의 종류**
　㉠ **열경화성수지** : 페놀, 멜라민, 에폭시, 요소, 실리콘, 우레탄, 폴리에스테르, 프란, 알키드 수지
　㉡ **열가소성수지** : 염화비닐, 초산비닐, 아크릴, 폴리스틸렌, 폴리에틸렌, 폴리아미드(나일론)

35 침엽수는 활엽수에 비해 가볍고 탄력이 있어 가공이 용이하다.
※ **목재재료인 침엽수와 활엽수의 특징**
　㉠ **침엽수**
　　• 바늘잎 나무라하여 잎이 가늘고 뾰족하다.
　　• 활엽수에 비해 진화정도가 느리며 구성세포의 종류와 형태도 훨씬 단순하다.
　　• 도관(양 끝이 둥글게 뚫려있고 천공판 조직이 이웃 도관끼리의 물 움직임을 활발하게 한다.)이 없다.
　　• 직선부재의 대량생산이 가능하다.
　　• 비중이 활엽수에 비해 가볍고 가공이 용이하다.
　　• 수고(樹高)가 높으며 통직하다.
　㉡ **활엽수**
　　• 너른 잎 나무라 하여 넓고 평평하다.
　　• 참나무 같이 단단하고 무거운 종류가 많아 Hard wood라고도 한다.
　　• 침엽수에 비해 무겁고 강도가 크므로 가공이 어렵다.
　　• 도관이 있다.

36 트래버틴은 대리석의 일종으로 산에 매우 취약하며 외기에 의한 풍화가 쉽게 되므로 외부장식용으로는 사용되지 않는다.

37 다음 중 석재에 관한 설명으로 옳지 않은 것은?

① 심성암에 속한 암석은 대부분 입상의 결정광물로 되어 있어 압축강도가 크고 무겁다.

② 화산암의 조암광물은 결정질이 작고 비결정질이어서 경석과 같이 공극이 많고 물에 뜨는 것도 있다.

③ 암산암은 강도가 작고 내화적이지 않으나 색조가 균일하며 가공도 용이하다.

④ 화성암은 풍화물, 유기물, 기타 광물질이 땅속에 퇴적되어 지열과 지압을 받아서 응고된 것이다.

38 다음 중 미장재료의 결합재에 대한 설명으로 옳지 않은 것은?

① 석고계 플라스터는 소석고에 경화시간을 조절할 수 있는 소석회 등의 혼화재를 미리 혼합하거나 사용 시 혼합하여 사용하는 것을 말한다.

② 보드용 플라스터는 사용 시 모래를 혼합하여 반죽하는 것으로 바탕이 보드를 대상으로 하기 때문에 부착력이 매우 크다.

③ 돌로마이트 플라스터는 미분쇄한 소석회 또는 사용 시 생석회를 물에 잘 연화한 석회크림에 해초 등을 끓인 용액 또는 수지 접착액과 혼합하여 사용하는 것이다.

④ 혼합석고 플라스터 중 마감바름용은 사용 시 골재와 혼합하여 사용하고 초벌바름용은 물만을 이용하여 비벼 사용한다.

39 다음 중 강재의 종류에 대한 설명으로 옳지 않은 것은?

① SS계열 : 일반구조용 압연강재

② SM계열 : 용접구조용 압연강재

③ SN계열 : 건축구조용 내화강재

④ SMA계열 : 용접구조용 내후성 열간 압연강재

ⓒ ANSWER | 37.③ 38.④ 39.③

37 안산암은 강도와 내구성이 크며 조직과 색조가 균일하지는 않으나 가공이 용이하다.

38 혼합석고 플라스터 중 초벌바름용은 물과 모래를 혼합하여 사용한다.

39 SN재는 건축구조용 압연강재이다.

40 다음 중 목재의 성질에 대한 설명으로 옳지 않은 것은?

① 가공하기 쉽다.　　　　　　　　② 불에 타기 쉽다.

③ 함수율에 의한 변형이 크다.　　　④ 열전도율이 크다.

41 목재의 강도에 대한 설명으로 옳지 않은 것은?

① 목재는 건조할수록 강도가 증가한다.

② 목재의 인장강도는 섬유 방향이 직각 방향보다 크다.

③ 목재는 인장강도가 압축강도보다 크다.

④ 목재는 콘크리트보다 인장강도가 작다.

42 목재의 기건 상태 함수율은 평균 얼마인가?

① 9%　　　　　　　　　　　② 15%

③ 21%　　　　　　　　　　④ 25%

⑤ 29%

43 목재를 건조시킬 경우 구조용재는 함수율을 얼마로 하여야 하는가?

① 15%　　　　　　　　　　② 25%

③ 35%　　　　　　　　　　④ 45%

⑤ 50%

✅ ANSWER | 40.④ 41.④ 42.② 43.①

40 목재의 장점
　㉠ 비중에 비하여 강도가 크다.
　㉡ 열전도율과 열팽창률이 작다.
　㉢ 종류가 많다.
　㉣ 외관이 우아하다.

41 나무의 섬유세포에 있어서 압축력에 대한 강도보다 인장력에 대한 강도가 크며, 목재는 콘크리트보다 인장강도가 크다.

42 목재의 기건 상태는 건조하여 대기 중의 습도와 균형을 이루는 함수율로서 10~15% 정도이다.

43 목재의 기건 상태의 함수율은 15% 정도이며, 전건 상태의 함수율은 30% 정도이다.

44 10cm×10cm인 목재를 400kN의 힘으로 잡아당겼을 때 끊어졌다면 이 목재의 최대 강도는 얼마인가?

① 4MPa
② 40MPa
③ 400MPa
④ 4,000MPa
⑤ 40,000MPa

45 목재의 방부제에 대한 설명 중 옳지 않은 것은?

① 크레오스트유는 방부력이 우수하나 냄새가 강하여 실내의 사용이 곤란하다.
② 펜타클로로페놀은 거의 무색제품으로 그 위에 페인트를 칠할 수 있다.
③ 황산동, 염화아연 등은 방부력이 있으나 철을 부식시킨다.
④ 벌목 전에 나무뿌리에 약액을 주입하는 생리적 주입법은 효과가 좋아 많이 사용한다.

46 다음 중 건축물의 용도와 바닥 재료의 연결로 바르지 않은 것은?

① 유치원 교실 – 인조석 물갈기
② 아파트 거실 – 플로어링 블록
③ 병원 수술실 – 전도성 타일
④ 사무소 건물 로비 – 대리석

47 포틀랜드 시멘트의 제조 원료에 해당하지 않는 것은?

① 석고
② 점토
③ 석회석
④ 종석

⊘ ANSWER | 44.② 45.④ 46.① 47.④

44 응력도 $= \dfrac{\text{작용하중}}{\text{단면적}}$ 이므로 $\dfrac{400,000}{10,000} = 40\,\text{MPa}$

45 방부제 처리법 중 생리적 주입법은 벌목 전에 나무뿌리에 약액을 주입하여 나무 줄기로 이동하게 하는 방법으로 효과는 거의 없다.

46 유치원 교실 바닥은 아이들의 안전을 위하여 마룻바닥으로 하는 것이 좋다.

47 시멘트의 주원료는 석회석, 점토, 석고 등이다.

48 시멘트의 분말도가 높을수록 나타나는 성질로 옳지 않은 것은?

① 풍화하기 쉽다.　　　　　　　　　② 초기 강도가 높다.

③ 수화 작용이 빠르다.　　　　　　　④ 수축 균열이 생기지 않는다.

49 다음 중 시멘트의 응결시간을 단축시킬 수 있는 경우에 해당하는 것은?

① 온도가 낮을 때　　　　　　　　　② 수량이 많을 대

③ 풍화된 시멘트를 사용할 때　　　　④ 시멘트 분말도가 클 때

50 다음 중 조강 포틀랜드 시멘트에 대한 설명으로 옳은 것은?

① 생산되는 시멘트의 대부분을 차지하며 혼합 시멘트의 베이스 시멘트로 사용된다.

② 장기 강도를 지배하는 C_2S를 많이 함유하여 수화 속도를 지연시켜 수화열을 작게 한 시멘트이다.

③ 콘크리트의 수밀성이 높고 경화에 따른 수화열이 크므로 낮은 온도에서도 강도의 발생이 크다.

④ 내황산염성이 크기 때문에 댐공사에 사용될 뿐만 아니라 건축용 매스콘크리트에도 사용된다.

51 건축물의 내·외면 마감, 각종 인조석의 제조에 주로 사용되는 시멘트는 무엇인가?

① 팽창 시멘트　　　　　　　　　　② 실리카 시멘트

③ 조강 포틀랜드 시멘트　　　　　　④ 백색 포틀랜드 시멘트

✔ **ANSWER** | 48.④　49.④　50.③　51.④

---

48 시멘트의 분말도는 시멘트 입자의 굵고 가늠을 나타내는 것으로 분말도가 높을수록 초기 강도가 높고, 수화 작용이
빠르며, 풍화하기 쉽고, 수축 균열이 많이 발생한다.

49 시멘트의 응결이 빨라지는 경우
　　㉠ 수량이 적을 때
　　㉡ 온도가 높을 때
　　㉢ 분말도가 높을 때
　　㉣ 알루민산3석회가 많을 때

50 ① 보통 포틀랜드 시멘트
　　② 중용열 포틀랜드 시멘트
　　④ 내황산염 포틀랜드 시멘트

51 **백색 포틀랜드 시멘트** … 염화물 중의 착색성분을 상당히 낮게 함으로써 기본적으로 SiO_2, Al_2O_3, CaO에서 얻어지는
백색시멘트이며, 안료를 혼합하면 칼라 시멘트가 얻어진다. 철분이 거의 없는 백색 점토를 사용하여 시멘트에 포함
되어 있는 산화철, 마그네시아의 함유량을 제한한 시멘트로서 건축물의 내·외면 마감 및 도장에 사용하고 구조체
에는 거의 사용하지 않는다. 또한 인조석의 제조에 많이 사용한다.

52 다음 중 고로 시멘트의 특징이 아닌 것은?

① 댐 공사에 사용한다.

② 보통 포틀랜드 시멘트보다 비중이 크다.

③ 바닷물에 대한 저항이 크다.

④ 콘크리트에서 블리딩이 적어진다.

53 다음 중 플라이애시 시멘트를 사용한 콘크리트의 특성에 관한 설명으로 옳지 않은 것은?

① 수화열이 적다.

② 수밀성이 크다.

③ 워커빌리티가 좋다.

④ 초기 강도가 크다.

54 보크사이트와 같은 AL_2O_3의 함유량이 많은 광석과 거의 같은 양의 석회석을 혼합하여 전기로에서 완전히 용융시켜 미분쇄한 것으로, 조기의 강도 발생이 큰 시멘트는?

① 고로 시멘트

② 실리카 시멘트

③ 보통 포틀랜드 시멘트

④ 알루미나 시멘트

ANSWER | 52.② 53.④ 54.④

52 고로 시멘트는 포틀랜드 시멘트에 고로수쇄 슬래그를 배합한 것으로서, ① 단기 재령에서의 강도발현성은 작지만, 3개월 이상의 장기에서의 강도발현성은 보통 포틀랜드 시멘트를 상회한다. ② 내해수성, 화학저항성에 우수하며, ③ 알칼리 골재반응이 일어나지 않는 등의 특징을 가지고 있다. 이것들의 성질은 고로수쇄 슬래그가 포틀랜드 시멘트의 수화 반응에서 생성한 수산화칼슘의 자극에 의해 서서히 수화 반응하여, 경화체 중의 수산화칼슘 양을 감소함으로써, 치밀한 경화체 조직을 형성하기 때문이다.
품질은 고로슬래그 성질의 영향을 크게 받으며, 시멘트 혼화용에 적합한 슬래그를 선택하는 일이 중요하다. 또한 고로 시멘트를 사용한 콘크리트에서는 경화과정에서의 양생에 보다 주의하여야 할 필요가 있다.

53 Fly ash 시멘트는 포틀랜드 시멘트에 fly-ash를 혼합한 것으로서, ① 콘크리트에 사용하는 경우 단위수량이 작아지게 되며, ② 건조수축이 작고, ③ 수화열이 작으며, ④ 장기강도가 크고, ⑤ 알칼리 골재반응이 일어나지 않는 등의 특징을 갖고 있다.

54 알루미나 시멘트 ⋯ 주로 $CaO \cdot Al_2O_3$ 와 $CaO-Al_2O_3$계의 유리질로 이루어진 시멘트로서, 주로 내화물 캐스터블 혼합재로서 사용된다. 또한 포틀랜드 시멘트와 비교하여 강도발현속도가 크기 때문에 긴급 공사용으로 사용도 하지만, 재령과 온도조건에 따라 수화생성물이 변화(confusion)되어 강도 열화되는 것에 주의를 요한다.

55 콘크리트에 대한 설명으로 옳은 것은?

① 무게가 무겁고 인장강도가 크다.

② 압축강도는 크지만 내화성이 약하다.

③ 철근, 철골 등과 접착성이 우수하다.

④ 현대 건축에서는 구조용 재료로 거의 사용하지 않는다.

56 철근 콘크리트용 골재에 대한 설명으로 틀린 것은?

① 골재는 크고 작은 알이 골고루 섞여 있는 것이 좋다.

② 골재의 표면은 매끈한 것이 좋다.

③ 골재의 알 모양은 구형에 가까운 것이 좋다.

④ 골재에는 염분이 섞여 있지 않는 것이 좋다.

57 골재의 비중을 시험할 경우 일반적으로 사용하는 비중은?

① 기건 비중   ② 절건 비중

③ 표건 비중   ④ 진비중

58 골재 입도의 분포 상태를 측정하기 위한 시험은 무엇인가?

① 파쇄 시험   ② 체가름 시험

③ 슬럼프 시험   ④ 단위용적중량 시험

ⓒ **ANSWER** | 55.③ 56.② 57.② 58.②

55 콘크리트는 압축강도가 크고 방청성, 내화성, 내구성, 내수성, 수밀성이 있으며, 철근 및 철골과 접착력이 우수하다.

56 콘크리트 골재의 표면은 거칠고, 모양은 구형에 가까운 것이 좋으며 평편하거나 세장한 것은 좋지 않다.

57 ② 절대건조상태의 골재 중량을 공극을 포함한 겉보기 부피로 나눈 것으로 절대건조상태의 비중을 나타냄
③ 표면건조포화상태의 골재 중량을 공극을 포함한 겉보기 부피로 나눈 것으로 표면건조상태의 비중을 나타냄
④ 공극을 포함하지 않은 원석만의 비중으로 골재의 단위용적중량 / 물의 단위용적중량으로 계산

58 골재의 입도를 분석하려면 체가름을 하여야 하며, KS F 2502(골재의 체가름 시험방법)에 규정되어 있으며, 골재의 입도를 표시하는 방법으로 조립률이 있다.

59 콘크리트 혼화재의 첨가 목적이 아닌 것은?

① 워커빌리티 개량

② 펌퍼빌리티 개량

③ 장기 강도 및 초기 강도 증진

④ 수화열 증가 및 알칼리 골재 반응 형성

60 폴리머 함침 콘크리트에 관한 설명으로 바르지 않은 것은?

① 시멘트계의 재료를 건조시켜 미세한 공극에 수용성 폴리머를 함침 및 중합시켜 일체화한 것이다.

② 내화성이 뛰어나며 현장시공이 용이하다.

③ 내구성 및 내약품성이 뛰어나다.

④ 고속도로 포장이나 댐의 보수공사 등에 사용된다.

59 콘크리트에는 한 종류 혹은 그 이상의 혼화제 또는 혼화재를 성능을 향상시킬 목적으로 첨가한다. 혼화제는 주로 화학적 혼화제를 의미하며 혼화재는 주로 부피를 차지하는 무기질 혼화재를 일컫는다. 또한 공기연행제는 콘크리트가 동결융해 사이클에 대한 저항력을 높이기 위하여 사용된다. 화학적 혼화제는 굳지 않는 콘크리트의 초기경화를 조절하기 위해서 혹은 물의 양을 줄이기 위해서 넣는 수용성 혼화제이다. 무기질 혼화재는 콘크리트의 내구성 혹은 워커빌리티를 증가시키기 위하여 혹은 추가로 결합력을 높이기 위하여 넣는다.

60 폴리머 함침 콘크리트는 내화성이 약한 합성수지인 폴리머를 사용하므로, 내화성이 좋지 않다.

　※ **폴리머 콘크리트**

　　㉠ **특징**

　　　• 시멘트계의 재료를 건조시켜 미세한 공극에 수용성 폴리머를 함침·중합시켜 일체화한 것이다.

　　　• 내수, 내식, 내마모성이 우수하나 내화성이 작다.

　　　• 고속도로 포장이나 댐의 보수공사 등에 사용된다.

　　㉡ **폴리머 콘크리트의 종류**

　　　• 폴리머 레진 콘크리트 : 시멘트를 전혀 사용하지 않고 폴리머와 건조 상태의 골재 그리고 충전재인 중탄산칼슘이나 플라이애시(Fly-ash) 등을 결합시켜 제조한 콘크리트이다. 고강도, 경량화, 속경성이 있으나 가열양생 시 수축이 크다.

　　　• 폴리머 함침 콘크리트 : 미리 성형한 콘크리트에 폴리머 원료를 침수시켜 그 상태에서 고결시켜 시멘트와 폴리머(Polymer)를 일체화한 콘크리트이다. 현장시공이 어렵고 철근콘크리트는 침투효과가 작다.

　　　• 폴리머 시멘트 콘크리트 : 결합재료로 폴리머와 시멘트를 사용한 것이다. 접착력, 워커빌리티, 인장강도, 동결융해와 충격저항성 우수하나 경화속도가 다소 느리다.

61 다음 중 굳지 않은 콘크리트가 구비해야 할 조건이 아닌 것은?

① 워커빌리티가 좋을 것

② 시공시 및 그 전후에 있어 재료 분리가 클 것

③ 각 시공 단계에 있어 작업을 용이하게 할 수 있을 것

④ 거푸집에 부어넣은 후, 균열 등 유해현상이 발생하지 않을 것

62 점토의 물리적 성질에 대한 설명으로 옳은 것은?

① 양질의 점토일수록 가소성이 나빠진다.

② 점토의 비중은 일반적으로 3.5 ~ 3.6 정도이다.

③ 미립 점토의 인장강도는 3 ~ 10MPa 정도이다.

④ 점토의 압축강도는 인장강도의 약 5배이다.

63 금속재료 중 동(Cu)에 대한 설명으로 옳지 않은 것은?

① 열 및 전기전도율이 크다.

② 전성, 연성이 풍부하며 가공이 용이하다.

③ 황동은 동(Cu)과 아연(Zn)을 주체로 한 합금이다.

④ 내알칼리성이 우수하여 시멘트에 접하는 곳에 사용이 용이하다.

ANSWER | 61.② 62.④ 63.④

61 굳지 않은 콘크리트의 구비조건
ㄱ 소요의 워커빌리티와 공기량, 필요에 따라 소정의 온도 및 단위용적질량을 확보할 것
ㄴ 운반, 타설, 다짐 및 표면 마감의 각 시공단계에 있어 작업이 용이하게 이루어질 것
ㄷ 시공 전, 후에 있어서 재료 분리 및 품질의 변화가 적을 것
ㄹ 작업이 종료될 때까지 소정의 워커빌리티를 유지한 후 정상 속도로 응결, 경화할 것
ㅁ 거푸집에 타설된 후 침하균열이나 초기균열이 발생하지 않을 것

62 점토의 물리적 성질
ㄱ 일반적인 점토의 비중은 2.5 ~ 2.6 정도이다.
ㄴ 불순물이 많은 점토일수록 비중이 적다.
ㄷ 점토입자가 미세할수록 가소성은 좋아진다.
ㄹ 함수율과 건조수축율은 비례하여 증감된다.
ㅁ 인장강도는 3 ~ 10kgf/cm²이고, 압축강도는 인장강도의 약 5배 정도이다.

63 구리는 암모니아 등의 알칼리성 용액에는 침식이 잘되고, 진한 황산에는 용해가 잘되므로 내알칼리성이 매우 약하기 때문에 시멘트에 접하는 곳에 사용이 불가능하다.

64 다음과 같은 특징을 갖는 시멘트의 종류는?

> • C_3S나 C_3A가 적고, 장기강도를 지배하는 C_2S를 많이 함유한다.
> • 수화속도를 지연시켜 수화열을 작게 한 시멘트이다.
> • 건축용 매스콘크리트에 사용된다.

① 백색 포틀랜드 시멘트
② 조강 포틀랜드 시멘트
③ 중용열 포틀랜드 시멘트
④ 초조강 포틀랜드 시멘트

65 계면활성작용에 의해 콘크리트의 워커빌리티 및 동결융해에 대한 저항성 등을 개선시키는 역할을 하는 콘크리트용 혼화제는?

① AE제
② 지연제
③ 급결제
④ 플라이애시

64 ① 염화물 중의 착색성분을 상당히 낮게 함으로써 기본적으로 SiO_2, Al_2O_3, CaO에서 얻어지는 백색시멘트이며, 안료를 혼합하면 칼라 시멘트가 얻어진다.
② 보통 포틀랜드 시멘트의 재령 3일 압축강도를 1일에 발현하는 조강형의 시멘트이다. C_3S 함유율을 65% 부근까지 높이고 브레인 비표면적 $4,000 \sim 4,600cm^2/g$까지 미분화하여, 초기 강도를 높인다.
③ 초기 수화과정의 발열속도를 작게 하기 위해서 수화반응 속도와 반응열이 큰 $C3A$ 함유율과 수화 반응속도가 큰 C_3S 함유율을 낮추어서, C_3A 4%, C_3S 45% 전후로 한 시멘트이다. 강도발현 속도는 작지만 1년 이상의 장기강도는 다른 포틀랜드 시멘트보다 높으며, 치밀한 경화체 조직을 얻을 수 있으며, 화학저항성이 강하다.
④ 보통 포틀랜드 시멘트의 재령 7일 압축강도를 1일에 발현하는 시멘트이다. 수화반응이 급격하게 진행하고, 발열속도가 매우 크기 때문에, 한중 콘크리트에는 적합한 것이지만, 일반 콘크리트 공사에서는 온도균열에 주의할 필요가 있다. C_3S 함유율을 약 70%까지 높이고, 브레인 비표면적이 약 $6,000cm^2/g$까지 미분화시킨 것이다.

65 ② 시멘트의 응결시간을 지연시키기 위해 사용하는 혼화재료
③ 콘크리트 및 모르타르의 응결을 촉진시킨 위해 사용하는 혼화제
④ 발전소 등의 미분탄 보일러의 연도 가스로부터 집진기로 채취한 애시로, 양질의 포졸란(pozzolan)이다. 플라이애시를 콘크리트에 섞으면 볼베어링처럼 작용하여 워커빌리티(workability)를 좋게 함

66 방수공사에서 콘크리트 바탕과 방수시트의 접착을 양호하게 유지하기 위한 바탕 조정용 접착제로 사용되는 것은?

① 아스팔트싱글   ② 블론아스팔트

③ 아스팔트컴파운드   ④ 아스팔트프라이머

67 플라스틱 건설재료의 일반적 특성에 대한 설명으로 옳지 않은 것은?

① 플라스틱은 일반적으로 전기절연성이 상당히 양호하다.

② 플라스틱의 내수성 및 내투습성은 일반적으로 양호하며 폴리초산비닐이 가장 우수하다.

③ 플라스틱은 상호간 계면접착이 잘되며 금속, 콘크리트, 목재, 유리 등 다른 재료에도 잘 부착된다.

④ 플라스틱은 일반적으로 투명 또는 백색의 물질이므로 적합한 안료나 염료를 첨가함에 따라 상당히 광범위하게 채색이 가능하다.

✅ **ANSWER** | 66.④ 67.②

---

66 ① 아스팔트 사이에 강한 유리섬유나 종이매트를 넣어 만든 것으로 표면을 채색된 돌 입자로 코팅해 색상을 다양하게 연출할 수 있는 장점이 있으며, 기와에 비해 무게가 1/5 밖에 되지 않아 건축물에 하중으로 인한 부담을 전혀 주지 않고, 시공이 간편하다.

② 석유 아스팔트를 주원료로 220 ~ 250℃의 고온에서 공기를 불어 넣어 공기에 의한 산화반응 및 중·축합반응을 시켜 탄성력이 큰 아스팔트로 만든 것으로서 스트레이트 아스팔트에 비해 아스팔텐의 함유량이 많고 페트로렌의 함유량이 적어 내열성이 우수하며 충격 저항력이 강하고 감온성이 적다.

③ 양질의 석유 아스팔트에 특수촉매를 사용하여, 아스팔트와 공기를 중합 또는 축합 등의 반응을 일으켜 만든 제품으로, 감온성이 적어서 내열, 내한성이 우수하며 내충격성 및 내약품성이 우수하고 접착력이 강한 제품으로 일반 방수는 물론 콘크리트 및 철골 구조물 등에 사용하는 방수공사용 아스팔트이다.

④ 엄선된 아스팔트를 유기용제에 용해시켜 콘크리트, 시멘트 모르타르, 철관 등의 시공면에 도포할 수 있도록 최적의 점도를 가진 액상의 아스팔트로 방수시공의 제1차 공정에 사용되는 하지 처리용도로 구조물 표면에 도포하면 표면정리 및 방수시트 접착을 쉽게, 접착력을 강하게 해주는 것이다.

67 플라스틱의 성질

㉠ 다른 재료보다 가볍고 단단하다.

㉡ 성형성이 우수하다.

㉢ 착색하며 여러 가지 색을 낼 수 있다.

㉣ 화학약품에 잘 견딘다.

㉤ 열에 약하다.

㉥ 전기절연성이 우수하다.

㉦ 광학적 성질이 우수하며 빛을 잘 통과한다.

㉧ 단열성, 충격흡수, 탄성 등의 성질이 있다.

68 다음에서 설명하고 있는 비철금속은 무엇인가?

> • 융점이 낮고 가공이 용이하다.
> • 내식성이 우수하다.
> • 방사선의 투과도가 낮아 건축에서 방사선 차폐용 벽체에 이용된다.

① 동   ② 납
③ 니켈   ④ 알루미늄

69 다음 중 건축 재료용으로 가장 많이 사용되는 철강은?

① 순철   ② 니켈강
③ 크롬강   ④ 탄소강

70 구리와 주석을 주체로 한 합금으로 건축장식 철물 또는 미술공예 재료에 사용되는 것은?

① 황동   ② 두랄루민
③ 주철   ④ 청동

Ⓒ ANSWER | 68.② 69.④ 70.④

68 납… 땜납, 수도관, 활자 합금, 베어링 합금, 건축용에 쓰이고, 실용 금속 중 가장 밀도가 크고 유연하다. 전연성이 크고 융점이 낮으며, 내식성이 우수하고 방사선의 투과도가 낮은 것이 특징이다.
① 연성과 전성이 크고 열이나 전기전도율이 크며, 건조한 공기에서는 산화하지 않는 비철금속
③ 연성과 전성, 내식성이 크고 공기와 습기에 대해 산화가 잘 되지 않으며 주로 도금을 하여 사용하는 비철금속
④ 연성과 전성, 전기전도율, 열전도율, 강도가 크고 가공하기 용이한 비철금속

69 탄소강… 특수한 성질을 주기 위하여 다른 금속을 적당량만큼 첨가한 합금강, 그 성질에 따라 구조용 특수강, 특수용도용 특수강으로 구분한다.
㉠ **구조용 특수강** : 탄소강보다 강인성을 높이기 위해 담금질하여 경화시킨 것으로 탄소강의 기존성분에 니켈, 망간, 크롬, 규소, 텅스텐, 바나듐, 구리, 몰리브덴, 코발트, 붕소 등을 첨가한다. 일반적으로 구조용 특수강은 기계 구조용으로 많이 사용한다. 종류로는 크롬강, 니켈강, 크롬-몰리브덴강, 니켈-크롬-몰리브덴강 등이 있다.
㉡ **특수용도용 특수강** : 스테인리스강이 대표적이며, 니켈, 크롬 등을 함유하여 탄소량이 적고 내식성이 우수한 특수강이다. 기계적 성질이 좋아 알루미늄판의 1/3 두께로 같은 강도를 보이며 전기저항이 크고 열전도율이 낮다. 경도에 비해 가공성이 좋으며 납땜도 가능하다. 이와 같은 장점 때문에 건축재료로 널리 사용되고 있다.

70 청동… 구리와 주석을 주성분으로 하는 합금으로 아연이나 납 또는 철을 다소 함유하는 경우도 있다. 청동은 황동보다 내식성이 강하고 주조하기 쉬우며 표면에 특유한 아름다운 색깔을 지니고 있어 건축물의 장식 부품 또는 미술공예 재료로 사용된다.

71 비철금속 중 황동은 무엇과 무엇의 합금인가?

① 구리 + 주석
② 구리 + 아연
③ 니켈 + 주석
④ 니켈 + 아연
⑤ 아연 + 주석

72 다음 합성수지 중 내열성이 가장 우수한 것은?

① 실리콘수지
② 페놀수지
③ 염화비닐수지
④ 멜라민수지

73 다음 도료 중 가장 건조가 빠른 것은?

① 유성 바니시
② 수성 페인트
③ 유성 페인트
④ 클리어 래커

⊘ ANSWER | 71.② 72.① 73.④

71 황동 … 구리와 아연의 합금으로 주조성, 가공성 등 기계적 성질이 우수하고 청동에 비해 값이 싸다.

72 ① $-80 \sim 250℃$
② $60℃$
③ $-10 \sim 60℃$
④ $120℃$

73 클리어 래커는 접착력, 내수성, 마모성이 우수하며 건조시간이 $10 \sim 20$분 정도로 초속건조형 도료이다. 에나멜, 아크릴, 우레탄 등의 제품군 중 가장 빠른 건조속도를 나타낸다. 작업성도 우수한 편이다.

74 물에 유성페인트, 수지성 페인트 등을 현탁시킨 유화 액상 페인트로 바른 후 물은 발산되어 고화 되고, 표면은 거의 광택이 없는 도막을 만드는 것은?

① 에멀션 도료

② 셸락

③ 종페인트

④ 스파 바니시

75 내열성, 내한성이 우수한 수지로 −60 ∼ 260℃의 범위에서는 안정하고 탄성을 가지며 내후성 및 내화학성 등이 우수하며 접착제, 도료로서 사용되는 열경화성 수지는?

① 실리콘수지

② 아크릴수지

③ 염화비닐수지

④ 폴리에틸렌수지

⑤ 멜라민수지

ANSWER | 74.① 75.①

74 에멀션 도료 … 도막재료에 합성수지의 현탁액을 사용하는 도료, 유화중합으로서 얻는 수지를 그대로 상태로 사용하 므로 에멀션 도료라고 하지만 수성도료라고도 한다. 보통 합성수지를 도료의 비히클에 사용한 용액형이다. 또는 에 멀션형으로 사용한다. 용액형의 이점은 도막이 치밀하며, 평활하고 더욱 기밀성이 풍부하고, 광이 우수하다. 그러나 유성 바니시와 같이 비교적 저분자량의 것과 달라 고분자 화합물은 농도가 낮은 데 비하여 용액점도가 매우 높으므 로 고농도의 비히클을 만들 수 없다. 에멀션형은 고농도의 비히클로 된 뿐 아니라 분산질 입경이 0.1 ∼ 수μ이라는 미세한 것이기 때문에 도막도 치밀하며, 또한 평활하다.

75 실리콘수지 … 크게 나누어 반도체봉지용과 일반내열성형재료용도로 나눌 수 있다. 전자는 반도체소자를 몰드해 고 온, 고습, 기타유해물로부터 반도체 소자를 보호하며 그 물성 저하를 막는 동시에, 진동이나 충격 등의 기계적 쇼크 에 의해 일어날 수 있는 소자의 파손을 막아준다. 후자는 신뢰성을 필요로 하는 전기 · 전자부품이나 통신기 부품 및 −60 ∼ 400℃의 넓은 온도범위에서 사용되는 각종 부품의 성형재료로 사용된다.
내열, 내한, 내후성이 뛰어나며 이형성이 좋다. 전기절연성도 뛰어나며, 온도와 주파수에 의한 특성의 변화가 적다.

건축시공

05 건축시공

① 건축시공 개요

① 건축생산

ㄱ **건축시공** : 건축물을 설계 도면에 의해 일정한 기간 내에 완성하는 생산활동

ㄴ **건축물의 완성 단계** : 건축주의 기획 → 설계자의 설계 → 시공자의 시공

② 건축시공

ㄱ **시공계획**

- 시공자는 설계도서, 견적서를 상세하게 검토하고, 설계의 내용과 공사수량을 조사하여 시공계획을 수립
- 시공자는 가설물과 시공기계의 배치, 자재의 반입 및 공사의 방법과 순서를 검토한 후 시공계획을 수립
- 계획서대로 공기를 고려하고, 공정표를 작성, 실행예산을 작성하고 공사비를 예정 배분

ㄴ **시공관리**

- 시공계획에 의한 공사가 진행되어 소기의 목적을 달성할 수 있도록 함
- 적절한 관리조직과 품질, 공정, 작업, 노무, 재무, 자재 등 시공에 필요한 전반적인 관리가 합리적으로 운영되도록 함
- 공사진행이 계획대로 되는지 검토하고, 변동이 생기면 원인을 조사하여 개선, 시정하고 공사가 계획대로 이루어지도록 함

ㄷ **공사 착수 전 준비사항**

- 재료의 주문과 반입 및 저장
- 노무자 수배
- 기계 및 가설물의 준비

③ 관계자

ㄱ 건축주, 설계자와 공사 감리자, 시공자(원도급자, 하도급자)

ㄴ **건설노무자** : 숙련 기능공과 미숙련 노무자로 구분

④ **공사의 실시 방식과 시공자 선정**

　㉠ **공사 실시 방식** : 직영방식, 계약방식

　　• 도급방식
　　−일식도급 : 공사 전부를 한 명의 도급자에게 시행
　　−분할도급 : 공사를 유형별로 세분하여 각기 다른 도급자를 선정하여 공정별 체결 시행
　　−공동도급 : 하나의 공사를 2명 이상의 도급자에게 공동으로 도급
　　−정액도급 : 총공사비를 미리 정한 후 계약 체결
　　−단가도급 : 단위 공사 부분에 대한 단가 확정 후 실시 수량에 따라 정산
　　• 실비정산방식 : 건축주가 시공자에게 공사 위임, 공사비와 보수를 시공자에게 지불

　㉡ **시공자 선정**

　　• 경쟁입찰방식, 수의계약방식
　　• 입찰 순서 : 입찰공고→현장 설명→견적→입찰→개찰→낙찰→계약

⑤ **공정 및 품질관리**

　㉠ **공정표의 종류**

　　• 횡선식 공정표 : 가로축에 공사기간, 세로축에 공사종목을 표시, 공정을 막대그래프로 표시
　　• 사선식 공정표 : 공사량을 세로, 날짜를 가로에 놓고 공사진척 사항을 사선그래프로 표시
　　• 열기식 공정표 : 재료, 노무 등을 글자로 나열하는 방식
　　• 네트워크 공정표 : 공정별 작업단위를 망형도로 표시, 각 공사의 순서관계, 일정관계를 도해식으로 표기한 것으로 내용파악이 용이하고 컴퓨터로 이용이 가능, 공정관리 및 여유시간 관리 편리, 현장인원 중점 배치 가능

　㉡ **품질관리**

　　• 4단계 : 계획→실시→검토→조치
　　• 목적 : 시공능률 향상, 설계의 합리화, 품질 및 신뢰성의 향상, 작업의 표준화
　　• 품질관리 7가지 도구 : 히스토그램, 특성요인도, 파레토도, 체크 사이트, 각종 그래프 및 관리도, 산점도, 층별

② 가설 공사

① **개요**

　㉠ 건축 공사 기간 중 임시적 설비로 공사를 완성할 목적으로 사용하는 제반 시설 및 수단의 총칭, 공사 완료 후 해체, 철거, 정리

　㉡ 가설 운반로, 비계 설치, 가설 건물, 기계 기구 설비 및 동력, 규준틀 설치 등

② **가설울타리** … 판 울타리, 출입구, 목책 및 철조망

③ **가설건축물** … 현장 사무실, 가설창고, 현장 숙소, 화장실, 일간, 가설도로 등

PLUS CHECK 시멘트 창고

창고 주위에 배수 도랑 설치, 출입구 채광창 이외에는 환기창 설치하지 않으며, 반입구와 반출구는 별도로 설치, 반입 순서대로 사용, 마룻바닥은 지반에서 30cm 이상으로 하고, 시멘트 쌓기 높이는 13포대(1m^{2}당 30~35포대)를 초과하지 않아야 한다.

$$시멘트\ 창고의\ 소요\ 면적\ 산출\ A = 0.4 \times \frac{시멘트\ 저장\ 수량}{쌓는\ 단수}$$

---

④ **규준틀**

  ㉠ **기준점** : 지정 지반면에서 0.5~1m 위에 두며 2개소 이상 보조 기준점을 표시해 둔다.

  ㉡ **수평 규준틀** : 건물 각부의 위치 및 기초의 너비 또는 깊이 등을 결정, 이동 및 변형이 없게 견고하게 설치

  ㉢ **세로 규준틀** : 조적 공사의 고저 및 수직면의 규준으로 견고하게 설치, 수시로 검사

⑤ **비계**

  ㉠ 높은 곳에서 작업을 용이하게 하기 위해 설치하는 가설 구조물

  ㉡ **용도** : 작업의 용이, 재료 운반, 작업원의 통로, 작업 발판

  ㉢ **통나무 비계**

  • 지름 100mm 정도 끝마구리 지름 45mm 이상, 길이 7.2m 정도의 것으로 흠이 없고 곧은 재료 사용

  • 건축물 외벽에서 45~90cm 정도 떨어져 외벽에 따라 1.5~2m의 간격으로 세우고 밑동 묻음은 30~60cm 정도로 하거나 밑둥 잡이를 하부에 고정

  • 띠장 : 최하부는 지면에서 2m 이상 3m 이하로 하고 그 위에 1.5m 내외로 기둥에 수평되게 결속

  • 장선 : 지름 9cm 이상, 길이 2m 정도, 간격 1.5m 이내

  • 가새 : 수평간격 14m 모서리 부분에 45° 경사로 빗세움

  ㉣ **강관 비계**

  • 단관 비계, 틀파이프 비계로 구분

  • 조립 해체가 용이하고 안전도가 높고 내구연한이 길다.

  • 화재의 염려가 없으나 조립시 전선 등의 감전 우려가 있음

  ㉤ **달비계** : 건축물 외부 수리에 사용, 상하 이동이 가능

  ㉥ **낙하물 방지망** : 수평 낙하물 방지망과 수직 낙하물 방지망으로 구분

③ 기초 공사

① **지정 및 기초**

    ㉠ 기초를 보강하거나 지반의 지지력을 증가시키기 위해 설치하는 부분을 지정이라 하며, 건물의 최하부에 있어 건물의 각종 하중을 받아 지반에 안전하게 전달시키는 구조를 기초라 한다.

    ㉡ 보통 지정

- 잡석 지정 : 지름 20 ~ 30mm의 경질인 잡석을 나란히 옆세워 깔고, 그 위에 사춤자갈, 모래반 섞인 자갈을 깔아 손달구, 뭉둥달구 등으로 다진다.
- 자갈 지정 : 방습, 배수를 고려하여 지름 45mm 내외의 자갈을 6 ~ 10cm 두께로 깔고 잔자갈을 사춤하고 다진다.
- 모래 지정 : 모래를 넣고 30cm마다 물다짐하며, 지하수 등으로 모래가 옆으로 밀려나가지 않도록 흙막이를 고려해야 한다.
- 긴 주춧돌 지정 : 잡석 또는 자갈 위에 설치하는 것으로 긴 주춧돌 또는 지름 30cm 정도의 관을 깊이 묻은 다음 그 속에 콘크리트를 넣는 것이다.
- 밑창 콘크리트 지정 : 기초 밑에 먹줄치기, 잡석 등의 유동을 막기 위하여 배합비 1 : 3 : 6으로 두께 5 ~ 6cm의 콘크리트를 치는 것으로 물을 최소량으로 하여 적절한 시공연도를 얻을 수 있도록 한다.

② **말뚝 지정**

    ㉠ 나무 말뚝 : 길이 6m, 허용압축강도 $50kg/cm^2$, 지름 12cm 이상으로 말뚝 중심선이 말뚝 내에 있어야 하며, 말뚝 중심 간격은 밑마구리 지름의 2.5배 이상, 또는 60cm 이상으로 하며 말뚝 끝은 3~4면 빗깎기 하고, 말뚝 머리에 쇠가락지를 끼우며, 지하 상수면 이하에 두고 사용

    ㉡ 기성 콘크리트 말뚝 : 길이 15m 이내, 지름 20 ~ 40cm, 살두께 4 ~ 8cm인 것으로 말뚝 박기 간격은 말뚝 지름의 2.5배 이상 또는 75cm 이상

    ㉢ 강재 말뚝 : H형강이나 강관 사용, 강관 말뚝 끝에 나선형의 철물을 붙이므로 박을 때 진동, 소음이 없고 지지력이 증대

    ㉣ 제자리 콘크리트 말뚝 : 페디스털 말뚝, 컴프레솔 말뚝, 심플렉스 말뚝, 레이먼드 말뚝, 프랭키 말뚝

③ **깊은 기초**

    ㉠ 고층 건물의 기초 구조로 지정이 되는 동시에 기초가 되는 공법

    ㉡ 우물통식 기초

- 널말뚝식 우물 기초 : 지하 2층 이상의 철골을 주 구조체로 할 경우 건물 주위에 널말뚝을 박고 건물 중앙에 우물을 파고 밑창 콘크리트 기초 위에 철골 기둥을 세워 지표면에서 밑으로 보를 짜 걸어 널말뚝을 받친 후 다음 땅파기를 하여 철골 구조재를 조립

- 강판제 우물통 기초 : #18 이상의 아연 도금 철판으로 지름 1 ~ 2m의 우물통을 만든 후 ㄱ형강 등으로 테를 두르고 그 안에 흙을 파내어 내려 앉힌다. 그 내부에 콘크리트를 채워 우물통 전부를 말뚝 또는 하부 기초 말뚝으로 사용
- 철근 콘크리트 우물통 기초

ⓒ 잠함 기초
- 개방 잠함 : 경질 지층에 사용, 콘크리트 통을 지상에서 축조 후 내부에 흙을 채워 침하시키는 공법
- 용기 잠함 : 지하 수량이 많고 토사의 수량이 많을 때 사용, 압축 공기를 사용하여 침하

④ 철근 콘크리트 공사

① 거푸집 공사

㉠ 콘크리트를 부어 넣어 외력에 견디게 하고 응결 경화를 목적으로 만들어지므로 콘크리트 중량에 충분히 견딜 수 있고 누출되지 않게 세밀히 공작해야 하며 철거에 용이하게 설치하고 반복 사용이 가능

㉡ 재료 : 목재 패널, 철제 패널, 긴장재, 결박기, 간격대

㉢ 구조
- 기초 거푸집 : 기초판 옆은 패널 또는 두꺼운 널로 기초 밑창 콘크리트의 먹메김에 따라 짜 대고 외부에는 움직이지 않도록 받침을 튼튼히 하며, 윗면 경사가 35° 이상일 때에는 경사면도 거푸집을 댄다.
- 기둥 거푸집 : 띠장은 모서리 및 귀에서 내밀어 서로 상하 +자형으로 조립하며, 압력이 클 경우 볼트 및 긴장재로 결박하고 기둥 위는 보물림 자리를 따내고, 밑에는 청소 구멍을 내어 간단히 막도록 뚜껑을 설치한다.
- 벽 거푸집 : 보통 패널을 양면에 나누어 대고, 남은 부분만 따로 널을 짜 대고 거푸집 밑에는 청소 구멍을 두어 쉽게 막도록 해야 하며, 가로멍에 대기 간격은 밑에서 75cm, 위에서 90 ~ 110cm, 철선 죔일 때는 밑에서 75cm, 중앙 90cm, 위에서 100 ~ 110cm 정도로 배치한다.
- 바닥 거푸집 : 받침 기둥을 세운 뒤 멍에를 걸고 벽 옆 보 옆에는 장선받이를 박아대어 장선을 패널 크기에 맞추고 나누어 댄 다음 패널을 깔고 받침 기둥 1개의 받는 하중은 콘크리트 무게의 2배로 한다.
- 계단 거푸집 : 옆판, 디딤판, 챌판을 조립하여 만들고 견고하게 설치한다.
- 슬라이딩 폼 : 밑 부분에 약간 벌어진 거푸집을 1m 정도 높이로 설치하고 콘크리트가 경화되기 전 요크로 끌어 올려 연속 작업할 수 있는 것으로 사일로 축조에 많이 사용한다.

② 철근 공사

㉠ 재료 : 원형철근, 이형철근, 고장력이형철근, 철선 및 경강선, 강, 피아노선 등

> **PLUS CHECK** 이형철근의 지름별 용도
>
> | 지름별 호칭 | 용도 |
> | --- | --- |
> | D10, D13 | 바닥, 벽의 주근, 대근, 늑근, 경미한 기초판 |
> | D16, D19, D22, D25, D29 | 기초판, 기둥, 보의 주근 |
> | D32, D35, D38 | 특수 구조체의 주근 |

㉡ 가공 : 절단은 인력 또는 동력으로 하고 구부리가 및 갈고리 내기는 25mm 이하는 상온, 28mm 이상은 가열하여 가공하고 철근 밑단부는 갈고리 내는 것이 원칙이나 이형철근은 굴뚝 기둥 이외의 경우에는 갈고리 내지 않아도 된다.

㉢ 이음 및 정착
• 겹침 이음과 용접 이음을 사용하며, D29 이상 철근은 겹침 이음으로 하지 않는다.
• 철근 끝은 갈고리 내고 그 구부림 각은 180°로 하고 반지름은 1.5d로 하며 끝은 4d까지 더 연장하고 13mm 이하의 늑근과 대근은 135°, 바닥 철근일 경우 90° 구부린다.
• 이음 길이는 갈고리 중심 간의 거리로 하고 정착 길이는 앵커시키는 재의 안쪽에서 갈고리 중심까지의 길이로 한다.
• 압축근 및 작은 인장을 받는 곳의 이음 및 정착 길이는 25d 이상으로 하고 큰 인장을 받는 곳은 40d 이상으로 한다.
• 위치
–기둥의 주근 : 기초
–보의 주근 : 기둥
–작은 보의 주근 : 큰 보가 직교하는 단부 보 밑
–지중보의 주근 : 기초 또는 기둥
–벽 철근 : 기둥, 보, 바닥판
–바닥철근 : 보, 벽체

㉣ 조립
• 기초의 철근 조립 : 기초 갓둘레 형틀 위치에 먹줄치기를 하고 심먹에서부터 철근 간격을 배분하여 표시한 후 기초판 바닥 철근을 가로 세로 정확하게 배근하고 직교 부분은 결속한다.
• 보의 주근 조립 : 이어 쓰지 않은 것을 원칙으로 하며 중간 기둥에서 접합되는 보의 상부 주근은 기둥을 건너지르고 하부근은 기둥에 깊이 정착시킨다. 접근하는 철근의 이음간격은 서로 3d 이상 거리를 두며, 늑근의 간격은 보 춤의 3/4 또는 40cm 이하로 한다.
• 바닥 철근 조립 : 바닥판이 사변 고정일 경우 사방 휨, 인장근은 자유단에서 상부에 단순 지지단은 하부에 배치, 상부근은 보의 상부근 위로, 하부근은 보의 상부근 밑으로 건너지르고 단부 바닥판에서는 상·하부근을 구부려 정착한다. 바닥판의 두께는 8cm 이상 또는 그 단별 길이의 1/40 이상으로 한다.

- 기둥의 철근 조립 : 윗층 높이 1/3 지점 정도 뽑아 올리고, 한 기중 철근의 이음은 층 높이의 2/3 하부에 두고 주근 개수의 1/2씩 이음 자리를 엇갈려 놓고 인접 철근과의 간격은 3d 또는 25mm로 한다. 대근의 간격은 30cm 이하로 하고 가는 주근 지름의 15배 이하로 설치해야 하며, 기둥 철근의 단면적은 콘크리트 단면적의 0.8% 이상으로 하며 기둥의 최소 나비는 층 높이의 1/15 이상, 또는 20cm 이상으로 한다.

ⓜ 결속 및 간격재
- 결속 : 불에 달군 #18 ~ 21로 결속, 용접 조립
- 간격재 : 철재, 절근재, 모르타르재, 패킹재 등을 사용

③ **콘크리트 공사**

㉠ 콘크리트는 시멘트, 모래, 자갈에 물을 가하여 혼합한 것으로 용도에 따라 거푸집에 채워 넣고 일정기간(재령 28, 압축강도 150kg/cm^2 이상) 경과 후 거푸집을 제거하는 것이다.

㉡ 재료
- 시멘트 : 포틀랜드 시멘트를 주로 사용, 분말도 2,600cm^2/g 이상, 단위 용적 중량 1,300 ~ 2,000kg/m^3
- 골재 : 무근 콘크리트용 굵은 골재의 지름은 10cm 이하, 철근 콘크리트용 잔골재의 지름은 15mm 이하, 철근 콘크리트용 굵은 골재의 지름은 25mm 이하, 포장용 콘크리트 골재의 지름은 50mm 이하, 대규모 콘크리트용의 지름은 최대 15cm 이하이어야 한다. 비중은 잔골재의 경우 2.5 ~ 2.65, 굵은 골재는 2.55 ~ 2.65 정도이고 단위 용적 무게는 잔골재는 1,450 ~ 1,700kg/m^3, 굵은 골재는 1,550 ~ 1,850kg/m^{3}이다.
- 물 : 기름, 산, 알칼리, 유기물을 함유하지 않은 것으로 철근 콘크리트의 경우 바닷물 사용 불가
- 콘크리트 혼화재 : 콘크리트의 성질 개량, 부피 증가, 공사비 절감을 위하여 사용하는 것으로 강도에 영향을 주므로 배합을 잘하여야 한다. 표면활성제(AE제, 분산제), 성질개량제(포졸란, 플라이애시), 급결제, 방수제, 시공연도 증진제, 발포제, 착색제로 구분된다.

PLUS CHECK AE제와 포졸란, 플라이애시

- AE(air-entraining)제 : 콘크리트 속에 무수한 미세 기포를 포함시켜 콘크리트의 워커빌리티(workability)를 좋게 하기 위한 혼합제
- 포졸란(pozzolan) : 화산회, 화산암의 풍화물로, 가용성 규산을 많이 포함하고, 그 자신은 수경성은 없으나 물의 존재로 쉽게 석회와 화합하여 경화하는 성질의 것을 총칭해서 말한다. 시멘트 혼합재, 용성 백토, 규산 백토, 의회암의 풍화물 등의 천연 포졸란과 플라이애시 등의 인공 포졸란으로 구분
- 플라이애시(fly-ash) : 발전소 등의 미분탄 보일러의 연도 가스로부터 집진기로 채취한 애시로, 양질의 포졸란으로 플라이애시를 콘크리트에 섞으면 볼베어링처럼 작용하여 워커빌리티를 향상

㉢ 배합
- 배합의 표시 : 절대 용접 배합, 무게 배합, 표준 계량 배합, 현장 계량 용적 배합

- 콘크리트 강도
- 배합강도(28일 압축강도) : $F = F_0 + \delta$ (F_0 : 소요강도, δ : 콘크리트 강도의 표준편차)
- 시멘트 강도 : 강도시험을 하고 28일 압축강도를 결정
- 물-시멘트 비
- 40 ~ 70%의 범위로 하고 정밀도를 지정하지 않은 경우 콘크리트는 70% 이하로 한다.
- 수밀 콘크리트는 물 시멘트의 범위를 50% 이하로 하고, AE제의 공기량은 2 ~ 5%가 표준, 자연 콘크리트 공기량은 1 ~ 2%, AE제를 사용할 경우 공기량이 6% 초과되면 강도 및 내구성이 저하된다.
- 슬럼프 값 : 콘크리트를 투입하는 시공연도를 측정하는 방법, 구조물의 강도, 내구성 등 모든 성질에 영향을 주며 표준값은 5 ~ 22cm이다.

장소	진동 다짐	진동 다짐 아닐 경우
기초, 바닥판, 보	5 ~ 10	15 ~ 19
기둥, 벽	10 ~ 15	19 ~ 22
수밀 콘크리트	7.5 이하	12.5 이하

ⓔ 계량
- 물 : 중량 또는 부피로 계량, 콘크리트 품질에 많은 영향을 미치므로 정확히 계량
- 시멘트 : 무게 계량 또는 포대 단위 계량, 용적 계량으로 할 경우 포틀랜드 시멘트는 25%, 고토 및 실리카 시멘트는 35% 정도 부피 증가를 가산
- 골재 : 중량 계량이 원칙, 경미한 공사인 경우 용적 계량, 무게 계량을 할 경우 함수량을 수정, 함수량을 포함한 골재 무게를 계산하며, 용적 계량일 경우 부풀기를 수정한 용적을 계산
- 혼화재 : 물의 희석 후 사용, 계량 오차 1% 이내

ⓜ 비비기와 부어넣기
- 손 비빔 : 소규모 공사에 사용, 모래→시멘트→자갈→물의 순서로 투입한다.
- 기계 비빔 : 혼합기에 의한 비빔으로, 모래→시멘트→자갈→물의 순서로 투입, 혼합기는 이동식과 고정식으로 구분한다.
- 혼합장치
- 콘크리트 타워 : 믹서 배출구에 접하여 타워를 세워 버킷으로 콘크리트를 올리는 장치, 최소 높이 70m 이하, 1회 비빔용량은 버킷이 30% 커야 함
- 슈트 및 호퍼
- 버킷 : 타워 내에 두는 것 이외에 원형으로 크레인 또는 가이드 레일에 의하여 원치로 달아 올리는데 버킷은 믹서의 배출구 앞 밑에 내려놓고, 콘크리트를 받아 올리면 호퍼에 쏟아지게 함
- 타워 호퍼 : 버킷으로 올린 콘크리트를 받아 수직 슈트로 플로어 호퍼나 경사 슈트로 직접 넣을 곳에 보내는 원뿔통
- 손수레 및 발판
- 콘크리트 펌프 : 콘크리트를 압송하는 기계, 대규모 공사에 사용

- 콘크리트 배처 플랜트 : 각종 골재 및 시멘트 풀을 자동으로 계량하여 혼합기에 공급하는 총합 계량 기계
- 이넌데이터 : 모래의 계량을 정확하게 하는 장치
- 워세크리터 : 모래, 자갈의 무게 개량 외의 추가 물량과 계량한 시멘트를 미리 혼합하여 시멘트풀을 만들고 골재와 같이 혼합기에 투입하는 기계
• 부어넣기
- 콘크리트를 부어 넣은 곳에 모르타르(1 : 2)를 뿌리고, 삽으로 다시 개어 수직부인 기둥, 벽에 먼저 붓고 각 부분을 수평이 유지되도록 부어 넣는다.
- 호퍼에서 먼 곳으로부터 가까운 곳으로 치우침이 없도록 부어 넣고, 적당한 기구로 충분히 다지고 다지기 곤란한 곳은 거푸집 외부를 가볍게 두드리거나 진동기로 잘 다진다.
- 기둥에는 여러 번 나누어 천천히 충분히 다지면서 붓고, 보는 바닥판과 동시에 먼 곳에서 가까운 쪽으로 수평이 되게 부어 넣으며, 수직부와 수평부가 접촉되는 부분은 한 부분이 안정된 다음 다른 부분에 부어 넣는다.
- 수직부의 1회 높이는 2m 이하가 적당
• 이어붓기 개소

개소	이음 개소
기둥	보, 바닥판 또는 기초의 윗면
보	간살이 $\frac{1}{2} \sim \frac{1}{4}$ 부근
바닥판	간살의 $\frac{1}{4}$ 부근
벽	문틀, 끊기 좋고 이음자리 막이를 떼기 쉬운 곳
캔틸레버	이어 붓지 않음이 원칙

PLUS CHECK 보양

콘크리트 경화 과정 중 콘크리트의 품질을 저하시키는 외부 조건에 대한 보호 개념이 추가 된 것으로 보호와 양생을 의미한다. 콘크리트 내부를 밀실하게 하고 타설 후 수화적용을 충분히 발휘하고 건조 및 외부 충격 등에 의한 균열발생을 예방, 오손, 변형, 파괴 등으로부터 보호하는 것이다.

ⓑ 각종 콘크리트
• 진동 다짐 콘크리트 : 1회 부어넣기 높이 30 ~ 60cm, 꽂이식(봉상) 간격 60cm 이하, 1일(8시간)단 20m³마다 1대 꼴로 부어 넣는다. 3대에 대하여 1대를 예비로 준비한다.
• 레디믹스트 콘크리트 : 공장에서 대량의 콘크리트를 생산하여 트럭으로 시공 현장에 운반하여 판매하는 것이다. 협소한 장소에 유리하다.
• 무근 콘크리트 : 간단한 목조, 벽돌조 건물의 기초 또는 바닥다미에 사용, 굵은 골재는 10cm 이하의 것을 사용한다.

- 잡석 콘크리트 : 강도가 요구되지 않는 곳에 1 : 4 : 8의 배합으로 사용한다.
- 진공 콘크리트 : 콘크리트가 경화하기 전 콘크리트 중의 수분과 공기를 진공 매트로 흡수하는 공법으로 도포 포장 공사에 주로 사용한다.
- 서모 콘크리트 : 시멘트와 물 발포제를 배합하여 만든 경량 콘크리트로 강도 $40 \sim 45kg/cm^2$, 붓기 높이 20cm, 비중 $0.8 \sim 0.9$, 물-시멘트비는 43%이다.

ⓢ 특수 콘크리트 시공
- 수밀 콘크리트 : 물-시멘트비는 50% 이하, 슬럼프 값 12.5cm 이하, 비빔시간 $2 \sim 3$분, 마감 모르타르를 하지 않을 경우 쇠 흙손질 2회 정도, 수밀 콘크리트 위에 피복 모르타르를 하지 않을 경우 철근 피복 두께는 $3 \sim 4cm$
- 제물 치장 콘크리트 : 콘크리트 면을 직접 노출시켜 치장 마무리하는 것으로 피복 두께는 구조상 요구보다 $1 \sim 3cm$ 더해야 하며, 된비빔 부배합, 강도는 $210kg/cm^2$ 이상, 진동기를 사용
- 경량 콘크리트 : 경량 골재를 사용한 것으로 비중 2.0 이하, 물-시멘트비는 70% 이하
- 프리팩스 콘크리트 : 거푸집 안에 골재를 넣고 특수 모르타르를 주입, 수밀성 및 염류 내구성 큼, 재료의 분리가 적고 수축은 일반 콘크리트의 50% 정도, 물→주입 보조제→플라이애시 →시멘트→모래 순으로 투입

ⓞ 프리캐스트 콘크리트
- 구조물을 일반 공업제품과 같이 부품화 하여 이들을 공장생산하고 현장에서 조립함으로써 품질의 균일화를 꾀하고, 대량생산에서 오는 원가절감을 장점으로 한다.
- 필요성
- 건설노동력의 부족현상과 인건비 상승
- 현장노동력에 의존하는 재래식 공법의 한계
- 건설 수요의 급증에 따른 자재수급의 불안정에 따른 대량생산의 필요성
- 공기단축으로 인한 원가절감 필요성
- 재래의 노동집약중심에서 기계화 시공으로의 전환과 인적재해예방의 필요성
- 건설시장개방에 따른 기술경쟁력 향상의 필요성
- 장점 : 자재의 규격화로 대량생산, 시공용이, 공기 단축, 공사비 절감, 연중 공사 가능
- 단점 : 초기 시설 투자비 고가, 부재의 다원화 난감, 접합부 결함 발생용이
- 프리캐스트 콘크리트 공법의 분류
- 구조형식에 따른 분류 : 판식구조, 골조식 구조, 상자식 구조
- 프리캐스트 콘크리트의 기능 및 형상에 의한 분류 : 수평부재, 수직부재
- 접합방법에 의한 분류 : 습식접합, 건식접합
- open system과 closed system
- open system : 건축물을 구성하는 각 부품을 개발, 생산, 보급하고 이 부품을 자유로이 선택, 조합하여 건물을 구성해 가는 모듈에 의한 대량생산을 통해 공급하는 방식
- closed system : 완성된 건물의 형태가 사전에 계획되고 이를 구성하는 부분들이 부품으로 제작되어 조립되는 시스템으로 프리캐스트 콘크리트 대형 패널 방식으로 건설되는 국내 조립식 아파트의 경우 대부분 이 방식을 적용

⑤ 미장 및 타일공사

① 미장공사

  ㉠ 개요 : 건축물의 성능과 장기적 내구 수명에 영향을 주는 태양열, 바람, 눈, 비, 온도 및 습도, 이산화탄소, 산성비, 염분, 자외선 등으로부터 구조체를 보호하거나, 건축물의 외적 아름다움을 보완하기 위하여 각종 바름재를 건설현장에서 흙손 및 뿜칠기 등을 사용하여 벽, 천장, 기둥, 바닥 등의 실내외 구조 부위 표면에 발라 붙이거나 뿌려 바르는 공사를 말한다.

  ㉡ 미장재료
  • 결합재 : 물리적, 화학적으로 경화하여 미장바름의 주체가 되는 재료로 소석회, 돌로마이트 플라스터, 석고, 마그네시아 시멘트, 점토 등이 해당되며 경화하는 성질에 따라 수경성과 기경성으로 분류한다.
  • 보강재 : 수축균열, 점성도, 보수성 부족 등을 보완하고 응결 경화 시간을 조절하기 위하여 사용하는 재료로, 풀, 수염, 섬유 등이 해당한다.
  • 골재 : 수축균열, 점성 및 보수성의 부족을 보완하거나 응결 경화 시간의 조절 및 치장을 목적으로 사용하는 재료로 모래, 규사, 탄산칼슘 분말 등이 해당한다.
  • 혼화재 : 착색, 방수, 내화, 단열, 차음, 음향 등의 효과를 얻기 위하여 사용하며 응결 시간 단축 및 연장을 위하여 첨가하는 재료이다.

  ㉢ 미장바탕
  • 콘크리트 바탕 : 거푸집을 완전히 제거한 상태로 미장재료의 부착에 유해한 잔류물, 균열, 오물, 과도한 요철 등이 없어야 하며 철근 간격재 또는 나무 부스러기 등은 제거하고 구멍 등은 모르타르로 메우고 콘크리트를 이어친 부분은 방수처리를 한다.
  • 프리캐스트 콘크리트 및 ALC 패널 바탕 : 바탕 부재 조립시 손상된 부분은 미장바름에 지장이 없도록 보수해야 하며, 바탕 표면에 레이턴스, 거푸집 박리재, 박리 시트 등 미장 바름에 지장이 되는 부착물이 완전히 제거, 청소된 상태여야 하며 패널의 접합부는 콘크리트 또는 모르타르로 채워져 있어야 한다.
  • 콘크리트블록 및 벽돌 바탕 : 줄눈재에 적용되는 미장재료와의 적합성을 고려하고 미장재료의 균열 방지를 위해 건조, 수축이 적은 것을 사용해야 하며, 콘크리트 블록 줄눈 나누기 등에 의한 균열을 방지하기 위해 건습에 따른 신축이 적도록 미장재료의 경화과정, 보수성, 흡수율 등을 고려하여 물뿌리기를 한다.
  • 와이어리스 및 메탈라스 바탕 : 와이어라스의 힘살은 지름 2.6mm 이상의 강선으로 하며, 갈고리 못은 지름 1.6mm, 길이 25mm 내외의 철선으로 하며, 방수지를 붙일 경우에는 일그러지거나 주름이 생기기 않도록 하고 방수지에 손상된 곳이나 찢김이 생긴 곳이 있을 때에는 물이 새지 않도록 잘 겹쳐댄다.
  • 석고보드 바탕 : 석고 라스 보드, 석고 보드는 두께 9.5mm로 하고, 보드용 평머리 못은 아연 도금 또는 유니크롬 도금이 된 것을 사용하며 석고 보드 설치용 목조틀의 띠장 간격은 450mm 내외로 하고 기둥 및 샛기둥에 따넣고 못치기를 한다.

② 미장재 바르기
- 미장바름 공법의 종류
  - 미장재 바르기 공사에는 일반적으로 경화 후 내구성이 좋고, 시공이 용이하며 재료의 구입이 쉬운 시멘트 모르타르 공법이 있다. 그 외에 종석을 사용한 인조석 바름, 테라초 바름이 있다.
  - 큰 유동성을 가지고 있어 자체의 흐름성으로 평탄하게 되는 성질을 가지는 셀프레벨링재를 이용한 바닥바름 공법이 있다.
  - 방진성, 탄력성, 내약품성 등을 목적으로 한 합성 고분자계 바닥재 바름 공법이 있다.
- 미장바름을 위한 바탕처리
  - 콘크리트 또는 콘크리트 블록 등의 바탕을 대상으로 미장재를 바르기 위해서는 먼저 바탕의 표면을 깨끗이 청소하여 먼지, 기름, 때, 레이턴스 등을 제거하고 파손된 부분, 심한 요철, 구멍, 균열 등을 보수하여 미장재가 부착되도록 해야 한다.
  - 미장재의 부착이 어려운 경우에는 접착용 혼화제를 넣은 시멘트풀을 얇게 문지르고 난 후 미장재를 바른다.
  - 콘크리트 또는 콘크리트 블록 등은 미리 물을 적시고 바탕의 물 흡수를 조정하고 나서 초벌바름을 한다.

② **타일공사**

㉠ 타일 시공 수칙
- 작업하기 전 공동 작업자의 성격, 능력 정도를 미리 파악한다.
- 작업능력이나 기타 사항을 고려해 작업의 상대 및 구성원을 배치한다.
- 중량물의 운반 등에는 각 동작마다 상대에게 신호를 하고 동작을 일치시킨다.
- 상대방의 숙련도에 따라 작업속도를 가감한다.

㉡ 타일붙이기
- 일반사항
  - 타일붙이기에는 건축물의 벽체, 기둥, 바닥 등에 타일을 직접 붙이는 손붙이기와 조립식 건축에서 사용하는 방법으로서 공장에서 거푸집에 타일을 고정시키고 콘크리트를 타설하거나 PC 콘크리트판 표면에 타일을 미리 붙이는 먼저붙이기가 있다.
  - 먼저붙이기는 비교적 넓은 면적의 외벽에 사용되고 있다.
  - 손붙이기는 시멘트 모르타르를 접착제로 사용하는 떠붙이기와 압착붙이기가 있고, 합성 고분자계 접착제를 사용한 접착붙이기가 있다.
- 타일붙이기 방법 선정 시 유의사항
  - 타일 박리를 발생시키지 않도록 할 것
  - 타일 줄눈 및 표면에서 백화가 생기지 않도록 할 것
  - 붙이기 및 줄눈 작업의 마무리 정도가 좋을 것
  - 타일에 균열이 생기 않을 것

• 타일붙이기의 분류

부위		종류	적용 타일
외벽	손붙이기	떠붙이기, 압착붙이기, 밀착붙이기	외장 타일
		모자이크 타일 붙이기, 개량 모자이크 타일 붙이기	모자이크 타일
	먼저붙이기	거푸집 먼저붙이기, PC판 먼저붙이기	외장·모자이크 타일
내벽	손붙이기	떠붙이기, 압착붙이기	내장 타일
		접착붙이기	모자이크 타일
바닥	손붙이기	압착붙이기, 밀착붙이기, 접착붙이기	바닥 타일
		바닥 모자이크 타일 붙이기	모자이크 타일

• 떠붙이기의 장·단점

장점	단점
• 초벌 바탕에 시공할 수 있다. • 쌓아올리기에 적당하다. • 박리 탈락률이 적다.	• 숙련된 기능과 잔손질이 필요하다. • 1일 쌓기 제한(1.2~1.5m)이 있다. • 백화 현상과 동결의 우려가 있다. • 뒷면에 공극이 많이 발생한다.

1 다음 그림과 같은 네트워크 공정표에서 주공정선(Critical Path)는?

한국전력공사

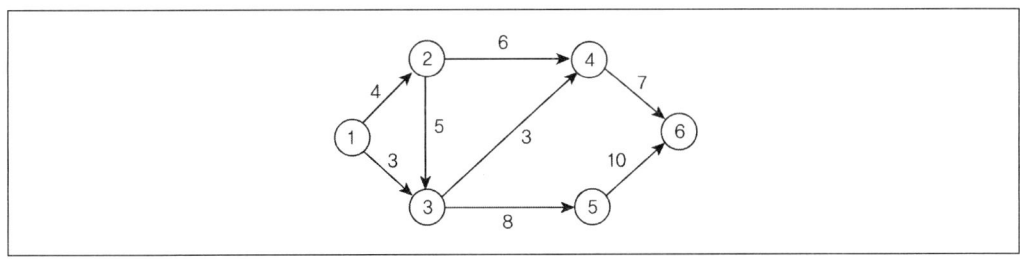

① ①→③→⑤→⑥   ② ①→②→④→⑥

③ ①→②→③→④→⑥   ④ ①→②→③→⑤→⑥

2 일반경쟁입찰의 업무순서에 따라 〈보기〉의 항목을 옳게 나열한 것은?

부산교통공사

〈보기〉	
㉠ 입찰공고	㉡ 입찰등록
㉢ 견적	㉣ 참가등록
㉤ 입찰	㉥ 현장설명
㉦ 개찰 및 낙찰	㉧ 계약

① ㉠→㉡→㉥→㉣→㉢→㉤→㉦→㉧

② ㉠→㉣→㉥→㉢→㉡→㉤→㉦→㉧

③ ㉠→㉡→㉢→㉥→㉣→㉦→㉤→㉧

④ ㉠→㉣→㉢→㉥→㉤→㉦→㉡→㉧

✅ ANSWER │ 1.④ 2.②

1 주공정선(Critical path) … 소요일수가 가장 많은 작업경로, 여유시간을 갖지 않는 작업경로, 전체 공기를 지배하는 작업경로이다. 주어진 문제에서 ①→②→③→⑤→⑥의 경우가 가장 소요일수가 많은 경로이므로 주공정선이 된다.

2 일반경쟁입찰의 업무순서 … 입찰공고→참가등록→현장설명→견적→입찰등록→입찰→개찰 및 낙찰→계약

3 건축공사에서 공사원가를 구성하는 직접공사비에 포함되는 항목을 바르게 나열한 것은?

한국토지주택공사

① 자재비, 노무비, 이윤, 일반관리비

② 자재비, 노무비, 이윤, 경비

③ 자재비, 노무비, 외주비, 경비

④ 자재비, 노무비, 외주비, 일반관리비

4 건설현장에서 공사감리자로 근무하고 있는 A씨가 하는 업무에 해당되지 않는 것은?

대구도시철도공사

① 상세시공도면의 작성

② 공사시공자가 사용하는 건축자재가 관계법령에 의한 기준에 적합한 건축자재인지 여부의 확인

③ 공사현장에서의 안전관리지도

④ 품질시험의 실시여부 및 시험성과의 검토, 확인

⊘ **ANSWER** | 3.③ 4.①

3 총공사비 항목

총공사비 (견적가격)	총원가	공사원가	순공사비	직접공사비	재료비
	부가이윤				노무비
		일반관리비 부담금			외주비
			현장경비	간접공사비 (공통경비)	직접경비

4 상세시공도면의 작성은 공사시공자가 맡는다.

  ※ **공사감리자의 감리업무**

   ㉠ 공사시공자가 설계도서에 적합하게 시공하는지의 여부 확인

   ㉡ 건축자재가 기준에 적합한지의 여부 확인

   ㉢ 시공계획 및 공사관리의 적정여부 확인

   ㉣ 공정표 및 상세시공도면의 검토 및 확인

   ㉤ 구조물의 위치와 규격의 적정여부 검토 및 확인

   ㉥ 품질시험의 실시여부 및 시험성과 검토 및 확인

   ㉦ 설계변경의 적정여부 검토 및 확인

   ㉧ 공사현장에서의 안전관리 지도

   ㉨ 기타 공사감리계약으로 정하는 사항

5 건설 프로세스의 효율적인 운영을 위해 형성된 개념으로 건설생산에 초점을 맞추고 이에 관련된 계획, 관리, 엔지니어링, 설계, 구매, 계약, 시공, 유지 및 보수 등의 요소들을 주요 대상으로 하는 것은?

한국철도시설공단

① CIC(Computer Integrated Construction)

② MIS(Management Information System)

③ CIM(Computer Integrated Manufacturing)

④ CAM(Computer Aided Manufacturing)

6 다음 중 CM(Construction Management)에 대한 설명으로 옳은 것은?

① 설계단계에서 시공법까지는 결정하지 않고 요구성능만을 시공자에게 제시하여 시공자가 자유로이 재료나 시공방법을 선택할 수 있는 방식이다.

② 시공주를 대신하여 전문가가 설계자 및 시공자를 관리하는 독립된 조직으로 시공주, 설계자, 시공자의 조정을 목적으로 한다.

③ 설계 및 시공을 동일회사에서 해결하는 방식을 말한다.

④ 2개 이상의 건설회사가 공동으로 공사를 도급하는 방식을 말한다.

ⓥ ANSWER | 5.① 6.②

5 ① CIC(Computer Integrated Construction) : 건설프로세스의 효율적인 운영을 위해 형성된 개념으로 건설생산에 초점을 맞추고 이에 관련된 계획, 관리, 엔지니어링, 설계, 구매, 계약, 시공, 유지 및 보수 등의 요소들을 주요 대상으로 하는 것
② MIS(Management Information System) : 경영정보시스템
③ CIM(Computer Integrated Manufacturing) : 컴퓨터 통합생산 시스템
④ CAM(Computer Aided Manufacturing) : 컴퓨터 지원 제조시스템

6 ① 성능발주방식에 관한 설명이다.
③ 턴키발주방식에 관한 설명이다.
④ 공동도급에 관한 설명이다.

7 다음 중 콘크리트의 크리프 변형량이 크게 되는 경우에 해당되지 않는 것은?

① 부재의 단면치수가 클수록

② 하중이 클수록

③ 단위수량이 많을수록

④ 재하시의 재령이 짧을수록

8 다음 중 시멘트 액체방수에 대한 설명으로 옳지 않은 것은?

① 값이 저렴하고 시공 및 보수가 용이한 편이다.

② 바탕의 상태가 습하거나 수분이 함유되어 있더라도 시공할 수 있다.

③ 바탕콘크리트의 침하, 경화 후의 건조수축, 균열 등 구조적 변형이 심한 부분에도 사용할 수 있다.

④ 옥상 등 실외에서는 효력의 지속성을 기대할 수 없다.

ⓥ ANSWER | 7.① 8.③

7 부재의 단면치수가 클수록 크리프는 줄어든다.

※ 크리프

ㄱ 개념 : 콘크리트에 일정한 하중이 계속 작용하면 하중의 증가가 없어도 시간과 더불어 변형이 증가하는 현상
으로 콘크리트의 소성변형이다.

ㄴ 크리프에 관한 사항

• 물시멘트비, 단위시멘트량, 단위수량, 온도, 작용하중(응력)이 클수록 크리프는 크게 발생한다.

• 체적, 상대습도, 강도, 단면치수, 재령일수가 클수록 크리프는 작게 발생한다.

• 시간이 지날수록 단위시간당 발생하는 크리프는 감소된다.

• 옥내가 옥외보다, 옥외가 수중보다 크게 발생한다.

8 시멘트 액체방수는 아스팔트 방수보다 신축성이 없으며 모체에 균열 발생 시 방수가 제대로 되지 않는다.

비교내용	아스팔트방수	시멘트액체방수
바탕처리	바탕모르타르 바름	다소습윤상태, 바탕모르타르 불필요
외기의 영향	작다	크다
방수층 신축성	크다	거의 없다
균열발생정도	잔균열이 발생하나 비교적 안생기고 안전하다.	잘 생기고 비교적 굵은 균열이다.
방수층 중량	자체는 적으나 보호누름으로 커진다.	비교적 작다
시공난이도	복잡하다	비교적 쉽다
보호누름	필요하다	필요 없다
공사비	비싸다	싸다
방수성능	높다	낮다
재료취급성능	복잡하다	간단하다
결함부발견	어렵다	쉽다
보수비용	비싸다	싸다
방수층 마무리	불확실하고 난점이 있다.	확실하고 간단하다
내구성	크다	작다

9 다음 중 공정관리에서 네트워크(Network)에 관한 용어와 관련이 없는 것은?

① 커넥터(connector) ② 크리티컬패스(critical path)
③ 더미(dummy) ④ 플로우트(float)
⑤ 슬랙(slack)

---

9 커넥터는 공정관리와는 전혀 관련이 없는 용어이다.

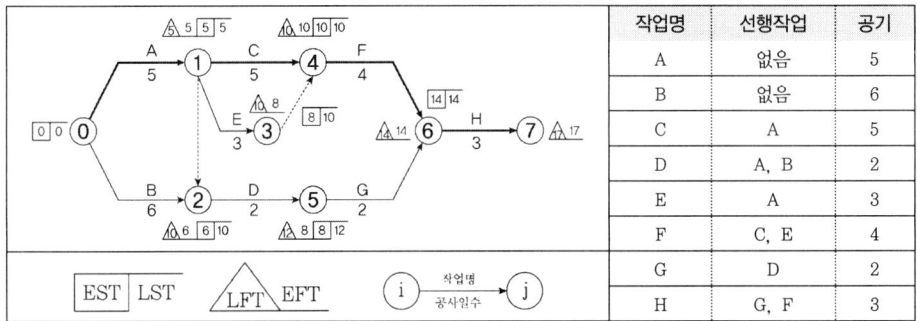

작업명	선행작업	공기
A	없음	5
B	없음	6
C	A	5
D	A, B	2
E	A	3
F	C, E	4
G	D	2
H	G, F	3

※ 네트워크 공정표 예

용어	기호	내용
Event	O	작업의 결합점, 개시점 또는 종료점
Activity	→	작업, 프로젝트를 구성하는 작업 단위
Dummy	⇢	정상표현으로 할 수 없는 작업 상호관계를 표시하는 화설표로서, 작업 및 시간의 요소는 포함하지 않는다. (화살점선으로 표시)
가장 빠른 개시시각	EST	Earliest Starting Time, 작업을 시작하는 가장 빠른 시각
가장 빠른 종료시각	EFT	Earliest Finishing Time, 작업을 끝낼 수 있는 가장 빠른 시각
가장 늦은 개시시각	LST	Latest Starting Time, 작업을 가장 늦게 시작하여도 좋은 시각
가장 늦은 종료시각	LFT	Latest Finishing Time, 작업을 가장 늦게 종료하여도 좋은 시각
Path		네트워크 중 둘 이상의 작업이 이어짐
Longest Path	LP	임의의 두 결합점 간의 패스 중 소요시간이 가장 긴 패스
Critical Path	CP	소요일수가 가장 많은 작업경로, 여유시간을 갖지 않는 작업경로, 전체 공기를이 지배하는 작업경로
Float		각 작업에 허용되는 시간적 여유
Slack	SL	결합점이 가지는 여유시간
Total Float	TF	작업을 EST로 시작하고 LFT로 완료할 때 생기는 여유시간 [T.F = 그 작업의 LFT − 그 작업의 EFT]
Free Float	FF	작업을 EST로 시작하고 후속작업도 EST로 시작하여도 존재하는 여유시간, [F.F = 후속작업의 EST − 그 작업의 EFT]
Dependent Float	DF	후속작업의 전체여유에 영향을 미치는 여유시간, [D.F = T.F − F.F]

10 블록쌓기시 블록조 벽체에 와이어 메시를 가로줄눈에 묻어 쌓기도 하는데 이에 관한 설명으로 틀린 것은?

① 전단작용에 대한 보강이다.

② 수직하중을 분산시키는데 유리하다.

③ 블록과 모르타르의 부착을 좋게 하기 위한 것이다.

④ 교차부의 균열을 방지하는데 유리하다.

11 사질토의 경우 표준관입시험의 타격회수 N이 50이면 이 지반의 상태(모래의 상대밀도)는?

① 몹시 느슨하다.　　　　　　　　　② 느슨하다.

③ 보통이다.　　　　　　　　　　　④ 다진 상태이다.

12 프리패브 건축, 커튼 월 공법에 따른 건축물에서 각 면의 접합부, 특히 스틸새시의 부위 틈새 및 균열부 보수에 많이 이용되는 방수공법은?

① 아스팔트 방수　　　　　　　　　② 시트 방수

③ 도막 방수　　　　　　　　　　　④ 실링재 방수

ANSWER | 10.③　11.④　12.④

10 블록쌓기 시 와이어 메시는 벽체의 균열을 방지하고, 모서리와 교차부의 벽체를 보강하며, 전단작용 및 횡력과 편심하중을 분산시키는 역할을 한다.

11

사질지반	N값	점토지반	N값
대단히 밀실한 모래	50 이상	매우 단단한 점토	30 ~ 50
밀실한 모래	30 ~ 50	단단한 점토	15 ~ 30
중정도 모래	10 ~ 30	비교적 경질 점토	8 ~ 15
느슨한 모래	5 ~ 10	중정도 점토	4 ~ 8
아주 느슨한 모래	5 이하	무른 점토	2 ~ 4

12 ① 아스팔트루핑 또는 아스팔트펠트를 용융아스팔트로 바탕면에 접착시키고 여러 층으로 포개어 방수층을 만드는 방수공사로 지붕, 수조, 욕실 등에 주로 사용된다. 콘크리트면의 경우 바탕면을 충분히 건조시킨 다음 아스팔트 용제를 희석한 아스팔트프라이머를 기본 바탕으로 한다. 목조 구조물의 경우에는 펠트를 못으로 고정시켜 바탕으로 한다. 지하실의 방수층은 지하수나 습기 등의 압력에 의한 영향이 많기 때문에 공사시 주의해야 한다.

② 합성고무, 합성수지 또는 개량아스팔트를 주원료로 만든 방수시트를 바닥에 접착하여 하는 방수방법으로 합성고분자 시트방수와 개량아스팔트 시트방수로 나뉘며, 합성고분자 시트방수는 부틸고무가 주원료인 가황계 시트방수, 폴리아이소부틸렌이 주원료인 비가황계 시트방수, 염화비닐수지가 주원료인 염화비닐계 시트방수, 에틸렌아세트산이 주원료인 에틸렌아세트산 수지계 시트방수가 있다.

③ 합성수지가 주원료인 바탕면에 발라 방수도막을 만드는 공법으로 액체 상태 그래도 바르는 유제형 도막방수, 방수재를 휘발성 용제에 녹여 만든 다음 바르는 용제형 도막방수, 에폭시수지를 발라 방수층을 형성하는 에폭시 도막방수가 있다. 주로 아파트나 빌라, 주택의 옥상방수, 지하주차장, 건물 내외벽의 방수에 사용된다.

13 건축 시공 계약제도 중 직영제도(Direct Management)에 관한 사항으로 바르지 않은 것은?

① 공사내용 및 시공과정이 단순할 때 주로 채용된다.

② 확실성이 있는 공사를 할 수 있다.

③ 입찰 및 계약에 있어 번잡한 수속을 피할 수 있다.

④ 공사비의 절감과 공기단축이 용이한 제도이다.

14 다음 중 콘크리트 공기량의 변화에 대한 설명으로 옳은 것은?

① AE제의 혼입량이 증가하면 공기량도 증가한다.

② 시멘트 분말도 및 단위시멘트량이 증가하면 공기량은 증가한다.

③ 잔골재 중의 0.15 ~ 0.3mm의 골재가 많으면 공기량은 감소한다.

④ 콘크리트의 온도가 낮으면 공기량은 증가한다.

15 다음 중 QC(Quality Control) 활동의 도구가 아닌 것은?

① 기능계통도   ② 산점도

③ 히스토그램   ④ 특성요인도

⑤ 관리도

✅ **ANSWER** | 13.④ 14.① 15.①

13 직영공사는 전문성의 부족으로 공사비가 증대되거나 공사기간이 연장될 우려가 있다.

14 ② 시멘트의 분말도와 단위시멘트량이 증가하게 되면 공기량은 감소하게 된다.
③ 잔골재 중의 0.15 ~ 0.3mm의 골재가 많으면 공기량은 증가한다.
④ 콘크리트의 온도가 낮으면 공기량은 감소한다.

15 TQC의 7가지 도구 … 히스토그램, 파레토도, 체크시트, 특성요인도, 층별, 산점도, 각종 그래프 및 관리도
※ **품질관리(Total Quality Control) 도구의 종류**
   ⊙ **파레토도**: 불량, 결점, 고장 등의 발생건수, 또는 손실금액을 항목별로 나누어 발생빈도의 순으로 나열하고 누적합도 표시한 그림이다.
   ⓒ **히스토그램**: 치수, 무게, 강도 등 계량치의 Data들이 어떤 분포를 하고 있는지를 보여준다.
   ⓒ **특성요인도**: 생선뼈 그림이라고도 하며 결과에 대해 원인이 어떻게 관계하는지를 알기 쉽게 작성하였다.
   ⓔ **산점도**: 서로 대응되는 2개의 데이터의 상관관계를 용지 위에 점으로 나타낸 것이다.
   ⓜ **체크시트**: 계수치의 데이터가 분류항목의 어디에 집중되어 있는지 알아보기 쉽게 나타낸 그림이나 표를 말한다.
   ⓗ **층별**: 집단을 구성하는 많은 Data를 어떤 특징에 따라 몇 개의 부분 집단으로 나누는 것을 말한다.
   ⓢ **관리도**: 그래프 안에서 점의 이상여부를 판단하기 위한 중심선이나 한계선을 기입한 것을 말한다.

16 다음 중 콘크리트 공사에서 콘크리트의 압축강도를 시험하지 않을 경우 거푸집널의 해체 시기로 옳은 것은? (단, 조강포틀랜드 시멘트를 사용한 기둥으로서 평균기온이 20℃ 이상인 경우)

① 1일 이상　　　　　　　　　　　② 2일 이상
③ 3일 이상　　　　　　　　　　　④ 4일 이상
⑤ 5일 이상

17 다음 중 벽돌벽의 균열 원인과 가장 관계가 먼 것은?

① 기초의 부등침하
② 내력벽의 불균형 배치
③ 상하 개구부의 수직선상 배치
④ 벽돌 및 모르타르의 강도부족과 신축성

18 건축공사에서 활용되는 견적방법 중 가장 정확한 공사비의 산출이 가능한 견적방법은?

① 명세견적　　　　　　　　　　　② 개산견적
③ 입찰견적　　　　　　　　　　　④ 실행견적

✅ ANSWER ┊ 16.② 17.③ 18.①

16 콘크리트의 압축강도를 시험하지 않을 경우 거푸집널의 해체 시기(기초, 보, 기둥 및 벽의 측면)
　㉠ 조강포틀랜드 시멘트 : 20℃ 이상이면 2일, 20℃ 미만 10℃ 이상인 경우 3일
　㉡ 보통포틀랜드 시멘트, 고로슬래그시멘트(1종), 플라이애시시멘트(1종), 포틀랜드포졸란시멘트(A종) : 20℃ 이상이면 3일, 20℃ 미만 10℃ 이상인 경우 4일
　㉢ 고로슬래그시멘트(2종), 플라이애시시멘트(2종), 포틀랜드포졸란시멘트(B종) : 20℃ 이상이면 4일, 20℃ 미만 10℃ 이상인 경우 6일

17 상하 개구부를 수직선상으로 배치하는 것은 균열과 직접적인 관련이 없으며 오히려 수직선상이 아닌, 다소 어긋나게 배열을 하면 균열이 유발될 수 있다.

18 명세견적은 정밀하게 견적하는 것이며 개산견적은 개략적으로 견적하는 것이다.

19 다음 기술 내용 중 열교(Thermal Bridge)와 관련이 없는 것은?

① 외벽, 바닥 및 지붕에서 단열이 연속되지 않는 부분이 있을 때 발생한다.
② 벽체와 지붕 또는 바닥과의 접합부위에서 발생한다.
③ 열교발생으로 인한 피해는 표면결로 발생이 있다.
④ 열교방지를 위해서는 외단열 시공을 하여서는 안 된다.

20 다음 중 건축공사에서 각 공종별 공사계획의 특성으로 틀린 것은?

① 준비기간이란 공사계약일로부터 규준틀 설치, 기초파기 등의 직접공사가 착수될 때까지의 기간을 말한다.
② 기초공사는 시공 중 돌발적인 사태가 발생하는 경우가 많고, 지층이 예상과 달라 일정계획상 차질을 빚을 수 있다.
③ 골조공사는 공기단축을 위하여 긴급공사가 불가능하다.
④ 마감공사는 방수, 미장, 타일, 도장 등 수많은 공종이 관련되고 설비공사와도 병행된다.

ANSWER | 19.④ 20.③

19 열교현상 … 구조상 일부 벽이 얇아진다든지 재료가 다른 열관류 저항이 작은 부분에서 결로가 생기는 현상이다. 외단열은 내단열보다 열교방지에 효과적이다.
　　※ 단열방식의 종류
　　　㉠ 내단열 : 시공이 간단하다. 실내측에 면한 단열은 낮은 열용량을 가지고 있으며 빠른 시간에 더워지므로 간헐난방을 하는 곳에 사용된다. 단열재 밖은 내부결로가 발생하기 쉽다. 외단열에 비해 실내온도의 변화 폭이 크며 타임랙이 짧다.
　　　㉡ 중단열 : 시공이 어렵고 복잡하며 공사기간이 길다. 내부벽체의 표면은 온도가 높기에 결로가 발생하지 않으나 밖은 발생하기 쉽다. 그러므로 고온측(내측)에 방습막을 설치하는 것이 좋다. 우리나라에서 가장 일반적이다.
　　　㉢ 외단열 : 시공이 어렵고 복잡하다. 내부결로의 위험감소. 단열의 불연속부분이 없다. 구조체의 열적변화가 적어서 내구성이 크게 향상된다. 내단열보다 열교방지에 효과적이다.

20 골조공사는 동일한 단위공정이 연속되므로 공기의 단축이 용이하다.

21 벽돌공사 중 창대쌓기에서 창대 벽돌은 공사 시방에 정한 바가 없을 때에는 그 윗면을 몇 도의 경사로 옆세워 쌓는가?

① 10°
② 15°
③ 20°
④ 25°
⑤ 30°

22 다음 중 콘크리트의 시공연도에 영향을 주는 요인에 대한 설명으로 틀린 것은?

① 포졸란이나 플라이애시 등을 사용하면 시공연도가 증가한다.
② 굵은 골재 사용 시 쇄석을 사용하면 시공연도가 증가한다.
③ 풍화된 시멘트를 사용하면 시공연도가 감소한다.
④ 비빔시간이 과도하면 시공연도가 감소한다.

23 건축공사 표준시방서에 규정된 고강도 콘크리트의 설계기준강도로 옳은 것은?

① 보통 콘크리트 – 40MPa 이상, 경량 콘크리트 – 24MPa 이상
② 보통 콘크리트 – 40MPa 이상, 경량 콘크리트 – 27MPa 이상
③ 보통 콘크리트 – 33MPa 이상, 경량 콘크리트 – 21MPa 이상
④ 보통 콘크리트 – 33MPa 이상, 경량 콘크리트 – 24MPa 이상
⑤ 보통 콘크리트 – 40MPa 이상, 경량 콘크리트 – 33MPa 이상

⊘ ANSWER | 21.② 22.② 23.②

21 창대쌓기에서 창대 벽돌은 윗면을 15° 내외로 경사지게 옆세워 쌓는다.
※ 벽돌공사의 쌓기 방법
  ㉠ 내쌓기 : 방화벽이나 마루를 설치할 목적으로 벽돌을 내밀어 쌓는 방식이다. 한켜$\left(\frac{1}{8}B\right)$, 두켜$\left(\frac{1}{4}B\right)$로 내쌓기 하며, 내쌓기 한도는 $2.0B$이다.
  ㉡ 아치쌓기 : 아치 형태로 벽돌을 쌓는 것이며, 창문 너비가 1.0m 이하일 때에는 평아치로 할 수 있다.
  ㉢ 기초쌓기 : 연속기초로 쌓으며 벽돌 맨 밑의 너비는 벽체두께의 2배 정도이다. 기초를 넓히는 경사도는 60° 이상, 기초판의 너비는 벽돌면보다 10 ~ 15cm 정도 크게 한다.
  ㉣ 공간쌓기 : 주벽체(외벽체, 구조체)와 안벽체 사이에 공간을 두어 단열재나 배관, 배선이 설치될 수 있도록 쌓는 방식이다.

22 굵은 골재를 사용할 경우 쇄석을 사용하면 시공연도가 감소하게 된다.

23 고강도 콘크리트는 보통 콘크리트의 경우 40MPa 이상, 경량 콘크리트의 경우 27MPa 이상이어야 한다.

24 콘크리트 측압에 영향을 주는 요인에 관한 설명으로 바르지 않은 것은?

① 콘크리트의 타설 속도가 빠를수록 측압이 크다.

② 묽은 콘크리트일수록 측압이 크다.

③ 철골 또는 철근량이 많을수록 측압이 크다.

④ 진동기를 사용하여 다질수록 측압이 크다.

25 지름 10cm, 높이 20cm인 원주공시체로 콘크리트의 압축강도를 시험하였더니 200kN에서 파괴가 되었다면 이 콘크리트의 압축강도는 약 얼마인가?

① 12.7MPa ② 17.8MPa

③ 25.5MPa ④ 50.0MPa

⑤ 62.5MPa

ANSWER | 24.③ 25.③

24 철골 또는 철근량이 많을수록 측압이 작다.

※ 요소별 콘크리트 측압에 미치는 영향

요소별 항목	콘크리트 측압에 미치는 영향
콘크리트 타설 속도	빠를수록 크다.
컨시스턴시	묽을수록 크다.
콘크리트 비중	클수록 크다.
시멘트량	많을수록 크다.
콘크리트 온습도	높을수록 크다.
거푸집 표면 평활도	평활할수록 크다.
거푸집 강성	클수록 크다.
거푸집 투수성	클수록 작다.
철근량	많을수록 작다.

25 $\dfrac{P}{A} = \dfrac{200\text{kN}}{\dfrac{\pi(100)^2}{4}} = 25.46\text{MPa}$ 이므로 25.5MPa이다.

26 사질 지반 굴착 시 벽체 배면의 토사가 흙막이 틈새 또는 구멍으로 누수가 되어 흙막이벽 배면에 공극이 발생하여 물의 흐름이 점차로 커져 결국에는 주변 지반을 함몰시키는 현상을 일컫는 것은?

① 보일링 현상　　　　　　　　　　② 히빙 현상

③ 액상화 현상　　　　　　　　　　④ 파이핑 현상

27 지명경쟁입찰을 택하는 이유로 가장 중요한 것은?

① 양질의 시공결과를 기대　　　　　② 공사비의 절감

③ 준공기일의 단축　　　　　　　　④ 공사감리의 편리성도모

28 어스앵커 공법에 대한 설명으로 바르지 않은 것은?

① 버팀대가 없어 굴착공간을 넓게 활용할 수 있다.

② 인접한 구조물의 기초나 매설물이 있는 경우 효과가 크다.

③ 대형기계의 반입이 용이하다.

④ 시공 후 검사가 어렵다.

⊘ ANSWER | 26.④　27.①　28.②

26 사질 지반 굴착 시 벽체 배면의 토사가 흙막이 틈새 또는 구멍으로 누수가 되어 흙막이벽 배면에 공극이 발생하여 물의 흐름이 점차로 커져 결국에는 주변 지반을 함몰시키는 현상은 파이핑 현상이다.

※ 흙막이 파괴의 종류

　㉠ 보일링 : 사질 지반에서 발생하며 굴착 저면과 굴착 배면의 수위차로 인해 침투수압이 모래와 같이 솟아오르는 현상이다.

　㉡ 히빙 : 점토질 지반에서 발생하며 굴착면 저면이 부풀어 오르는 현상이다.

　㉢ 파이핑 : 수밀성이 적은 흙막이벽 또는 흙막이벽의 부실로 인한 구멍, 이음새로 물이 배출되는 현상이다.

27 지명경쟁입찰…공사에 적격한 3~7개 업자를 선정하여 입찰에 참여시키는 방식 (5개 이상 지명하며 2개 이상 응찰시 성립)

※ 지명경쟁입찰의 특징

　㉠ 부적격자가 제거되어 적정 공사 기대

　㉡ 시공상 신뢰성의 확보

　㉢ 공사비가 공개경쟁 입찰보다 상승

　㉣ 담합의 우려가 있음

28 어스앵커 공법…흙막이벽 등의 배면을 원통형으로 굴착하고 앵커체를 설치하여 주변의 지반을 지지하는 공법이다. 어스앵커 공법은 인접한 구조물의 기초나 매설물이 있는 경우 적용하기가 어렵다.

29 방수공사에 사용되는 아스팔트의 견고성 정도를 침(針)의 관입저항으로 평가하는 방법은?

① 침입도시험　　　　　　　　　　　② 마모도시험

③ 연화점시험　　　　　　　　　　　④ 신도시험

30 다음 중 공기의 유통이 좋지 않은 지하실과 같이 밀폐된 방에 사용하는 미장마무리 재료로 가장 적합하지 않은 것은?

① 돌로마이트 플라스터　　　　　　　② 혼합석고 플라스터

③ 시멘트 모르타르　　　　　　　　　④ 경석고 플라스터

⑤ 순석고 플라스터

31 건설프로세스의 효율적인 운영을 위해 형성된 개념으로 건설생산에 초점을 맞추고 이에 관련된 계획, 관리, 엔지니어링, 설계, 구매, 계약, 시공, 유지 및 보수 등의 요소들을 주요 대상으로 하는 것은?

① CIC(Computer Integrated Construction)

② MIS(Management Information System)

③ CIM(Computer Integrated Manufacturing)

④ CAM(Computer Aided Manufacturing)

✅ ANSWER | 29.① 30.① 31.①

29 침입도시험 … 방수공사에 사용되는 아스팔트의 견고성 정도를 침(針)의 관입저항으로 평가하는 방법이다. 아스팔트의 침입도는 아스팔트의 양, 부를 판별하는 가장 중요한 요소이며 25℃에서 100g의 추를 5초 동안 바늘로 누를 때 0.1mm 관입하는 것을 침입도 1로 규정한다.

30 기경성 재료는 공기의 유통이 좋지 않은 곳에서는 사용하기 적합하지 않다.
　※ 미장공사 재료
　　㉠ 기경성 재료 : 진흙질, 회반죽, 돌로마이트 플라스터, 마그네시아시멘트
　　㉡ 수경성 재료 : 순석고 플라스터, 경석고 플라스터, 혼합석고 플라스터, 시멘트 모르타르

31 CIC(Computer Integrated Construction) … 건설프로세스의 효율적인 운영을 위해 형성된 개념으로 건설생산에 초점을 맞추고 이에 관련된 계획, 관리, 엔지니어링, 설계, 구매, 계약, 시공, 유지 및 보수 등의 요소들을 주요 대상으로 하는 것
　② 경영정보시스템
　③ 컴퓨터 통합생산 시스템
　④ 컴퓨터 자원 제조 시스템

32 거푸집 공사에서 사용할 때마다 작은 부재의 조립, 분해를 반복하지 않고 대형화, 단순화하여 한 번에 설치하고 해체하는 벽체용 거푸집의 명칭은?

① 슬라이딩 폼(Sliding Form)
② 갱 폼(Gang Form)
③ 플라잉 폼(Flying Form)
④ 유로 폼(Euro Form)

33 건축용 목재의 일반적인 성질에 대한 설명 중 틀린 것은?

① 섬유포화점 이하에서는 목재의 함수율이 증가함에 따라 강도는 감소한다.
② 기건상태의 목재의 함수율은 15% 정도이다.
③ 목재의 심재는 변재보다 건조에 의한 수축이 적다.
④ 섬유포화점 이상에서는 목재의 함수율이 증가함에 따라 강도는 증가한다.

34 건설사업자원 통합 전산망으로 건설생산활동 전 과정에서 건설 관련 주체가 전산망을 통해 신속히 교환 및 공유할 수 있도록 지원하는 통합정보시스템의 용어로서 옳은 것은?

① 건설 CIC(Computer Integrated Construction)
② 건설 CALS(Continuous Acquisition & Life Cycle Support)
③ 건설 EC(Engineering Construction)
④ 건설 EVMS(Earned Value Management System)

✅ ANSWER | 32.② 33.④ 34.②

32 갱 폼(Gang Form) ⋯ 거푸집 공사에서 사용할 때마다 작은 부재의 조립, 분해를 반복하지 않고 대형화, 단순화하여 한 번에 설치하고 해체하는 벽체용 거푸집

33 섬유포화점 이상에서는 목재의 함수율이 증가함에 따라 강도는 변화가 없으나 그 이하가 되면 함수율이 줄어들수록 세기는 증가한다.

34 건설 CALS(Continuous Acquisition & Life Cycle Support) ⋯ 건설사업자원 통합 전산망으로 건설생산활동 전 과 정에서 건설관련 주체가 전산망을 통해 신속히 교환 및 공유할 수 있도록 지원하는 통합정보시스템
① 건설 CIC(Computer Integrated Construction) : 건설의 전 과정에서 품질개선과 비용절감을 위해 정보처리 및 통신 기술을 사용하는 것
③ 건설 EC(Engineering Construction) : 종래의 단순시공에서 벗어나 설계, 엔지니어링, 조달 및 운영 등 프로젝 트의 전반에 걸쳐 종합적으로 계획하고 관리하는 것
④ 건설 EVMS(Earned Value Management System) : 일정과 비용을 통합하여 관리하는 방식으로, 목표 및 기준설 정과 이에 대비한 실적진도의 측정을 위한 성과위주의 관리체계 계획작업과 실제작업을 측정하여 프로젝트의 최 종비용과 일정을 예측하는 관리법

35 지하수가 많은 지반을 탈수(脫水)하여 지내력을 갖춘 지반으로 만들기 위한 공법이 아닌 것은?

① 샌드 드레인 공법

② 웰 포인트 공법

③ 페이퍼 드레인 공법

④ 베노토 공법

36 공정관리의 공정계획에는 수순계획과 일정계획이 있다. 다음 중 일정계획에 속하지 않는 것은?

① 시간계획

② 공사기일 조정

③ 프로젝트를 단위작업으로 분해

④ 공정도 작성

ANSWER | 35.④ 36.③

35 베노토(Benoto) 공법
  ㉠ 올케이싱(All Casing)공법이라고도 한다. 특수장치에 의해 케이싱튜브를 좌우로 요동압입을 하면서 해버그랩으로 지반을 굴착한 후 철근망을 삽입한 후 콘크리트를 충전하면서 케이싱튜브를 빼내어 말뚝을 조성하는 공법이다.
  ㉡ 장점으로는 공벽붕괴의 우려가 적으며, 암반을 제외한 전 토질에 적용이 가능하고 수직도와 정밀도가 우수하다.
  ㉢ 단점으로는 기계가 대형이고 복잡하며 공사비가 고가이면서 진행속도가 느리고 수상시공에는 부적합하며 케이싱 튜브 인발 시 철근이 함께 딸려 올라올 우려가 있다.

36 프로젝트를 단위작업으로 분해하는 것은 일정계획이 아니라 수순계획이다.
  ※ 공정계획의 순서

1단계 수순계획	• 프로젝트를 단위작업으로 분해 • 각 작업의 순서를 붙여서 네트워크로 표현 • 각 작업시간의 간격
2단계 일정계획	• 일정계산의 실시 • 공기조정의 실시 • 공정도의 작성

37 다음 중 네트워크 공정표에 사용되는 용어에 대한 설명으로 바르지 않은 것은?

① Critical Path : 처음 작업부터 마지막 작업에 이르는 모든 경로 중에서 가장 긴 시간이 걸리는 경로

② Activity : 작업을 수행하는데 필요한 시간

③ Float : 각 작업에 허용되는 시간적인 여유

④ Event : 작업과 작업을 결합하는 점 및 프로젝트의 개시점 혹은 종료점

⑤ Slack : 결합점이 가지는 여유시간

✅ ANSWER | 37.②

37 네트워크 공정표에 사용되는 용어

용어	기호	내용
Event	O	작업의 결합점, 개시점 또는 종료점
Activity	→	작업, 프로젝트를 구성하는 작업 단위
Dummy	⇢	정상표현으로 할 수 없는 작업 상호관계를 표시하는 화살표로서, 작업 및 시간의 요소는 포함하지 않는다. (화살점선으로 표시)
가장 빠른 개시시각	EST	Earliest Starting Time, 작업을 시작하는 가장 빠른 시각
가장 빠른 종료시각	EFT	Earliest Finishing Time, 작업을 끝낼 수 있는 가장 빠른 시각
가장 늦은 개시시각	LST	Latest Starting Time, 작업을 가장 늦게 시작하여도 좋은 시각
가장 늦은 종료시각	LFT	Latest Finishing Time, 작업을 가장 늦게 종료하여도 좋은 시각
Path		네트워크 중 둘 이상의 작업이 이어짐
Longest Path	LP	임의의 두 결합점 간의 패스 중 소요시간이 가장 긴 패스
Critical Path	CP	소요일수가 가장 많은 작업경로, 여유시간을 갖지 않는 작업경로, 전체 공기를 지배하는 작업경로
Float		각 작업에 허용되는 시간적 여유
Slack	SL	결합점이 가지는 여유시간
Total Float	TF	작업을 EST로 시작하고 LFT로 완료할 때 생기는 여유시간 [T.F = 그 작업의 LFT − 그 작업의 EFT]
Free Float	FF	작업을 EST로 시작하고 후속작업도 EST로 시작하여도 존재하는 여유시간, [F.F = 후속작업의 EST − 그 작업의 EFT]
Dependent Float	DF	후속작업의 전체여유에 영향을 미치는 여유시간, [D.F = T.F − F.F]

38 지하 연속 흙막이 공법인 슬러리 월(Slurry Wall) 공법과의 관련성이 가장 적은 것은?

① 가이드 월(guide wall)

② 벤토나이트(bentonite) 용액

③ 파워 쇼벨(power shovel)

④ 트레미 관(tremie pipe)

39 레디믹스트 콘크리트 발주 시 호칭규격인 25-24-150에서 알 수 없는 것은?

① 염화물 함유량

② 슬럼프(slump)

③ 호칭강도

④ 굵은 골재의 최대치수

ANSWER | 38.③ 39.①

38 ③ 파워 쇼벨(power shovel)은 기계가 서 있는 위치보다 높은 곳의 흙을 파내는 건설기계로서 슬러리 월 공사에 직접 사용되는 기계가 아니다.

① 가이드 월(guide wall) : 안내벽으로서 지하연속벽 시공시 굴착구 양측에 설치하여 연직방향으로 굴착이 이루어질 수 있도록 한다.

② 벤토나이트(bentonite) 용액 : 벤토나이트란 물과 반응하면 원래의 체적보다 13~16배까지 팽창하는 특성을 가진 광물성인 무기질 재료이며 이러한 특성을 이용하여 방수재료로 사용된다. 굴착 시 생긴 공동 주변의 벽이 붕괴되는 것을 방지하기 위해 공동부를 벤토나이트 용액으로 채운다.

④ 트레미 관(tremie pipe) : 주로 수중콘크리트 타설 시 콘크리트를 주입하기 위해 사용되는 주입관이다.

※ 지하연속벽 공법 : 안정액을 사용하여 지반을 굴착한 후 지중에 연속된 철근콘크리트 흙막이벽을 설치하고, 이를 지하구조물의 옹벽(벽체)으로 사용하는 공법이다.

※ 슬러리 월 공법 : 벤토나이트(이수)를 이용하여 일정폭의 지반을 굴착하고 철근과 콘크리트를 타설하여 연속적인 흙막이벽을 구축하는 공법으로 다음과 같은 장점과 단점을 갖는다.

장점	• 저소음, 저진동 공법이다. • 차수성이 높아 모든 지반에 적용이 가능하다. • 벽체의 강성이 우수하며 본구조물 지하의 외벽체로 이용할 수 있다. • 형상과 치수, 깊이 등을 조건에 따라 조절할 수 있다. • 주변지반에 대한 영향이 작다. • 인접한 곳에 건물이 있을 때에도 근접시공이 가능하다. (인접건물의 경계선까지 시공이 가능)
단점	• 장비와 설비가 대규모이며 크다. • 시공비가 고가이며 전문기술을 요구한다. • 벽체판넬의 연결부는 방수보강이 요구된다.

39 레미콘의 호칭규격 25-24-150의 의미는 다음과 같다.

• 굵은 골재의 최대치수 : 25mm

• 콘크리트의 호칭강도 : 24MPa

• 슬럼프 : 150mm

40 다음 공사계약방식 중 공사수행방식에 따른 분류에 해당하지 않는 것은?

① 실비정산보수가산계약
② 설계·시공분리계약
③ 설계·시공일괄계약
④ 턴키계약

✅ ANSWER | 40.①

40 실비정산보수가산계약은 공사대금 지불방식에 따른 분류이다.
※ **건축시공 계약제도의 분류**
  ㉠ 공사수행방식 : 일식도급, 공동도급, 분할도급, 설계시공분리계약, 설계시공일괄계약
  ㉡ 공사대금 결정방식 : 정액도급, 단가도급, 실비정산보수가산도급

공사 수행 방식	직영방식	㉠ 발주자가 직접 공사를 총괄적으로 책임지고 수행하는 방식 ㉡ 장점 : 발주와 계약 등의 절차가 신속히 이루어지며 임기응변처리가 가능함. ㉢ 단점 : 전문적인 지식과 경험이 부족할 경우 공사비와 공기가 증대될 수 있으며 시공 　　관리가 합리적으로 이루어지지 못할 우려가 있음.
	일식도급	㉠ 건축공사 전체를 단 한사람의 도급자에게 도급을 주는 것 ㉡ 장점 : 책임한계가 확실하며, 공사관리가 용이함. ㉢ 단점 : 공사비가 증대될 수 있으며, 건축주의 의도나 설계도서의 의도가 충분히 반영 　　되지 못하여 조악한 공사가 될 우려가 있음. 또한 말단 노무자의 노무비 지급시 문 　　제가 발생할 수 있음.
	분할도급	㉠ 공사를 구분하여 각각 전문적인 도급업자에게 도급을 주는 것 ㉡ 종류 　• 전문공종별 : 설비공사를 주체공사에서 분리하여 도급주는 것 　• 공정별 : 과정별로 나누어 도급주는 방식 　• 공구별 : 지역별로 공사를 분리하여 발주하는 방식 ㉢ 장점 : 전문업자가 시공을 하므로 우수한 공사를 기대할 수 있으며 업체들간의 경쟁에 　　의해 경제적인 공사가 가능하고, 건축주와의 의사소통이나 설계도서의 취지가 잘 반 　　영될 수 있음. ㉣ 단점 : 건축공사와 그 외의 공사(토목, 조경, 설비 등)간의 상호간섭 등의 문제가 발생 　　할 수 있고 다른 도급방식에 비해 비용이 증가됨.
	공동도급	㉠ 대규모 공사에서 2개 이상의 도급자가 임시로 결합하여 공사를 완성 후 해산하는 방식 ㉡ 장점 : 위험성의 분산, 기술의 확충, 시공의 확실성, 융자력과 신용도의 증대, 공사도 　　급의 경쟁 완화 ㉢ 단점 : 한 회사가 전체를 맡는 도급공사보다 공사비가 크며 구성원간 이해관계의 충돌 　　및 현장관리 곤란, 하자책임 소재 불분명
	턴키도급	㉠ 설계와 시공을 일괄하여 도급하는 방식이다. 주로 대규모의 건설사업에 적용하는 방식 ㉡ 건설업자가 대상계획의 기업, 금융, 토지조달, 설계, 시공, 기계기구 설치, 시운전까 　　지 주문자가 필요로 하는 모든 것을 조달하여 주문자에게 인도하는 도급계약 방식
	설계시공 분리계약	설계를 완료한 후 시공을 하는 방식으로 가장 일반적으로 적용되는 방식
공사 비지 불방 식	정액도급	㉠ 공사비 총액을 확정하여 계약하는 것 ㉡ 장점 : 공사관리가 간편하며, 자금 - 공사계획 등의 수립이 명확 ㉢ 단점 : 공사가 조악해질 우려가 있으며, 장기공사나 전례 없는 공사에는 부적당.
	단가도급	㉠ 단가만을 확정하고 공사완료 되면 실시수량의 확정에 따라 정산하는 방식 ㉡ 장점 : 공사의 신속한 착공, 설계변경에 의한 수량증감의 계산용이 ㉢ 단점 : 자재, 노무비를 절감하려는 의욕의 저하
	실비청산 보수가산 도급	㉠ 공사의 실비를 확인 정산하고 미리 정한 보수율에 따라 그 보수액을 지불하는 방법 ㉡ 장점 : 가장 정확하고 양심적인 공사 ㉢ 단점 : 공사비 절감노력이 없어지고 공사기일이 연체

41 시공과정 중 휴식시간 등으로 응결하기 시작한 콘크리트에 새로운 콘크리트를 이어칠 때 일체화가 저해되어 생기는 줄눈은?

① 컨스트럭션 조인트(construction joint)
② 익스팬션 조인트(expansion joint)
③ 콜드 조인트(cold joint)
④ 컨트롤 조인트(control joint)

42 다음 각 건설기계와 주된 작업의 연결이 틀린 것은?

① 클램쉘 – 굴착
② 백호 – 정지
③ 파워쇼벨 – 굴착
④ 그레이더 – 정지
⑤ 컨베이어 – 운반

✅ **ANSWER** | 41.③ 42.②

41 시공과정 중 휴식시간 등으로 응결하기 시작한 콘크리트에 새로운 콘크리트를 이어칠 때 일체화가 저해되어 생기는 줄눈은 콜드 조인트(cold joint)이다.
> ※ **줄눈의 종류**
> ㉠ **콜드 조인트** : 계획 안 된 줄눈, 시공과정 중 휴식시간 등으로 응결하기 시작한 콘크리트에 새로운 콘크리트를 이어칠 때 일체화가 저해되어 생기는 줄눈
> ㉡ **시공줄눈** : 콘크리트를 한 번에 계속하여 부어나가지 못할 곳에 생기는 줄눈
> ㉢ **신축줄눈** : 응력해제줄눈, 건축물의 온도에 의한 신축팽창, 부동침하 등에 의하여 발생하는 건축의 전체적인 불규칙 균열을 한 곳에 집중시키도록 설계 및 시공 시 고려되는 줄눈
> ㉣ **조절줄눈** : 수축줄눈, 지반 등 안정된 위치에 있는 바닥판이 수축에 의하여 표면에 균열이 생길 수 있는데 이것을 막기 위해 설치하는 줄눈 (바닥, 벽 등에 설치 균열이 일정한 곳에서만 일어나도록 하는 균열유도줄눈)
> ㉤ **딜레이 조인트** : 수축대, 100m를 초과하는 장스팬 구조물에서 신축줄눈을 설치하지 않고 건조수축을 감소시키기 위하여 설치하는 임시줄눈
> ㉥ **슬립 조인트** : RC조 슬래브와 조적벽체 상부에 설치하는 줄눈
> ㉦ **슬라이딩 조인트** : 보와 슬래브 사이에 설치하는 활동면 이음으로 구속응력 해제가 목적

42 백호는 굴착을 주용도로 하는 기계이다.
> ※ **건설기계의 종류**

구분	종류	특성
굴착용	파워쇼벨	지반면보다 높은 곳의 땅파기에 적합하며 굴착력이 크다.
	드래그쇼벨	지반보다 낮은 곳에 적당하며 굴착력이 크고 범위가 좁다.
	드래그라인	기계를 설치한 지반보다 낮은 곳 또는 수중 굴착 시에 적당하다.
	클램쉘	좁은 곳의 수직굴착, 자갈 적재에도 적합하다.
	트렌처	도랑파기, 줄기초파기
정지용	불도저	운반거리 50~60m(최대 100m)의 배토, 정지작업
	앵글도저	배토판을 좌우로 30도 회전하며 산허리를 깎는 데 유리
	스크레이퍼	흙을 긁어모아 적재하여 운반하며 100~150m의 중거리 정지공사에 적합
	그레이더	땅고르기 기계로 정지공사 마감이나 도로 노면정리
싣기용	크롤러로더	굴착력이 강하며, 불도저 대용용으로도 쓸 수 있다.
	포크리프트	창고하역이나 목재싣기에 사용된다.
운반용	컨베이어	밸트식과 버킷식이 있고 이동식이 많이 사용된다.

43 다음 합성수지에 관한 설명으로 틀린 것은?

① 페놀수지는 접착성, 전기 절연성이 크다.

② 요소수지는 무색으로 착색이 자유롭다.

③ 에폭시수지는 산 및 알칼리에 약하나 내수성이 뛰어나다.

④ 실리콘수지는 내열성이 우수하고 발포보온재에 사용된다.

⑤ 프란수지는 내산성, 내알칼리성이 우수하다.

 ANSWER | 43.③

43 에폭시수지는 산 및 알칼리에 강하다.
  ※ 합성수지계 재료의 특징
    ㉠ 에폭시수지
      • 내수성, 내습성, 전기절연성, 내약품성이 우수, 접착력 강하다.
      • 피막이 단단하나 유연성이 부족하다.
      • 플라스틱, 도기, 유리, 목재, 천, 콘크리트 등의 접착제에 사용, 특히 금속재료에 우수하다.
    ㉡ 페놀수지
      • 접착력, 내열성, 내수성이 우수하다.
      • 합판, 목재제품에 사용, 유리 · 금속의 접착에는 부적당하다.
    ㉢ 초산비닐수지
      • 작업성이 좋고, 다양한 종류의 접착에 알맞다.
      • 목재가구 및 창호, 종이 · 천 도배, 논슬립 등의 접착에 사용된다.
    ㉣ 요소수지
      • 값이 싸고 접착력이 우수, 집성목재, 파티클보드에 많이 쓰인다.
      • 목재접합, 합판제조 등에 사용된다.
    ㉤ 멜라민수지
      • 내수성, 내열성이 좋고 목재와의 접착성이 우수하다.
      • 목재 · 합판의 접착제로 사용되며 유리 · 금속 · 고무접착에는 부적당하다.
    ㉥ 실리콘수지
      • 특히 내수성이 옷, 내열성, 전기절연성이 우수하다.
      • 유리섬유판, 텍스, 피혁류 등 모든 접착이 가능하며 방수제 등으로 사용된다.
    ㉦ 프란수지
      • 내산성, 내알칼리성, 접착력이 좋다.
      • 화학공장의 벽돌 · 타일의 접착제로 사용된다.

44 Low-E 유리의 특징으로 틀린 것은?

① 가시광선 투과율은 맑은 유리와 비교할 때 큰 차이가 난다.

② 근적외선 영역의 열선 투과율은 현저히 낮다.

③ 색유리를 사용했을 때보다 실내는 훨씬 밝아진다.

④ 실외의 물체들이 자연색 그대로 실내로 전달된다.

45 알칼리 골재반응의 대책으로 적절하지 않은 것은?

① 반응성 골재를 사용한다.

② 콘크리트 중의 알칼리 양을 감소시킨다.

③ 포졸란 반응을 일으킬 수 있는 혼화재를 사용한다.

④ 단위시멘트량을 최소화한다.

Ⓒ **ANSWER** | **44.**① **45.**①

43 로이(Low-E)유리의 가시광선 투과율은 맑은 유리와 비교할 때 거의 차이가 나지 않는다.

※ **로이(Low-E)유리** … 일반 유리의 표면에 장파장의 적외선 반사율이 높은 금속(일반적으로 은)을 코팅시킨 것으로 사계절 실내외 열의 이동을 극소화시켜주는 에너지 절약형 유리이다.

㉠ 여름철의 냉방효과, 겨울철의 난방효과

㉡ 열선차단 및 자외선차단의 효과, 낮은 열관류율

㉢ 다양한 색상이 가능하며 투과율과 반사율의 조절이 가능하다.

㉣ 가시광선의 투과율은 맑은 유리와 비교할 경우 큰 차이가 없지만 근적외선 영역의 열선투과율은 현저히 낮은 특징이 있다.

45 반응성 골재를 사용하게 되면 알칼리 골재반응이 촉진되므로 적합하지 않다.

※ **알칼리 골재반응** … 시멘트 중의 알칼리 성분과 골재의 실리카 광물질이 화학반응을 일으켜 팽창균열을 유발하는 반응

※ **알칼리 반응 억제 대책**

㉠ 비반응성의 골재를 사용해야 한다.

㉡ 방수제를 사용하여 수분의 침투를 억제한다.

㉢ 단위시멘트량을 최소로 한다.

㉣ 고로슬래그 시멘트 또는 플라이애시시멘트 등의 저알칼리 시멘트를 사용한다.

46 다음 배수공법 중 중력배수공법에 해당하는 것은?

① 웰포인트 공법

② 진공압밀 공법

③ 전기삼투 공법

④ 집수정 공법

47 서중콘크리트에 대한 설명으로 옳은 것은?

① 동일 슬럼프를 얻기 위한 단위수량이 많아진다.

② 장기강도의 증진이 크다.

③ 콜드 조인트가 쉽게 발생하지 않는다.

④ 워커빌리티가 일정하게 유지된다.

48 콘크리트 균열을 발생시기에 따라 구분할 때 콘크리트의 경화 전 균열의 원인이 아닌 것은?

① 건조수축

② 거푸집 변형

③ 진동 또는 충격

④ 소성수축, 침하

✓ ANSWER | 46.④ 47.① 48.①

46 **중력배수 공법** … 중력만의 작용으로 지반 중의 물을 집수하여 퍼올리는 형식의 배수
- ㉠ **집수정 공법** : 집수정을 설치하고 지하수를 집수통에 고이도록 하여 수중펌프를 이용하여 외부로 배수하는 방식이다.
- ㉡ **깊은우물 공법** : Deep Well 공법이라고도 한다. 깊은 우물을 파고 케이싱 스트레이너를 삽입한 후 수중펌프로 양수하는 배수방식이다.
- ㉢ **명거배수 공법** : 표면배수 공법이라고도 한다. 명거(트렌치, 도랑) 등을 사용하여 배수시키는 방식이다.
- ㉣ **암거배수 공법** : 암거를 지중에 매설하여 배수시키는 방식이다.

47 ② 서중콘크리트는 초기강도는 높으나 장기강도가 낮다.
③ 서중콘크리트는 콜드 조인트가 쉽게 발생된다.
④ 서중콘크리트는 워커빌리티를 일정하게 유지하기가 어렵다.

48 건조수축은 경화 후 균열이다.
※ **경화 전 균열과 경화 후 균열**
- ㉠ **경화 전 균열** : 소성수축균열, 침하균열, 수화열에 의한 균열, 거푸집 변형에 의한 균열, 진동 및 경미한 재하에 의한 균열
- ㉡ **경화 후 균열** : 건조수축으로 인한 균열, 온도응력으로 인한 균열, 화학반응으로 인한 균열, 자연의 기상작용으로 인한 균열, 철근의 부식으로 인한 균열, 시공불량으로 인한 균열, 시공 시의 초과하중으로 인한 균열, 설계 잘못으로 인한 균열, 외부작용하중으로 인한 균열

49 수량산출 작업을 함에 있어 효율적인 적산방법이 아닌 것은?

① 수직방향에서 수평방향으로 적산한다.

② 시공순서대로 적산한다.

③ 내부에서 외부로 적산한다.

④ 큰 곳에서 작은 곳으로 적산한다.

50 칠공사에서 철재계단(양면칠)의 소요면적 계산식으로 옳은 것은?

① 경사면적 × 1배

② 경사면적 × 1.5배

③ 경사면적 × (2 ~ 2.5배)

④ 경사면적 × (3 ~ 5배)

⑤ 경사면적 × (4 ~ 6배)

51 웰포인트 공법에 대한 설명으로 옳지 않은 것은?

① 흙파기 밑면의 토질약화를 예방한다.

② 진공펌프를 사용하여 토층의 지하수를 강제적으로 집수한다.

③ 지하수 저하에 따른 인접지반과 공동매설물 침하에 주의가 필요하다.

④ 사질지반보다 점토층 지반에서 효과적이다.

✅ ANSWER | 49.① 50.④ 51.④

49 적산은 수평방향에서 수직방향으로 하는 것이 효율적이다.
 ※ 적산의 순서
  ㉠ 수평방향에서 수직방향으로 한다.
  ㉡ 시공순서대로 적산한다.
  ㉢ 내부에서 외부로 적산한다.
  ㉣ 큰 곳에서 작은 곳으로 적산한다.
  ㉤ 단위세대에서 전체로 행한다.

50 칠면적 배수표에 의한 주요 도장면적 산출기준
  ㉠ 철재계단(양면칠) : 경사면적 × (3 ~ 5배)
  ㉡ 철재칠문(양면칠) : 안목면적 × (2.4 ~ 2.6배)
  ㉢ 철재새시(양면칠) : 안목면적 × (1.6 ~ 2배)
  ㉣ 목재미서기창(양면칠) : 안목면적 × (1.1 ~ 1.7배)

51 웰포인트(Well Point)공법 … 강제배수공법의 대표적인 공법으로서 지멘스웰 공법이 발전된 공법이다. 인접 건물과 흙막이벽 사이에 케이싱을 삽입하여 지하수를 배수한다. 지름 50 ~ 70mm의 관을 1 ~ 2m 간격으로 박은 후 수평흡 상관에 연결한 후 진공펌프를 사용하여 배수하는 방식으로서 사질지반에서만 적용하며 배수에 의해 발생되는 지하 수위의 저하로 인한 인접지반과 공동매설물의 침하에 유의해야 한다.

52 목조 지붕틀 구조에 있어서 모서리 기둥과 층도리 맞춤에 사용하는 철물은?

① 띠쇠
② 감잡이쇠
③ 주걱 볼트
④ ㄱ자쇠
⑤ 안장쇠

53 시멘트 200포를 사용하여 배합비가 1 : 3 : 6의 콘크리트를 비버냈을 때의 전체 콘크리트의 양은?
(단, 물시멘트비는 60%이고, 시멘트 1포대는 40kg이다.)

① 25.25m^2
② 36.36m^2
③ 39.39m^2
④ 44.44m^2
⑤ 52.62m^2

ANSWER | 52.④ 53.②

52 모서리 기둥과 층도리 맞춤에는 ㄱ자쇠를 사용해야 한다.

접합부	ㄱ자쇠	감잡이쇠	띠쇠	꺽쇠	안장쇠	볼트	듀벨	비고
토대와 기둥			○					
기둥과 처마도리						○		주걱볼트
기둥과 층도리	○		○					
모서리 기둥과 층도리	○							
人자보와 왕대공		○						
人자보와 달대공						○	○	볼트+듀벨
人자보와 빗대공				○				
人자보와 중도리				○				
人자보와 평보						○		
왕대공과 평보		○						
작은 보와 큰 보					○			

53 용접배합비 1 : 3 : 6에 따르면 콘크리트 1m^2당 시멘트 220kg, 모래 0.47m^2, 자갈 0.94m^2이 사용된다. 따라서 200
포×40kg = 8,000kg이며 8,000kg/220kg = 36.36m^2이 된다.
※ 콘크리트 1m^2(루베)당 소요되는 재료량은 다음의 표와 같다.

재료	배합비	
	1 : 2 : 4	1 : 3 : 6
시멘트(kg)	320	220
모래(m^2)	0.45	0.47
자갈(m^2)	0.90	0.94

54 다음 중 슬래브에서 4변 고정인 경우 철근배근을 가장 많이 해야 하는 부분은?

① 단변방향의 주간대

② 단변방향의 주열대

③ 장변방향의 주간대

④ 장변방향의 주열대

55 다음 중 철골공사에 사용되는 공구가 아닌 것은?

① 턴버클(Turn Buckle)

② 리머(Reamer)

③ 임팩트렌치(Impact Wrench)

④ 세퍼레이터(Seperator)

56 벽면적 4.8m² 크기에 1.5B 두께로 붉은 벽돌을 쌓고자 할 때 벽돌의 소요매수는? (단, 벽돌의 크기는 190 × 90 × 57mm임)

① 925매

② 963매

③ 1,109매

④ 1,245매

⑤ 1,465매

A N S W E R | 54.② 55.④ 56.③

54 주열대 … 플랫 슬래브나 2방향 슬래브 설계에서 기둥 바로 위에 유효 폭(보통 1/2폭)의 대를 가상으로 설정하고, 기둥을 포함하지 않는 중간대와 구별하여 응력해석을 하는 부분이다. 주간대보다 철근을 많이 배근해야 한다. 장변방향보다 단변방향이 더 큰 힘을 받으므로 더 많은 철근이 요구되며, 단변방향 중 주열대부분이 주간대부분보다 더 많은 철근이 요구된다.

55 세퍼레이터는 콘크리트 공사시 거푸집의 간격을 유지하기 위한 재료이다.

① 턴버클(Turn Buckle) : 지지막대나 지지 와이어로프 등의 길이를 조절하기 위한 기구로서 양편에 서로 반대 방향으로 달려 있는 수나사를 돌려 양쪽에 이어진 줄을 당겨서 조인다. 주로 철골 구조나 목조의 현장 조립 등에서 다시 세우기나 철근 가새 등에 사용한다.

② 리머(Reamer) : 드릴 따위로 뚫은 구멍을 정밀하게 다듬는 공구이다.

③ 임팩트렌치(Impact Wrench) : 철골공사에서 마찰 접합용 고장력 볼트를 체결하는 공구이다. 충격 회전을 함으로써 너트에 충격과 일정한 회전력을 주어 신속 확실하게 체결한다.

56 표준형 벽돌 1.5B쌓기 시 224매/m²가 요구된다.

224매/m² × 4.8m² = 1,075.2매가 필요하다.

붉은 벽돌의 할증률은 3%이므로 1,075.2 × 1.03 = 1,107.5

57 철골공사에서 크롬산 아연을 안료로 하고, 알키드 수지를 전색료로 한 것으로서 알루미늄 녹막이 초벌칠에 적당한 것은?

① 그래파이트 도료
② 징크로메이트 도료
③ 광명단
④ 알루미늄 도료

58 지하연속벽 공법 중 슬러리 월의 특징으로 바른 것은?

① 인접건물의 경계선까지 시공이 불가능하다.
② 주변지반에 대한 영향이 크다.
③ 시공시의 소음 및 진동이 크다.
④ 일반적으로 차수효과가 뛰어나다.

✓ ANSWER | 57.② 58.④

57 **징크로메이트 도료** … 크롬산 아연을 안료로 하고, 알키드 수지를 전색료로 한 것으로서 알루미늄 녹막이 초벌칠에 주로 사용된다.
① **그래파이트 도료** : 고순도의 흑연(그래파이트)을 안료로 한 유성 도료. 도막은 투수성이 적고, 내후성이 뛰어나다. 철, 주철, 동, 동합금, 알루미늄, 스테인리스 등의 각종 소재의 도료로 사용된다.
③ **광명단** : 보일드유를 유성페인트로 녹인 것으로 주로 철재와 같은 금속도장에 사용된다.
④ **알루미늄 도료** : 알루미늄 가루를 배합한 도료로서 일반적으로는 저유 탱크, 스팀 파이프 등에 칠하는 은색 도료를 지칭한다. 알루미늄은 대기 중에서 산화되면 알루미나(산화 알루미늄)라는 산화막이 형성되어 그 이상 산화가 내부로 침식되는 것을 방지하는 성질이 있으므로 이 성질을 이용하여 녹막이 도료로 이용된다.

58 ① 인접건물의 경계선까지 시공이 가능하다.
② 주변지반에 대한 영향이 적다.
③ 시공시의 소음 및 진동이 적다.
※ **슬러리 월 공법** … 지하연속벽의 일종으로서 벤토나이트(이수)를 이용하여 일정폭의 지반을 굴착하고 철근과 콘크리트를 타설하여 연속적인 흙막이벽을 구축하는 공법으로 다음과 같은 장점과 단점을 갖는다.

장점	• 저소음, 저진동 공법이다. • 차수성이 높아 모든 지반에 적용이 가능하다. • 벽체의 강성이 우수하며 본구조물 지하의 외벽체로 이용할 수 있다. • 형상과 치수, 깊이 등을 조건에 따라 조절할 수 있다. • 주변지반에 대한 영향이 작다. • 인접한 곳에 건물이 있을 때에도 근접시공이 가능하다. (인접건물의 경계선까지 시공이 가능)
단점	• 장비와 설비가 대규모이며 크다. • 시공비가 고가이며 전문기술을 요구한다. • 벽체판넬의 연결부는 방수보강이 요구된다.

59 철골공사에서 용접봉의 내밀기, 이동 등을 기계화한 것으로, 서브머지 아크용접법에 쓰이며, 피복제 대신에 분말상의 플럭스를 쓰는 용접기 명칭으로 옳은 것은?

① 직류아크용접기

② 교류아크용접기

③ 자동용접기

④ 반자동용접기

⑤ 가스압접기

60 가이데릭(Guy Derick)에 대한 설명 중 바르지 않은 것은?

① 기계대수는 평면높이의 가동범위, 조립능력과 공기에 따라 결정한다.

② 일반적으로 붐(Boom)의 길이는 마스트의 길이보다 길다.

③ 불 휠(Bull Wheel)은 가이데릭 하단부에 위치한다.

④ 붐(Boom)의 회전각은 360°이다.

59 자동용접기에 관한 설명이다.
　※ **용접기의 종류**
　　㉠ **직류아크용접기** : 직류 전원에 의해서 발생하는 아크를 이용하는 아크 용접기이다.
　　㉡ **교류아크용접기** : 교류 전원에 의해서 발생하는 아크를 이용하는 아크 용접기이다.
　　㉢ **서브머지 아크용접** : 용접봉의 주입과 용접을 위한 이동을 자동화한 것으로 용접작업 시 아크가 보이지 않으므로 작업능률이 좋다. 용용되는 모재와 대기와의 접촉을 차단하여 용접되는 방식으로 철골공장에서 주로 사용된다.
　　㉣ **가스압접** : 산소아세틸렌 용접으로서 산소와 아세틸렌이 화합할 때 발생하는 고열을 이용하여 금속을 용접하는 것으로서 철근이음에 많이 사용되나 철골에서는 거의 사용되지 않는다.
　　㉤ **일렉트로 슬래그용접** : 용용된 슬래그와 용용 금속이 용접부에서 흘러나오지 않도록 둘러싸고, 용용된 슬래그 풀에 용접봉을 연속적으로 공급하여, 주로 용용 슬래그의 저항열에 의하여 용접봉과 모재를 용용시켜 위로 용접을 진행하는 방법이다.
　　㉥ **이산화탄소 아크용접** : 피복재(Flux)를 사용하여 모재 사이에 아크를 발생시켜 모재와 용접봉을 녹여 접합하는 방법으로 용접 시 이산화탄소를 뿌려주어 금속의 변질을 방지하는 방법이다.

60 일반적으로 붐(Boom)의 길이는 마스트의 길이보다 짧다.
　※ **가이데릭** … 트러스 또는 기둥으로 구성된 긴 마스트를 수직으로 세우고 이것이 넘어지지 않도록 지지하는 여러 가닥(6~8)의 선(당김)을 설치한 크레인을 말한다. 짐을 매달아 올리고 운반하는 붐(팔)은 마스트보다 짧고 붐은 마스트를 중심으로 360도 선회가 가능하다. 주로 토목공사에 사용되며 공사현장의 이동에 따라 이것을 분해 또는 조립한다. 타워크레인에 비해 선회, 안전성이 좋지 않다. 불 휠(Bull Wheel)은 가이데릭의 마스트 아래에 있는 회전 바퀴를 말한다.

61 타일공사에 관한 설명 중 바른 것은?

① 모자이크 타일의 줄눈너비의 표준은 5mm이다.

② 벽체타일이 시공되는 경우 바닥타일은 벽체타일을 붙이기 전에 시공한다.

③ 타일을 붙이는 모르타르에 시멘트 가루를 뿌리면 백화가 방지된다.

④ 치장줄눈은 24시간이 경과한 뒤 붙임모르타르의 경화정도를 보아 시공한다.

62 발주자에 의한 현장관리로 볼 수 없는 것은?

① 착공신고   ② 하도급 계약

③ 현장회의 운영   ④ 클레임 관리

✅ **A N S W E R** | 61.④   62.②

61 ① 모자이크 타일의 줄눈너비의 표준은 2mm이다.
② 벽체타일이 시공되는 경우 바닥타일은 벽체타일을 먼저 붙인 후 시공한다.
③ 타일을 붙이는 모르타르에 시멘트 가루를 뿌리면 백화가 촉진된다.

62 발주자에 의한 현장관리
   ⊙ 착공신고제도 : 공사가 착공되면 수급자는 유자격 기술자의 현장배치를 확인하고 수급자의 전체적인 공사계획을 확인하며 공사의 원활한 착공을 유도하기 위하여 공사예정 공정표, 현장기술자의 경력증명서 및 자격증 사본, 하수급시행계획서, 자재조달계획, 시험계획표 등을 착공신고서와 함께 발주자에게 제출하여야 한다.
   ⊙ 현장회의 운영 : 현장회의는 기본적으로 발주자, 원수급자 그리고 시공과정에서 각 공종별 하수급과 연계작업에 관련된 당사자들 간에 의사소통과 시공계획의 확정을 위하여 개최된다.
   ⊙ 중간관리일(milestone) : 공사의 원활한 진행을 위하여 중요하게 관리되어야 할 주요 공사에 대한 완료 및 착수 일정을 말한다. 발주자는 수급자에게 이러한 주요 시점에 대한 공정계획표상의 일정을 준수하도록 함으로써 고의적인 공기지연을 방지하고 각 공정의 적정한 공기를 확보하여 공기지연과 급속공사에 의한 후속공정의 품질저하를 방지하고자 하는 것이다.
   ※ 클레임이란 이의신청 또는 이의제기로서 계약하의 양당사자가 어느 일방이 일종의 법률상 권리로서, 계약하에서 혹은 계약과 관련하여 발생하는 제반 분쟁에 대하여 금전적인 지급을 구하거나 계약조항의 조정이나 해석의 요구 또는 그 외의 다른 구제 조치를 요구하는 서면청구나 주장을 의미한다.

63 벽돌공사에 관한 설명으로 바르지 않은 것은?

① 치장줄눈은 줄눈 모르타르가 충분히 굳은 후에 줄눈파기를 한다.

② 벽돌쌓기에서 하루의 쌓기 높이는 1.2m를 표준으로 한다.

③ 붉은 벽돌은 벽돌쌓기 하루 전에 물호스로 충분히 젖게 하여 표면에 습도를 유지한 상태로 준비한다.

④ 세로줄눈의 모르타르는 벽돌 마구리면에 충분히 발라 쌓도록 한다.

 A N S W E R | 63.①

63 치장줄눈은 줄눈 모르타르가 충분히 굳기 전에 줄눈파기를 한다.
※ **벽돌쌓기공사 일반사항**
- 치장줄눈은 줄눈 모르타르가 충분히 굳기 전에 줄눈파기를 한다.
- 붉은 벽돌은 벽돌쌓기 하루 전에 벽돌더미에 물 호스로 충분히 젖게 하여 표면에 습도를 유지한 상태로 준비하고, 더운 하절기에는 벽돌더미에 여러 시간 물뿌리기를 하여 표면이 건조하지 않게 해서 사용한다. 콘크리트 벽돌은 쌓기 직전에 물을 축이지 않으며 내화벽돌은 물축임을 하지 말아야 한다.
- 세로줄눈의 모르타르는 벽돌 마구리면에 충분히 발라 쌓도록 한다.
- 벽돌에 부착된 흙이나 먼지는 깨끗이 제거한다.
- 줄기초, 연결보 및 바닥 콘크리트의 쌓기면은 작업 전에 청소하고 우묵한 곳은 모르타르로 수평지게 고른다. 그 모르타르가 굳은 다음 접착면은 적절히 물축이기를 하고 벽돌쌓기를 시작한다.
- 모르타르는 배합과 보강 등에 필요한 자재의 품질 및 수량을 확인한다.
- 모르타르는 지정한 배합으로 하되 시멘트와 모래는 건비빔으로 하고, 사용할 때에는 쌓기에 지장이 없는 유동성이 확보되도록 물을 가하고 충분히 반죽하여 사용한다.
- 벽돌공사를 하기 전에 바탕점검을 하고 구체 콘크리트에 필요한 정착철물의 정확한 배치, 정착철물이 콘크리트 구체에 견고하게 정착되었는지 여부 등 공사의 착수에 지장이 없는가를 확인한다.
- 가로 및 세로줄눈의 너비는 도면 또는 공사시방서에 정한 바가 없을 때에는 10mm를 표준으로 한다.
- 세로줄눈은 통줄눈이 되지 않도록 하고, 수직 일직선상에 오도록 벽돌 나누기를 한다. (세로줄눈은 보강블록조를 제외하고는 막힌줄눈으로 하는 것이 원칙이다.)
- 벽돌쌓기는 도면 또는 공사시방서에서 정한 바가 없을 때에는 영식 쌓기 또는 화란식 쌓기로 한다.
- 가로줄눈의 바탕 모르타르는 일정한 두께로 평평히 펴 바르고, 벽돌을 내리누르듯 규준틀과 벽돌나누기에 따라 정확히 쌓는다.
- 벽돌은 각부를 가급적 동일한 높이로 쌓아 올라가고, 벽면의 일부 또는 국부적으로 높게 쌓지 않는다.
- 하루의 쌓기 높이는 1.2m(18켜 정도)를 표준으로 하고, 최대 1.5m(22켜 정도) 이하로 한다.
- 연속되는 벽면의 일부를 트이게 하여 나중쌓기로 할 때에는 그 부분을 층단 들여쌓기로 한다.
- 직각으로 오는 벽체의 한편을 나중 쌓을 때에도 층단 들여쌓기로 하는 것을 원칙으로 하지만 부득이할 때에는 담당원의 승인을 받아 켜걸음 들여쌓기로 하거나 이음보강철물을 사용한다. 먼저 쌓은 벽돌이 움직일 때에는 이를 철거하고 청소한 후 다시 쌓는다.
- 물려 쌓을 때에는 이 부분의 모르타르는 빈틈없이 다져 넣고 사춤 모르타르도 매 켜마다 충분히 부어 넣는다.
- 벽돌벽이 블록벽과 서로 직각으로 만날 때에는 연결철물을 만들어 블록 3단마다 보강하여 쌓는다.
- 벽돌벽이 콘크리트 기둥(벽)과 슬래브 하부면과 만날 때는 그 사이에 모르타르를 충전한다.
- 내력벽 쌓기에는 통줄눈이 생기지 않는 마구리쌓기, 길이쌓기가 사용된다.

64 창 면적이 클 때에는 스틸바(steel bar)만으로는 부족하며, 또한 여닫을 때의 진동으로 유리가 파손될 우려가 있으므로 이것을 보강하고 외관을 꾸미기 위하여 강판을 중공형으로 접어 가로 또는 세로로 대는 것을 무엇이라 하는가?

① mullion
② ventilator
③ gallery
④ pivot

65 목재의 무늬나 바탕의 재질을 잘 보이게 하는 도장방법은?

① 유성페인트 도장
② 에나멜페인트 도장
③ 합성수지 페인트 도장
④ 클리어 래커 도장

64 ① 멀리언(mullion) : 창 면적이 클 때에는 스틸바(steel bar)만으로는 부족하며, 또한 여닫을 때의 진동으로 유리가 파손될 우려가 있으므로 이것을 보강하고 외관을 꾸미기 위하여 강판을 중공형으로 접어 가로 또는 세로로 대는 부재로서 커튼월에 주로 사용된다.
② Ventilator : 환기를 시켜주는 기계들을 통칭한다.
④ Pivot : 회전하는 물체의 중심축을 의미한다.

65 도장방법의 종류
㉠ 클리어 래커 도장
• 주원료는 질산섬유소 수지, 휘발성 용제이다.
• 목재면의 무늬를 살리기 위한 도장 재료로 적당하다.
• 유성 바니시에 비하여 도막이 얇고 견고하다.
• 담갈색 빛으로 시공 후에는 우아한 광택이 있다.
• 내수성, 내후성이 다소 부족하여 실내용으로 주로 이용한다.
• 속건성이므로 스프레이를 사용하여 시공하는 것이 좋다.
㉡ 유성페인트
• 재료 : 안료 + 용제 + 희석제 + 건조제
• 반죽의 정도에 따른 분류 : 된반죽 페인트, 중반죽 페인트, 조합 페인트
• 광택과 내구력이 좋으나 건조가 늦다.
• 철제, 목재의 도장에 쓰인다.
• 알칼리에는 약하므로 콘크리트, 모르타르 면에 바를 수 없다.
㉢ 유성 에나멜 페인트
• 유성바니시를 전색제로 하여 안료를 첨가한 것으로 일반적으로 내알칼리성이 약하다.
• 일반 유성페인트보다는 건조시간이 느리고, 도막은 탄성, 광택이 있으며 경도가 크다.
• 스파 바니시를 사용한 에나멜 페인트는 내수성, 내후성이 특히 우수하여 외장용으로 쓰인다.
㉣ 합성수지 페인트
• 재료 : 합성수지+중화제+안료
• 도막이 단단하며 건조가 빠르다.
• 내마모성, 내산성, 내알칼리성이 우수하다.

66 건설공사에 사용되는 시방서에 관한 설명으로 바르지 않은 것은?

① 시방서는 계약서류에 포함되지 않는다.

② 시방서는 설계도서에 포함된다.

③ 시방서에는 공법의 일반사항, 유의사항 등이 기재된다.

④ 시방서에 재료 메이커를 지정하지 않아도 좋다.

66 시방서는 계약서류에 포함된다.

※ **계약서류** … 계약서류는 계약서, 설계서, 공사입찰유의서, 공사계약일반조건, 공사계약특수조건 및 산출내역서로 구성되며 상호보완의 효력을 가진다.

ⓐ **계약서류의 종류**

계약서류	서류의 목적
계약서	공사명, 현장, 계약금액, 각종 보증금, 계약당사자의 주소, 성명 등을 기재한 서류
설계서	공사시방서, 설계도면, 현장설명서 및 공종별 목적물 물량내역서
공사입찰 유의서	공사입찰에 참가하고자 하는 자가 유의하여야 할 사항을 정한 서류
공사계약 일반조건	공사의 착공, 재료의 검사, 계약금액의 조정, 계약의 해제, 위험부담 등 계약당사자의 권리 의무 내용을 정형화한 것
공사계약 특수조건	계약당사자의 사정에 의하여 공사계약 일반조건에 규정된 사항 외에 별도의 계약조건을 정한 것
산출내역서	입찰금액 또는 계약금액을 구성하는 물량, 규격, 단위, 단가 등을 기재하여 제출한 내역서

ⓑ **계약 서류 효력의 우선순위** : 계약문서 상호간의 상충되는 부분이 있는 경우 다음의 순서에 따라 우선순위를 결정한다.
ⓐ 설계변경 및 계약변경 승인문서
ⓑ 계약서
ⓒ 공사계약 특수조건
ⓓ 공사계약 일반조건
ⓔ 공사입찰유의서
ⓕ 현장설명서
ⓖ 공사설계설명서(공사시방서)
ⓗ 설계도면
ⓘ 산출내역서

67 멤브레인 방수에 속하지 않는 방수공법은?

① 시멘트 액체방수

② 합성고분자 시트방수

③ 도막방수

④ 시트 도막 복합방수

68 클라이밍 폼의 특징에 대한 설명으로 바르지 않은 것은?

① 고소 작업시 안정성이 높다.

② 거푸집 해체시 콘크리트에 미치는 충격이 적다.

③ 초기투자비가 적은 편이다.

④ 비계설치가 불필요하다.

67 시멘트 액체방수공법 … 방수제를 물·모래 등과 함께 섞어 반죽한 뒤 콘크리트 구조체의 바탕 표면에 발라 방수층을 만드는 공법으로 욕실 및 화장실·베란다·발코니·다용도실·지하실 등에 많이 사용된다. 공사비가 적게 들고 시공이 간편하며 바탕면이 평탄하지 않아도 방수공사가 가능하다. 반면에 콘크리트 구조체에 작은 균열이 있어도 방수층이 파괴되고 외부 기온의 영향을 많이 받는다는 단점이 있다.
   ※ 멤브레인 방수 … 불투수성 피막을 형성하여 방수층을 만드는 방수공법으로 아스팔트방수, 시트방수, 도막방수 등이 있다.

68 ③ 클라이밍 폼은 초기투자비가 큰 편이다.
   ※ 클라이밍 폼(Climbing Form) … 벽체 전용 거푸집으로서 거푸집과 벽체 마감공사를 위한 비계틀을 일체로 조립하여 한꺼번에 인양시켜 거푸집을 설치하는 공법
     ㉠ 고소 작업시 안정성이 높다.
     ㉡ 거푸집 해체시 콘크리트에 미치는 충격이 적다.
     ㉢ 초기투자비가 높은 편이다.
     ㉣ 비계설치가 불필요하다.

69 콘크리트 타설 후 부재가 건조수축에 대하여 내외부의 구속을 받지 않도록 일정폭을 두어 어느 정도 양생한 후 남겨둔 부분을 콘크리트로 채워 처리하는 조인트는?

① Construction Joint
② Delay Joint
③ Cold Joint
④ Expansion Joint

70 지하연속벽(slurry wall)에 관한 설명으로 바르지 않은 것은?

① 차수성이 우수하다.
② 비교적 지반조건에 좌우되지 않는다.
③ 소음과 진동이 적고 벽체의 강성이 높다.
④ 공사비가 타공법에 비해 저렴하고 공기가 단축된다.

✅ **ANSWER** | 69.② 70.④

69 줄눈의 종류

ㄱ **딜레이 조인트** : 콘크리트 타설 후 부재가 건조수축에 대하여 내외부의 구속을 받지 않도록 일정폭을 두어 어느 정도 양생한 후 남겨둔 부분을 콘크리트로 채워 처리하는 조인트로서 지연조인트, 건조수축대(Shrinkage Strip, Pour Strip)라고도 한다. 100m를 초과하는 장스팬 구조물에서 신축줄눈을 설치하지 않고 건조수축을 감소시키기 위하여 설치하는 임시줄눈이다. 조체를 분리시켜 인접 구조체에 타설된 콘크리트가 경화하는 동안, 초기 콘크리트의 건조수축량을 일정 부위별로 각각 구속 없이 진행시킨 후, 인접 콘크리트가 경화하여 일정 소요강도에 도달하게 되면 나중에 이 부위에 콘크리트를 메워 인접 구조체와 일체시킴으로써 구조적 연속성을 확보할 수 있다.

ㄴ **콜드 조인트** : 계획안된 줄눈, 시공과정 중 휴식시간 등으로 응결하기 시작한 콘크리트에 새로운 콘크리트를 이어칠 때 일체화가 저해되어 생기는 줄눈이다.

ㄷ **시공줄눈** : 콘크리트를 한 번에 계속하여 부어나가지 못할 곳에 생기는 줄눈이다.

ㄹ **신축줄눈** : 응력해제줄눈, 건축물의 온도에 의한 신축팽창, 부동침하 등에 의하여 발생하는 건축의 전체적인 불규칙 균열을 한 곳에 집중시키도록 설계 및 시공시 고려되는 줄눈이다.

ㅁ **조절줄눈** : 수축줄눈, 지반 등 안정된 위치에 있는 바닥판이 수축에 의하여 표면에 균열이 생길 수 있는데 이것을 막기 위해 설치하는 줄눈(바닥, 벽 등에 설치 균열이 일정한 곳에서만 일어나도록 하는 균열유도줄눈)

ㅂ **슬립 조인트** : RC조슬래브와 조적벽체 상부에 설치하는 줄눈이다.

ㅅ **슬라이딩 조인트** : 보와 슬래브 사이에 설치하는 활동면 이음으로 구속응력 해제를 목적으로 설치한다.

70 지하연속벽(slurry wall) 공법은 공사비가 타공법에 비해 고가이며 공기가 더 소요된다.

※ **지하연속벽 공법** … 안정액을 사용하여 지반을 굴착한 후 지중에 연속된 철근콘크리트 흙막이벽을 설치하고, 이를 지하구조물의 옹벽(벽체)으로 사용하는 공법이다.

ㄱ 장점
- 저소음, 저진동 공법이다.
- 차수성이 높아 모든 지반에 적용이 가능하다.
- 벽체의 강성이 우수하며 본구조물 지하의 외벽체로 이용할 수 있다.
- 형상과 치수, 깊이 등을 조건에 따라 조절할 수 있다.
- 주변지반에 대한 영향이 작다.
- 인접한 곳에 건물이 있을 때에도 근접시공이 가능하다. (인접건물의 경계선까지 시공이 가능)

ㄴ 단점
- 장비와 설비가 대규모이며 크다.
- 시공비가 고가이며 전문기술을 요구한다.
- 연결부는 방수보강이 요구된다.

71 건설공사 기획단계부터 설계, 입찰 및 구매, 시공, 유지관리의 전 단계에 있어 업무절차의 전자화를 추구하는 종합건설정보망체계를 의미하는 것은?

① CALS   ② BIM

③ SCM   ④ B2B

72 건설클레임과 분쟁에 관한 설명으로 바르지 않은 것은?

① 클레임의 예방대책으로는 프로젝트의 모든 단계에서 시공의 기술과 경험을 이용한 시공성의 검토가 있다.

② 작업범위 관련 클레임은 주로 예상치 못했던 지하구조물의 출현이나 지반 형태로 인해 시공자가 작업수행을 위해 입찰 시 책정된 예정가격을 초과하여 부담해야 할 경우에 발생하게 된다.

③ 분쟁은 발주자와 계약자의 상호 이견 발생 시 조정, 중재, 소송의 개념으로 진행되는 것이다.

④ 클레임의 접근절차는 사전평가단계, 근거자료확보단계, 자료분석단계, 문서작성단계, 청구금액 산출단계, 문서제출단계 등으로 진행된다.

ANSWER | 71.① 72.②

71 CALS(Continuous Acquisition Life cycle Support)에 관한 설명이다.
  ② BIM(Building Information Modeling) : 3차원 정보모델을 기반으로 시설물의 생애주기에 걸쳐 발생하는 모든 정보를 통합하여 활용이 가능하도록 시설물의 형상, 속성 등을 정보로 표현하는 것이다.
  ③ SCM(Supply Chain Management) : 공급망 관리, 즉 제품의 생산과 유통 과정을 하나의 통합망으로 관리하는 경영전략시스템
  ④ B2B(Business to Business) : 기업과 기업 사이에 이루어지는 전자상거래

72 클레임의 유형
  ㉠ 지연에 의한 클레임 : 가장 높은 빈도로 발생하는 유형의 클레임으로 자재 및 인력조달의 지연, 공사진행의 방해, 과다한 설계변경, 작업지시 또는 작업진행상 필요한 정보의 지연, 공사현장 매입 또는 각종 허가취득의 지연으로 인한 공사착공의 지연 등이 이러한 클레임의 사유가 된다.
  ㉡ 작업범위 관련 클레임 : 시공자가 계약 당시 수행키로 한 범위 이외의 작업을 수행토록 요구를 받거나 계약조건에 있는 업무일지라도 그것이 명확히 정의되어 있지 않아 입찰시 내역서에 포함시킬 수 없었던 업무를 수행했을 때 제기될 수 있다.
  ㉢ 작업기간 단축에 대한 클레임 : 발주자가 계약시 계획했던 공사기간을 일방적으로 단축시킬 것을 시공자에게 요구할 경우 공기단축을 위해 투입해야 하는 추가인력, 장비, 자재 등에 대한 클레임이다.
  ㉣ 현장조건 변경에 따른 클레임 : 주로 예상하지 못했던 지하구조물의 출현이나 지반형태로 인해 시공자가 작업수행을 위해 입찰 시 책정된 예정가격을 초과부담해야 할 경우 발생한다.

73 굴착구멍 내 지하수위보다 2m 이상 높게 물을 채워 굴착함으로써 굴착 벽면에 2t/m² 이상의 정수압에 의해 벽면의 붕괴를 방지하면서 현장타설 콘크리트 말뚝을 형성하는 공법은?

① 베노토 파일
② 프랭키 파일
③ 리버스 서큘레이션 파일
④ 프리팩트 파일

ANSWER | 73.③

73 리버스 서큘레이션 파일공법
　㉠ 리버스 서큘레이션 드릴로 대구경의 구멍을 파고 철근망을 삽입하고 콘크리트를 타설하여 말뚝을 만드는 공법이다.
　㉡ 지하수위보다 2m 이상의 높은 수위가 유지될 수 있도록 안정액으로 공벽을 충진시켜 공벽붕괴를 방지한다.
　㉢ 드릴의 선단에서 굴착토사를 물과 함께 지상으로 끌어올려 말뚝을 굴착하는 공법이므로 역순환공법이라고 한다.
※ 베노토 파일공법, 프리팩트 파일공법, 프랭키 파일공법
　㉠ 베노토 파일공법
　　• 올케이싱 공법이라고 하며, 해머그레브라는 직경이 매우 큰 거대한 장비로 대구경의 구멍을 파고, 깊게 굴착해 나간다.
　　• 굴착 후 생기는 공벽 붕괴를 방지하기 위해 거대한 케이싱을 관입시킨 후 철근망을 삽입하고 콘크리트를 타설하면서 케이싱을 인발한다.
　　• 적용지반이 다양하며 지지층에 정확하고 충분히 관입시킬 수 있어 토목공사에 주로 사용된다.
　　• 공사비가 고가이며, 기계가 대형이며 케이싱 인발 시 철근피복의 파괴가 우려된다.
　㉡ 프리팩트 파일공법
　　• 거푸집 속에 미리 골재를 채우고 이 때 생기는 공극을 모르타르로 채워 사용 소요의 강도, 불투수성 및 내구성을 갖도록 한 콘크리트 파일 형성공법이다. 즉, 미리 채워 넣은 골재(자갈과 돌)에 그 사이에 파이프를 통해서 모르타르나 시멘트 죽을 주입하여 만든 콘크리트. 로서 주로 보수공사, 수중공사에 사용된다.
　　• PIP공법 : 스크류오거로 지반을 파고 흙과 오거를 빼내면서 오거 선단을 통해 모르타르를 주입하여 말뚝을 조성하는 공법
　　• MIP공법 : 파이프 회전봉의 선단에 커터를 장착한 후 이것으로 지중을 한 후 회전을 시키면서 빼내면서 모르타르를 분출시켜 지중에 소일 콘크리트 파일을 형성시키는 공법
　　• CIP공법 : 어스오거로 지반을 천공한 후 철근과 자갈을 채운 후 파이프를 통해 모르타르를 주입하여 말뚝을 조성하는 공법
　㉢ 프랭키 파일공법 : 심대 끝에 주철제의 원추형 마개가 달린 외관을 추로 내리쳐서 소정의 깊이에 도달하면 내부이 마개와 추를 빼내고 콘크리트를 주입한 후 추로 다져 외관을 조금씩 들어 올리면서 형성되는 파일이다. (상수면 이하는 나무말뚝을 사용한다.)

74 벽돌벽에 장식적으로 구멍을 내어 쌓는 벽돌쌓기 방식은?

① 불식쌓기

② 영롱쌓기

③ 무늬쌓기

④ 층단떼어쌓기

⑤ 엇모쌓기

74 각종 벽돌 쌓기법

㉠ **길이쌓기** : 벽돌의 길이를 벽표면에 나타나도록 쌓는 방식이다. 벽돌을 길게 쌓는 것으로 마구리쌓기가 전혀 없으며 보통 긴결철물을 사용해야 한다. 공간벽과 덧붙임벽, 칸막이벽 및 담쌓기에 사용된다.

㉡ **마구리쌓기** : 벽돌의 옆부분이 벽표면에 나오도록 쌓는 방식이다. 벽두께가 1.0B 이상일 때 사용되는 쌓기방식으로 벽의 길이방향에 직각으로 벽돌의 길이를 놓아 각 켜 모두 마구리면이 보이도록 쌓는 것으로 주로 원형 벽체쌓기에 사용되며 때로는 기초쌓기에 국부적으로 사용된다.

㉢ **길이세워쌓기** : 길이를 세워서 쌓는 방식이다.

㉣ **옆(마구리)세워쌓기** : 마구리를 세워서 쌓는 방식이다.

㉤ **내쌓기** : 방화벽이나 마루를 설치할 목적으로 벽돌을 내밀어 쌓는 방식이다. 벽면에서 한켜(1/8B), 두켜(1/4B) 정도 내어 쌓으며 내쌓기 한도는 2.0B이며 마구리쌓기로 한다.

㉥ **층단떼어쌓기** : 긴 벽돌벽 쌓기의 경우 벽 일부를 한 번에 쌓지 못하게 될 때 벽 중간에서 점점 쌓는 길이를 줄여 마무리하는 방법

㉦ **켜걸름 들여쌓기** : 교차벽 등의 벽돌물림 자리를 내어 벽돌 한 켜 걸름으로 1/4B에서 1/2B를 들여서 쌓는 것이다.

㉧ **영식쌓기** : 한켜는 길이쌓기, 한켜는 마구리쌓기식으로 번갈아가며 쌓는다. 벽의 모서리나 마구리에 반절이나 이오토막을 사용하며 가장 튼튼하다.

㉨ **화란식쌓기** : 영식쌓기와 거의 같으나 모서리와 끝벽에 칠오토막을 사용하며 일하기 쉽고 비교적 견고하여 현장에서 가장 많이 사용된다.

㉩ **불식쌓기** : 입면상 매켜에 길이와 마구리가 번갈아 나오며 구조적으로 튼튼하지 못하다. 마구리에 이오토막을 사용하며 치장용쌓기로서 이오토막과 반토막 벽돌을 많이 사용한다.

㉪ **미식쌓기** : 5켜는 치장벽돌로 길이쌓기, 다음 한켜는 마구리쌓기로 본 벽돌에 물리고 뒷면은 영식쌓기를 한다. 외부의 붉은 벽돌이나 시멘트 벽돌은 이 방식으로 주로 쌓는다.

㉫ **영롱쌓기** : 벽돌면에 구멍을 내어 쌓는 것으로 장막벽이며 장식적 효과가 있다.

㉬ **아치쌓기** : 아치형태로 벽돌을 쌓는 것이며, 창문 나비가 1.0m 이하일 때는 평아치로 할 수 있다.

㉭ **기초쌓기** : 연속기초로 쌓으며 벽돌 맨 밑의 너비는 벽체두께의 2배 정도이다. 기초를 넓히는 경사도는 60° 이상, 기초판의 너비는 벽돌면보다 10~15cm 정도 크게 한다.

㉮ **공간쌓기** : 이중벽 쌓기라고도 부르며 내부공간의 방음·방한·방습·방서의 효과를 위해 벽과 벽사이에 공기층을 두거나 단열재를 두어 쌓는 방식을 말한다.

㉯ **엇모쌓기** : 벽면에 변화감을 주고자 벽돌을 45도 각도로 모서리가 면에 나 오도록 쌓아 그림자 효과를 낸다.

㉰ **무늬쌓기** : 벽돌면에 무늬를 넣어 줄눈에 효과를 주는 의장적 효과가 있다.

㉱ **모서리 및 교차부 쌓기** : 서로 맞닿은 부분에 쌓는 내력벽으로 통줄눈이 생기지 않는 특징이 있다.

75 다음 중 시멘트 액체방수에 관한 설명으로 바른 것은?

① 모체 표면에 시멘트 방수제를 도포하고 방수모르타르를 덧발라 방수층을 형성하는 공법이다.

② 구조체 균열에 대한 저항성이 매우 우수하다.

③ 시공은 바탕처리 → 혼합 → 바르기 → 지수 → 마무리 순으로 진행한다.

④ 시공 시 방수층의 부착력을 위하여 방수할 콘크리트 바탕면은 충분히 건조시키는 것이 좋다.

75 시멘트 액체방수는 방수제를 물·모래 등과 함께 섞어 반죽한 뒤 콘크리트 구조체의 표면에 발라 방수층을 만드는 공법으로, 주로 욕실, 발코니, 지하실 등에 시공된다. 공사비가 적게 들고 비교적 용이하게 시공할 수 있는 반면, 콘크리트 구조체에 작은 균열이 생겨도 방수층이 파괴되는 단점이 있다. (때문에 누수의 문제는 액체 방수의 두께 부족에서 비롯된다기보다 균열로 인한 것이라고 봄이 상당하고, 사실상 방수층이 얇다고 하여 방수층으로서의 기능을 다하지 못한다고 볼 수 없음에도 이 점을 간과하고 감정하는 경우가 상당수이다.)

② 구조체 균열에 대한 저항성이 약하다.

③ 시공은 바탕처리 → 지수 → 혼합 → 바르기 → 마무리 순으로 진행한다.

④ 방수층의 부착력을 확보하기 위해서 방수할 콘크리트 바탕면은 충분히 물축임을 하는 것이 좋다.

건축법규

06 건축법규

❶ 건축법 일반

① 건축행위

구분	행위요소
신축	• 건축물이 없는 대지에 건축물 축조 • 기존 건축물의 전부를 철거(멸실)한 후 종전규모보다 크게 건축물 축조 • 부속건축물만 있는 대지에 새로이 주된 건축물 축조
증축	• 기존 건축물의 규모 증가 • 기존 건축물의 일부를 철거(멸실)한 후 종전규모보다 크게 건축물 축조 • 주된 건축물이 있는 대지에 새로이 부속건축물 축조
개축	기존건축물의 전부 또는 일부(내력벽·기둥·보·지붕틀 중 3 이상이 포함되는 경우에 한함)를 철거하고 당해 대지 안에 종전과 동일한 규모의 범위 안에서 건축물을 다시 축조
재축	자연재해로 인하여 건축물의 일부 또는 전부가 멸실된 경우 그 대지 안에 종전과 동일한 규모의 범위 안에서 다시 축조하는 행위
이전	기존건축물의 주요 구조부를 해체하지 않고 동일 대지 내에서 건축물의 위치를 옮기는 행위

② 건폐율, 용적률, 연면적

　　㉠ 건폐율 : 대지면적에 대한 건축면적의 비율

　　㉡ 용적률 : 대지면적에 대한 지상층 연면적의 비율

　　㉢ 연면적 : 하나의 건축물의 각 층의 바닥면적의 합계로 하되, 용적률의 산정에 있어서 "지하층의 면적, 지상층의 주차용(당해 건축물의 부속용도인 경우에 한함)으로 사용되는 면적, 「주택건설기준 등에 관한 규정」에 의한 주민공동시설의 면적"은 제외

③ 다중이용건축물과 준다중 이용건축물

　　㉠ 다중이용건축물 : 문화 및 집회시설, 판매시설, 운수시설, 종교시설, 종합병원, 관광숙박시설로서 해당 용도로 쓰이는 바닥면적의 합계가 5,000m² 이상인 건축물 또는 16층 이상인 건축물

ⓛ 준다중 이용건축물 : 문화 및 집회시설, 종합병원, 종교시설, 판매시설, 교육연구시설, 노유자시설, 운동시설, 위락시설, 관광휴게시설, 장례시설, 여객용 시설, 관광숙박시설로서 해당 용도로 쓰이는 바닥면적의 합계가 1,000m² 이상인 건축물

② 건축물의 건축

① 건축허가

　　㉠ 특별시장 및 광역시장의 허가대상 : 21층 이상의 건물, 연면적 합계가 100,000m² 이상인 건축물, 연면적의 3/10 이상을 증축하여 층수가 21층 이상 또는 연면적의 합계가 100,000m² 이상이 되는 경우

　　ⓛ 특별자치도지사 또는 시장, 군수, 구청장의 허가대상 : 건축물의 건축, 건축물의 대수선

　　㉢ 건축허가에 필요한 설계도서 : 건축계획서, 배치도 및 평면도, 입면도, 단면도, 구조도 및 구조계산서, 시방서, 실내마감도, 소방설비도 및 건축설비도, 토지굴착 및 옹벽도

② 건축물의 용도분류

단독주택	단독주택, 다중주택, 다가구주택, 공관
공동주택	아파트, 연립주택, 다세대주택, 기숙사
근린생활시설	제1종 근린생활시설, 제2종 근린생활시설
문화 및 집회시설	공연장, 집회장, 관람장, 전시장, 동·식물원
종교시설	종교집회장, 봉안당
판매시설	도매시장, 소매시장, 상점
운수시설	여객자동차터미널, 철도시설, 공항 및 항만시설
의료시설	병원, 격리병원
교육연구시설	학교, 교육원, 직업훈련소, 학원, 연구소, 도서관
노유자시설	아동관련시설, 노인복지시설, 사회복지시설, 근로복지시설
수련시설	생활권 및 자연권 수련시설, 유스호스텔
운동시설	체육관, 운동장
업무시설	공공업무시설, 일반업무시설
숙박시설	일반숙박시설, 관광숙박시설, 다중생활시설

위락시설	• 단란주점으로서 제2종 근린생활시설이 아닌 것 • 유흥주점 및 이와 유사한 것 • 유원시설업의 시설 및 기타 이와 유사한 것 • 카지노 영업소 • 무도장과 무도학원
공장	물품의 제조, 가공이 이루어지는 곳 중 근린생활시설이나 자동차관련시설, 위험물 및 자원순환 관련 시설로 분리되지 않는 것
창고시설	창고, 하역장, 물류터미널, 집배송시설
위험물 시설	주유소, 석유판매소, 액화석유가스충전소, 위험물제조소, 위험물저장소, 위험물취급소, 액화가스취급소, 액화가스판매소, 유독물보관 · 저장 · 판매시설, 고압가스 충전 · 저장 · 판매소, 도료류 판매소, 도시가스 제조시설, 화학류 저장소
자동차관련시설	주차장, 세차장, 폐차장, 매매장, 검사장, 정비공장, 운전학원, 정비학원, 차고 및 주기장
동 · 식물관련시설	축사, 가축시설, 도축장, 도계장, 작물재배사, 종묘배양시설, 화초 및 분재 등의 온실(과 유사한 것)
자원순환 관련 시설	하수 등 처리시설, 고물상, 폐기물재활용시설, 폐기물 처분시설, 폐기물감량화시설
교정 및 군사시설	교정시설, 갱생보호시설, 소년원, 국방 · 군사시설
방송통신시설	방송국, 전신전화국, 촬영소, 통신용시설, 데이터센터
발전시설	발전소로 사용되는 건축물 중 제1종 근린생활시설로 분류되지 않은 것
묘지관련시설	화장시설, 봉안당, 묘지 및 부속 건축물, 동물화장시설
관광휴게시설	야외음악당, 야외극장, 어린이회관, 관망탑, 휴게소, 공원 · 유원지 및 관광지에 부수되는 시설
장례식장	장례식장, 동물 전용의 장례식장
야영장 시설	야영장 시설로서 관리동, 화장실, 샤워실, 대피소, 취사시설 등의 용도로 쓰는 바닥면적의 합계가 300제곱미터 미만인 것

용도	바닥면적합계	분류
슈퍼마켓	$1,000m^2$ 미만	1종 근린생활시설
일용품점	$1,000m^2$ 이상	판매시설
휴게음식점	$300m^2$ 미만	1종 근린생활시설
	$300m^2$ 이상	2종 근린생활시설
동사무소	$1,000m^2$ 미만	1종 근린생활시설
방송국 등	$1,000m^2$ 이상	업무시설
고시원	$500m^2$ 미만	2종 근린생활시설
	$500m^2$ 이상	숙박시설
학원	$500m^2$ 미만	2종 근린생활시설
	$500m^2$ 이상	교육연구시설
단란주점	$150m^2$ 미만	2종 근린생활시설
	$150m^2$ 이상	위락시설

PLUS CHECK 주의해야 할 용도분류

㉠ 유스호스텔 : 수련시설
㉡ 자동차학원 : 자동차 관련시설
㉢ 무도학원 : 위락시설
㉣ 독서실 : 제2종 근린생활시설
㉤ 치과의원 : 제1종 근린생활시설
㉥ 치과병원 : 의료시설
㉦ 동물병원 : 제2종 근린생활시설

③ **건축물의 용도변경절차** ⋯ 다음에 제시된 순서에서 위쪽으로부터 아래쪽으로 용도변경이 이루어지면 건축신고제를 따르며 그 반대의 경우 건축허가제를 따른다.

분류	시설군
자동차관련시설군	자동차 관련시설
산업시설군	운수시설, 창고시설, 공장, 위험물저장 및 처리시설, 자원순환 관련 시설, 묘지 관련 시설, 장례시설
전기통신시설군	방송통신시설, 발전시설
문화집회시설군	문화 및 집회시설, 종교시설, 위락시설, 관광휴게시설
영업시설군	판매시설, 운동시설, 숙박시설, 제2종 근린생활시설 중 다중생활시설
교육 및 복지시설군	의료시설, 교육연구시설, 노유자시설, 수련시설, 야영장 시설
근린생활시설	제1, 2종 근린생활시설
주거업무시설군	단독주택, 공동주택, 업무시설, 교정 및 군사시설
그 밖의 시설군	동·식물 관련 시설

③ 건축물의 구조와 재료

① **채광 및 환기에 관한 사항**

　㉠ 채광을 위한 개구부 면적은 거실 바닥면적의 1/10 이상으로 한다.

　㉡ 환기를 위한 개구부 면적은 거실 바닥면적의 1/20 이상으로 해야 한다.

② **건축사가 아니어도 설계가 가능한 건축물**

　㉠ 바닥면적 합계가 $85m^2$ 미만인 증축, 개축, 재축

　㉡ 연면적이 $200m^2$ 미만이고 층수가 3층 미만인 건축물의 대수선

　㉢ 읍, 면 지역에서 건축하는 연면적 $200m^2$ 이하의 창고와 $400m^2$ 이하인 축사 및 작물재배사

　㉣ 신고대상 가설건축물

③ **구조안전 확인대상 건축물** ⋯ 구조안전을 확인한 건축물 중 다음의 어느 하나에 해당하는 건축물의 건축주는 해당 건축물의 설계자로부터 구조안전의 확인 서류를 받아 착공신고를 하는 때에 그 확인 서류를 허가권자에게 제출하여야 한다. 다만, 표준설계도서에 따라 건축하는 건축물은 제외한다.

　㉠ 층수가 2층(주요 구조부인 기둥과 보를 설치하는 건축물로서 그 기둥과 보가 목재인 목구조 건축물의 경우에는 3층) 이상인 건축물

ⓛ 연면적 200m² 이상인 건축물(창고, 축사, 작물재배사 예외)

ⓒ 높이가 13m 이상인 건축물

ⓔ 처마높이가 9m 이상인 건축물

ⓜ 기둥과 기둥 사이의 거리가 10m 이상인 건축물

ⓗ 내력벽과 내력벽 사이의 거리가 10m 이상인 건축물

ⓢ 건축물의 용도 및 규모를 고려한 중요도가 높은 건축물로서 국토교통부령으로 정하는 건축물(중요도 특 또는 중요도 1에 해당하는 건축물)

ⓞ 국가적 문화유산으로 보존할 가치가 있는 건축물

ⓩ 한쪽 끝은 고정되고 다른 끝은 지지되지 아니한 구고로 된 보·차양 등이 외벽의 중심선으로부터 3m 이상 돌출된 건축물

ⓣ 특수한 설계·시공·공법 등이 필요한 건축물로서 국토교통부장관이 정하여 고시하는 구조로 된 건축물

ⓚ 단독주택 및 공동주택

④ **복도규정**

구분	양 옆에 거실이 있는 복도	기타의 복도
유치원, 초등학교, 중학교, 고등학교	2.4m 이상	1.8m 이상
공동주택, 오피스텔	1.8m 이상	1.2m 이상
당해 총 거실의 바닥면적의 합계가 200m² 이상인 경우	1.5m 이상 (의료시설의 복도는 1.8m 이상)	1.2m 이상

⑤ **방화구획**

㉠ 지하층 및 3층 이상의 층 : 면적에 관계없이 층마다 구획

㉡ 10층 이하의 층 : 바닥면적 1,000m²(자동식 소화설비를 설치한 경우 3,000m²) 이내마다 설치

㉢ 11층 이상의 층에 있어서 방화구획기준
- 실내마감이 불연재료인 경우 : 바닥면적 500m²(자동식 소화설비를 설치한 경우 1,500m²) 이내마다 설치
- 실내마감이 불연재료가 아닌 경우 : 바닥면적 200m²(자동식 소화설비를 설치한 경우 600m²) 이내마다 설치
- 필로티나 그 밖에 이와 유사한 구조의 부분을 주차장으로 사용하는 경우 그 부분은 건축물과 다른 부분으로 구획

⑥ 배연설비

건축물의 용도	규모	설치장소
제2종 근린생활시설 중 공연장, 종교집회장, 인터넷컴퓨터게임시설제공업소 및 다중생활시설(공연장, 종교집회장 및 인터넷컴퓨터게임시설제공업소는 해당 용도로 쓰는 바닥면적의 합계가 각각 300제곱미터 이상인 경우만 해당), 문화 및 집회시설, 종교시설, 판매시설, 운수시설, 의료시설(요양병원 및 정신병원은 제외), 교육연구시설 중 연구소, 노유자시설 중 아동 관련 시설, 노인복지시설(노인요양시설은 제외), 수련시설 중 유스호스텔, 운동시설, 업무시설, 숙박시설, 위락시설, 관광휴게시설, 장례시설	6층 이상인 건축물	거실
의료시설 중 요양병원 및 정신병원, 노유자시설 중 노인요양시설·장애인 거주시설 및 장애인 의료재활시설	해당하는 용도로 쓰는 건축물	

⑦ **건축물의 피난층**

ⓐ 피난층이란 지상으로 직접 통할 수 있는 층이다.

ⓑ 피난층은 지형상 조건에 따라 하나의 건축물에 2개 이상이 있을 수 있다.

ⓒ 피난층 외의 층에서 피난층 또는 지상으로 통하는 직통계단에 이르는 보행거리는 30m 이하가 되도록 설치하여야 한다. (단, 주요구조부가 내화구조 또는 불연재료로 된 건축물의 경우 50m 이하이며 이중 16층 이상 공동주택인 경우는 40m 이하이다.)

ⓓ 초고층 건축물에는 지상층으로부터 최대 30개 층마다 직통계단과 직접 연결되는 피난안전구역을 설치해야 한다.

ⓔ 피난계단, 특별피난계단을 추가로 설치하기 위해서는 5층 이상이여야 한다.

⑧ **건축법규에 따른 계단의 구조**

ⓐ 높이가 3m를 넘는 계단에는 높이 3m 이내마다 너비 1.2m 이상의 계단참을 설치

ⓑ 돌음계단의 단너비는 그 좁은 너비의 끝부분으로부터 30cm의 위치에서 측정한다.

ⓒ 초등학교 학생용 계단의 단높이는 16cm 이하, 단너비는 26cm 이상으로 한다.

ⓓ 계단을 대체하여 설치하는 경사로는 1 : 8의 경사도를 넘지 않도록 한다.

⑨ **직통계단, 피난계단, 특별피난계단, 공개공간의 정의**

ⓐ **직통계단** : 건축물에 피난층으로 직통으로 통하는 계단

ⓑ **피난계단** : 5층 이상 또는 지하 2층 이하에 설치되는 직통계단은 피난계단으로 의무화, 피난계단이라 함은 일단 직통계단이어야 하며 불연재료로 마감하며 예비조면설치와 방화문설치 등 방화위험에 더 안전한 직통계단으로 계단실 입구에 철재방화문이 설치되어 있다.

ⓒ 특별피난계단

- 기본 11층 이상 또는 지하 3층 이하의 층에 설치하는 계단은 특별피난계단으로 설치되어야 한다. 방화문은 한번 열면 공간이 있고 그 공간에는 또 방화문을 열어 계단실에 들어가게 된다. 피난계단보다 더 강화되어 있으며, 방화문을 한번 열고 외부 발코니 등을 통해 계단실을 출입하게 된다.
- 피난계단에 특별한 부속실이 하나 더 있는 계단을 말한다. 화재 시 열기나 연기를 완벽하게 차단하는 기능을 갖춘 계단이다. 방화문에서 한 번 걸러주고, 부속실에서 2차적으로 걸러주기 때문에 안전성이 그 만큼 높다.

ⓓ 피난계단 및 특별피난계단의 추가설치 : 전시장, 동·식물원, 판매시설, 운수시설, 운동시설, 위락시설, 관광휴게시설(다중이용시설), 생활권수련시설 등의 경우 피난계단 및 특별피난계단을 다음의 면적만큼 추가 설치한다.

설치규모 = (5층 이상이 층으로 해당용도로 쓰이는 바닥면적의 합계−2,000m²) / 2,000m²

ⓔ 옥외피난계단 : 문화 및 집화시설 중 공연장, 위락시설 중 주점영업용으로 바닥면적의 합계가 300m² 이상인 것, 문화 및 집회시설 중 집회장의 용도로 바닥면적의 합계가 1,000m² 이상인 것[공연장(극장, 영화관, 연예장, 음악당, 서커스장, 비디오물감상실, 비디오물소극장 등)이나 집회장(예식장, 공회당, 회의장, 마권 장외발매소, 마권 전화투표소 등)처럼 사람들이 집중해 있는 시설이나, 피난상황의 움직임 및 판단의 명료성이 떨어질 것으로 예측되는 주점의 영업을 3층 이상의 층(피난층 제외)에 계획할 경우, 직통계단 외에 그 층으로부터 지상으로 통하는 옥외피난계단을 따로 설치하여야 한다.]

ⓕ 공개공간 : 공개공간은 지하층에만 해당하는 것으로 사람이 많이 사용하는 지하층일 경우이다. 각 지하층에서 대피할 수 있도록 천장이 개방된 공간이 있어야 한다는 것이다. 천장이 개방돼 있다는 것은 건물 외부라고 보면 된다. 쉽게 말해 건물 안에서 계단을 찾아 다녀봤자 연기도 많고 하니 일단 건물외부로 나가 그곳에 외부계단을 이용해 대피한다는 목적이다.

⑩ 방화문

㉠ 갑종방화문
- 공구를 철재로 하고 그 양면에 각각 두께 0.5mm 이상의 철판을 붙인 것
- 철재로서 철판의 두께가 1.5mm 이상의 철판을 붙인 것
- 건설교통부장관이 고시하는 기준에 따라 건설교통부장관이 지정하는 자 또는 한국건설기술연구원장이 실시하는 품질시험에서 그 성능이 확인된 것

㉡ 을종방화문
- 철재로서 철판의 두께가 0.8mm 이상 1.5mm 미만인 것
- 철재 및 망이 들어있는 유리로 된 것
- 공구를 방화목재로 하고 옥내면에는 두께 1.2cm 이상의 석고판을, 옥외면에는 철판을 붙인 것
- 건설교통부장관이 고시하는 기준에 따라 건설교통부장관이 지정하는 자 또는 한국건설기술연구원장이 실시하는 품질시험에서 그 성능이 확인된 것

⑪ 비상용 승강기 설치

㉠ 승강기를 설치해야 하는 건축물은 6층 이상이며 연면적이 2,000m² 이상이어야 한다.

㉡ 다음에 해당하는 건축물은 비상용 승강기를 설치해야 한다.

- 높이 31m를 넘는 각 층의 바닥면적 중 최대 바닥면적이 1,500m² 이하인 건축물의 경우 : 1대 이상

- 높이 31m를 넘는 각 층의 바닥면적 중 최대 바닥면적이 1,500m²를 초과하는 건축물의 경우

  : $\dfrac{A - 1,500m^2}{3,000m^2} + 1$대 이상

높이 31m를 넘는 각 층의 바닥면적 중 최대 바닥면적(Am²)	설치대수	산정기준 (A면적은 31m를 넘는 층 중 최대 바닥면적)
1,500m² 이하	1대 이상	
1,500m² 초과	1대+ 1,500m²를 넘는 3,000m²이내마다 1대씩 가산	$\dfrac{A - 1,500m^2}{3,000m^2} + 1$

단, 다음의 경우는 예외로 한다.

- 높이 31m를 넘는 각 층을 거실의 용도로 사용하는 건축물
- 높이 31m를 넘는 각 층의 바닥면적의 합계가 500m² 이하인 건축물
- 높이 31m를 넘는 층수가 4개층 이하로 각 층의 바닥면적의 합계가 200m² 이내마다 방화구획으로 구획한 건축물(벽 및 반자가 실내에 접하는 부분의 마감을 불연재료로 한 경우에는 500m² 이내)

- 피난층이 있는 승강장의 출입구로부터 도로 또는 공지에 이르는 거리는 30m 이하로 계획하여야 한다.
- 2대 이상의 비상용 승강기를 설치하는 경우에는 화재나 났을 때 소화에 지장이 없도록 일정한 간격을 두고 설치하여야 한다.
- 승강장의 바닥면적은 옥외에 승강장을 설치하는 경우를 제외하고 비상용승강기 1대에 대하여 6m² 이상으로 한다.

⑫ 다음에 해당하는 건축물의 주요구조부는 내화구조로 해야 함

㉠ 제2종 근린생활시설 중 공연장·종교집회장(해당 용도로 쓰는 바닥면적의 합계가 각각 300제곱미터 이상인 경우만 해당), 문화 및 집회시설(전시장 및 동·식물원은 제외), 종교시설, 위락시설 중 주점영업 및 장례시설의 용도로 쓰는 건축물로서 관람실 또는 집회실의 바닥면적의 합계가 200제곱미터(옥외관람석의 경우에는 1천 제곱미터) 이상인 건축물

㉡ 문화 및 집회시설 중 전시장 또는 동·식물원, 판매시설, 운수시설, 교육연구시설에 설치하는 체육관·강당, 수련시설, 운동시설 중 체육관·운동장, 위락시설(주점영업의 용도로 쓰는 것은 제외), 창고시설, 위험물저장 및 처리시설, 자동차 관련 시설, 방송통신시설 중 방송국·전신전

화국·촬영소, 묘지 관련 시설 중 화장시설·동물화장시설 또는 관광휴게시설의 용도로 쓰는 건축물로서 그 용도로 쓰는 바닥면적의 합계가 500제곱미터 이상인 건축물

ⓒ 공장의 용도로 쓰는 건축물로서 그 용도로 쓰는 바닥면적의 합계가 2천 제곱미터 이상인 건축물. 다만, 화재의 위험이 적은 공장으로서 국토교통부령으로 정하는 공장은 제외

ⓔ 건축물의 2층이 단독주택 중 다중주택 및 다가구주택, 공동주택, 제1종 근린생활시설(의료의 용도로 쓰는 시설만 해당), 제2종 근린생활시설 중 다중생활시설, 의료시설, 노유자시설 중 아동 관련 시설 및 노인복지시설, 수련시설 중 유스호스텔, 업무시설 중 오피스텔, 숙박시설 또는 장례시설의 용도로 쓰는 건축물로서 그 용도로 쓰는 바닥면적의 합계가 400제곱미터 이상인 건축물

ⓜ 3층 이상인 건축물 및 지하층이 있는 건축물. 다만, 단독주택(다중주택 및 다가구주택은 제외), 동물 및 식물 관련 시설, 발전시설(발전소의 부속용도로 쓰는 시설은 제외), 교도소·감화원 또는 묘지 관련 시설(화장시설 및 동물화장시설은 제외)의 용도로 쓰는 건축물과 철강 관련 업종의 공장 중 제어실로 사용하기 위하여 연면적 50제곱미터 이하로 증축하는 부분은 제외

❹ 건축물의 규모

① 층고의 반자높이

ⓐ 층고 : 방의 바닥구조체 윗면으로부터 위층 바닥구조체의 윗면까지의 높이로 한다. 다만, 한 방에서 층의 높이가 다른 부분이 있는 경우에는 그 각 부분 높이에 따른 면적에 따라 가중평균한 높이로 한다.

ⓑ 반자높이 : 방의 바닥면적으로부터 반자까지의 높이(단, 한 방에서 반자높이가 다른 부분이 있는 경우에는 그 각 부분의 반자면적에 따라 가중평균한 높이로 한다)

② 건축물의 허용오차

ⓐ 대지 관련 건축기준의 허용오차

항목	허용되는 오차의 범위
건축선의 후퇴거리	3% 이내
인접대지 경계선과의 거리	3% 이내
인접건축물과의 거리	3% 이내
건폐율	0.5% 이내(건축면적 5m^2 초과할 수 없음)
용적률	1% 이내(연면적 30m^2 초과할 수 없음)

Ⓛ 건축물 관련 건축기준의 허용오차

항목	허용되는 오차의 범위
건축물 높이	2% 이내(1m 초과할 수 없음)
평면길이	2% 이내(건축물 전체길이는 1m를 초과할 수 없고, 벽으로 구획된 각 실의 경우에는 10cm를 초과할 수 없음)
출구너비	2% 이내
반자높이	2% 이내
벽체두께	3% 이내
바닥판두께	3% 이내

⑤ 공개공지 및 조경

① 공개공지의 설치

ㄱ 공개공지의 위치는 대지에 접한 도로 중 교통량이 적은 가장 좁은 도로변에 설치한다.

ㄴ 누구나 이용할 수 있는 곳임을 알기 쉽게 표지판을 1개소 이상 설치할 것

ㄷ 상부가 개방된 구조로 지하철 연결통로에 접하는 지하 부분에도 설치가 가능하다.

ㄹ 공개공지의 최소 폭은 5m로 한다.

ㅁ 공개공지의 면적은 최소 $45m^2$ 이상으로 한다.

ㅂ 공개공지 등의 면적은 대지면적의 100분의 10 이하의 범위에서 건축조례로 정한다. 이 경우 조경면적과 「매장문화재 보호 및 조사에 관한 법률 시행령」에 따른 매장문화재의 원형 보존 조치 면적을 공개공지 등의 면적으로 할 수 있다.

② 공개공지 확보대상

대상지역	용도	규모
• 일반주거지역 • 준주거지역 • 상업지역 • 준공업지역 • 특별자치시장, 특별자치도지사, 시장 · 군수 · 구청장이 도시화의 가능성이 크다고 인정하여 지정 · 공고하는 지역	• 문화 및 집회시설 • 판매시설(농수산물 유통시설은 제외) • 업무시설 • 숙박시설 • 종교시설 • 운수시설(여객용시설만 해당)	연면적의 합계 $5,000m^2$ 이상
	다중이 이용하는 시설로서 건축조례로 정하는 건축물	

③ 조경

　㉠ 대지 안의 조경대상
　　• 조경면적을 확보해야 하는 대상 : 대지면적이 200m^2 이상인 건축
　　• 대지면적의 10% 이상 조경면적으로 해야 하는 경우 : 면적 200m^2 이상 300m^2 미만인 대지, 역시설, 공항시설, 공장 및 물류 연면적의 합계가 2,000m^2 이상인 경우
　　• 대지면적의 5% 이상 조경면적으로 해야 하는 경우 : 공장 및 물류 용도로 연면적 합계가 1,500m^2 이상 2,000m^2 미만인 경우
　　• 옥상정원 : 조경기준면적의 50%를 초과할 수 없으며 옥상에 설치한 면적의 2/3에 해당하는 면적을 조경면적으로 산정

　㉡ 대지면적이 200m^2 이상이면 조경의무대상이나 다음의 경우는 예외
　　• 녹지지역에 건축하는 건축물
　　• 공장을 5,000m^2 미만인 대지에 건축하는 경우
　　• 공장의 연면적 합계가 1,500m^2 미만인 경우
　　• 공장을 산업단지 안에 건축하는 경우
　　• 축사, 가설건축물
　　• 연면적 합계가 1,500m^2 미만인 물류시설(주거지역 및 상업지역에 건축하는 것은 제외)
　　• 도시지역 및 지구단위계획구역 이외의 지역

6 주차장법

① 주차장 관련 법규 주요 사항

　㉠ 주차장의 종류
　　• 노상주차장 : 도로의 노면 또는 교통광장(교차점 광장만 해당)의 일정구역에 설치된 주차장
　　• 노외주차장 : 노상주차장의 설치장소 이외의 곳에 설치된 주차장(즉, 도로의 노면 및 교통광장 외의 장소에 설치된 주차장)
　　• 부설주차장 : 건축물, 골프연습장, 기타 주차수요를 유발하는 시설에 부대하여 설치되는 주차장
　　• 기계식 주차장 : 기계식 주차장치를 설치한 노외주차장 및 부설주차장

ⓛ 주차전용건축물

주차장 이외의 부분의 용도	주차장면적 비율	비고
일반용도	연면적 중 95% 이상	
제1종 및 제2종 근린생활시설 자동차 관련시설 문화 및 집회시설 판매시설 종교시설 운수시설 운동시설 업무시설	연면적 중 70% 이상	특별시장, 광역시장, 특별자치도지사 또는 시장은 조례로 기타 용도의 구역별 제한이 가능함

ⓒ **장애인 전용주차구획**
- 노상주차장 : 다음의 기준에 따라 장애인 전용주차구획을 설치하여야 한다.
- –주차대수 규모가 20대 이상 50대 미만인 경우 : 한 면 이상
- –주차대수 규모가 50대 이상인 경우 : 주차대수의 2퍼센트부터 4퍼센트까지의 범위에서 장애인의 주차수요를 고려하여 해당 지방자치단체의 조례로 정하는 비율 이상으로 설치해야 한다.
- 노외주차장 : 주차대수 규모가 50대 이상인 경우 1면 이상 설치

ⓔ **노상주차장 설치금지구역**
- 주간선도로
- 너비 6m 미만의 도로
- 종단경사도가 4%를 초과하는 도로 (단, 종단경사도가 6% 이하의 도로로 보도와 차도가 구별되어 있고 차도의 너비가 13m 이상인 도로에 설치하는 경우)
- 고속도로 및 자동차 전용도로 또는 고가도로
- 도로교통법상 주정차금지장소에 해당하는 경우

ⓜ **노외주차장 설치구역**
- 하천구역 및 공유수면
- 토지의 형질변경 없이 주차장의 설치가 가능한 지역
- 주차장의 설치를 목적으로 토지의 형질변경 허가를 받은 지역
- 특별시장, 광역시장, 시장, 군수 또는 구청장이 설치가 필요하다고 인정하는 지역

ⓗ **노외주차장의 출입구를 설치할 수 없는 곳**
- 종단구배가 10%를 초과하는 도로
- 너비 4m 미만의 도로
- 횡단보도에서 5m 이내의 도로
- 유아원, 유치원, 초등학교, 특수학교, 노인복지시설, 장애인복지시설 및 아동전용시설 등의 출입구로부터 20m 이내의 도로

ⓐ 주요사항

- 주차대수 400대를 초과하는 규모는 노외주차장의 출구와 입구를 각각 따로 설치한다.
- 입구의 폭은 3.5m 이상이어야 하며 차로의 높이는 2.3m 이상이어야 하며 주차부분의 높이는 2.1m 이상이어야 한다. 주차규모가 50대 이상인 경우 출구와 입구를 분리하거나 폭 5.5m 이상의 출입구를 설치해야 한다.
- 노외주차장은 본래 녹지지역이 아닌 곳에 설치하는 것이 원칙이다.

② **자주식 주차방식의 특징**

ㄱ 주차대수가 많을 경우 입구와 출구를 분리한다.

ㄴ 자주식 주차는 기계식 주차방식에 비해 경비가 적게 든다.

ㄷ 수직 이동에 필요한 경사로의 점유면적이 크게 든다는 것이다.

ㄹ 출구는 도로에서 2m 이상 후퇴한 곳이어야 하며 차로 중심 1.4m 높이에서 직각으로 좌우 60도 이상의 범위가 보여야 한다.

ㅁ 공원, 초등학교, 유치원의 출입구로부터 20m 이상 떨어진 곳이어야 한다.

ㅂ 도로의 교차점, 또는 모퉁이에서 5m 이상 떨어진 곳이어야 한다.

ㅅ 경사로의 구배는 1/6 이하여야 한다.

③ **노외주차장 설치에 대한 계획기준**

ㄱ 설치대상지역

- 녹지지역이 아닌 지역
- 하천구역 및 공유수면으로서 주차장이 설치되어도 해당 하천 및 공유수면의 관리에 지장을 주지 아니하는 지역
- 토지의 형질변경 없이 주차장 설치가 가능한 지역
- 주차장 설치를 목적으로 토지의 형질변경 허가를 받은 지역
- 특별시장·광역시장, 시장·군수 또는 구청장이 특히 주차장의 설치가 필요하다고 인정하는 지역

ㄴ 장애인 전용주차구획 설치 : 특별시장, 광역시장, 시장, 군수, 구청장이 설치하는 노외주차장에는 주차대수 50대마다 1면의 장애인 전용 주차구획을 설치해야 한다.

④ **노외주차장의 구조 및 설치기준**

ㄱ 진입로의 차로폭 확보

직선인 경우		곡선인 경우	
종단구배 17% 이하		종단구배 14% 이하	
1차로	2차로	1차로	2차로
3.3m 이상	6.0m 이상	3.6m 이상	6.5m 이상

ⓛ 차로의 폭

주차형식	차로의 폭	
	출입구가 2개 이상인 경우	출입구가 1개 이상인 경우
평행주차	3.3m	5.0m
45° 대향주차	3.5m	5.0m
교차주차		
60° 대향주차	4.5m	5.5m
직각주차	6.0m	6.0m

ⓒ 주차단위 구획기준

주차형식	구분	주차구획
평행주차형식의 경우	경형	1.7m × 4.5m 이상
	일반형	2.0m × 6.0m 이상
	보도와 차도의 구분이 없는 주거지역의 도로	2.0m × 5.0m 이상
평행주차형식 외의 경우	경형	2.0m × 3.6m 이상
	일반형	2.5m × 5.0m 이상
	확장형	2.6m × 5.2m 이상
	장애인 전용	3.3m × 5.0m 이상
	이륜자동차 전용	1.0m × 2.3m 이상

⑤ **기계식 주차장**

ⓐ 기계식 주차 장치를 설치한 노외주차장이나 부설주차장이다.

ⓛ 기계를 작동해 자동차를 입고, 출고하는 방식으로서 다양한 유형이 있으며 주로 도심과 같은 지가가 높은 곳에서 적용되는 방식이다.

ⓒ 좁은 공간에 여러 대의 주차가 가능하며 도난방지가 용이하다.

ⓓ 입출차 시간이 상당히 오래 걸리며 관리보수비용이 크다.

ⓔ SUV 이상 급의 차를 수용하지 못하는 기계식 주차장이 많다.

⑥ 부설주차장 설치기준

주요시설	설치기준
위락시설	100m²당 1대
문화 및 집회시설(관람장 제외) 종교시설 판매시설 운수시설 의료시설(정신병원, 요양병원 및 격리병원 제외) 운동시설(골프장, 골프연습장, 옥외수영장 제외) 업무시설(외국공관 및 오피스텔은 제외) 방송통신시설 중 방송국 장례식장	150m²당 1대
숙박시설, 근린생활시설(제1종, 제2종)	200m²당 1대
단독주택	• 시설면적 $50m^2$ 초과 $150m^2$ 이하 : 1대 • 시설면적 $150m^2$ 초과 시 : $1 + \dfrac{(\text{시설면적} - 150m^2)}{100m^2}$
다가구주택, 공동주택(기숙사 제외), 오피스텔	주택건설기준 등에 관한 규정
골프장 골프연습장 옥외수영장 관람장	1홀당 10대 1타석당 1대 15인당 1대 100인당 1대
수련시설, 발전시설, 공장(아파트형 제외)	350m²당 1대
창고시설	400m²당 1대
학생용 기숙사	400m²당 1대
그 밖의 건축물	300m²당 1대

7 장애인 관련 시설의 기준

① **장애인 등의 통행이 가능한 접근로**

　㉠ 휠체어 사용자가 통행할 수 있도록 접근로의 유효폭은 1.2m 이상

　㉡ 휠체어 사용자가 다른 휠체어 또는 유모차 등과 교행할 수 있도록 50m마다 1.5m × 1.5m 이상의 교행구역을 설치

　㉢ 경사진 접근로가 연속될 경우 휠체어 사용자가 휴식할 수 있도록 30m마다 1.5m × 1.5m 이상의 수평면으로 된 참을 설치

　㉣ 접근로의 기울기는 1/18 이하. 단, 지형상 곤란한 경우 1/12까지 완화 가능

　㉤ 대지 내를 연결하는 주접근로에 단차가 있을 경우 그 높이 차이는 2cm 이하

② **장애인전용주차구역**

　㉠ 장애인전용주차구역에서 건축물의 출입구 또는 장애인용 승강설비에 이르는 통로는 장애인이 통행할 수 있도록 가급적 높이 차를 없애고 그 유효폭은 1.2m 이상

　㉡ 장애인전용주차구역의 크기는 주차대수 1대에 대하여 폭 3.3m 이상, 길이 5m 이상. 단, 평행주차의 경우 주차대수 1대에 대하여 폭 2m 이상, 길이 6m 이상

　㉢ 주차공간의 바닥면은 장애인 등의 승하차에 지장을 주는 높이 차이가 없어야 하며 기울기는 1/50 이하

③ **화장실**

　㉠ 변기의 높이는 약 45cm, 세면기의 높이는 약 72cm

　㉡ 수평손잡이는 바닥면으로부터 0.6m 이상 0.7m 이하의 높이에 설치, 한쪽 손잡이는 변기중심에서 0.4m 이내의 지점에 고정하여 설치하며 다른 쪽 손잡이는 회전식으로 해야 함, 이 경우 손잡이 간 간격은 0.7m 내외

　㉢ 수직손잡이의 길이는 0.9m 이상, 손잡이의 제일 아랫부분이 바닥면으로부터 0.6m 내외의 높이에 오도록 벽에 고정

　㉣ 휠체어 사용자용 세면대의 상단높이는 바닥면으로부터 0.85m, 하단높이는 0.65m 이상

　㉤ 휠체어 사용자용 세면대의 거울은 세로 0.65m 이상, 하단 높이는 바닥면으로부터 0.9m 내외로 설치

　㉥ 욕실의 바닥면의 기울기는 1/30 이하

　㉦ 샤워실의 유효바닥면적은 0.9m×0.9m 이상

④ **열람석과 관람석**

　　㉠ 휠체어 사용자를 위한 관람석의 유효바닥면적은 1석당 폭 0.9m 이상, 깊이 1.3m 이상

　　㉡ 열람석 상단까지의 높이는 바닥면으로부터 0.7m 이상 0.9m 이하

　　㉢ 열람석의 하부에는 무릎 및 휠체어의 발판이 들어갈 수 있도록 바닥면으로부터 높이 0.65m 이상, 깊이 0.45m 이상의 공간 확보

⑧ 국토의 계획 및 이용에 관한 법률

① **광역도시계획 수립권자**

수립권자		구분
시장·군수· 시·도지사	관할시장, 군수 공동으로 수립	광역계획권이 같은 도의 관할구역에 속하여 있는 경우
	관할 시·도지사 공동으로 수립	광역계획권이 2 이상의 시·도의 관할구역에 걸쳐 있는 경우
관할 도지사		• 광역계획권을 지정한 날부터 3년이 지날 때까지 관할 시장 또는 군수로부터 광역도시계획의 승인신청이 없는 경우 • 시장 또는 군수가 협의를 거쳐 요청하는 경우
국토교통부장관		• 국가계획과 관련된 광역도시계획의 수립이 필요한 경우 • 광역계획권을 지정한 날로부터 3년이 지날 때까지 관할 시·도지사로부터 광역도시계획에 대하여 승인신청이 없는 경우
국토교통부장관과 시·도지사가 공동		• 시·도지사의 요청이 있는 경우 • 그 밖에 필요하다고 인정하는 경우
도지사와 시장 또는 군수가 공동		• 시장 또는 군수가 요청하는 경우 • 그 밖에 필요하다고 인정하는 경우

② 용도지역 / 용도지구 / 용도구역

구분	용도지역	용도지구	용도구역
성격	토지를 경제적, 효율적으로 이용하고 공공복리의 증진을 도모	용도지역의 기능을 증진시키고 미관, 경관, 안전 등을 도모	시가지의 무질서한 확산방지, 계획적이고 단계적인 토지이용의 도모, 토지이용의 종합적 조정, 관리
종류	• 도시지역(주거, 상업, 공업, 녹지지역) • 관리지역(보전관리, 생산관리, 계획관리지역) • 농림지역/자연환경보전지역	• 경관/고도/방화/방재/보호/취락/개발진흥지구 • 특정용도제한지구 • 복합용도지구 • 리모델링/기타 지구	• 개발제한구역 • 시가화조정구역 • 수산자원보호구역
비고	중복지정 불가	중복지정 가능	중복지정 가능

③ **지구단위계획**

　㉠ 도시계획과 건축계획이라는 두 가지 유사제도를 통합하여 도입된 제도로, 도시계획 수립 대상지역의 일부에 대해 토지이용을 합리화하고 그 기능을 증진시키며 미관을 개선하고 양호한 환경을 확보하며, 해당 지역을 체계적, 계획적으로 관리하기 위해 수립하는 도시·군관리계획이다.

　㉡ 수립권자는 국토교통부장관, 시·도지사 또는 시장·군수이며, 수립절차는 도시·군관리계획으로 결정한다.

　㉢ 지구단위계획에는 기반시설의 배치와 규모, 건축물의 용도제한, 건축물의 건폐율·용적률, 건축물의 높이의 최고한도 또는 최저한도 등의 내용이 포함되어야 하며, 다음 사항을 고려하여 수립한다.

　• 도시의 정비·관리·보전·개발 등 지구단위계획구역의 지정 목적
　• 주거·산업·유통·관광휴양·복합 등 지구단위계획구역의 중심기능
　• 해당 용도지역의 특성
　• 지역 공동체의 활성화
　• 안전하고 지속가능한 생활권의 조성
　• 해당 지역 및 인근 지역의 토지 이용을 고려한 토지이용계획과 건축계획의 조화

⑨ 도시 및 주거환경정비법

① **목적** … 도시기능의 회복이 필요하거나 주거환경이 불량한 지역을 계획적으로 정비하고 노후·불량건축물을 효율적으로 개량하기 위하여 필요한 사항을 규정함으로써 도시환경을 개선하고 주거생활의 질을 높이는데 이바지함을 목적으로 한다.

② **용어의 정의**

ㅤㅤㄱ **정비구역** : 정비사업을 계획적으로 시행하기 위하여 「도시정비법」의 규정에 의하여 지정·고시된 구역을 말한다.

ㅤㅤㄴ **정비사업** : 이 법에서 정한 절차에 따라 도시기능을 회복하기 위하여 정비구역에서 정비기반시설을 정비하거나 주택 등 건축물을 개량 또는 건설하는 다음의 사업을 말한다.

> 가. 주거환경개선사업 : 도시저소득 주민이 집단거주하는 지역으로서 정비기반시설이 극히 열악하고 노후·불량건축물이 과도하게 밀집한 지역의 주거환경을 개선하거나 단독주택 및 다세대주택이 밀집한 지역에서 정비기반시설과 공동이용시설 확충을 통하여 주거환경을 보전·정비·개량하기 위한 사업
> 나. 재개발사업 : 정비기반시설이 열악하고 노후·불량건축물이 밀집한 지역에서 주거환경을 개선하거나 상업지역·공업지역 등에서 도시기능의 회복 및 상권활성화 등을 위하여 도시환경을 개선하기 위한 사업
> 다. 재건축사업 : 정비기반시설은 양호하나 노후·불량건축물에 해당하는 공동주택이 밀집한 지역에서 주거환경을 개선하기 위한 사업

ㅤㅤㄷ **노후·불량건축물** : 다음의 어느 하나에 해당하는 건축물을 말한다.

> 가. 건축물이 훼손되거나 일부가 멸실되어 붕괴, 그 밖의 안전사고의 우려가 있는 건축물
> 나. 내진성능이 확보되지 아니한 건축물 중 중대한 기능적 결함 또는 부실 설계·시공으로 구조적 결함 등이 있는 건축물로서 대통령령으로 정하는 건축물
> 다. 다음의 요건을 모두 충족하는 건축물로서 대통령령으로 정하는 바에 따라 특별시·광역시·특별자치시·도·특별자치도 또는 「지방자치법」에 따른 서울특별시·광역시 및 특별자치시를 제외한 인구 50만 이상 대도시의 조례로 정하는 건축물
> ㅤ1) 주변 토지의 이용 상황 등에 비추어 주거환경이 불량한 곳에 위치할 것
> ㅤ2) 건축물을 철거하고 새로운 건축물을 건설하는 경우 건설에 드는 비용과 비교하여 효용의 현저한 증가가 예상될 것
> 라. 도시미관을 저해하거나 노후화된 건축물로서 대통령령으로 정하는 바에 따라 시·도조례로 정하는 건축물

ㅤㅤㄹ **정비기반시설** : 도로·상하수도·공원·공용주차장·공동구(「국토의 계획 및 이용에 관한 법률」에 따른 공동구를 말한다), 그 밖에 주민의 생활에 필요한 열·가스 등의 공급시설로서 대통령령으로 정하는 시설을 말한다.

ⓜ **공동이용시설** : 주민이 공동으로 사용하는 놀이터 · 마을회관 · 공동작업장, 그 밖에 대통령령으로 정하는 시설을 말한다.

ⓗ **대지** : 정비사업으로 조성된 토지를 말한다.

ⓢ **주택단지** : 주택 및 부대시설 · 복리시설을 건설하거나 대지로 조성되는 일단의 토지로서 다음의 어느 하나에 해당하는 일단의 토지를 말한다.

> 가. 「주택법」에 따른 사업계획승인을 받아 주택 및 부대시설 · 복리시설을 건설한 일단의 토지
> 나. 가목에 따른 일단의 토지 중 「국토의 계획 및 이용에 관한 법률」에 따른 도시 · 군계획시설인 도로나 그 밖에 이와 유사한 시설로 분리되어 따로 관리되고 있는 각각의 토지
> 다. 가목에 따른 일단의 토지 둘 이상이 공동으로 관리되고 있는 경우 그 전체 토지
> 라. 분할된 토지 또는 분할되어 나가는 토지
> 마. 「건축법」에 따라 건축허가를 받아 아파트 또는 연립주택을 건설한 일단의 토지

ⓞ **사업시행자** : 정비사업을 시행하는 자를 말한다.

ⓩ **토지등소유자** : 다음의 어느 하나에 해당하는 자를 말한다. 다만, 「자본시장과 금융투자업에 관한 법률」에 따른 신탁업자가 사업시행자로 지정된 경우 토지등소유자가 정비사업을 목적으로 신탁업자에게 신탁한 토지 또는 건축물에 대하여는 위탁자를 토지등소유자로 본다.

> 가. 주거환경개선사업 및 재개발사업의 경우에는 정비구역에 위치한 토지 또는 건축물의 소유자 또는 그 지상권자
> 나. 재건축사업의 경우에는 정비구역에 위치한 건축물 및 그 부속토지의 소유자

1 다음은 차수설비의 설치에 관한 기준 내용이다. ( ) 안에 알맞은 것은?

부산교통공사

> 「국토의 계획 및 이용에 관한 법률」에 따른 방재지구에서 연면적 (　　　) 이상의 건축물을 건축하려는 자는 빗물 등의 유입으로 건축물이 침수되지 아니하도록 해당 건축물의 지하층 및 1층의 출입구(주차장의 출입구를 포함한다.)에 차수설비를 설치해야 한다. 다만, 법 제5조 제1항에 다른 허가권자가 침수의 우려가 없다고 인정하는 경우에는 그러하지 아니하다.

① 3,000m^2　　　　　　　　　② 5,000m^2
③ 10,000m^2　　　　　　　　　④ 20,000m^2

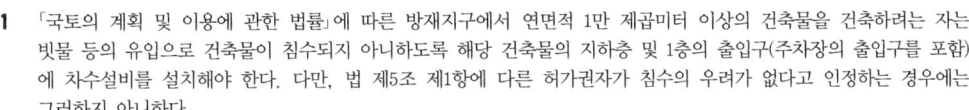 ANSWER | 1.③

1 「국토의 계획 및 이용에 관한 법률」에 따른 방재지구에서 연면적 1만 제곱미터 이상의 건축물을 건축하려는 자는 빗물 등의 유입으로 건축물이 침수되지 아니하도록 해당 건축물의 지하층 및 1층의 출입구(주차장의 출입구를 포함)에 차수설비를 설치해야 한다. 다만, 법 제5조 제1항에 다른 허가권자가 침수의 우려가 없다고 인정하는 경우에는 그러하지 아니하다.

※ 건축물의 설비 등에 관한 규칙 제17조의2(차수설비)

① 다음의 어느 하나에 해당하는 지역에서 연면적 1만 제곱미터 이상의 건축물을 건축하려는 자는 빗물 등의 유입으로 건축물이 침수되지 아니하도록 해당 건축물의 지하층 및 1층의 출입구(주차장의 출입구를 포함한다)에 차수판(遮水板) 등 해당 건축물의 침수를 방지할 수 있는 설비(이하 "차수설비"라 한다)를 설치하여야 한다. 다만, 법 제5조제1항에 따른 허가권자가 침수의 우려가 없다고 인정하는 경우에는 그러하지 아니하다.

　　1. 「국토의 계획 및 이용에 관한 법률」 제37조 제1항 제5호에 따른 방재지구
　　2. 「자연재해대책법」 제12조 제1항에 따른 자연재해위험지구

② ①에 따라 설치되는 차수설비는 다음의 기준에 적합하여야 한다.

　　1. 건축물의 이용 및 피난에 지장이 없는 구조일 것
　　2. 그 밖에 국토교통부장관이 정하여 고시하는 기준에 적합하게 설치할 것

2 건축법령상 건축허가신청에 필요한 설계도서에 속하지 않는 것은?

한국토지주택공사

① 조감도   ② 배치도

③ 건축계획서   ④ 실내마감도

✅ **ANSWER** | 2.①

2 건축허가신청 시 필요한 설계도서 … 건축계획서, 배치도, 평면도, 입면도, 단면도, 구조도, 구조계산서, 시방서, 실내마감도, 소방설비도, 건축설비도, 토지굴착 및 옹벽도

도서의 종류	도서의 축척	표시하여야 할 사항
건축계획서	임의	1. 개요(위치 · 대지면적 등) 2. 지역 · 지구 및 도시계획사항 3. 건축물의 규모(건축면적 · 연면적 · 높이 · 층수 등) 4. 건축물의 용도별 면적 5. 주차장규모 6. 에너지절약계획서(해당건축물에 한한다) 7. 노인 및 장애인 등을 위한 편의시설 설치계획서(관계법령에 의하여 설치 의무가 있는 경우에 한한다)
배치도	임의	1. 축척 및 방위 2. 대지에 접한 도로의 길이 및 너비 3. 대지의 종 · 횡단면도 4. 건축선 및 대지경계선으로부터 건축물까지의 거리 5. 주차동선 및 옥외주차계획 6. 공개공지 및 조경계획
평면도	임의	1. 1층 및 기준층 평면도 2. 기둥 · 벽 · 창문 등의 위치 3. 방화구획 및 방화문의 위치 4. 복도 및 계단의 위치 5. 승강기의 위치
입면도	임의	1. 2면 이상의 입면계획 2. 외부마감재료 3. 간판 및 건물번호판의 설치계획(크기 · 위치)
단면도	임의	1. 종 · 횡단면도 2. 건축물의 높이, 각층의 높이 및 반자높이
구조도 (구조안전 확인 또는 내진설계 대상 건축물)	임의	1. 구조내력상 주요한 부분의 평면 및 단면 2. 주요부분의 상세도면 3. 구조안전확인서
구조계산서 (구조안전 확인 또는 내진설계 대상 건축물)	임의	1. 구조내력상 주요한 부분의 응력 및 단면 산정 과정 2. 내진설계의 내용(지진에 대한 안전 여부 확인 대상 건축물)
시방서	임의	1. 시방내용(국토교통부장관이 작성한 표준시방서에 없는 공법인 경우에 한한다) 2. 흙막이공법 및 도면
실내마감도	임의	벽 및 반자의 마감의 종류
소방설비도	임의	「소방시설설치유지 및 안전관리에 관한 법률」에 따라 소방관서의 장의 동의를 얻어야 하는 건축물의 해당소방 관련 설비
건축설비도	임의	냉 · 난방설비, 위생설비, 환경설비, 전기설비, 통신설비, 승강설비 등 건축설비
토지굴착 및 옹벽도	임의	1. 지하매설구조물 현황 2. 흙막이 구조(지하 2층 이상의 지하층을 설치하는 경우에 한한다) 3. 단면상세 4. 옹벽구조

3 부설주차장의 설치대상 시설물이 업무시설인 경우 설치기준으로 옳은 것은? (단, 외국공관 및 오피스텔은 제외)

한국공항공사

① 시설면적 $100m^2$ 당 1대

② 시설면적 $150m^2$ 당 1대

③ 시설면적 $200m^2$ 당 1대

④ 시설면적 $350m^2$ 당 1대

✅ ANSWER | 3.②

3 업무시설의 경우 부설주차장의 설치기준은 시설면적 $150m^2$당 1대 이상이다.
부설주차장 … 건축물, 골프연습장, 기타 주차수요를 유발하는 시설에 부대하여 설치된 주차장
※ 부설주차장 설치기준

주요시설	설치기준
위락시설	$100m^2$당 1대
문화 및 집회시설(관람장 제외) 종교시설 판매시설 운수시설 의료시설(정신병원, 요양병원 및 격리병원 제외) 운동시설(골프장, 골프연습장, 옥외수영장 제외) 업무시설(외국공관 및 오피스텔은 제외) 방송통신시설 중 방송국 장례식장	$150m^2$당 1대
숙박시설, 근린생활시설(제1종,제2종)	$200m^2$당 1대
단독주택	• 시설면적 $50m^2$ 초과 $150m^2$ 이하 : 1대 • 시설면적 150m2초과 시 : $1 + \dfrac{(시설면적 - 150m^2)}{100m^2}$
다가구주택, 공동주택(기숙사 제외), 오피스텔	주택건설기준 등에 관한 규정
골프장 골프연습장 옥외수영장 관람장	• 1홀당 10대 • 1타석당 1대 • 15인당 1대 • 100인당 1대
수련시설, 발전시설, 공장(아파트형 제외)	$350m^2$당 1대
창고시설	$400m^2$당 1대
학생용 기숙사	$400m^2$당 1대
그 밖의 건축물	$300m^2$당 1대

4 국토의 계획 및 이용에 관한 법령상 광장, 공원, 녹지, 유원지, 공공공지가 속하는 기반시설은?

① 교통시설　　　　　　　　　　　　② 공간시설
③ 환경기초시설　　　　　　　　　　④ 공공문화체육시설

5 다음 중 건축법이 적용되는 건물은?

부산시설공단

① 역사(驛舍)
② 고속도로 통행료 징수시설
③ 철도의 선로 부지에 있는 플랫폼
④ 「문화재보호법」에 따른 가지정(假指定) 문화재

✅ **ANSWER** | 4.② 5.①

4 기반시설의 분류
　㉠ **교통시설** : 도로 · 철도 · 항만 · 공항 · 주차장 · 자동차정류장 · 궤도 · 운하, 자동차 및 건설기계검사시설, 자동차 및 건설기계운전학원
　㉡ **공간시설** : 광장 · 공원 · 녹지 · 유원지 · 공공공지
　㉢ **유통 · 공급시설** : 유통업무설비, 수도 · 전기 · 가스 · 열공급설비, 방송 · 통신시설, 공동구 · 시장, 유류저장 및 송유설비
　㉣ **공공 · 문화체육시설** : 학교 · 운동장 · 공공청사 · 문화시설 · 체육시설 · 도서관 · 연구시설 · 사회복지시설 · 공공직업훈련시설 · 청소년수련시설
　㉤ **방재시설** : 하천 · 유수지 · 저수지 · 방화설비 · 방풍설비 · 방수설비 · 사방설비 · 방조설비
　㉥ **보건위생시설** : 화장시설 · 공동묘지 · 봉안시설 · 자연장지 · 장례식장 · 도축장 · 종합의료시설
　㉦ **환경기초시설** : 하수도 · 폐기물처리시설 · 수질오염방지시설 · 폐차장

5 건축법이 적용되지 않는 건축물
　㉠ 「문화재보호법」에 따른 지정문화재나 가지정(假指定) 문화재
　㉡ 철도 · 궤도 선로부지 안에 있는 운전보안시설, 보행시설, 플랫폼, 급수, 급탄, 급유시설
　㉢ 고속도로 통행료 징수시설
　㉣ 컨테이너를 이용한 간이 창고(산업집적 활성화 및 공장설립에 관한 법률에 의한 공장의 용도로만 사용되는 건축물의 대지 안에 설치하는 것으로서 이동이 용이한 것에 한함)

6 「주차장법 시행규칙」에 따른 주차장 계획 시 적용사항으로 가장 옳지 않은 것은?

① 부설주차장의 총 주차대수가 6대인 자주식 주차장에서 주차단위구획과 접하지 않는 차로의 너비를 2.5미터로 한다.

② 횡단보도로부터 6미터 이격된 곳에 노외주차장 출입구를 계획한다.

③ 사람이 통행하는 중형기계식 주차장의 출입구를 너비 2.3미터 높이 1.6미터로 계획한다.

④ 지하식 노외주차장의 직선 경사로의 종단경사로를 15퍼센트로 계획한다.

7 다음 중 해당용도로 사용되는 바닥면적의 합계에 의해 건축물의 용도 분류가 변하지 않는 것은?

① 오피스텔 ② 종교집회장

③ 골프연습장 ④ 휴게음식점

8 부설주차장 설치 대상 시설물로서 시설면적이 1,400m²인 제2종 근린생활시설에 설치해야 하는 부설주차장의 최소 대수는?

① 7대 ② 9대

③ 10대 ④ 14대

⑤ 18대

✓ ANSWER | 6.③ 7.① 8.①

6 ③ 사람이 통행하는 중형기계식 주차장의 출입구는 높이 1.8미터 이상으로 계획한다.
  ※ 기계식주차장 출입구의 크기는 중형 기계식주차장의 경우에는 너비 2.3m 이상, 높이 1.6m 이상으로 해야 하고, 대형 기계식주차장의 경우에는 너비 2.4m, 높이 1.9m 이상으로 해야 한다. (단, 사람이 통행하는 기계식주차장치 출입구의 높이는 1.8m 이상으로 해야 한다.)

7 오피스텔은 바닥면적의 합계에 의해 건축물의 용도 분류가 변하지 않는다.

8 제2종 근린생활시설의 부설주차장은 시설면적 200m²당 1대를 설치한다. 그러므로 시설면적이 1,400m²인 경우 7대, 즉 7대 이상을 설치한다.

9 용도변경과 관련된 시설군 중 산업 등 시설군에 속하지 않는 것은?

① 운수시설
② 창고시설
③ 발전시설
④ 묘지 관련 시설
⑤ 위험물저장 및 처리시설

10 막다른 도로의 길이가 15m일 때, 이 도로가 건축법령상 도로이기 위한 최소 폭은?

① 2m
② 3m
③ 4m
④ 6m
⑤ 7m

⊘ **ANSWER** | 9.③ 10.②

9 각 시설군에 속하는 건축물의 용도

시설군	용도	
자동차 관련 시설군	자동차 관련 시설	
산업 등 시설군	• 운수시설 • 공장 • 자원순환 관련 시설 • 장례시설	• 창고시설 • 위험물저장 및 처리시설 • 묘지 관련 시설
전기통신시설군	• 방송통신시설	• 발전시설
문화집회시설군	• 문화 및 집회시설 • 위락시설	• 종교시설 • 관광휴게시설
영업시설군	• 판매시설 • 숙박시설	• 운동시설 • 제2종 근린생활시설 중 다중생활시설
교육 및 복지시설군	• 의료시설 • 노유자시설(老幼者施設) • 야영장 시설	• 교육연구시설 • 수련시설
근린생활시설군	• 제1종 근린생활시설	• 제2종 근린생활시설(다중생활시설은 제외한다)
주거업무시설군	• 단독주택 • 업무시설	• 공동주택 • 교정 및 군사시설
그 밖의 시설군	동물 및 식물 관련 시설	

10 막다른 도로의 너비

막다른 도로의 길이	도로의 너비
10m 미만	2m 이상
10m 이상 35m 미만	3m 이상
35m 이상	6m(도시지역이 아닌 읍·면지역은 4m) 이상

11 다음 중 직통계단의 설치에 관한 기준 내용 중 밑줄 친 "다음 각 호의 어느 하나에 해당하는 용도 및 규모의 건축물"의 기준 내용으로 바르지 않은 것은?

> 법 제49조 제1항에 따라 피난층 외의 층이 <u>다음 각 호의 어느 하나에 해당하는 용도 및 규모의 건축물</u>에는 국토교통부령으로 정하는 기준에 따라 피난층 또는 지상으로 통하는 직통계단을 2개소 이상 설치하여야 한다.

① 지하층으로서 그 층 거실의 바닥면적의 합계가 $200m^2$ 이상인 것

② 종교시설의 용도로 쓰는 층으로서 그 층에서 해당용도로 쓰는 바닥면적의 합계가 $200m^2$ 이상인 것

③ 숙박시설의 용도로 쓰는 3층 이상의 층으로서 그 층의 해당용도로 쓰는 거실의 바닥면적의 합계가 $200m^2$ 이상인 것

④ 업무시설 중 오피스텔의 용도로 쓰는 층으로서 그 층의 해당 용도로 쓰는 거실의 바닥면적의 합계가 $200m^2$ 이상인 것

12 주차장법령상 다음과 같이 정의되는 주차장의 종류는?

> 도로의 노면 또는 교통광장(교차점 광장만 해당)의 일정한 구역에 설치된 주차장으로서 일반(一般)의 이용에 제공되는 것

① 노외주차장   ② 노상주차장

③ 부설주차장   ④ 공영주차장

✅ ANSWER | 11.④ 12.②

11 업무시설 중 오피스텔의 용도로 쓰는 층으로서 그 층의 해당용도로 쓰는 거실의 바닥면적의 합계가 $300m^2$ 이상인 경우가 피난층 외의 층으로서 피난층 또는 지상으로 통하는 직통계단을 2개소 이상 설치하여야 하는 대상이다.

12 노상주차장에 관한 설명이다.
　① 노외주차장 : 노상주차장의 설치장소 이외의 곳에 설치된 주차장(즉, 도로의 노면 및 교통광장 외의 장소에 설치된 주차장)
　② 노상주차장 : 도로의 노면 또는 교통광장(교차점 광장반 해당됨)의 일정구역에 설치된 주차장
　③ 부설주차장 : 건축물, 골프연습장, 기타 주차수요를 유발하는 시설에 부대하여 설치되는 주차장

13 건축법령에 따라 건축물의 경사지붕 아래에 설치하는 대피공간에 관한 기준내용으로 바르지 않은 것은?

① 특별피난계단 또는 피난계단과 연결되도록 할 것

② 관리사무소 등과 긴급 연락이 가능한 통신시설을 설치할 것

③ 대피공간의 면적은 지붕 수평투영면적의 20분의 1 이상일 것

④ 출입구는 유효너비 0.9m 이상으로 하고, 그 출입구에는 갑종방화문을 설치할 것

14 다음은 승용 승강기의 설치에 관한 기준내용이다. 밑줄 친 "대통령령으로 정하는 건축물"에 대한 기준 내용으로 바른 것은?

> 건축주는 6층 이상으로서 연면적이 2,000m² 이상인 건축물(대통령령으로 정하는 건축물은 제외한다.)을 건축하려면 승강기를 설치해야 한다.

① 층수가 6층인 건축물로서 각 층 거실의 바닥면적 300m² 이내마다 1개소 이상의 직통계단을 설치한 건축물

② 층수가 6층인 건축물로서 각 층 거실의 바닥면적 500m² 이내마다 1개소 이상의 직통계단을 설치한 건축물

③ 층수가 10층인 건축물로서 각 층 거실의 바닥면적 300m² 이내마다 1개소 이상의 직통계단을 설치한 건축물

④ 층수가 10층인 건축물로서 각 층 거실의 바닥면적 500m² 이내마다 1개소 이상의 직통계단을 설치한 건축물

⊘ ANSWER | 13.③ 14.①

13 건축법령에 따라 건축물의 경사지붕 아래에 설치하는 대피공간의 면적은 지붕 수평투영면적의 10분의 1 이상이어야 한다.
　※ **옥상광장 등의 설치**(건축법 시행령 제40조)
　　① 11층 이상인 층의 바닥면적의 합계가 10,000m² 이상인 건축물의 옥상의 경우 대피공간을 설치해야 한다. (평지붕의 경우, 헬리포트를 설치하거나 헬리콥터를 통한 인명구조 공간을 확보해야 하며, 경사지붕의 경우는 지붕 아래에 대피공간을 설치해야 한다.)
　　② 대피공간의 조건〈건축물의 피난·방화구조 등의 기준에 관한 규칙〉
　　　가. 대피공간의 면적은 지붕 수평투영면적의 10분의 1 이상일 것
　　　나. 특별피난계단 또는 피난계단과 연결되도록 할 것
　　　다. 출입구·창문을 제외한 부분은 해당 건축물의 다른 부분과 내화구조의 바닥 및 벽으로 구획할 것
　　　라. 출입구는 유효너비 0.9미터 이상으로 하고, 그 출입구에는 갑종방화문을 설치할 것
　　　마. 내부마감재료는 불연재료로 할 것
　　　바. 예비전원으로 작동하는 조명설비를 설치할 것
　　　사. 관리사무소 등과 긴급연락이 가능한 통신시설을 설치할 것

14 승용 승강기의 설치 … "대통령령으로 정하는 건축물"이란 층수가 6층인 건축물로서 각 층 거실의 바닥면적 300제곱미터 이내마다 1개소 이상의 직통계단을 설치한 건축물을 말한다.

15 주거기능을 위주로 이를 지원하는 일부상업기능 및 업무기능을 보완하기 위하여 지정하는 주거지역의 세분은?

① 준주거지역   ② 제1종 전용주거지역

③ 제1종 일반주거지역   ④ 제2종 일반주거지역

⑤ 제2종 전용주거지역

16 전용주거지역이나 일반주거지역에서 건축물을 건축하는 경우, 건축물의 높이 9m 이하의 부분은 정북(正北)방향으로의 인접대지경계선으로부터 원칙적으로 최소 얼마 이상의 거리를 띄어야 하는가?

① 1m   ② 1.5m

③ 2m   ④ 3m

⑤ 4m

17 다음 중 건축물의 용도분류상 문화 및 집회시설에 속하는 것은?

① 야외극장   ② 산업전시장

③ 어린이회관   ④ 청소년수련원

✔ A N S W E R | 15.① 16.② 17.②

15 준주거지역에 관한 설명이다.
※ 주거지역
  ㉠ **전용주거지역** : 양호한 주거환경을 보호
    • 제1종전용주거지역 : 단독주택 중심의 양호한 주거환경을 보호하기 위하여 필요한 지역
    • 제2종전용주거지역 : 공동주택 중심의 양호한 주거환경을 보호하기 위하여 필요한 지역
  ㉡ **일반주거지역** : 편리한 주거환경을 조성
    • 제1종일반주거지역 : 저층주택을 중심으로 편리한 주거환경을 조성하기 위하여 필요한 지역
    • 제2종일반주거지역 : 중층주택을 중심으로 편리한 주거환경을 조성하기 위하여 필요한 지역
    • 제3종일반주거지역 : 중고층주택을 중심으로 편리한 주거환경을 조성하기 위하여 필요한 지역
  ㉢ **준주거지역** : 주거기능을 위주로 이를 지원하는 일부 상업기능 및 업무기능을 보완하기 위하여 필요한 지역

16 전용주거지역이나 일반주거지역에서 건축물을 건축하는 경우, 건축물의 높이 9m 이하의 부분은 정북(正北)방향으로의 인접대지경계선으로부터 원칙적으로 최소 1.5m 이상 이격시켜야 하며, 높이 9m를 초과하는 부분은 인접대지경계선으로부터 해당 건축물의 각 부분의 높이의 1/2 이상을 띄어야 한다.

17 ①③ 관광 휴게시설
  ④ 수련시설
※ 문화 및 집회시설
  ㉠ 공연장으로서 제2종 근린생활시설에 해당하지 아니하는 것
  ㉡ 집회장(예식장, 공회당, 회의장, 마권(馬券) 장외 발매소, 마권 전화투표소, 그 밖에 이와 비슷한 것을 말한다)으로서 제2종 근린생활시설에 해당하지 아니하는 것
  ㉢ 관람장(경마장, 경륜장, 경정장, 자동차 경기장, 그 밖에 이와 비슷한 것과 체육관 및 운동장으로서 관람석의 바닥면적의 합계가 1천 제곱미터 이상인 것을 말한다)
  ㉣ 전시장(박물관, 미술관, 과학관, 문화관, 체험관, 기념관, 산업전시장, 박람회장, 그 밖에 이와 비슷한 것을 말한다)
  ㉤ 동·식물원(동물원, 식물원, 수족관, 그 밖에 이와 비슷한 것을 말한다)

18 용도지역에 따른 건폐율의 최대한도로 옳지 않은 것은? (단, 도시지역의 경우)

① 녹지지역 : 30% 이하

② 주거지역 : 70% 이하

③ 공업지역 : 70% 이하

④ 상업지역 : 90% 이하

⑤ 농림지역 : 20% 이하

ANSWER | 18.①

용도	용도지역	세분 용도지역	용도지역 제세분	건폐율(%)	용적율(%)
도시 지역	주거지역	전용주거지역	제1종 전용주거지역	50	50 ~ 100
			제2종 전용주거지역	50	100 ~ 150
		일반주거지역	제1종 일반주거지역	60	100 ~ 200
			제2종 일반주거지역	60	100 ~ 250
			제3종 일반주거지역	50	100 ~ 300
		준주거지역	〈주거+상업기능〉	70	200 ~ 500
	상업지역	근린상업지역	인근지역 소매시장	70	200 ~ 900
		유통상업지역	도매시장	80	200 ~ 1,100
		일반상업지역		80	200 ~ 1,300
		중심상업지역	도심지의 백화점	90	200 ~ 1,500
	공업지역	전용공업지역		70	150 ~ 300
		일반공업지역		70	150 ~ 350
		준 공업지역	〈공업+주거기능〉	70	150 ~ 400
	녹지지역	보전녹지지역	문화재가 존재	20	50 ~ 80
		생산녹지지역	도시외곽지역 농경기	20	50 ~ 100
		자연녹지지역	도시외곽 완만한 임야	20	50 ~ 100
관리 지역	보전관리	(16지역)	준 보전산지	20	50 ~ 80
	생산관리			20	50 ~ 80
	계획관리			40	50 ~ 100
농림지역			농업진흥지역	20	50 ~ 80
자연환경보전지역		(5지역)	보전산지	20	50 ~ 80

19 다음은 건축법령상 직통계단의 설치에 관한 기준 내용이다. ( ) 안에 알맞은 것은?

> 초고층 건축물에는 피난층 또는 지상으로 통하는 직통계단과 직접 연결되는 피난안전구역(건축
> 물의 피난·안전을 위하여 건축물 중간층에 설치하는 대피공간)을 지상층으로부터 최대 ( )층
> 마다 1개소 이상 설치해야 한다.

① 10개
② 20개
③ 30개
④ 40개
⑤ 50개

20 자연녹지지역으로서 노외주차장을 설치할 수 있는 지역에 속하지 않는 것은?

① 토지의 형질변경 없이 주차장의 설치가 가능한 지역
② 주차장 설치를 목적으로 토지와 형질변경허가를 받은 지역
③ 택지개발사업 등의 단지조성사업 등에 따라 주차수요가 많은 지역
④ 하천구역 및 공유수면으로서 주차장이 설치되어도 해당 하천 및 공유수면의 관리에 지장을 주지
아니하는 지역

ⓒ ANSWER | 19.③ 20.③

19 초고층 건축물에는 피난층 또는 지상으로 통하는 직통계단과 직접 연결되는 피난안전구역(건축물의 피난·안전을
위하여 건축물 중간층에 설치하는 대피공간)을 지상층으로부터 최대 30개 층마다 1개소 이상 설치해야 한다.

20 자연녹지지역의 노외주차장 설치지역
• 하천구역 및 공유수면으로서 주차장이 설치되어도 해당 하천 및 공유수면의 관리에 지장을 주지 아니하는 지역
• 토지의 형질변경 없이 주차장의 설치가 가능한 지역
• 주차장 설치를 목적으로 토지의 형질변경 허가를 받은 지역
• 특별시장·광역시장·시장·군수 또는 구청장이 특히 주차장의 설치가 필요하다고 인정하는 지역

21 대통령령으로 정하는 용도와 규모의 건축물에 대해 일반이 사용할 수 있도록 소규모 휴식시설 등의 공개 공지 또는 공개 공간을 설치해야 하는 대상지역에 속하지 않는 것은?

① 준주거지역　　　　　　　　　　　② 준공업지역

③ 일반주거지역　　　　　　　　　　④ 전용주거지역

⑤ 상업지역

22 6층 이상의 거실면적의 합계가 3,000m²인 경우, 건축물의 용도별 설치하여야 하는 승용승강기의 최소 대수로 바른 것은? (단, 15인승 승강기의 경우)

① 업무시설 : 2대　　　　　　　　　② 의료시설 : 2대

③ 숙박시설 : 2대　　　　　　　　　④ 위락시설 : 2대

⑤ 노유자시설 : 2대

✅ **ANSWER** | 21.④ 22.②

21 공개 공지 등의 확보
① 다음의 어느 하나에 해당하는 지역의 환경을 쾌적하게 조성하기 위하여 대통령령으로 정하는 용도와 규모의 건축물은 일반이 사용할 수 있도록 대통령령으로 정하는 기준에 따라 소규모 휴식시설 등의 공개 공지(空地:공터) 또는 공개 공간을 설치하여야 한다.
1. 일반주거지역, 준주거지역
2. 상업지역
3. 준공업지역
4. 특별자치시장·특별자치도지사 또는 시장·군수·구청장이 도시화의 가능성이 크거나 노후 산업단지의 정비가 필요하다고 인정하여 지정·공고하는 지역
② ①에 따라 공개 공지나 공개 공간을 설치하는 경우에는 대통령령으로 정하는 바에 따라 완화하여 적용할 수 있다

22 승용승강기의 설치기준

건축물의 용도 ＼ 6층 이상의 거실 면적의 합계	3천 제곱미터 이하	3천 제곱미터 초과
㉠ 문화 및 집회시설(공연장·집회장 및 관람장만 해당) ㉡ 판매시설 ㉢ 의료시설	2대	2대에 3천 제곱미터를 초과하는 2천 제곱미터 이내마다 1대를 더한 대수
㉠ 문화 및 집회시설(전시장 및 동·식물원만 해당) ㉡ 업무시설 ㉢ 숙박시설 ㉣ 위락시설	1대	1대에 3천 제곱미터를 초과하는 2천 제곱미터 이내마다 1대를 더한 대수
㉠ 공동주택 ㉡ 교육연구시설 ㉢ 노유자시설 ㉣ 그 밖의 시설	1대	1대에 3천 제곱미터를 초과하는 3천 제곱미터 이내마다 1대를 더한 대수

23 다음의 각종 용도지역의 세분에 관한 설명 중 바르지 않은 것은?

① 근린상업지역 : 근린지역에서의 일용품 및 서비스의 공급을 위해 필요한 지역

② 중심상업지역 : 도심·부도심의 상업기능 및 업무기능의 확충을 위해 필요한 지역

③ 제1종일반주거지역 : 단독주택을 중심으로 양호한 주거환경을 조성하기 위해 필요한 지역

④ 준주거지역 : 주거기능을 위주로 이를 지원하는 일부 상업기능 및 업무기능을 보완하기 위하여 필요한 지역

✅ **ANSWER** | **23.③**

---

23 ③ 제1종 전용주거지역에 대한 설명이다.
  ※ 용도지역의 세분
    1. 주거지역
      ㉠ **전용주거지역** : 양호한 주거환경을 보호하기 위하여 필요한 지역
        • 제1종전용주거지역 : 단독주택 중심의 양호한 주거환경을 보호하기 위하여 필요한 지역
        • 제2종전용주거지역 : 공동주택 중심의 양호한 주거환경을 보호하기 위하여 필요한 지역
      ㉡ **일반주거지역** : 편리한 주거환경을 조성하기 위하여 필요한 지역
        • 제1종일반주거지역 : 저층주택을 중심으로 편리한 주거환경을 조성하기 위하여 필요한 지역
        • 제2종일반주거지역 : 중층주택을 중심으로 편리한 주거환경을 조성하기 위하여 필요한 지역
        • 제3종일반주거지역 : 중고층주택을 중심으로 편리한 주거환경을 조성하기 위하여 필요한 지역
      ㉢ **준주거지역** : 주거기능을 위주로 이를 지원하는 일부 상업기능 및 업무기능을 보완하기 위하여 필요한 지역
    2. 상업지역
      ㉠ **중심상업지역** : 도심·부도심의 상업기능 및 업무기능의 확충을 위하여 필요한 지역
      ㉡ **일반상업지역** : 일반적인 상업기능 및 업무기능을 담당하게 하기 위하여 필요한 지역
      ㉢ **근린상업지역** : 근린지역에서의 일용품 및 서비스의 공급을 위하여 필요한 지역
      ㉣ **유통상업지역** : 도시 내 및 지역 간 유통기능의 증진을 위하여 필요한 지역
    3. 공업지역
      ㉠ **전용공업지역** : 주로 중화학공업, 공해성 공업 등을 수용하기 위하여 필요한 지역
      ㉡ **일반공업지역** : 환경을 저해하지 아니하는 공업의 배치를 위하여 필요한 지역
      ㉢ **준공업지역** : 경공업 그 밖의 공업을 수용하되, 주거기능·상업기능 및 업무기능의 보완이 필요한 지역
    4. 녹지지역
      ㉠ **보전녹지지역** : 도시의 자연환경·경관·산림 및 녹지공간을 보전할 필요가 있는 지역
      ㉡ **생산녹지지역** : 주로 농업적 생산을 위하여 개발을 유보할 필요가 있는 지역
      ㉢ **자연녹지지역** : 도시의 녹지공간의 확보, 도시확산의 방지, 장래 도시용지의 공급 등을 위하여 보전할 필요가 있는 지역으로서 불가피한 경우에 한하여 제한적인 개발이 허용되는 지역

24 공작물을 축조할 때 특별자치시장·특별자치도지사 또는 시장·군수·구청장에게 신고를 하여야 하는 대상 공작물에 속하지 않는 것은? (단, 건축물과 분리하여 축조하는 경우)

① 높이 3m인 담장   ② 높이 5m인 굴뚝

③ 높이 5m인 광고탑   ④ 높이 5m인 광고판

⑤ 높이 8m인 기념탑

25 다음 중 두께에 관계없이 방화구조에 해당되는 것은?

① 심벽에 흙으로 맞벽치기한 것

② 석고판 위에 회반죽을 바른 것

③ 시멘트모르타르 위에 타일을 붙인 것

④ 석고판 위에 시멘트모르타르를 바른 것

ANSWER | 24.②   25.①

24 공작물을 축조(건축물과 분리하여 축조하는 것)할 때 특별자치시장·특별자치도지사 또는 시장·군수·구청장에게 신고를 하여야 하는 공작물
1. 높이 6미터를 넘는 굴뚝
2. 높이 6미터를 넘는 장식탑, 기념탑, 그 밖에 이와 비슷한 것
3. 높이 4미터를 넘는 광고탑, 광고판, 그 밖에 이와 비슷한 것
4. 높이 8미터를 넘는 고가수조나 그 밖에 이와 비슷한 것
5. 높이 2미터를 넘는 옹벽 또는 담장
6. 바닥면적 30제곱미터를 넘는 지하대피호
7. 높이 6미터를 넘는 골프연습장 등의 운동시설을 위한 철탑, 주거지역·상업지역에 설치하는 통신용 철탑, 그 밖에 이와 비슷한 것
8. 높이 8미터(위험을 방지하기 위한 난간의 높이 제외) 이하의 기계식 주차장 및 철골 조립식 주차장(바닥면이 조립식이 아닌 것 포함)으로서 외벽이 없는 것
9. 건축조례로 정하는 제조시설, 저장시설(시멘트사일로 포함), 유희시설, 그 밖에 이와 비슷한 것
10. 건축물의 구조에 심대한 영향을 줄 수 있는 중량물로서 건축조례로 정하는 것
11. 높이 5미터를 넘는 「신에너지 및 재생에너지 개발·이용·보급 촉진법」에 따른 태양에너지를 이용하는 발전설비와 그 밖에 이와 비슷한 것

25 방화구조
1. 철망모르타르로서 그 바름두께가 2센티미터 이상인 것
2. 석고판 위에 시멘트모르타르 또는 회반죽을 바른 것으로서 그 두께의 합계가 2.5센티미터 이상인 것
3. 시멘트모르타르 위에 타일을 붙인 것으로서 그 두께의 합계가 2.5센티미터 이상인 것
4. 심벽에 흙으로 맞벽치기한 것
5. 「산업표준화법」에 따른 한국산업표준이 정하는 바에 따라 시험한 결과 방화 2급 이상에 해당하는 것

26 다음 중 건축법령상 연립주택의 정의로 알맞은 것은?

① 주택으로 사용되는 층수가 5개 층 이상인 주택

② 주택으로 사용되는 1개 동의 바닥면적 합계가 660m² 이하이고, 층수가 4개 층 이하인 주택

③ 주택으로 사용되는 1개 동의 바닥면적의 합계가 660m²을 초과하고 층수가 4개 층 이하인 주택

④ 1개 동의 주택으로 쓰이는 바닥면적의 합계가 330m² 이하이고 주택으로 사용되는 층수가 3개층 이하인 주택

27 다음 중 주차장 주차단위구획의 최소 크기로 바르지 않은 것은? (단, 평행주차형식 외의 경우)

① 경형 : 너비 2.0m, 길이 3.6m

② 일반형 : 너비 2.0m, 길이 6.0m

③ 확장형 : 너비 2.6m, 길이 5.2m

④ 장애인전용 : 너비 3.3m, 길이 5.0m

28 급수 · 배수(配水) · 배수(排水) · 환기 · 난방 등의 건축설비를 건축물에 설치하는 경우, 건축기계설비기술사 또는 공조냉동기계기술사의 협력을 받아야 하는 대상 건축물에 속하지 않는 것은?

① 의료시설로서 해당 용도에 사용되는 바닥면적의 합계가 2,000m²인 건축물

② 업무시설로서 해당 용도에 사용되는 바닥면적의 합계가 2,000m²인 건축물

③ 숙박시설로서 해당 용도에 사용되는 바닥면적의 합계가 2,000m²인 건축물

④ 유스호스텔로서 해당 용도에 사용되는 바닥면적의 합계가 2,000m²인 건축물

✔ ANSWER │ 26.③ 27.② 28.②

26 ① 아파트
② 다세대주택
④ 다중주택
※ **연립주택** … 주택으로 쓰는 1개 동의 바닥면적(2개 이상의 동을 지하주차장으로 연결하는 경우에는 각각의 동으로 본다)합계가 660제곱미터를 초과하고, 층수가 4개 층 이하인 주택

27 평행주차형식 외의 경우 주차장의 주차구획

구분	너비	길이
경형	2.0미터 이상	3.6미터 이상
일반형	2.5미터 이상	5.0미터 이상
확장형	2.6미터 이상	5.2미터 이상
장애인전용	3.3미터 이상	5.0미터 이상
이륜자동차 전용	1.0미터 이상	2.3미터 이상

28 업무시설로서 해당 용도에 사용되는 바닥면적의 합계가 3,000m²인 건축물이 급수 · 배수(配水) · 배수(排水) · 환기 · 난방 등의 건축설비를 건축물에 설치하는 경우, 건축기계 설비기술사 또는 공조냉동기계기술사의 협력을 받아야 한다.

29 부설주차장 설치대상 시설물이 문화 및 집회시설 중 예식장으로서 시설면적이 1,200m²인 경우 설치하여야 하는 부설주차장의 최소대수는?

① 8대
② 10대
③ 15대
④ 20대
⑤ 25대

30 건축물의 건축 시 허가 대상 건축물이라 하더라도 미리 특별자치시장·특별자치도지사 또는 시장·군수·구청장에게 국토교통부령으로 정하는 바에 따라 신고를 하면 건축허가를 받는 것으로 보는 소규모 건축물의 연면적 기준은?

① 연면적의 합계가 100m² 이하인 건축물
② 연면적의 합계가 150m² 이하인 건축물
③ 연면적의 합계가 200m² 이하인 건축물
④ 연면적의 합계가 300m² 이하인 건축물
⑤ 연면적의 합계가 350m² 이하인 건축물

✔ ANSWER | 29.① 30.①

29 주차장법 제6조의 부설주차장의 설치기준을 보면 부설주차장은 건축물, 골프연습장 기타 주차수요를 유발하는 시설에 부대하여 설치되는 주차장이다.
문화 및 집회시설의 경우 150m²당 1대씩 설치해야 하므로 시설면적이 1,200m²이면 최소 8대 이상 설치해야 한다.

30 허가 대상 건축물이라 하더라도 다음의 어느 하나에 해당하는 경우에는 미리 특별자치시장·특별자치도지사 또는 시장·군수·구청장에게 국토교통부령으로 정하는 바에 따라 신고를 하면 건축허가를 받은 것으로 본다

1. 바닥면적의 합계가 85제곱미터 이내의 증축·개축 또는 재축. 다만, 3층 이상 건축물인 경우에는 증축·개축 또는 재축하려는 부분의 바닥면적의 합계가 건축물 연면적의 10분의 1 이내인 경우로 한정한다.
2. 「국토의 계획 및 이용에 관한 법률」에 따른 관리지역, 농림지역 또는 자연환경보전지역에서 연면적이 200제곱미터 미만이고 3층 미만인 건축물의 건축. 다만, 다음의 어느 하나에 해당하는 구역에서의 건축은 제외한다.
   • 지구단위계획구역
   • 방재지구 등 재해취약지역으로서 대통령령으로 정하는 구역
3. 연면적이 200제곱미터 미만이고 3층 미만인 건축물의 대수선
4. 주요구조부의 해체가 없는 등 대통령령으로 정하는 대수선
5. 그 밖에 소규모 건축물로서 대통령령으로 정하는 건축물의 건축
   • 연면적의 합계가 100제곱미터 이하인 건축물
   • 건축물의 높이를 3미터 이하의 범위에서 증축하는 건축물
   • 표준설계도서에 따라 건축하는 건축물로서 그 용도 및 규모가 주위환경이나 미관에 지장이 없다고 인정하여 건축 조례로 정하는 건축물
   • 「국토의 계획 및 이용에 관한 법률」에 따른 공업지역, 지구단위계획구역(산업·유통형만 해당) 및 「산업입지 및 개발에 관한 법률」에 따른 산업단지에서 건축하는 2층 이하인 건축물로서 연면적 합계 500제곱미터 이하인 공장(제조업소 등 물품의 제조·가공을 위한 시설 포함)
   • 농업이나 수산업을 경영하기 위하여 읍·면지역(특별자치시장·특별자치도지사·시장·군수가 지역계획 또는 도시·군계획에 지장이 있다고 지정·공고한 구역 제외)에서 건축하는 연면적 200제곱미터 이하의 창고 및 연면적 400제곱미터 이하의 축사, 작물재배사(作物栽培舍), 종묘배양시설, 화초 및 분재 등의 온실

31 다음은 공사감리에 관한 기준 내용이다. 밑줄 친 "공사의 공정이 대통령령으로 정하는 진도에 다다른 경우"에 속하지 않는 것은? (단, 건축물의 구조가 철근콘크리트조인 경우)

> 공사감리자는 국토교통부령으로 정하는 바에 따라 감리일자를 기록 및 유지해야 하고 <u>공사의 공정(工程)이 대통령령으로 정하는 진도에 다다른 경우</u>에는 감리중간보고서를 작성하여 건축주에게 제출해야 한다.

① 지붕슬래브 배근을 완료한 경우
② 기초공사 시 철근배치를 완료한 경우
③ 기초공사에서 주춧돌의 설치를 완료한 경우
④ 지상 5개층마다 상부슬래브 배근을 완료한 경우

32 다음 설명에 알맞은 용도지구의 세분은?

> 건축물·인구가 밀집되어 있는 지역으로서 시설 개선 등을 통하여 재해 예방이 필요한 지구

① 자연방재지구   ② 시가지방재지구
③ 중요시설물보호지구   ④ 역사문화환경보호지구

ANSWER | 31.③ 32.②

31 '공사의 공정이 대통령령으로 정하는 진도에 다다른 경우"란 공사(하나의 대지에 둘 이상의 건축물을 건축하는 경우에는 각각의 건축물에 대한 공사를 말한다)의 공정이 다음의 어느 하나에 다다른 경우를 말한다.
  1. 해당 건축물의 구조가 철근콘크리트조·철골철근콘크리트조·조적조 또는 보강콘크리트블럭조인 경우에는 다음의 어느 하나에 해당하게 된 경우
     가. 기초공사 시 철근배치를 완료한 경우
     나. 지붕슬래브배근을 완료한 경우
     다. 지상 5개 층마다 상부 슬래브배근을 완료한 경우
  2. 해당 건축물의 구조가 철골조인 경우에는 다음의 어느 하나에 해당하게 된 경우
     가. 기초공사 시 철근배치를 완료한 경우
     나. 지붕철골 조립을 완료한 경우
     다. 지상 3개 층마다 또는 높이 20미터마다 주요구조부의 조립을 완료한 경우
  3. 해당 건축물의 구조기 1 또는 2 외의 구조인 경우에는 기초공사에서 거푸집 또는 주춧돌의 설치를 완료한 경우

32 ① 자연방재지구 : 토지의 이용도가 낮은 해안변, 하천변, 급경사지 주변 등의 지역으로서 건축 제한 등을 통하여 재해예방이 필요한 지구
    ③ 중요시설물보호지구 : 중요시설물의 보호와 기능의 유지 및 증진 등을 위하여 필요한 지구
    ④ 역사문화환경보호지구 : 문화재, 전통사찰 등 역사 및 문화적으로 보존가치가 큰 시설 및 지역의 보호와 보존을 위하여 필요한 지구

33 바닥으로부터 높이 1m까지의 안벽의 마감을 내수재료로 하지 않아도 되는 것은?

① 아파트의 욕실

② 숙박시설의 욕실

③ 제1종 근린생활시설 중 휴게음식점의 조리장

④ 제2종 근린생활시설 중 일반음식점의 조리장

34 대지면적이 1,000m²인 건축물의 옥상에 조경 면적을 90m² 설치한 경우, 대지에 설치하여야 하는 최소 조경 면적은? (단, 조경설치기준은 대지면적의 10%)

① 10m²　　　　　　　　　　　　　② 40m²

③ 50m²　　　　　　　　　　　　　④ 100m²

⑤ 150m²

35 건축법령상 건축물의 대지에 공개공지 또는 공개공간을 확보하여야 하는 대상 건축물에 속하지 않는 것은? (단, 해당용도로 쓰는 바닥면적의 합계가 5,000m²인 건축물의 경우)

① 종교시설　　　　　　　　　　　② 의료시설

③ 업무시설　　　　　　　　　　　④ 숙박시설

⑤ 집회시설

✔ ANSWER | 33.① 34.③ 35.②

33 거실 등의 방습
　㉠ 건축물의 최하층에 있는 거실바닥의 높이는 지표면으로부터 45센티미터 이상으로 하여야 한다. 다만, 지표면을 콘크리트바닥으로 설치하는 등 방습을 위한 조치를 하는 경우에는 그러하지 아니하다.
　㉡ 다음의 어느 하나에 해당하는 욕실 또는 조리장의 바닥과 그 바닥으로부터 높이 1미터까지의 안벽의 마감은 이를 내수재료로 하여야 한다.
　　1. 제1종 근린생활시설 중 목욕장의 욕실과 휴게음식점의 조리장
　　2. 제2종 근린생활시설 중 일반음식점 및 휴게음식점의 조리장과 숙박시설의 욕실

34 건축물의 옥상에 국토교통부장관이 고시하는 기준에 따라 조경이나 그 밖에 필요한 조치를 하는 경우에는 옥상부분 조경면적의 3분의 2에 해당하는 면적을 대지의 조경면적으로 산정할 수 있다. 이 경우 조경면적으로 산정하는 면적은 조경면적의 100분의 50을 초과할 수 없다.

그러므로 필요조경면적은 대지면적의 10%이므로 $1,000 \times \dfrac{10}{100} = 100\,\text{m}^2$

옥상의 조경면적은 필요조경면적의 100분의 50을 초과할 수 없으므로 $100 \times \dfrac{50}{100} = 50\,\text{m}^2$

35 다음의 어느 하나에 해당하는 건축물의 대지에는 공개 공지 또는 공개 공간을 확보하여야 한다.
　1. 문화 및 집회시설, 종교시설, 판매시설(「농수산물 유통 및 가격안정에 관한 법률」에 따른 농수산물유통시설은 제외), 운수시설(여객용 시설만 해당), 업무시설 및 숙박시설로서 해당 용도로 쓰는 바닥면적의 합계가 5천 제곱미터 이상인 건축물
　2. 그 밖에 다중이 이용하는 시설로서 건축조례로 정하는 건축물

36 다음 중 일반상업지역에 건축할 수 없는 건축물에 속하지 않는 것은?

① 묘지 관련 시설

② 자원순환 관련 시설

③ 운수시설 중 철도시설

④ 자동차 관련 시설 중 폐차장

⑤ 동물 및 식물 관련 시설

37 시설물의 부지 인근에 부설주차장을 설치하는 경우, 해당 부지의 경계선으로부터 부설주차장의 경계선까지의 거리 기준으로 바른 것은?

① 직선거리 300m 이내

② 도보거리 800m 이내

③ 직선거리 500m 이내

④ 도보거리 1,000m 이내

⑤ 직선거리 1,000m 이내

ANSWER | 36.③ 37.①

36 일반상업지역 안에서 건축할 수 없는 건축물
ㄱ 숙박시설 중 일반숙박시설 및 생활숙박시설. 다만, 다음의 일반숙박시설 또는 생활숙박시설은 제외
- 공원·녹지 또는 지형지물에 따라 주거지역과 차단되거나 주거지역으로부터 도시·군계획조례로 정하는 거리 밖에 있는 대지에 건축하는 일반숙박시설
- 공원·녹지 또는 지형지물에 따라 준주거지역 내 주택 밀집지역, 전용주거지역 또는 일반주거지역과 차단되거나 준주거지역 내 주택 밀집지역, 전용주거지역 또는 일반주거지역으로부터 도시·군계획조례로 정하는 거리 밖에 있는 대지에 건축하는 생활숙박시설
ㄴ 위락시설(공원·녹지 또는 지형지물에 따라 주거지역과 차단되거나 주거지역으로부터 도시·군계획조례로 정하는 거리 밖에 있는 대지에 건축하는 것은 제외)
ㄷ 공장
ㄹ 위험물 저장 및 처리 시설 중 시내버스차고지 외의 지역에 설치하는 액화석유가스 충전소 및 고압가스 충전소·저장소
ㅁ 동물 및 식물 관련 시설
ㅂ 자동차 관련 시설 중 폐차장
ㅅ 자원순환 관련 시설
ㅇ 묘지 관련 시설

37 시설물의 부지 인근의 범위는 다음의 어느 하나의 범위에서 특별자치도·시·군 또는 자치구(이하 "시·군 또는 구"라 한다)의 조례로 정한다.
1. 해당 부지의 경계선으로부터 부설주차장의 경계선까지의 직선거리 300미터 이내 또는 도보거리 600미터 이내
2. 해당 시설물이 있는 동·리(행정동·리를 말한다) 및 그 시설물과의 통행 여건이 편리하다고 인정되는 인접 동·리

38 다음 중 다중이용 건축물에 속하지 않는 것은? (단, 층수가 10층이며, 해당 용도로 쓰이는 바닥면적의 합계가 5,000m²인 건축물의 경우)

① 업무시설   ② 종교시설

③ 판매시설   ④ 숙박시설 중 관광숙박시설

⑤ 의료시설 중 종합병원

39 다음의 옥상광장 등의 설치에 관한 기준 내용 중 ( ) 안에 들어갈 말로 알맞은 것은?

> 옥상광장 또는 2층 이상인 층에 있는 노대나 그 밖에 이와 비슷한 것의 주위에는 높이 (   )
> 이상의 난간을 설치해야 한다. 다만, 그 노대 등에 출입할 수 없는 구조인 경우에는 그러하지 아니하다.

① 1.0m   ② 1.2m

③ 1.5m   ④ 1.8m

⑤ 2.0m

40 층수가 12층이고 6층 이상의 거실면적의 합계가 12,000m²인 교육연구시설에 설치해야 하는 8인승 승용승강기의 최소대수는?

① 2대   ② 3대

③ 4대   ④ 5대

⑤ 6대

✔ A N S W E R | **38.**① **39.**② **40.**③

---

38 다중이용 건축물
　⊙ 다음의 어느 하나에 해당하는 용도로 쓰는 바닥면적의 합계가 5천 제곱미터 이상인 건축물
　　• 문화 및 집회시설(동물원 및 식물원은 제외)
　　• 종교시설
　　• 판매시설
　　• 운수시설 중 여객용 시설
　　• 의료시설 중 종합병원
　　• 숙박시설 중 관광숙박시설
　⊙ 16층 이상인 건축물

39 옥상광장 또는 2층 이상인 층에 있는 노대 등(노대나 그 밖에 이와 비슷한 것)의 주위에는 높이 1.2m 이상의 난간을 설치해야 한다. 다만, 그 노대 등에 출입할 수 없는 구조인 경우에는 그러하지 아니하다.

40 교육연구시설의 경우 1대에 3천 제곱미터를 초과하는 3천 제곱미터 이내마다 1대를 더한 대수이므로 $\frac{12,000}{3,000}=4$ 대 이상 설치해야 한다.

41 도시지역에 지정된 지구단위계획구역 내에서 건축물을 건축하려는 자가 그 대지의 일부를 공공시설 부지로 제공하는 경우 그 건축물에 대하여 완화하여 적용할 수 있는 항목이 아닌 것은?

① 건축선
② 건폐율
③ 용적률
④ 건축물의 높이

42 건축물의 출입구에 설치하는 회전문은 계단이나 에스컬레이터로부터 최소 얼마 이상의 거리를 두어야 하는가?

① 1m
② 1.5m
③ 2m
④ 3m
⑤ 4m

⊘ ANSWER | 41.① 42.③

41 도시지역 내 지구단위계획구역에서의 건폐율 등의 완화적용 … 지구단위계획구역(도시지역 내에 지정하는 경우로 한정)에서 건축물을 건축하려는 자가 그 대지의 일부를 공공시설 등의 부지로 제공하거나 공공시설 등을 설치하여 제공하는 경우[지구단위계획구역 밖의 「하수도법」에 따른 배수구역에 공공하수처리시설을 설치하여 제공하는 경우(지구단위계획구역에 다른 공공시설 및 기반시설이 충분히 설치되어 있는 경우로 한정)를 포함]에는 법에 따라 그 건축물에 대하여 지구단위계획으로 다음의 구분에 따라 건폐율·용적률 및 높이제한을 완화하여 적용할 수 있다. 이 경우 제공받은 공공시설 등은 국유재산 또는 공유재산으로 관리한다.

1. 공공시설 등의 부지를 제공하는 경우에는 다음의 비율까지 건폐율·용적률 및 높이제한을 완화하여 적용할 수 있다. 다만, 지구단위계획구역 안의 일부 토지를 공공시설 등의 부지로 제공하는 자가 해당 지구단위계획구역 안의 다른 대지에서 건축물을 건축하는 경우에는 나목의 비율까지 그 용적률을 완화하여 적용할 수 있다.

    가. 완화할 수 있는 건폐율 = 해당 용도지역에 적용되는 건폐율 × [1 + 공공시설 등의 부지로 제공하는 면적(공공시설 등의 부지를 제공하는 자가 법 제65조 제2항에 따라 용도가 폐지되는 공공시설을 무상으로 양수받은 경우에는 그 양수받은 부지면적을 빼고 산정한다. 이하 이 조에서 같다) ÷ 원래의 대지면적] 이내

    나. 완화할 수 있는 용적률 = 해당 용도지역에 적용되는 용적률 + [1.5 × (공공시설 등의 부지로 제공하는 면적 × 공공시설 등 제공 부지의 용적률) ÷ 공공시설 등의 부지 제공 후의 대지면적] 이내

    다. 완화할 수 있는 높이 = 「건축법」에 따라 제한된 높이 × (1 + 공공시설 등의 부지로 제공하는 면적 ÷ 원래의 대지면적) 이내

2. 공공시설 등을 설치하여 제공(그 부지의 제공은 제외)하는 경우에는 공공시설 등을 설치하는 데에 드는 비용에 상응하는 가액(價額)의 부지를 제공한 것으로 보아 1에 따른 비율까지 건폐율·용적률 및 높이제한을 완화하여 적용할 수 있다. 이 경우 공공시설 등 설치비용 및 이에 상응하는 부지 가액의 산정 방법 등은 시·도 또는 대도시의 도시·군계획조례로 정한다.

3. 공공시설 등을 설치하여 그 부지와 함께 제공하는 경우에는 1 및 2에 따라 완화할 수 있는 건폐율·용적률 및 높이를 합산한 비율까지 완화하여 적용할 수 있다.

42 건축물의 출입구에 설치하는 회전문은 계단이나 에스컬레이터로부터 최소 2m 이상의 거리를 두어야 한다.

43 건축물의 거실(피난층의 거실 제외)에 국토교통부령으로 정하는 기준에 따라 배연설비를 설치해야 하는 대상 건축물에 속하지 않는 것은?

① 6층 이상인 건축물로서 종교시설의 용도로 쓰이는 건축물

② 6층 이상인 건축물로서 판매시설의 용도로 쓰는 건축물

③ 6층 이상인 건축물로서 방송통신시설 중 방송국의 용도로 쓰는 건축물

④ 6층 이상인 건축물로서 교육연구시설 중 연구소의 용도로 쓰는 건축물

44 높이 31m를 넘는 각 층의 바닥면적 중 최대바닥면적이 5,000m²인 업무시설에 원칙적으로 설치해야 하는 비상용 승강기의 최소 대수는?

① 1대

② 2대

③ 3대

④ 4대

ⓒ ANSWER | 43.③ 44.③

---

43 다음의 건축물의 거실(피난층의 거실은 제외한다)에는 국토교통부령으로 정하는 기준에 따라 배연설비(排煙設備)를 하여야 한다.
1. 6층 이상인 건축물로서 다음의 어느 하나에 해당하는 용도로 쓰는 건축물
   가. 제2종 근린생활시설 중 공연장, 종교집회장, 인터넷컴퓨터게임시설제공업소 및 다중생활시설(공연장, 종교집회장 및 인터넷컴퓨터게임시설제공업소는 해당 용도로 쓰는 바닥면적의 합계가 각각 300제곱미터 이상인 경우만 해당)
   나. 문화 및 집회시설
   다. 종교시설
   라. 판매시설
   마. 운수시설
   바. 의료시설(요양병원 및 정신병원은 제외)
   사. 교육연구시설 중 연구소
   아. 노유자시설 중 아동 관련 시설, 노인복지시설(노인요양시설은 제외)
   자. 수련시설 중 유스호스텔
   차. 운동시설
   카. 업무시설
   타. 숙박시설
   파. 위락시설
   하. 관광휴게시설
   거. 장례시설
2. 다음의 어느 하나에 해당하는 용도로 쓰는 건축물
   가. 의료시설 중 요양병원 및 정신병원
   나. 노유자시설 중 노인요양시설·장애인 거주시설 및 장애인 의료재활시설

44 높이 31m를 넘는 각 층의 바닥면적 중 최대바닥면적이 1,500m² 이하이면 1대를 설치해야 하고 1,500m²를 초과하면 1대에 1,500m²를 넘는 3,000m² 이내마다 1대씩 더한 대수 이상을 설치한다.

그러므로 $\dfrac{5,000-1,500}{3,000} ≒ 1.2$

$1.2+1 = 2.2$ 대 이므로 최소 3대를 설치해야 한다.

45 다음은 건축법령상 리모델링에 대비한 특혜 등에 관한 기준 내용이다. ( ) 안에 들어갈 말로 알맞은 것은?

> 리모델링이 쉬운 구조의 공동주택의 건축을 촉진하기 위해 공동주택을 대통령령으로 정하는 구조로 하여 건축허가를 신청하면 제56조(건축물의 용적률), 제60조(건축물의 높이 제한) 및 제61조(일조 등의 확보를 위한 건축물의 높이 제한)에 따른 기준을 (   )의 범위에서 대통령령으로 정하는 비율로 완화하여 적용할 수 있다.

① 100분의 110
② 100분의 120
③ 100분의 130
④ 100분의 140

46 지하식 또는 건축물식 노외주차장의 차로에 관한 기준 내용으로 바르지 않은 것은? (단, 이륜자동차전용 노외주차장이 아닌 경우)

① 높이는 주차바닥면으로부터 2.3m 이상으로 해야 한다.
② 경사로의 종단경사도는 직선 부분에서는 17%를 초과해서는 안 된다.
③ 곡선 부분은 자동차가 4m 이상의 내변반경으로 회전할 수 있도록 하여야 한다.
④ 주차대수 규모가 50대 이상인 경우의 경사로는 너비 6m 이상인 2차로를 확보하거나 진입차로와 진출차로를 분리해야 한다.

✅ A N S W E R | 45.② 46.③

45 리모델링이 쉬운 구조의 공동주택의 건축을 촉진하기 위해 공동주택을 대통령령으로 정하는 구조로 하여 건축허가를 신청하면 제56조(건축물의 용적률), 제60조(건축물의 높이 제한) 및 제61조(일조 등의 확보를 위한 건축물의 높이 제한)에 따른 기준을 100분의 120의 범위에서 대통령령으로 정하는 비율로 완화하여 적용할 수 있다.

46 지하식 또는 건축물식 노외주차장의 차로는 노외주차장 차로 설치기준에 따르는 외에 다음에서 정하는 바에 따른다.
  ㉠ 높이는 주차바닥면으로부터 2.3미터 이상으로 하여야 한다.
  ㉡ 곡선 부분은 자동차가 6미터(같은 경사로를 이용하는 주차장의 총주차대수가 50대 이하인 경우에는 5미터, 이륜자동차전용 노외주차장의 경우에는 3미터) 이상의 내변반경으로 회전할 수 있도록 하여야 한다.
  ㉢ 경사로의 차로 너비는 직선형인 경우에는 3.3미터 이상(2차로의 경우에는 6미터 이상)으로 하고, 곡선형인 경우에는 3.6미터 이상(2차로의 경우에는 6.5미터 이상)으로 하며, 경사로의 양쪽 벽면으로부터 30센티미터 이상의 지점에 높이 10센티미터 이상 15센티미터 미만의 연석(沿石)을 설치하여야 한다. 이 경우 연석 부분은 차로의 너비에 포함되는 것으로 본다.
  ㉣ 경사로의 종단경사도는 직선 부분에서는 17퍼센트를 초과하여서는 아니 되며, 곡선 부분에서는 14퍼센트를 초과하여서는 아니 된다.
  ㉤ 경사로의 노면은 거친 면으로 하여야 한다.
  ㉥ 주차대수 규모가 50대 이상인 경우의 경사로는 너비 6미터 이상인 2차로를 확보하거나 진입차로와 진출차로를 분리하여야 한다.

47 다음 중 주요구조부를 내화구조로 해야 하는 대상건축물의 기준으로 바른 것은?

① 장례시설의 용도로 쓰는 건축물로서 집회실의 바닥면적의 합계가 150m² 이상인 건축물

② 판매시설의 용도로 쓰는 건축물로서 그 용도로 사용되는 바닥면적의 합계가 300m² 이상인 건축물

③ 운수시설의 용도로 쓰는 건축물로서 그 용도로 사용되는 바닥면적의 합계가 400m² 이상인 건축물

④ 문화 및 집회시설 중 전시장의 용도로 사용되는 건축물로서 그 용도로 사용되는 바닥면적의 합계가 500m² 이상인 건축물

48 일반주거지역에서 건축물을 건축하는 경우 건축물의 높이 5m인 부분은 정북 방향의 인접 대지 경계선으로부터 원칙적으로 최소 얼마 이상을 띄어 건축하여야 하는가?

① 1.0m
② 1.5m
③ 2.0m
④ 3.0m

✓ ANSWER | 47.④ 48.②

47 건축물의 내화구조
① 다음의 어느 하나에 해당하는 건축물(3층 이상인 건축물 및 지하층이 있는 건축물에 해당하는 건축물로서 2층 이하인 건축물은 지하층 부분만 해당)의 주요구조부는 내화구조로 하여야 한다. 다만, 연면적이 50제곱미터 이하인 단층의 부속건축물로서 외벽 및 처마 밑면을 방화구조로 한 것과 무대의 바닥은 그러하지 아니하다.
  1. 제2종 근린생활시설 중 공연장 · 종교집회장(해당 용도로 쓰는 바닥면적의 합계가 각각 300제곱미터 이상인 경우만 해당), 문화 및 집회시설(전시장 및 동 · 식물원은 제외), 종교시설, 위락시설 중 주점영업 및 장례시설의 용도로 쓰는 건축물로서 관람석 또는 집회실의 바닥면적의 합계가 200제곱미터(옥외관람석의 경우에는 1천 제곱미터) 이상인 건축물
  2. 문화 및 집회시설 중 전시장 또는 동 · 식물원, 판매시설, 운수시설, 교육연구시설에 설치하는 체육관 · 강당, 수련시설, 운동시설 중 체육관 · 운동장, 위락시설(주점영업의 용도로 쓰는 것은 제외), 창고시설, 위험물저장 및 처리시설, 자동차 관련 시설, 방송통신시설 중 방송국 · 전신전화국 · 촬영소, 묘지 관련 시설 중 화장시설 · 동물화장시설 또는 관광휴게시설의 용도로 쓰는 건축물로서 그 용도로 쓰는 바닥면적의 합계가 500제곱미터 이상인 건축물
  3. 공장의 용도로 쓰는 건축물로서 그 용도로 쓰는 바닥면적의 합계가 2천 제곱미터 이상인 건축물. 다만, 화재의 위험이 적은 공장으로서 국토교통부령으로 정하는 공장은 제외한다.
  4. 건축물의 2층이 단독주택 중 다중주택 및 다가구주택, 공동주택, 제1종 근린생활시설(의료의 용도로 쓰는 시설만 해당), 제2종 근린생활시설 중 다중생활시설, 의료시설, 노유자시설 중 아동 관련 시설 및 노인복지시설, 수련시설 중 유스호스텔, 업무시설 중 오피스텔, 숙박시설 또는 장례시설의 용도로 쓰는 건축물로서 그 용도로 쓰는 바닥면적의 합계가 400제곱미터 이상인 건축물
  5. 3층 이상인 건축물 및 지하층이 있는 건축물. 다만, 단독주택(다중주택 및 다가구주택은 제외), 동물 및 식물 관련 시설, 발전시설(발전소의 부속용도로 쓰는 시설은 제외), 교도소 · 감화원 또는 묘지 관련 시설(화장시설 및 동물화장시설은 제외)의 용도로 쓰는 건축물과 철강 관련 업종의 공장 중 제어실로 사용하기 위하여 연면적 50제곱미터 이하로 증축하는 부분은 제외한다.
② ①의 1 및 2에 해당하는 용도로 쓰지 아니하는 건축물로서 그 지붕틀을 불연재료로 한 경우에는 그 지붕틀을 내화구조로 아니할 수 있다.

48 전용주거지역이나 일반주거지역에서 건축물을 건축하는 경우에는 건축물의 각 부분을 정북(正北) 방향으로의 인접 대지경계선으로부터 다음의 범위에서 건축조례로 정하는 거리 이상을 띄어 건축하여야 한다.
  ㉠ 높이 9미터 이하인 부분 : 인접 대지경계선으로부터 1.5미터 이상
  ㉡ 높이 9미터를 초과하는 부분 : 인접 대지경계선으로부터 해당 건축물 각 부분 높이

49 다음 중 도시·군관리계획에 포함되지 않는 것은?

① 도시개발사업이나 정비사업에 관한 계획

② 광역계획권의 장기발전방향을 제시하는 계획

③ 기반시설의 설치·정비 또는 개량에 관한 계획

④ 용도지역·용도지구의 지정 또는 변경에 관한 계획

50 다음 중 제2종 일반주거지역 안에서 건축할 수 있는 건축물에 속하지 않는 것은?

① 종교시설   ② 운수시설

③ 노유자시설   ④ 제1종 근린생활시설

ANSWER | 49.② 50.②

49 ② 광역도시계획에 대한 내용이다.

※ 도시·군관리계획… 특별시·광역시·특별자치시·특별자치도·시 또는 군의 개발정비 및 보전을 위하여 수립하는 토지 이용, 교통, 환경, 경관, 안전, 산업, 정보통신, 보건, 복지, 안보, 문화 등에 관한 다음의 계획을 말한다.

• 용도지역·용도지구의 지정 또는 변경에 관한 계획
• 개발제한구역·도시자연공원구역·시가화조정구역·수산자원보호구역의 지정 또는 변경에 관한 계획
• 기반시설의 설치·정비나 개량에 관한 계획
• 도시개발사업이나 정비사업에 관한 계획
• 지구단위계획구역의 지정 또는 변경에 관한 계획과 지구단위계획
• 입지규제최소구역의 지정 또는 변경에 관한 계획과 입지규제최소구역계획의 2분의 1 이상

50 제2종 일반주거지역 안에서 건축할 수 있는 건축물

1. 건축할 수 있는 건축물(경관관리 등을 위하여 도시·군계획조례로 건축물의 층수를 제한하는 경우에는 그 층수 이하의 건축물로 한정)
   ㉠ 단독주택
   ㉡ 공동주택
   ㉢ 제1종 근린생활시설
   ㉣ 종교시설
   ㉤ 교육연구시설 중 유치원·초등학교·중학교 및 고등학교
   ㉥ 노유자시설

2. 도시·군계획조례가 정하는 바에 따라 건축할 수 있는 건축물(경관관리 등을 위하여 도시·군계획조례로 건축물의 층수를 제한하는 경우에는 그 층수 이하의 건축물로 한정)
   ㉠ 제2종 근린생활시설(단란주점 및 안마시술소 제외)
   ㉡ 문화 및 집회시설(관람장 제외)
   ㉢ 판매시설 중 당해 용도에 쓰이는 바닥면적의 합계가 2천 제곱미터 미만인 것(너비 15미터 이상의 도로로서 도시·군계획조례가 정하는 너비 이상의 도로에 접한 대지에 건축하는 것에 한정)과 기존의 도매시장 또는 소매시장을 재건축하는 경우로서 인근의 주거환경에 미치는 영향, 시장의 기능회복 등을 감안하여 도시·군계획조례가 정하는 경우에는 당해 용도에 쓰이는 바닥면적의 합계의 4배 이하 또는 대지면적의 2배 이하인 것
   ㉣ 의료시설(격리병원 제외)
   ㉤ 교육연구시설 중 유치원·초등학교·중학교 및 고등학교에 해당하지 아니하는 것
   ㉥ 수련시설(야영장 시설을 포함하되, 유스호스텔의 경우 특별시 및 광역시 지역에서는 너비 15미터 이상의 도로에 20미터 이상 접한 대지에 건축하는 것에 한하며, 그 밖의 지역에서는 너비 12미터 이상의 도로에 접한 대지에 건축하는 것에 한함)
   ㉦ 운동시설

51 다음은 건축법령상 다세대주택의 정의이다. ( ) 안에 알맞은 것은?

> 주택으로 쓰는 1개 동의 바닥면적의 합계가 (㉠) 이하이고, 층수가 (㉡) 이하인 주택(2개 이상의 동을 지하주차장으로 연결하는 경우에는 각각의 동으로 본다)

① ㉠ 330m^2, ㉡ 3개 층　　　　　② ㉠ 330m^2, ㉡ 4개 층
③ ㉠ 660m^2, ㉡ 3개 층　　　　　④ ㉠ 660m^2, ㉡ 4개 층

52 건축물의 거실에 국토교통부령으로 정하는 기준에 따라 배연설비를 하여야 하는 대상 건축물에 속하지 않는 것은? (단, 피난층의 거실은 제외하며, 6층 이상인 건축물의 경우)

① 종교시설　　　　　　　　　　② 판매시설
③ 위락시설　　　　　　　　　　④ 방송통신시설

⊘ ANSWER | 51.④　52.④

51 다세대주택 … 주택으로 쓰는 1개 동의 바닥면적의 합계가 660m^2 이하이고, 층수가 4개 층 이하인 주택(2개 이상의 동을 지하주차장으로 연결하는 경우에는 각각의 동으로 본다)

52 ④ 방송통신시설은 배연설비 설치대상에 속하지 않는다.
　※ 다음의 건축물의 거실(피난층의 거실은 제외)에는 국토교통부령으로 정하는 기준에 따라 배연설비를 하여야 한다.
　　1. 6층 이상인 건축물로서 다음의 어느 하나에 해당하는 용도로 쓰는 건축물
　　　㉠ 제2종 근린생활시설 중 공연장, 종교집회장, 인터넷컴퓨터게임시설제공업소 및 다중생활시설(공연장, 종교집회장 및 인터넷컴퓨터게임시설제공업소는 해당 용도로 쓰는 바닥면적의 합계가 각각 300제곱미터 이상인 경우만 해당)
　　　㉡ 문화 및 집회시설
　　　㉢ 종교시설
　　　㉣ 판매시설
　　　㉤ 운수시설
　　　㉥ 의료시설(요양병원 및 정신병원은 제외)
　　　㉦ 교육연구시설 중 연구소
　　　㉧ 노유자시설 중 아동 관련 시설, 노인복지시설(노인요양시설은 제외)
　　　㉨ 수련시설 중 유스호스텔
　　　㉩ 운동시설
　　　㉪ 업무시설
　　　㉫ 숙박시설
　　　㉬ 위락시설
　　　㉭ 관광휴게시설
　　　㉮ 장례시설
　　2. 다음의 어느 하나에 해당하는 용도로 쓰는 건축물
　　　㉠ 의료시설 중 요양병원 및 정신병원
　　　㉡ 노유자시설 중 노인요양시설 · 장애인 거주시설 및 장애인 의료재활시설

53 국토의 계획 및 이용에 관한 법률에 따른 용도 지역에서의 용적률 최대 한도 기준이 옳지 않은 것은? (단, 도시지역의 경우)

① 주거지역 : 500퍼센트 이하　　　　② 녹지지역 : 100퍼센트 이하

③ 공업지역 : 400퍼센트 이하　　　　④ 상업지역 : 1,000퍼센트 이하

54 공작물을 축조할 때 특별자치시장·특별자치도지사 또는 시장·군수·구청장에게 신고를 하여야 하는 대상 공작물 기준으로 옳지 않은 것은? (단, 건축물과 분리하여 축조하는 경우)

① 높이 6m를 넘는 굴뚝　　　　　　② 높이 4m를 넘는 광고탑

③ 높이 4m를 넘는 장식탑　　　　　④ 높이 2m를 넘는 옹벽 또는 담장

ANSWER | **53.**④　**54.**③

53 지정된 용도지역에서 용적률의 최대한도는 관할 구역의 면적과 인구 규모, 용도지역의 특성 등을 고려하여 다음의 범위에서 대통령령으로 정하는 기준에 따라 특별시·광역시·특별자치시·특별자치도·시 또는 군의 조례로 정한다.
1. 도시지역
   ㉠ 주거지역 : 500퍼센트 이하
   ㉡ 상업지역 : 1,500퍼센트 이하
   ㉢ 공업지역 : 400퍼센트 이하
   ㉣ 녹지지역 : 100퍼센트 이하
2. 관리지역
   ㉠ 보전관리지역 : 80퍼센트 이하
   ㉡ 생산관리지역 : 80퍼센트 이하
   ㉢ 계획관리지역 : 100퍼센트 이하. 다만, 성장관리방안을 수립한 지역의 경우 해당 지방자치단체의 조례로 125퍼센트 이내에서 완화하여 적용할 수 있다.
3. 농림지역 : 80퍼센트 이하
4. 자연환경보전지역 : 80퍼센트 이하

54 공작물을 축조(건축물과 분리하여 축조하는 것을 말한다)할 때 특별자치시장·특별자치도지사 또는 시장·군수·구청장에게 신고를 하여야 하는 공작물은 다음과 같다.
1. 높이 6미터를 넘는 굴뚝
2. 높이 6미터를 넘는 장식탑, 기념탑, 그 밖에 이와 비슷한 것
3. 높이 4미터를 넘는 광고탑, 광고판, 그 밖에 이와 비슷한 것
4. 높이 8미터를 넘는 고가수조나 그 밖에 이와 비슷한 것
5. 높이 2미터를 넘는 옹벽 또는 담장
6. 바닥면적 30제곱미터를 넘는 지하대피호
7. 높이 6미터를 넘는 골프연습장 등의 운동시설을 위한 철탑, 주거지역·상업지역에 설치하는 통신용 철탑, 그 밖에 이와 비슷한 것
8. 높이 8미터(위험을 방지하기 위한 난간의 높이는 제외) 이하의 기계식 주차장 및 철골 조립식 주차장(바닥면이 조립식이 아닌 것을 포함)으로서 외벽이 없는 것
9. 건축조례로 정하는 제조시설, 저장시설(시멘트사일로를 포함), 유희시설, 그 밖에 이와 비슷한 것
10. 건축물의 구조에 심대한 영향을 줄 수 있는 중량물로서 건축조례로 정하는 것
11. 높이 5미터를 넘는 「신에너지 및 재생에너지 개발·이용·보급 촉진법」에 따른 태양에너지를 이용하는 발전설비와 그 밖에 이와 비슷한 것

55 건축물에 설치하는 지하층의 구조에 관한 기준 내용으로 바르지 않은 것은?

① 지하층에 설치하는 비상탈출구의 유효너비는 0.75m 이상으로 할 것

② 거실의 바닥 면적의 합계가 1,000m² 이상인 층에는 환기설비를 설치할 것

③ 지하층의 바닥 면적이 300m² 이상인 층에는 식수공급을 위한 급수전을 1개소 이상 설치할 것

④ 거실의 바닥 면적이 33m² 이상인 층에는 직통계단 외에 피난층 또는 지상으로 통하는 비상탈출구를 설치할 것

 ANSWER | 55.④

---

55 지하층의 구조
① 건축물에 설치하는 지하층의 구조 및 설비는 다음의 기준에 적합하여야 한다.
   1. 거실의 바닥 면적이 50제곱미터 이상인 층에는 직통계단 외에 피난층 또는 지상으로 통하는 비상탈출구 및 환기통을 설치할 것. 다만, 직통계단이 2개소 이상 설치되어 있는 경우에는 그러하지 아니하다.
   1의2. 제2종 근린생활시설 중 공연장·단란주점·당구장·노래연습장, 문화 및 집회시설 중 예식장·공연장, 수련시설 중 생활권수련시설·자연권수련시설, 숙박시설 중 여관·여인숙, 위락시설 중 단란주점·유흥주점 또는 「다중이용업소의 안전관리에 관한 특별법 시행령」에 따른 다중이용업의 용도에 쓰이는 층으로서 그 층의 거실의 바닥면적의 합계가 50제곱미터 이상인 건축물에는 직통계단을 2개소 이상 설치할 것
   2. 바닥 면적이 1천 제곱미터 이상인 층에는 피난층 또는 지상으로 통하는 직통계단을 방화구획으로 구획되는 각 부분마다 1개소 이상 설치하되, 이를 피난계단 또는 특별피난계단의 구조로 할 것
   3. 거실의 바닥 면적의 합계가 1천 제곱미터 이상인 층에는 환기설비를 설치할 것
   4. 지하층의 바닥 면적이 300제곱미터 이상인 층에는 식수공급을 위한 급수전을 1개소 이상 설치할 것
② 지하층의 비상탈출구는 다음의 기준에 적합하여야 한다. 다만, 주택의 경우에는 그러하지 아니하다.
   1. 비상탈출구의 유효너비는 0.75미터 이상으로 하고, 유효높이는 1.5미터 이상으로 할 것
   2. 비상탈출구의 문은 피난방향으로 열리도록 하고, 실내에서 항상 열 수 있는 구조로 하여야 하며, 내부 및 외부에는 비상탈출구의 표시를 할 것
   3. 비상탈출구는 출입구로부터 3미터 이상 떨어진 곳에 설치할 것
   4. 지하층의 바닥으로부터 비상탈출구의 아랫부분까지의 높이가 1.2미터 이상이 되는 경우에는 벽체에 발판의 너비가 20센티미터 이상인 사다리를 설치할 것
   5. 비상탈출구는 피난층 또는 지상으로 통하는 복도나 직통계단에 직접 접하거나 통로 등으로 연결될 수 있도록 설치하여야 하며, 피난층 또는 지상으로 통하는 복도나 직통계단까지 이르는 피난통로의 유효너비는 0.75미터 이상으로 하고, 피난통로의 실내에 접하는 부분의 마감과 그 바탕은 불연재료로 할 것
   6. 비상탈출구의 진입부분 및 피난통로에는 통행에 지장이 있는 물건을 방치하거나 시설물을 설치하지 아니할 것
   7. 비상탈출구의 유도등과 피난통로의 비상조명등의 설치는 소방법령이 정하는 바에 의할 것

56 비상용승강기 승강장의 구조에 관한 기준 내용으로 바르지 않은 것은?

① 승강장은 각층의 내부와 연결될 수 있도록 할 것

② 벽 및 반자가 실내에 접하는 부분의 마감재료는 준불연재료로 할 것

③ 옥내에 설치하는 승강장의 바닥면적은 비상용승강기 1대에 대하여 $6m^2$ 이상으로 할 것

④ 피난층이 있는 승강장의 출입구로부터 도로 또는 공지에 이르는 거리가 30m 이하일 것

57 다음은 대지와 도로의 관계에 관한 기준 내용이다. (   ) 안에 알맞은 것은? (단, 축사, 작물 재배사, 그 밖에 이와 비슷한 건축물로서 건축조례로 정하는 규모의 건축물은 제외)

> 연면적의 합계가 $2,000m^2$(공장인 경우에는 $3,000m^2$) 이상인 건축물의 대지는 너비 (㉠) 이상의 도로에 (㉡) 이상 접하여야 한다.

① ㉠ 2m, ㉡ 4m

② ㉠ 4m, ㉡ 2m

③ ㉠ 4m, ㉡ 6m

④ ㉠ 6m, ㉡ 4m

✔ A N S W E R | 56.② 57.④

56 비상용승강기 승강장의 구조
  ㉠ 승강장의 창문·출입구 기타 개구부를 제외한 부분은 당해 건축물의 다른 부분과 내화구조의 바닥 및 벽으로 구획할 것. 다만, 공동주택의 경우에는 승강장과 특별피난계단(「건축물의 피난·방화구조 등의 기준에 관한 규칙」의 규정에 의한 특별피난계단을 말한다)의 부속실과의 겸용부분을 특별피난계단의 계단실과 별도로 구획하는 때에는 승강장을 특별피난계단의 부속실과 겸용할 수 있다.
  ㉡ 승강장은 각층의 내부와 연결될 수 있도록 하되, 그 출입구(승강로의 출입구를 제외)에는 갑종방화문을 설치할 것. 다만, 피난층에는 갑종방화문을 설치하지 아니할 수 있다.
  ㉢ 노대 또는 외부를 향하여 열 수 있는 창문이나 배연설비를 설치할 것
  ㉣ 벽 및 반자가 실내에 접하는 부분의 마감재료(마감을 위한 바탕을 포함)는 불연재료로 할 것
  ㉤ 채광이 되는 창문이 있거나 예비전원에 의한 조명설비를 할 것
  ㉥ 승강장의 바닥면적은 비상용승강기 1대에 대하여 6제곱미터 이상으로 할 것. 다만, 옥외에 승강장을 설치하는 경우에는 그러하지 아니하다.
  ㉦ 피난층이 있는 승강장의 출입구(승강장이 없는 경우에는 승강로의 출입구)로부터 도로 또는 공지(공원·광장 기타 이와 유사한 것으로서 피난 및 소화를 위한 당해 대지에의 출입에 지장이 없는 것)에 이르는 거리가 30미터 이하일 것
  ㉧ 승강장 출입구 부근의 잘 보이는 곳에 당해 승강기가 비상용승강기임을 알 수 있는 표지를 할 것

57 연면적의 합계가 $2,000m^2$(공장인 경우에는 $3,000m^2$) 이상인 건축물(축산, 작물 재배사, 그 밖의 이와 비슷한 건축불로서 건축조례로 정하는 규모의 건축물은 제외)의 대지는 너비 6m 이상의 도로에 4m 이상 접하여야 한다.

58 건축법령상 공사감리자가 수행하여야 하는 감리업무에 속하지 않는 것은?

① 공정표의 작성

② 상세시공도면의 검토 · 확인

③ 공사현장에서의 안전관리의 지도

④ 설계변경의 적정여부의 검토 · 확인

59 주차장 수급 실태 조사의 조사구역 설정에 관한 기준 내용으로 바르지 않은 것은?

① 실태조사의 주기는 3년으로 한다.

② 사각형 또는 삼각형 형태로 조사구역을 설정한다.

③ 각 조사구역은 「건축법」에 따른 도로를 경계로 구분한다.

④ 조사구역 바깥 경계선의 최대거리가 500m를 넘지 않도록 한다.

ANSWER | 58.① 59.④

58 공사감리자가 수행하여야 하는 감리업무
　　1. 공사시공자가 설계도서에 따라 적합하게 시공하는지 여부의 확인
　　2. 공사시공자가 사용하는 건축자재가 관계 법령에 따른 기준에 적합한 건축자재인지 여부의 확인
　　3. 그 밖에 공사감리에 관한 사항으로서 국토교통부령으로 정하는 사항
　　• 건축물 및 대지가 관계법령에 적합하도록 공사시공자 및 건축주를 지도
　　• 시공계획 및 공사관리의 적정여부의 확인
　　• 공사현장에서의 안전관리의 지도
　　• 공정표의 검토
　　• 상세시공도면의 검토 · 확인
　　• 구조물의 위치와 규격의 적정여부의 검토 · 확인
　　• 품질시험의 실시여부 및 시험성과의 검토 · 확인
　　• 설계변경의 적정여부의 검토 · 확인
　　• 기타 공사감리계약으로 정하는 사항

59 실태조사 방법 등〈주차장법 시행규칙 제1조의2〉
　　① 특별자치도지사 · 시장 · 군수 또는 구청장(구청장은 자치구의 구청장을 말하며, 이하 "시장 · 군수 또는 구청장"이라 한다)이 「주차장법」에 따라 주차장의 수급(需給) 실태를 조사(이하 "실태조사")하려는 경우 그 조사구역은 다음의 기준에 따라 설정한다.
　　　　1. 사각형 또는 삼각형 형태로 조사구역을 설정하되 조사구역 바깥 경계선의 최대거리가 300미터를 넘지 아니하도록 한다.
　　　　2. 각 조사구역은 「건축법」에 따른 도로를 경계로 구분한다.
　　　　3. 아파트단지와 단독주택단지가 섞여 있는 지역 또는 주거기능과 상업 · 업무기능이 섞여 있는 지역의 경우에는 주차시설 수급의 적정성, 지역적 특성 등을 고려하여 같은 특성을 가진 지역별로 조사구역을 설정한다.
　　② 실태조사의 주기는 3년으로 한다.
　　③ 시장 · 군수 또는 구청장은 특별시 · 광역시 · 특별자치도 · 시 또는 군(광역시의 군은 제외)의 조례로 정하는 바에 따라 설정된 조사구역별로 주차수요조사와 주차시설 현황조사로 구분하여 실태조사를 하여야 한다.
　　④ 시장 · 군수 또는 구청장은 실태조사를 하였을 때에는 각 조사구역별로 주차수요와 주차시설 현황을 대조 · 확인할 수 있도록 주차실태 조사결과 입력대장에 기록(전산프로그램을 제작하여 입력하는 경우 포함)하여 관리한다.

60 피난층 외의 층으로서 피난층 또는 지상으로 통하는 직통계단을 2개소 이상 설치하여야 하는 대상 기준으로 옳지 않은 것은?

① 지하층으로서 그 층 거실의 바닥면적의 합계가 $200m^2$ 이상인 것

② 종교시설의 용도로 쓰는 층으로서 그 층에서 해당 용도로 쓰는 바닥면적의 합계가 $200m^2$ 이상인 것

③ 판매시설의 용도로 쓰는 3층 이상의 층으로서 그 층의 해당 용도로 쓰는 거실의 바닥면적의 합계가 $200m^2$ 이상인 것

④ 업무시설 중 오피스텔의 용도로 쓰는 층으로서 그 층의 해당 용도로 쓰는 거실의 바닥면적의 합계가 $200m^2$ 이상인 것

61 건축물의 필로티 부분을 건축법령상의 바닥면적에 산입하는 경우에 속하는 것은?

① 공중의 통행에 전용되는 경우

② 차량의 주차에 전용되는 경우

③ 업무시설의 휴식공간으로 전용되는 경우

④ 공동주택의 놀이공간으로 전용되는 경우

✅ ANSWER | 60.④ 61.③

60 피난층 외의 층이 다음의 어느 하나에 해당하는 용도 및 규모의 건축물에는 국토교통부령으로 정하는 기준에 따라 피난층 또는 지상으로 통하는 직통계단을 2개소 이상 설치하여야 한다.
1. 제2종 근린생활시설 중 공연장·종교집회장, 문화 및 집회시설(전시장 및 동·식물원은 제외), 종교시설, 위락시설 중 주점영업 또는 장례시설의 용도로 쓰는 층으로서 그 층에서 해당 용도로 쓰는 바닥면적의 합계가 200제곱미터(제2종 근린생활시설 중 공연장·종교집회장은 각각 300제곱미터) 이상인 것
2. 단독주택 중 다중주택·다가구주택, 제1종 근린생활시설 중 정신과의원(입원실이 있는 경우로 한정), 제2종 근린생활시설 중 인터넷컴퓨터게임시설제공업소(해당 용도로 쓰는 바닥면적의 합계가 300제곱미터 이상인 경우만 해당)·학원·독서실, 판매시설, 운수시설(여객용 시설만 해당), 의료시설(입원실이 없는 치과병원 제외), 교육연구시설 중 학원, 노유자시설 중 아동 관련 시설·노인복지시설·장애인 거주시설(「장애인복지법」에 따른 장애인 거주시설 중 국토교통부령으로 정하는 시설) 및 「장애인복지법」에 따른 장애인 의료재활시설, 수련시설 중 유스호스텔 또는 숙박시설의 용도로 쓰는 3층 이상의 층으로서 그 층의 해당 용도로 쓰는 거실의 바닥면적의 합계가 200제곱미터 이상인 것
3. 공동주택(층당 4세대 이하인 것 제외) 또는 업무시설 중 오피스텔의 용도로 쓰는 층으로서 그 층의 해당 용도로 쓰는 거실의 바닥면적의 합계가 300제곱미터 이상인 것
4. 1부터 3까지의 용도로 쓰지 아니하는 3층 이상의 층으로서 그 층 거실의 바닥면적의 합계가 400제곱미터 이상인 것
5. 지하층으로서 그 층 거실의 바닥면적의 합계가 200제곱미터 이상인 것

61 필로티, 기타 이와 유사한 구조(벽면적의 1/2 이상이 당해 층의 바닥면에서 윗층 바닥 아래면까지 공간으로 된 것)의 부분도 바닥면적에 산입한다. 그러나 다음의 경우는 예외로 한다.
㉠ 공중의 통행에 전용되는 경우
㉡ 차량의 통행 및 주차에 전용되는 경우
㉢ 공동주택의 경우

62 부설주차장 설치대상 시설물이 종교시설인 경우, 부설주차장 설치기준으로 옳은 것은?

① 시설면적 50m²당 1대

② 시설면적 100m²당 1대

③ 시설면적 150m²당 1대

④ 시설면적 200m²당 1대

✓ ANSWER | 62.③

62 부설주차장의 설치대상 시설물 종류 및 설치기준

시설물	설치기준
위락시설	시설면적 100m²당 1대(시설면적/100m²)
문화 및 집회시설(관람장 제외), 종교시설, 판매시설, 운수시설, 의료시설(정신병원 · 요양병원 및 격리병원 제외), 운동시설(골프장 · 골프연습장 및 옥외수영장 제외), 업무시설(외국공관 및 오피스텔 제외), 방송통신시설 중 방송국, 장례식장	시설면적 150m²당 1대(시설면적/150m²)
제1종 근린생활시설(지역자치센터, 파출소, 지구대, 소방서, 우체국, 방송국, 보건소, 공공도서관, 건강보험공단 사무소 등 및 마을회관, 마을공동작업소, 마을공동구판장), 제2종 근린생활시설, 숙박시설	시설면적 200m²당 1대(시설면적/200m²)
단독주택(다가구주택 제외)	• 시설면적 50m² 초과 150m² 이하 : 1대 • 시설면적 150m² 초과 : 1대에 150m²를 초과하는 100m²당 1대를 더한 대수 [1+{(시설면적 −150m²)/100m²}]
다가구주택, 공동주택(기숙사 제외), 업무시설 중 오피스텔	「주택건설기준 등에 관한 규정」에 따라 산정된 주차대수, 이 경우 다가구주택 및 오피스텔의 전용면적은 공동주택의 전용면적 산정방법을 따른다.
골프장, 골프연습장, 옥외수영장, 관람장	• 골프장 : 1홀당 10대(홀의 수×10) • 골프연습장 : 1타석당 1대(타석의 수×1) • 옥외수영장 : 정원 15명당 1대(정원/15명) • 관람장 : 정원 100명당 1대(정원/100명)
수련시설, 공장(아파트형 제외), 발전시설	시설면적 350m²당 1대(시설면적/350m²)
창고시설	시설면적 400m²당 1대(시설면적/400m²)
학생용 기숙사	시설면적 400m²당 1대(시설면적/400m²)
그 밖의 건축물	시설면적 300m²당 1대(시설면적/300m²)

63 용도별 건축물의 종류가 옳지 않은 것은?

① 판매시설 : 소매시장

② 의료시설 : 치과병원

③ 문화 및 집회시설 : 수족관

④ 제1종 근린생활시설 : 동물병원

✅ ANSWER | 63.④

63 동물병원은 제2종 근린생활시설이다.

※ 주의해야 할 용도분류

단독주택	단독주택, 다중주택, 다가구주택, 공관
공동주택	아파트, 연립주택, 다세대주택, 기숙사
근린생활시설	제1종 근린생활시설, 제2종 근린생활시설
문화 및 집회시설	공연장, 집회장, 관람장, 전시장, 동식물원
종교시설	종교집회장, 봉안당
판매시설	도매시장, 소매시장, 상점
운수시설	여객자동차터미널, 철도시설, 공항 및 항만시설
의료시설	병원, 격리병원
교육연구시설	학교, 교육원, 직업훈련소, 학원, 연구소, 도서관
노유자시설	아동관련시설, 노인복지시설, 사회복지시설, 근로복지시설
수련시설	생활권 및 자연권 수련시설, 유스호스텔, 야영장시설
운동시설	체육관, 운동장
업무시설	공공업무시설, 일반업무시설
숙박시설	일반숙박시설, 관광숙박시설, 다중생활시설
위락시설	단란주점으로서 제2종 근린생활시설이 아닌 것, 유흥주점 및 이와 유사한 것, 카지노 영업소, 무도장과 무도학원, 유원시설업의 시설
공장	물품의 제조, 가공이 이루어지는 곳 중 근린생활시설, 위험물저장 및 처리시설, 자동차 관련시설, 자원순환 관련 시설 등으로 분류되지 아니한 것
창고시설	창고, 하역장, 물류터미널, 집배송시설
위험물 시설	주유소, 액화석유가스 충전소, 위험물제조소, 액화가스취급소, 유독물시설, 고압가스 충전소, 도료류판매소, 도시가스제조시설, 화약류 저장소
자동차관련시설	주차장, 세차장, 폐차장, 매매장, 검사장, 정비공장, 운전학원, 정비학원
동식물관련시설	축사, 도축장, 도계장, 작물재배사, 온실, 가축시설, 종묘배양시설
자원 순환 관련시설	고물상, 폐기물처리시설, 하수 등 처리시설, 폐기물재활용시설
교정 및 군사시설	교정시설, 국방군사시설, 갱생보호시설, 소년원
방송통신시설	방송국, 전신전화국, 촬영소, 통신용시설, 데이터센터
발전시설	발전소로 사용되는 건축물 중 제1종 근린생활시설로 분류되지 않은 것
묘지관련시설	화장시설, 봉안당, 묘지 및 부속 건축물
관광휴게시설	야외음악당, 야외극장, 어린이회관, 관망탑, 휴게소, 공원 및 유원지 및 관광지에 부수되는 시설
장례식장	장례식장, 동물전용장례식장
야영장시설	관리동, 화장실, 샤워실, 대피소, 취사시설 등의 용도로 쓰는 바닥면적의 합계가 300 제곱미터 미만인 것

64 주차전용건축물이란 건축물의 연면적 중 주차장으로 사용되는 부분의 비율이 최소 얼마 이상인 건축물을 말하는가? (단, 주차장 외의 용도가 자동차 관련시설인 경우)

① 70% ② 80%

③ 90% ④ 95%

65 국토의 계획 및 이용에 관한 법령에 따른 기반시설 중 자동차 정류장의 세분에 속하지 않는 것은?

① 고속터미널 ② 화물터미널

③ 공영차고지 ④ 여객자동차터미널

ⓒ ANSWER | 64.① 65.①

---

64 주차전용건축물의 원칙은 주차장으로 사용되는 비율이 연면적의 95% 이상인 것을 말한다. 다만, 주차장 외의 용도로 사용되는 부분이 근린생활시설 등으로 사용되는 경우 70% 이상으로 할 수 있다.

주차장 이외 부분의 용도	주차장면적 비율	비고
일반용도	연면적 중 95% 이상	
제1종 및 제2종 근린생활시설 자동차 관련시설 문화 및 집회시설 판매시설 종교시설 운수시설 운동시설 업무시설	연면적 중 70% 이상	특별시장, 광역시장, 특별자치도지사 또는 시장은 조례로 기타 용도의 구역별 제한이 가능함

65 기반시설의 세분

구분	기반시설의 분류		
도로	일반도로	자동차전용도로	보행자전용도로
	자전거전용도로	고가도로	지하도로
광장	교통광장	경관광장	지하광장
	건축물부설광장	일반광장	
자동차정류장	여객자동차터미널	화물터미널	공영차고지
	공동차고지	복합환승센터	화물자동차휴게소

66 건축법령에 따른 리모델링이 쉬운 구조에 속하지 않는 것은?

① 구조체가 철골구조로 구성되어 있을 것

② 구조체에서 건축설비, 내부마감재료 및 외부마감재료를 분리할 수 있을 것

③ 개별세대 안에서 구획된 실의 크기, 개수, 또는 위치 등을 변경할 수 있을 것

④ 각 세대는 인접한 세대와 수직 또는 수평방향으로 통합하거나 분할할 수 있을 것

67 지하식 또는 건축물식 노외주차장에서 경사로가 직선형인 경우, 경사로의 차로 너비는 최소 얼마 이상으로 해야 하는가? (단, 2차로인 경우)

① 5m
② 6m
③ 7m
④ 8m

✅ ANSWER | 66.① 67.②

66 리모델링이 쉬운 구조

공동주택의 구조	완화규정 및 내용	
각 세대는 인접한 세대와 수직 또는 수평방향으로 통합하거나 분할할 수 있을 것	건축물의 용적률	120/100 범위 내 완화적용 가능
구조체에서 건축설비, 내부마감 재료 및 외부마감 재료를 분리할 수 있을 것	건축물의 높이제한	
개별 세대 안에서 구획된 실의 크기, 개수 또는 위치 등을 변경할 수 있을 것	일조 등의 확보를 위한 건축물의 높이제한	

67 노외주차장 진입로의 차로폭 확보

직선인 경우		곡선인 경우	
종단구배 17% 이하		종단구배 14% 이하	
1차로	2차로	1차로	2차로
3.3m 이상	6.0m 이상	3.6m 이상	6.5m 이상

68 제2종 일반주거지역 안에서 건축할 수 있는 건축물에 속하지 않는 것은?

① 아파트

② 노유자시설

③ 문화 및 집회시설 중 전시장

④ 문화 및 집회시설 중 관람장

69 각 층의 거실면적이 1,000m²이며, 층수가 15층인 다음 건축물 중 설치해야 하는 승용승강기의 최소 대수가 가장 많은 것은? (단, 8인승 승용승강기인 경우)

① 위락시설

② 업무시설

③ 교육연구시설

④ 문화 및 집회시설 중 집회장

✅ ANSWER | 68.④ 69.④

---

68 제2종 전용주거지역 안에서 건축할 수 있는 건축물
　㉠ 대통령령으로 건축할 수 있는 건축물
　　• 단독주택, 공동주택
　　• 제1종 근린생활시설로서 해당 용도에 쓰이는 바닥면적의 합계가 1,000m² 미만인 것
　㉡ 도시계획조례가 정하는 바에 의해 건축할 수 있는 건축물
　　• 문화 및 집회시설로서 박물관 · 미술관 · 체험관(한옥으로 건축된 것만 해당됨) · 기념관 · 종교시설로서 그 용도에 쓰이는 바닥면적의 합계가 1,000m² 미만인 것
　　• 제2종 근린생활 시설 중 종교집회장
　　• 교육연구시설 중 유치원 · 초등학교 · 중학교 및 고등학교
　　• 자동차 관련시설 중 주차장
　　• 노유자 시설

69 다음의 표의 공식을 적용하면 문화 및 집회시설 중 집회장의 승용승강기 의무설치 최소 대수가 가장 많다.
(A는 6층 이상의 거실면적의 합계이다.)

용도	6층 이상의 거실면적의 합계	
	3,000m² 이하	3,000m² 초과
공연, 집회, 관람장, 소 · 도매시장, 상점, 병원시설	2대	$2대 + \dfrac{A - 3,000\text{m}^2}{2,000\text{m}^2}$ 대
전시장 및 동 · 식물원, 위락, 숙박, 업무시설	1대	$1대 + \dfrac{A - 3,000\text{m}^2}{2,000\text{m}^2}$ 대
공동주택, 교육연구시설, 기타 시설	1대	$1대 + \dfrac{A - 3,000\text{m}^2}{3,000\text{m}^2}$ 대

70 대형건축물의 건축허가 사전승인신청시 제출도서 중 설계설명서에 표시해야 할 사항에 속하지 않는 것은?

① 시공방법

② 동선계획

③ 개략공정계획

④ 각부 구조계획

71 지구단위계획 중 관계 행정기관의 장과의 협의, 국토교통부장관과의 협의 및 중앙도시계획위원회·지방도시계획위원회 또는 공동위원회의 심의를 거치지 아니하고 변경할 수 있는 사항에 관한 기준 내용으로 바른 것은?

① 건축선의 2m 이내의 변경인 경우

② 획지면적의 30% 이내의 변경인 경우

③ 가구면적의 20% 이내의 변경인 경우

④ 건축물 높이의 30% 이내의 변경인 경우

72 건축법령상 고층건축물의 정의로 바른 것은?

① 층수가 30층 이상이거나 높이가 90m 이상인 건축물

② 층수가 30층 이상이거나 높이가 120m 이상인 건축물

③ 층수가 50층 이상이거나 높이가 150m 이상인 건축물

④ 층수가 50층 이상이거나 높이가 200m 이상인 건축물

✅ ANSWER | 70.④ 71.② 72.②

70 대형건축물의 건축허가 사전승인신청시 제출도서의 종류 중 설계설명서에 표시하여야 할 사항
- ㉠ 공사개요(위치, 대지, 면적, 공사기간, 공사금액 등)
- ㉡ 사전조사사항(지반고, 기후, 동결심도, 수용인원, 상하수와 주변지역을 포함한 지질 및 지형, 인구, 교통, 토지이용현황, 시설물 현황 등)
- ㉢ 건축계획(배치, 평면, 입면, 동선, 조경, 주차, 교통처리계획 등)
- ㉣ 시공방법, 개략공정계획, 주요설비계획
- ㉤ 주요자재 사용계획 및 그 외 필요한 사항

71 ① 건축선의 1m 이내의 변경인 경우
③ 가구면적의 10% 이내의 변경인 경우
④ 건축물 높이의 20% 이내의 변경인 경우

72 • 고층건축물 : 30층 이상이거나 높이가 120m 이상인 건축물
• 준고층건축물 : 고층 건축물 중 초고층 건축물이 아닌 건축물
• 초고층건축물 : 50층 이상이거나 높이가 200m 이상인 건축물

73 도시지역에서 복합적인 토지이용을 증진시켜 도시 정비를 촉진하고 지역 거점을 육성할 필요가 있다고 인정되는 지역을 대상으로 지정하는 용도구역은?

① 개발제한구역

② 시가화조정구역

③ 입지규제최소구역

④ 도시자연공원구역

74 건축허가신청에 필요한 설계도서의 종류 중 건축계획서에 표시하여야 할 사항이 아닌 것은?

① 주차장 규모

② 대지의 종 · 횡 단면도

③ 건축물의 용도별 면적

④ 지역 · 지구 및 도시계획사항

Ⓒ A N S W E R | 73.③ 74.②

73 입지규제최소구역에 관한 설명이다.
① **개발제한구역** : 도시의 경관을 정비하고, 환경을 보전하기 위해서 설정된 녹지대로, 그린벨트(greenbelt)라고도 하는데, 생산녹지와 차단녹지로 구분되며, 건축물의 신축 · 증축, 용도변경, 토지의 형질변경 및 토지분할 등의 행위가 제한된다.
② **시가화조정구역** : 도시지역과 그 주변지역의 무질서한 시가화를 방지하고 계획적이고 단계적인 개발을 유도하기 위하여 5년 이상 20년 이내로 기간을 정하여 시가화를 유보하는 지역
③ **입지규제최소구역** : 도시지역에서 복합적인 토지이용을 증진시켜 도시 정비를 촉진하고 지역 거점을 육성할 필요가 있다고 인정되는 지역을 대상으로 지정하는 용도구역
④ **도시자연공원구역** : 도시의 자연환경 및 경관을 보호하고 도시민에게 건전한 여가 · 휴식공간을 제공하기 위하여 도시지역 안의 식생이 양호한 산지의 개발을 제한하기 위하여 「국토의 계획 및 이용에 관한 법률」에 의해 지정되는 구역

74 건축계획서에 표시해야 할 사항
㉠ 개요(위치, 대지면적 등)
㉡ 지역 · 지구 및 도시 · 군 계획관련 사항
㉢ 건축물의 규모(건축면적, 연면적, 높이, 층수 등)
㉣ 건축물의 용도별 면적
㉤ 주차장의 규모
㉥ 에너지절약계획서
㉦ 노인 및 장애인 등을 위한 편의시설 설치계획서

75 급수, 배수 환기, 난방 설비를 건축물에 설치하는 경우 건축기계설비기술사 또는 공조냉동기계기술사의 협력을 받아야 하는 대상건축물에 속하지 않는 것은?

① 아파트

② 연립주택

③ 기숙사로서 해당 용도에 사용되는 바닥면적의 합계가 2,000m²인 건축물

④ 업무시설로서 해당 용도에 사용되는 바닥면적의 합계가 2,000m²인 건축물

75 건축물에 가스, 급수, 배수, 환기설비를 설치하는 경우 건축기계설비기술사 또는 공조냉동기계기술사의 협력을 받아야 하는 대상 건축물

ⓐ 아파트 및 연립주택

ⓑ 용도 바닥면적의 합계가 10,000m² 이상 : 문화 및 집회시설(동, 식물원 제외), 종교시설, 장례식장, 교육연구시설(연구소 제외)

ⓒ 용도 바닥면적의 합계가 3,000m² 이상 : 업무시설, 판매시설, 연구소

ⓓ 용도 바닥면적의 합계가 2,000m² 이상 : 기숙사(공동주택 중), 의료시설, 유스호스텔, 숙박시설

ⓔ 용도 바닥면적의 합계가 500m² 이상 : 목욕장, 실내수영장, 실내물놀이형 시설

ⓕ 연면적이 10,000m² 이상인 건축물(창고시설을 제외한 모든 용도에 해당)

ⓖ 냉동냉장시설 · 항온항습시설 또는 특수 청정시설로서 당해용도에 사용되는 바닥면적의 합계가 500m² 이상인 건축물

서원각과 함께

꿈의 날개를 펴라

기업체 시리즈

한국남동발전

대구환경공단

서울교통공사

한국전기안전공사

온라인강의와
함께 공부하자!

공무원 | 자격증 | NCS | 부사관·장교

네이버 검색창과 유튜브에 소정미디어를 검색해보세요.
다양한 강의로 학습에 도움을 받아보세요.